中国陆相页岩气富集规律与评价技术

胡宗全　刘光祥　等 著

地质出版社

· 北　京 ·

内 容 提 要

中生代以来广泛发育的陆相盆地成为中国含油气盆地的主要特色，陆相页岩气是中国油气工业最重要的接替领域之一。本书聚焦陆相页岩气地质条件的独特性，重点刻画了陆相盆地的沉积与岩相特征、陆相页岩的烃源和储集特征，揭示了陆相页岩的源-储耦合机理和富集规律，探讨了陆相页岩气评价技术。

本书在以下方面取得理论与技术创新：一是提出了中国陆相盆地页岩发育的主要盆地类型，建立了全岩矿物分区-TOC分级-矿物结构与沉积构造修正与完善的3步岩相划分方法，页岩和页岩夹纹层及薄层是页岩气形成富集的有利岩相组合；二是建立了不同有机质类型页岩的生—排—滞留烃模式，提出了适用于陆相页岩的“源内气”和“存滞系数”的概念；三是提出陆相页岩储集空间以无机孔为主，有机质类型及有机显微组分的差异是控制有机质孔发育与否的关键因素，明确了页岩及夹层的储层特征与孔隙演化模式，阐明了陆相页岩气源-储耦合机理；四是建立了地质-测井源-储耦合“甜点层”定量综合评价方法，形成了包括页岩和夹层的陆相页岩油气资源评价技术、基于GIS融合的陆相页岩气区带-目标评价技术。

本书可供从事陆相页岩油气研究的生产、教学和科研人员参考。

图书在版编目（CIP）数据

中国陆相页岩气富集规律与评价技术 / 胡宗全等著. —北京：地质出版社，2021.10
ISBN 978-7-116-12801-9

Ⅰ.①中… Ⅱ.①胡… Ⅲ.①陆相—油页岩—富集—评价—中国 Ⅳ.①P618.130.2

中国版本图书馆CIP数据核字（2021）第167937号

责任编辑：吕 静 冯 浩
责任校对：关风云
出版发行：地质出版社
社址邮编：北京海淀区学院路31号，100083
咨询电话：（010）66554528（邮购部）；（010）66554590（编辑室）
网　　址：http：//www.gph.com.cn
传　　真：（010）66554686
印　　刷：北京地大彩印有限公司
开　　本：889 mm×1194 mm 1/16
印　　张：14.25
字　　数：450千字
版　　次：2021年10月北京第1版
印　　次：2021年10月北京第1次印刷
审 图 号：GS（2021）6145号
定　　价：100.00元
书　　号：ISBN 978-7-116-12801-9

序

在全球范围内，页岩气规模发现和商业开发主要集中于海相层系，陆相页岩气尚未实现大规模的商业开发。中新生代以来广泛发育的陆相盆地是中国含油气盆地的主要特色，陆相盆地曾经是中国油气工业实现第一次腾飞的重要基地，随着常规油气发现程度的不断增高，陆相盆地的页岩油气潜力已经成为中国油气工业最重要的接替领域之一，急需形成中国陆相页岩气的地质理论认识和与其地质特点相适应的地质评价技术。

《中国陆相页岩气富集规律与评价技术》一书，紧紧抓住陆相页岩气地质条件的独特性，重点刻画了陆相盆地的沉积与岩相特征、陆相页岩的烃源特征和储集特征，揭示了陆相页岩的源-储耦合机理、页岩气赋存机理和富集规律，形成了陆相页岩气资源-选区-目标评价技术，开展了重点地区重点层系陆相页岩气的地质评价，一并在以下方面取得了理论与技术创新。

一是在宏观尺度上明确了中国陆相页岩的沉积特征和岩相特征。指出中国陆相盆地泥页岩主要发育于挤榨前渊、陆内断陷、陆内拗陷、走滑断陷4种主要的盆地类型，半深湖-深湖是富有机质页岩发育的主要沉积环境，提出了中国中西部地区发育优质页岩的四类湖泊沉积模式。建立了全岩矿物分区-TOC分级-矿物结构与沉积构造校正与完善的陆相页岩岩相划分与命名方法，指出纯页岩、页岩夹纹层状砂岩、页岩夹纹层状灰岩、页岩夹纹层状凝灰岩等岩相组合具有较高的有机碳含量、较好的物性和可压性，是有利的页岩气岩相组合类型。

二是在演化过程上创建了陆相富有机质页岩的生—排—滞留烃模式。通过地层孔隙热压生烃模拟实验，建立了不同有机质类型陆相页岩的生—排—滞留烃演化模式，创新提出了适用于陆相页岩气的“源内气”概念和“存滞系数”计算方法，分析了不同类型有机质在生烃产率、滞留烃产率、排出烃产率等方面的演化特征及差异性，指出四川盆地中下侏罗统自流井组以页岩气为主，兼有页岩油。而鄂尔多斯盆地上三叠统延长组以页岩油为主，页岩气较少。

三是在微观尺度上建立了页岩全尺度孔隙结构研究方法，精细描述了陆相页岩的储层特征。研究指出，陆相页岩储集空间以无机孔为主，有机孔次之，局部发育微裂缝；黏土矿物含量及压实作用强度控制了无机孔的发育程度；有机质类型、有机显微组分和热演化程度是控制有机质孔发育程度的关键因素，表现为富氢有机组分和固体沥青内普遍发育有机质孔，而大多数镜质体内基本不发育有机质孔。提出了成岩-生烃动态协同作用下陆相页岩和夹层的孔隙演化模式，探讨了低演化程度的鄂尔多斯盆地延长组、中等演化程度的四川盆地自流井组、高演化程度的松辽盆地梨树断陷营城组的页岩和夹层的孔隙演化过程和储层条件的差异性。

四是通过烃源条件和储层条件、页岩和夹层的综合分析与协同研究，揭示了陆相页岩气源–储耦合机理，形成了陆相页岩气源–储耦合“甜点层”评价技术。对页岩中的源（有机碳含量、有机岩石学、干酪根碳同位素）、储（矿物类型、孔隙大小、形态及类型）特征进行综合分析，建立了不同岩相组合的源–储耦合模式。基于陆相页岩有机质类型多样的特点，提出引入原始氢指数比（I），通过 I、TOC 和 Φ 3 个参数的乘积来计算源–储耦合系数，实现了多地区多层系陆相页岩气的“甜点层”评价应用。

五是形成了陆相页岩气资源–选区–目标定量评价技术及配套软件，实现了重点地区重点层系的地质评价。形成了涵盖页岩和夹层的陆相页岩气资源评价技术、基于 GIS 融合的陆相页岩气有利区评价技术、陆相页岩气甜点地球物理评价与预测技术等技术系列，研发了集“数据+平台+方法技术+勘探决策”于一体的陆相页岩气地质评价软件，对四川盆地中下侏罗统、鄂尔多斯盆地上三叠统延长组开展了分层段的资源、选区和目标评价，助力“十三五”期间全国陆相页岩气实现多地区多层系的勘探突破。

我认为《中国陆相页岩气富集规律与评价技术》是我国页岩气地质研究方面的一部力作，在陆相页岩气地质研究和评价技术方面具有一定的开创性意义，既具有严谨精细的地质理论与认识创新，又形成了相应的地质评价技术、方法和软件，并且对重点地区重点层系陆相页岩气开展了科学而细致的评价，对于页岩气地质方面的教学与科研具有重要的理论借鉴意义，对于陆相页岩气勘探开发实践具有一定的参考应用价值。鉴于此，撰写以上推荐文字，以为序。

中国工程院院士 

2021 年 8 月

前　　言

美国兴起的页岩气革命在全球掀起了页岩气勘探开发、理论研究和技术研发的热潮，继美洲之后，中国最先取得页岩气勘探开发的重大突破。但无论国外还是国内，页岩气规模发现和商业开发主要集中于海相层系，陆相页岩气在全球范围内尚未实现大规模的商业开发，对陆相页岩气的地质认识和评价技术的研究程度也相对较低。中新生代以来发育陆相盆地是中国含油气盆地的鲜明特色，在以陆相生烃为核心的陆相油气地质理论的指导下，中国油气工业实现了第一次腾飞。当前，中国陆相盆地的页岩油气潜力是中国油气工业最重要的接替领域之一，并且已经展示了广阔的资源前景和勘探开发潜力。

受控于陆相湖盆独特的地质条件，陆相页岩在岩性岩相、烃源条件、储集条件、源-储配置条件、页岩气富集规律与赋存机理等方面都明显不同于海相页岩，不同盆地、不同层系的陆相页岩的差异性也较大，需要开展针对性的地质理论研究和地质评价技术攻关，助力实现陆相页岩气勘探开发突破。

《中国陆相页岩气富集规律与评价技术》专著受国家科技重大专项“十三五”攻关项目“页岩气区带目标评价与勘探技术”之课题4“陆相层系页岩气勘探潜力评价”资助（编号：2017XZ05036-004）。中国石化石油勘探开发研究院、中国石化勘探分公司、中国石油大学（北京）和成都理工大学共同组成约30人的产-学-研-用多学科研究团队，依托国家重大专项、中国石化科技攻关项目和生产支撑项目，开展了历时近5年的攻关，本专著是团队研究和集体智慧的结晶。该专著重点刻画了陆相盆地的沉积与岩相特征、陆相页岩的烃源特征和储集特征；揭示了陆相页岩的源-储耦合机理、页岩气赋存机理和富集规律；形成了陆相页岩气资源-选区-目标评价技术；开展了重点地区重点层系陆相页岩气地质评价。形成的主要成果和认识如下：

明确了中国陆相湖泊的成因类型和页岩的沉积模式。中国陆相盆地泥页岩主要发育于挤榨前渊、陆内断陷、陆内拗陷、走滑断陷四种主要的盆地类型，半深湖-深湖是含有机质页岩发育的主要沉积环境。在以富集页岩气为主的中国中西部地区，发育优质页岩的湖盆主要有四类湖泊沉积模式，即：四川盆地侏罗系半咸水页岩夹砂岩、夹介壳灰岩湖泊模式；鄂尔多斯盆地延长组咸水泥页岩夹砂岩、凝灰岩湖泊模式；准噶尔盆地芦草沟组咸水-半咸水泥页岩夹砂岩、凝灰岩、白云岩湖泊模式；塔里木盆地三叠系淡水泥页岩夹砂岩湖泊模式。

建立了全岩矿物分区-TOC分级-矿物结构与沉积构造校正与完善的陆相页岩岩相划分与命名方法。运用石英、黏土和碳酸盐三角图解确定矿物分区，通过TOC含量进行页岩品质分级，再运用矿物结构和沉积构造进行校正与完善，建立了陆相页岩气的岩相划分和命名方法。纯页岩、页岩夹纹层状砂岩、页岩夹纹层状灰岩、页岩夹纹层状凝灰岩等岩相组合具有较高的有机碳含量、较好的物性和可压性，是有利的页岩气岩相组合类型。

创建了陆相富有机质页岩的生—排—滞留烃模式，明确了重点盆地陆相页岩层系的生烃潜力。通过地层孔隙热压生烃模拟实验，建立了不同有机质类型陆相页岩的生—排—滞留烃演化模式，创新提出了适用于陆相页岩气的“源内气”概念和“存滞系数”计算方法，分析了不同类型有机质在生烃产率、滞留烃产率、排出烃产率等方面的演化特征及差异性，评价指出四川盆地中下侏罗统自流井组以页岩气为主，兼有页岩油，而鄂尔多斯盆地上三叠统延长组以页岩油为主，页岩气较少。

建立了页岩全尺度孔隙结构研究方法，明确了陆相页岩储集空间以无机孔为主，有机孔次之，局部发育微裂缝。黏土矿物含量及压实作用强度控制了无机孔的发育程度；有机质类型、有机显微组分和热演化程度是控制有机质孔发育程度的关键因素，表现为富氢有机组分和固体沥青内普遍发育有机质孔，而大多数镜质体内基本不发育有机质孔。提出了成岩-生烃动态协同作用下陆相页岩和夹层的孔隙演化模式，探讨了低演化程度的鄂尔多斯盆地延长组、中等演化程度的四川盆地自流井组、高演化程度的松辽盆地梨树断陷营城组的页岩和夹层的孔隙演化过程和储层条件的差异性。

明确了烃源和储层是控制陆相页岩气微观赋存的两大地质条件，揭示了陆相页岩气源-储耦合机理，形成了陆相页岩气源-储耦合“甜点层”评价技术。对页岩中的源（有机碳含量、有机岩石学、干酪根碳同位素）、储（矿物类型、孔隙大小、形态及类型）特征进行综合分析，建立了不同岩相组合的源-储耦合模式。基于陆相页岩有机质类型多样的特点，提出引入原始氢指数比（I），通过 I、TOC 和 Φ 3 个参数的乘积来计算源-储耦合系数，实现了多地区多层系陆相页岩气的“甜点层”评价应用。

明确了沉积和构造是控制陆相页岩气宏观富集的两大地质因素，提出了陆相页岩气的地质评价方法和参数体系，形成了陆相页岩气资源-选区-目标定量评价技术及配套软件，包括：涵盖页岩和夹层的陆相页岩气资源评价技术、基于 GIS 融合的陆相页岩气有利区评价技术、陆相页岩气“甜点”地球物理评价与预测技术等，研发了集“数据+平台+方法技术+勘探决策”于一体的陆相页岩气地质评价软件。

地质理论认识、评价技术和评价结果支撑了陆相页岩气的勘探开发突破与进展。“十三五”期间，全国陆相页岩气实现多地区多层系的勘探突破，其中四川盆地涪陵地区侏罗系自流井组东岳庙段和梁高山组获勘探突破，元坝地区千佛崖组和自流井组大安寨段勘探见到好苗头，鄂尔多斯盆地上三叠统长 7 段页岩油气勘探开发取得新进展，松辽盆地梨树断陷白垩系营城组获得陆相页岩气勘探开发突破。当前，陆相页岩气处于多点开花的早期发现阶段，但尚未实现区块级的整体高产、稳产和效益开发，需要进一步加强地质评价、工程工艺、油气田开发工程的联合研究和一体化勘探开发实践。

本专著共分七章。前言由胡宗全、刘光祥编写；第一章由刘光祥、冯动军、朱彤、陈刚、杜伟、孙川翔编写；第二章由朱彤、金振奎、赵俊兴、刘忠宝、边瑞康、金思丁、王昕尧、李王鹏、胡宗全、冯动军编写；第三章由赵国伟、李海华、曾华盛、缪九军、邓模、刘光祥编写；第四章由刘忠宝、金振奎、邓昆、朱毅秀、李鹏、胡宗全、王濡岳、冯动军编写；第五章由郝景宇、王鹏威、刘忠宝、张晖、胡宗全、刘光祥、王濡岳、冯动军编写；第六章由冯动军、徐忠美、王鹏威、郝景宇、路菁、张晖、马晓潇、胡宗全、刘光祥编写；第七章由胡宗全、刘光祥编写。全书由胡宗全、刘光祥、冯动军、刘忠宝统稿。

中国石化科技部、油田部，石油勘探开发研究院领导和专家对本项研究给予了长期的支持与指导，重大专项总项目牵头单位中国石化勘探分公司领导和专家给予了技术指导，中国石化江汉油田分公司、西南油气分公司、华东油气分公司、中原油田分公司、华北油气分公司、东北油气分公司为研究提供了支持和帮助，研究中借鉴了自然资源部、中国地质调查局、中国石油天然气集团公司、陕西延长石油集团公司等单位的陆相页岩气勘探开发进展，参考了国内外页岩气的理论前沿和技术进展。在此一并表示谢忱。

目　　录

第一章 陆相页岩气勘探开发概况及基本特征

第一节 陆相页岩气勘探开发概况

一、国外陆相页岩气勘探开发情况

页岩油气革命扩展了油气资源面貌，助推了油气储产量增长。目前，非常规油气已成为全球油气产量增长的重要部分。2018 年，全球天然气产量为 $3.97\times10^{12}\ m^3$，其中非常规气占 25%（邹才能等，2020）。全球页岩气资源丰富，美国、加拿大和阿根廷 3 个国家已实现商业开发。其中，美国非常规油气产量持续保持世界第一。页岩油气资源的研究和勘探开发最早始于美国。21 世纪以来，依靠水平井钻井技术和大规模水力压裂技术的创新和大规模应用，美国在全球范围内掀起了一场能源领域的“页岩革命”。2019 年，美国页岩油气产量分别达 4.04×10^8 t（占比 63%）和 $7158\times10^8\ m^3$（占比 75%），其中，海相页岩油气贡献最大。近年来，美国在陆相页岩油气勘探中获得重要进展，犹他州（Utah）东北部尤因塔盆地（Uinta）绿河组底部的 Uteland Butte 段页岩油勘探开发取得突破，引发了业界对陆相页岩油气资源潜力的关注。据 USGS 统计，Uteland Butte 段页岩油资源量达 2529×10^4 t（177 百万桶），页岩气 $6.2\times10^{12}\ m^3$（218cuft）。Uteland Butte 段沉积于古近纪始新世 Uinta 湖形成早期的湖侵阶段，为淡水湖泊环境。该层段主要为灰岩、白云岩、钙质泥岩和粉砂岩，其中钙质泥岩中有机质含量丰富，常见介形虫和软体动物等古生物，厚度为 15~70 m，埋深较浅，介于 1000~3000 m 之间。目前，Uteland Butte 段页岩油在盆地中北部凹陷区已实现商业开发，水平井水平段长度超过 3300 m。

二、中国陆相页岩气勘探开发简况

四川盆地元坝地区侏罗系自流井组大安寨二亚段、涪陵地区自流井组东岳庙一亚段压力系数高、保存条件好、资源潜力大，是页岩气勘探的有利层系。“十三五”重大专项实施之前，涪陵地区实施大安寨段专探井 4 口、评价井 6 口、过路井 12 口，邻区建南地区东岳庙段页岩气专探井 2 口（建页 HF-1、建页 HF-2）。兴隆 3 井东岳庙段 2154.0~2175.0 m 开展了直井加砂压裂测试工作，获天然气产量 857 m^3/d，属低产气流。2011 年 9 月，中国石化第一口页岩气水平井建页 HF-1 实施压裂，测试产量最高 $1.23\times10^4\ m^3$/d。2012 年涪页 HF-1 井实施压裂，测试产量 $1.73\times10^4\ m^3$/d。元坝地区主要针对千佛崖组页岩气开展了相应的工作，其中页岩气专探井只有针对千佛崖组实施的元页 HF-1，打穿大安寨段的过路井 72 口，针对大安寨段常规兼探井测试 12 口，针对千佛崖组测试井 6 口。2011 年，元坝 11 井页岩段直井常规测试获 $14.44\times10^4\ m^3$/d 的高产工业气流，2012 年 3 月，元坝 21 井页岩段直井常规测试获 $50.7\times10^4\ m^3$/d 的高产工业气流。2012 年 10 月，元页 HF-1 井在千佛崖组测试产气 7960 m^3/d、油 13.9 m^3/d 的低产工业油气流。总体来看，陆相油气呈现“初期有产量，但递减快”的特点，尚达不到商业开发条件。“十三五”重大专项实施之后，通过加强基础研究，提出“借鉴海相成功经验、重新认识油气藏类型、探索适应性工艺”的思路，论证部署了东岳庙段专探井 1 口（涪页 10HF 井），2019 年该井测试日产气 $5.58\times10^4\ m^3$，日产油 17.6 m^3，取得涪陵地区陆相页岩油气重要突破。2019 年经过多轮评价部署，针对元坝 11 井区大安寨段部署上钻了陆相页岩气专探井元页 2 井；2020 年在川西地区部署实施了永太 2 井（大安寨段）、川中阆中地区部署实施了阆页

1 井（大安寨段）、在涪陵地区部署实施了兴页 1 和兴页 2 井（东岳庙段）、忠 1 井（凉高山组）（图 1-1）。以上钻井有望进一步落实陆相页岩品质及含油气性，探索陆相页岩压裂工程工艺技术，拓展新领域，实现陆相页岩油气勘探突破。

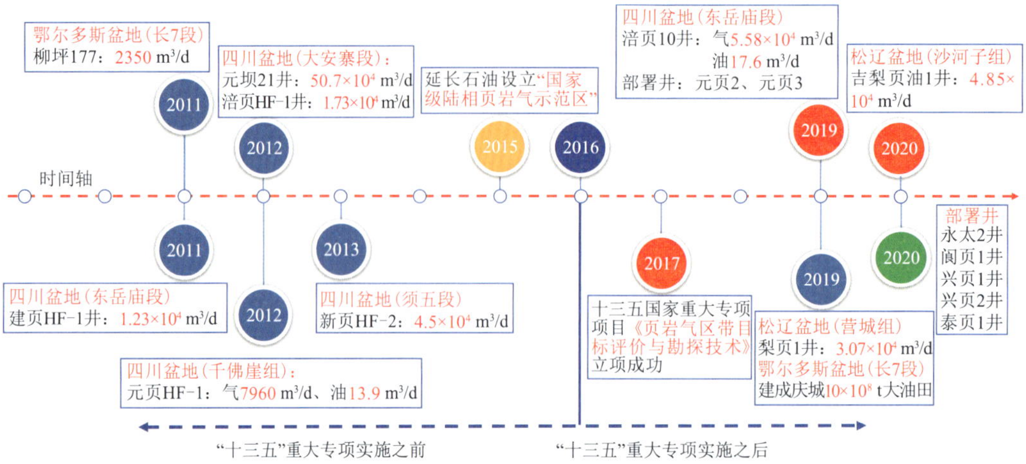

图 1-1 中国陆相页岩油气勘探主要历程

鄂尔多斯盆地东南部彬长、旬宜、富县等中石化探区多口钻井在长 7 段见到良好油气显示。彬长、富县区块 90 口井在长 7_3 页岩层系见气测异常，78 口井见油斑或油迹显示。旬宜区块内 91 口钻井均见良好页岩油气显示，气测全烃值高，渭北 90 井全烃 7.0%～66.2%，平均 24.5%。富县区块共 19 口井在长 7 页岩段试油，其中工业油流井 3 口，低产油流井 8 口。2011 年延长石油第一口陆相页岩气井柳评 177 井在长 7 段获得工业气流，日产气 2350 m^3。2013 年完钻页岩气井 30 余口，29 口压裂井均获页岩气流，直井日产气平均 2400 m^3，水平井产量 1.6×10^4 m^3（王香增，2014）。2015 年建成"国家级陆相页岩气示范区"，已完页岩气井钻井 69 口，初步落实页岩气地质储量 1600×10^8 m^3，累计建成页岩气产能 5×10^8 m^3（杜燕，2020）。"十三五"重大专项实施之后，先后建成了西 233、庄 183、宁 89 等水平井攻关试验区，初步评价了盆地长 7 页岩油地质资源量为 40.5×10^8 t，2019 年发现了 10×10^8 t 级庆城大油田，建成了百万吨国家级开发示范基地，实现了页岩油规模效益开发。

第二节 中国陆相沉积盆地的类型与分布

一、盆地原型分析概述

朱夏（1965）认为含油气盆地是"在地质发展历史一定阶段的一定运动体制下形成发展的统一的沉降大地构造单元，它们的特性包括沉积构造的发展及其对油气形成、聚集、保存条件的影响，决定于运动的性质、历史与受作用的地壳块段的整体或局部反应的相互作用"。1980 年提出："一个盆地，尤其是大型盆地，总是包含着若干个由不同的地球动力学机制产生的不同结构部分，我们称之为'原型'（prototype），单式的盆地即是这样一个构造沉积体或原型的概念。大而复杂的盆地则包括了几个不同的原型。"在 1982 年指出："按不同的机制成生发展为不同的原型（P-prototype），而几种原型又组合成为不同类型的含油气盆地整体（B）。"

Halbouty（1979）认为盆地是在一定的地质时期，在独立的地理区，于相对统一的构造环境中，由一处或多处沉积来源的沉积物组成的沉积岩体。

何登发等（2004）提出盆地概念：相应于盆地发展的某一个阶段（相当于一个构造层的形成时间），有相对稳定的大地构造环境（如构造背景与深部热体制），有某种占主导地位的沉降机制，有一套沉积充填组合，有一个确定的盆地边界（虽然此边界常常难以恢复），这样的盆地实体可以称作该阶段的“盆地原型”（prototype）或“原型盆地”。

尽管不同的学者对盆地和盆地原型的定义存在一定差异，目前多数研究者认为：盆地原型是指单一的结构单元，是一种构造形式，也是一个沉积实体，而不是它们的组合——盆地。

自20世纪50年代以来，国内外出现了多种盆地分类方案，按其理论基础主要可以分为三大类：一是以槽台学说为基础的分类，典型代表是Umbgrove（1947）；二是以板块构造学说为基础的分类，如Dickinson（1974、1976）、甘克文（1982）、陈发景（1986）、张渝昌（1997）、Paul Mann（2003），温志新等（2012）；三是以地球动力学为基础的分类，如陆克政（1987）、Allen（1990）、刘和甫（1993）、Miall（2000）。

甘克文（1982）盆地分类中首先根据朱夏（1978）提出的古生代和中新生代两种盆地体制（槽台体制和板块体制）对盆地原型进行分类，并探讨了不同类型盆地的复合、组合和叠合及其油气意义。

Dickinson（1994）指出，许多沉积盆地的形成与演化都是多重机制的联合，在不同的演化阶段其主要控制作用各异。因此简单化的单个盆地原型的分类已不能反映这种叠合盆地的复杂性，运用盆地动力学思路完整地、动态地剖析此类盆地的演化过程才具有重要的实际意义。Klemme（1994）曾列举了全球14个最著名的含油气盆地均为具有多个演化阶段的叠合盆地，这些盆地中，早期裂谷阶段形成了优质烃源岩，而前陆阶段则形成了大型构造圈闭，因此有利于形成超大型含油气系统。贾承造等（2000）研究了国外典型含油气前陆盆地和中国西部前陆盆地，发现这些盆地均发育多套生储盖组合，但主力烃源岩大多形成于前前陆盆地阶段（克拉通边缘、被动陆缘或断陷），而前陆盆地阶段形成了优质储层和有利的构造圈闭。何登发（2004）对“叠合盆地”进行了定义：经历了多阶段运动体制（包括构造体制与热体制）的变革，不同阶段的原型盆地发生叠合而形成的具有叠加地质结构的盆地，探讨了叠合样式与叠合盆地类型（3种类型）。

赵文智等（2003）依据盆地性质、结构和叠合方式，将中国叠合盆地分为6种基本类型：①古生代海相-海陆过渡相克拉通盆地与中、新生代陆相前陆-陆内拗陷盆地的继承-延变型叠合盆地（如塔里木盆地、鄂尔多斯盆地、四川盆地）；②古生代克拉通盆地与中、新生代裂谷盆地的改造型叠合盆地（如渤海湾盆地、苏北-南黄海盆地、江汉盆地）；③前陆（陆内拗陷）继承型叠合盆地（如准噶尔盆地、吐哈盆地）；④早期拉分（断陷）与后期再生前陆盆地的延变型叠合盆地（如柴达木盆地、酒泉盆地）；⑤裂谷与拗陷盆地叠置形成的延变型叠合盆地（松辽盆地）；⑥大陆边缘的裂谷-被动陆缘延变型叠合盆地（如东海盆地、珠江口盆地、北部湾盆地、莺-琼盆地）。其中，①—②为发育于前寒武纪克拉通之上的叠合盆地，③—⑤为发育于华力西—印支期褶皱基底之上的叠合盆地。总体看来，中国发育3种基本类型叠合盆地：前陆-克拉通盆地、断陷-拗陷盆地与克拉通内拗陷盆地。

二、中国陆相页岩盆地原型与分布

中国沉积盆地形成经历了三大活动构造历史阶段——古中国陆（新元古代—早古生代）、古亚洲陆（晚古生代）和新亚洲陆（中新生代）（徐旭辉等，2005）。受不同时代构造热体制控制，中国陆相沉积盆地主要发育于新亚洲陆形成阶段（徐旭辉等，2009），而中国北方陆相沉积发育较早，晚古生代晚期已开始发育陆相沉积（王鸿桢等，1985；郑和荣等，2010；朱如凯等，2007）。

二叠纪，中国南方发育陆缘裂陷-陆内拗陷盆地，属海相或海陆过渡相沉积；而中国北方开始发育陆相盆地，受大地构造位置及周缘构造环境控制，不同地区陆相盆地发育时序和盆地原型不同（图1-2）。

准噶尔-三塘湖地区，受上地幔上隆后应力松弛、沉积物重力作用以及康古尔陆间裂谷关闭后陆内伸展构造环境控制，准噶尔-三塘湖地区发育一系列陆内断陷盆地，沉积了河湖相碎屑岩系（赵白，1992；王国灿等，2019；庞志超等，2020）；同时受湖底热液流体、周缘火山活动影响，还发育

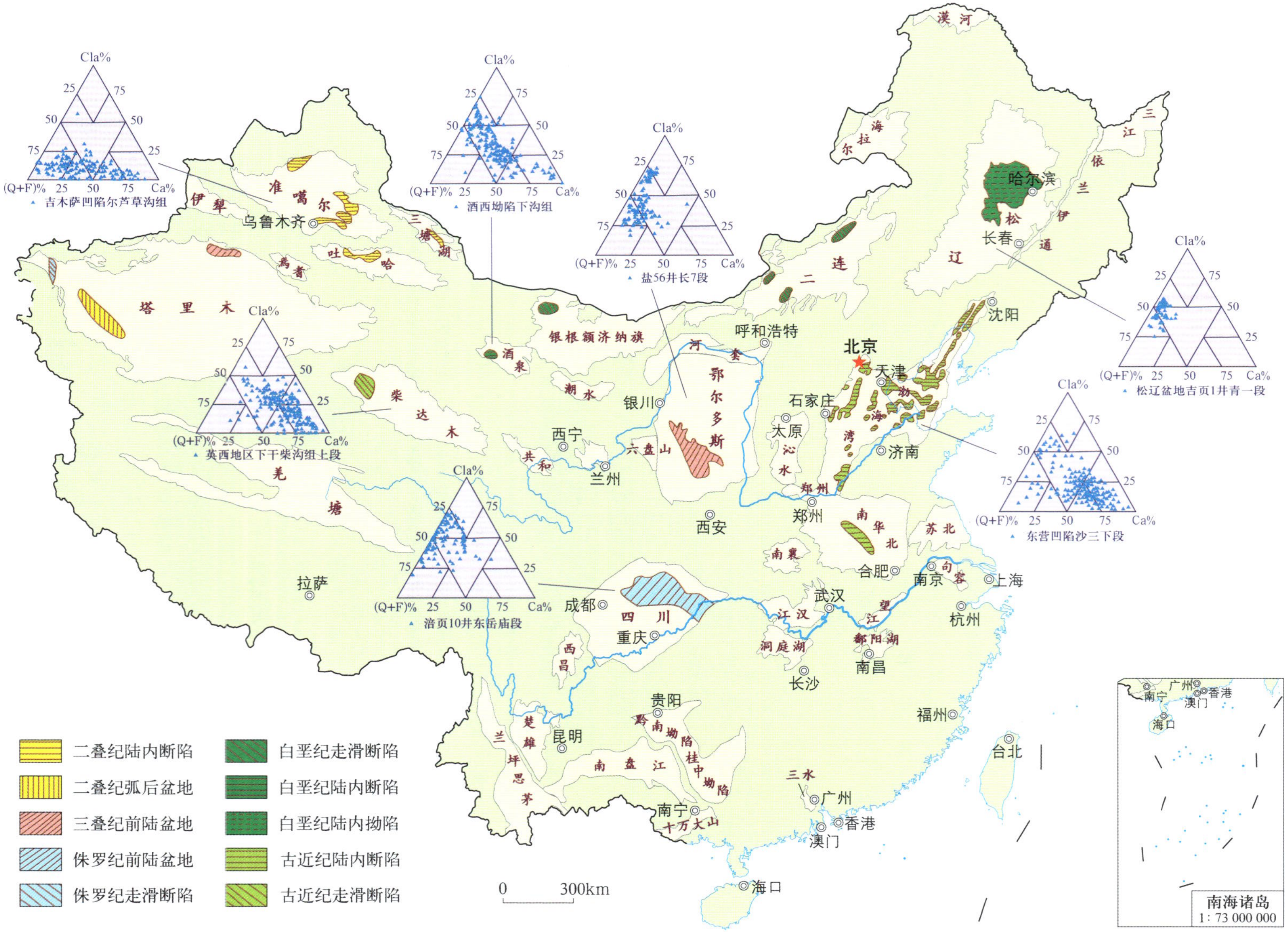

图1-2　中国陆相页岩盆地原型与岩相特征

湖相原生白云岩和火山凝灰岩夹层（柳益群等，2010、2018；傅饶等，2015；焦鑫等，2017；李红等，2017）。塔里木地区：早二叠世为海相沉积，至中二叠世，古特提斯洋板块开始向塔里木板块之下俯冲，沿西南缘形成了塔西南弧后盆地，发育了曲流河-滨湖相沉积体系。盆地内部为克拉通内拗陷盆地，发育了河流-湖泊相沉积。湖相沉积主要发育在塔西南叶城-和田一带和羊屋3-巴东2井一带，其余地区主要为河流三角洲沉积。东部近隆起区以辫状河沉积为主，西部靠海盆地区多为曲流河沉积体系。至晚二叠世，古特提斯洋向中昆仑地体的俯冲作用达到高潮，导致甜水海地体与塔里木地块发生碰撞，在塔西南地区形成弧后前陆盆地，以陆相磨拉石建造为主（何登发等，2005）。华北地区：受秦岭洋和古亚洲（有限）洋影响，华北地块以河流-沼泽-滨浅湖相沉积为主，属克拉通内拗陷盆地。东北地区：早、中二叠世以海相沉积为主，至晚二叠世，随着残余洋盆（古亚洲洋）的消亡，华北地块北缘发育东西向展布的碰撞火山岩和火山碎屑岩，东北地区处于南北向挤压构造环境，沉积河湖相碎屑岩，属前陆盆地。

印支运动以来，中国大陆处于三面受挤的大地构造环境，发生了三期变格运动与成盆作用。

第一变格成盆期又可分为两个阶段，其中晚三叠世—中侏罗世，古特提斯洋关闭，天山造山带、祁连造山带、龙门山造山带、秦岭造山带等形成与复活造山，发育与挤榨有关的前渊盆地（如四川盆地、鄂尔多斯盆地、柴达木盆地、库车前渊盆地）或前陆盆地系统（陆内拗陷作为前陆盆地隆后沉积带）等；同时受巨型阿尔金走滑断裂系的影响，在其两侧发育一系列走滑断陷盆地，如花海、巴丹吉林、额济纳旗、二连盆地等；东北地区在大陆内部地幔强烈上涌作用下，地壳强烈上升，出现大量地壳断裂和大陆性岩浆岩侵入和喷出，形成一系列陆内断陷盆地，如开鲁盆地等。晚侏罗世—早白垩世，怒江洋关闭，天山造山带、祁连造山带、贺兰山造山带、龙门山造山带、秦岭造山带等复活造山，中国西部地区持续发育挤榨前渊，如准噶尔盆地、塔里木盆地、四川盆地等；由于受西太平洋伊邪那岐板块向东亚大陆东部边缘斜俯冲的影响，中国大陆东部发育中小型伸展裂陷的火山-沉积盆地。

晚白垩世—古近纪变格成盆期：晚白垩世—古近纪陆内伸展变形达到高潮（葛肖虹等，2014），这一时期中国东部岩石圈进一步减薄，软流圈物质上涌导致地壳拉张和伸展作用，发育一系与郯庐巨型走滑构造带相关的断陷盆地，如渤海湾盆地等；松辽盆地由早期裂谷盆地转化为克拉通内拗陷盆地；而中国西部的四川盆地、塔里木盆地、准噶尔盆地则持续发育挤榨前渊，鄂尔多斯盆地隆升遭受剥蚀，北西缘发育河套陆内断陷盆地，东南缘发育渭河陆内断陷盆地，吐哈盆地、柴达木盆地、羌塘盆地则为走滑断陷盆地。

新近纪—第四纪变格成盆期：由于印度陆块与亚洲陆块的碰撞和随后沿西瓦利克带的陆内俯冲以及西太平洋的菲律宾洋壳北西西向俯冲（北段），中国陆块处在双向挤压之下。西线挤压表现为青藏地区强烈的地壳隆起和增厚，盆地主要以南北向拉张断陷和东西向压剪性断裂的拉分为特色。在外围，亚洲内部古生代造山系复活，边界断裂表现为以挤压为主兼左旋平移，在昆仑山前、天山前、祁连山前、龙门山前形成挤榨前渊，沉积了巨厚的新近系和第四系。塔里木盆地共用一个中间陆隆的南北两个前渊及其相向对冲变形就是在天山、昆仑山相对冲断下形成的。由于中国东部边缘形成新的沟弧体系和弧后的强烈扩张，东海盆地从被动大陆边缘拉张断陷转化为弧后扩张盆地；南海洋盆形成和进一步扩张，在它的北面从裂陷进一步发育为被动大陆边缘，这种差别是由于菲律宾洋沿中国台湾东海岸到菲律宾东海岸转换边界仰冲（不是北段那样俯冲）的结果。在中国东部陆上，华北盆地、苏北盆地从断陷变为拗陷。

二叠系湖相富有机质泥页岩主要分布于准噶尔断陷盆地、三塘湖断陷盆地、吐哈断陷盆地和塔西南弧后盆地；三叠系湖相富有机质泥岩主要分布于鄂尔多斯挤榨前渊、库车挤榨前渊；侏罗系湖相富有机质泥页岩主要分布于川北挤榨前渊、喀什乌恰走滑断陷盆地；下白垩统湖相富有机质泥页岩主要分布于阿尔金走滑断裂两侧的走滑断陷盆地群和东北地区的陆内断陷盆地群；古近系湖相富有机质泥页岩除分布于东部陆内断陷盆地群外，西部的走滑断陷盆地也有分布，如柴达木盆地干柴沟组（图1-2）。

第三节　中国陆相富有机质页岩的基本特征

中国陆相沉积盆地发育于二叠纪至新近纪，盆地原型主要包括陆内断陷盆地、走滑断陷盆地、挤榨前渊、克拉通内拗陷、陆内拗陷，仅在塔西南地区发育弧后盆地和弧后前陆盆地。

富有机质泥页岩发育与分布不仅受盆地原型控制，还受沉积（微）相、古气候、古盐度、古生物生产率、有机质保存和物源条件等因素控制。泥页岩层系岩相及其组合差异极大，例如，鄂尔多斯南部和四川盆地北部同为挤榨前渊，但延长组湖相泥页岩和下侏罗统自流井组的湖相泥页岩无论是有机质丰度、还是岩相类型和岩相组合均不相同（表 1-1），下面就代表性盆地湖相泥页岩特征作简要叙述。

准噶尔陆内断陷盆地——芦草沟组（P_2l）：岩性为黑色至褐灰色页岩、油页岩、粉砂岩夹凝灰质白云岩、细砂岩、火山凝灰岩；岩性组合可分为两类，一类以云质泥页岩、粉砂质泥页岩为主的泥页岩段，另一类为泥质云岩、白云质粉砂岩、泥质粉砂岩夹云质泥页岩。地层厚度变化较大，100~400 m。烃源岩岩性包括纯泥页岩、白云质页岩和白云质泥岩和泥质白云岩，有机质丰度（TOC）高，分布于 0.5%~32.8%之间，一般大于 2.0%（276 件样品中 70%的样品 TOC>2.0%，41%的样品 TOC>4.0%），平均为 4.81%；有机母质以菌藻类为主，干酪根类型属Ⅰ—$Ⅱ_1$ 型，成熟度处于低成熟-成熟阶段。岩相类型包括高碳-富碳混合质岩、灰云质泥岩、黏土质粉砂岩，中低碳粉砂岩、白云岩、火山凝灰岩等。

鄂尔多斯挤榨前渊——延长组长 7 段（T_3yc）：岩性为半深湖-深湖相灰黑色泥页岩夹砂岩及凝灰岩，厚度分布于 15~80 m，泥页岩有机丰度（TOC）分布于 0.5%~9.0%之间，有机质类型多属$Ⅱ_1$ 型，成熟度 R_o 分布于 0.5%~1.2%之间，岩相类型为中碳-富碳黏土质粉砂岩、混合质岩、长英质泥页岩夹火山凝灰岩、粉砂岩。

四川挤榨前渊——自流井组（J_1z）：岩性可分为珍珠冲段、东岳庙段、马鞍山段和大安山段，岩性及岩相组合横向变化极大。以涪陵地区东岳庙段为例，岩性为泥页岩夹介壳纹层及薄层（表 1-1），地层厚 30~80 m。烃源岩有机质丰度（TOC）分布于 0.50%~2.20%，平均值较低；有机质类型变化较大，从Ⅲ型至Ⅰ型均有分布，主体以混合型为主，油气兼生；有机质处于成熟-高成熟演化阶段（R_o：0.9%~1.5%）。岩相为低碳-中碳粉砂质页岩、混合质页岩、黏土质粉砂岩夹介壳灰岩、砂岩。

酒西盆地走滑断陷——赤金堡组+下沟组（K_1c+K_1g）：岩性以暗色泥页岩、白云质泥岩、泥质白云岩为主，夹少量薄层粉砂岩。烃源岩厚度大，钻井揭示厚度超过 1500 m，岩性主要为白云质泥岩和泥质白云岩，有机质丰度从上到下逐渐增高，有机质丰度（TOC）一般分布于 1.0%~3.0%之间，不同层段暗色泥岩的有机质丰度（TOC）均在 1.5%以上，且绝大多数约为 2.0%，平均达到 2.17%（陈建平等，2018）；有机母质以低等水生浮游生物为主，源于陆生高等植物的壳质组也占一定比例，干酪根以$Ⅱ_1$ 型为主；成熟度变化较大，R_o 分布于 0.5%~1.3%之间。岩相类型以中碳-高碳钠长石-铁白云石、铁白云石-钠长石喷流岩和黏土质页岩为主（郑荣才等，2003，2018）。

松辽盆地陆内拗陷——青山口组一段（K_2q^1）：青一段岩性以灰黑色厚层状泥页岩为主，局部夹灰色泥质粉砂岩，厚度分布于 30~100 m 之间，平均厚度 70 m。除粉砂岩夹层外，泥页岩 TOC 分布于 0.5%~4.5%之间，平均值为 2.15%，从分布频率看，中等丰度泥页岩（TOC 1.0%~2.0%）占 41.1%，高丰度泥页岩（TOC>2.0%）占 38.9%；从岩石热解参数看，青一段下部泥页岩干酪根多属$Ⅱ_1$-$Ⅱ_2$ 型，部分属Ⅰ型，而中上部烃源岩干酪根主体属Ⅰ型，少部分样品属$Ⅱ_1$ 型；成熟度（R_o）分布于 0.70%~1.13%之间，平均为 0.89%（张君峰等，2020）。岩相类型为中碳-高碳黏土质粉砂岩、混合质页岩、粉砂质页岩，夹层粉砂岩。

渤海湾陆内断陷盆地——济阳拗陷沙三下段（$E_2s_3^{下}$）：岩性为黑色纹层状泥页岩夹灰色泥质灰岩、泥质白云岩及少量粉砂岩，厚度 150~200 m。除碳酸盐岩、粉砂岩夹层外，泥页岩 TOC 呈双峰分布，

表 1-1　中国主要陆相盆地原型及页岩基本特征与对比表

盆地 代表单元	沉积期	盆地 原型	岩性剖面	沉积环境	烃源条件	储集条件	可压性	岩相及组合
柴达木盆地 英西拗陷	E_3^2	走滑 断陷	下干柴沟组上段 1486 (m) 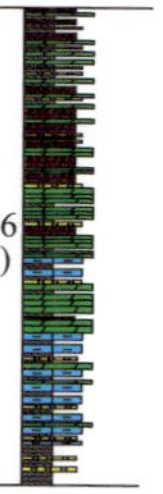	沉积相：半深湖相-盐湖相 盐度：半咸水-盐湖 古气候：半干旱-干冷潮湿 生物生产率：较高 氧化还原条件：弱还原-强还原	H：1000~1500 m TOC：0.5%~2.6% 类型：Ⅰ—$Ⅱ_1$ R_o：0.8%~1.3%	孔隙类型：无机孔为主 （晶间孔、溶蚀孔、角砾孔洞和微裂隙），有机孔零星分布 孔隙度：2.0%~13.0%	长石+石英：3.1%~38.7% 碳酸盐：2.4%~65.7% 黏土：3.4%~39.9%	低碳-中碳混合质岩、黏土质页岩、黏土质云（灰）岩，夹粉细砂岩和膏盐岩
渤海湾盆地 济阳拗陷	$E_2s_3^{下}$	陆内 断陷	沙三下段 200 (m) 	沉积相：半深湖-深湖相 盐度：微咸水-半咸水 古气候：半干旱-温暖潮湿 生物生产率：高 氧化还原条件：弱还原-强还原	H：150~200 m TOC：1.0%~3.5% 6.0%~10.5% 类型：Ⅰ R_o：0.40%~1.0%	孔隙类型：无机孔为主 （粒间孔、晶间孔及微裂隙），有机孔零星分布 孔隙度：3.0%~16.0%	长石+石英：0.1%~27.3% 碳酸盐：13.6%~47.6% 黏土：14.8%~36.2%	中碳-富碳混合质岩、粉砂质灰岩、黏土质灰岩为主，夹薄砂岩和碳酸盐岩
松辽盆地 长岭凹陷	K_2q	陆内 拗陷	青一段 100 (m) 	沉积相：浅湖-深湖相 盐度：半咸水-咸水 古气候：半干旱-潮湿 生物生产率：较高 氧化还原条件：弱还原-强还原	H：30~100 m TOC：0.5%~4.5% 类型：Ⅰ—$Ⅱ_1$为主 R_o：0.70%~1.13%	孔隙类型：无机孔为主 （粒间孔、溶蚀孔、晶间孔及微裂缝），有机孔零星分布 孔隙度：2.0%~11.8%	长石+石英：39.5%~55.0% 碳酸盐：<25% 黏土：43.9%~63.7%	中碳-高碳粉砂质页岩、泥质粉砂岩、混合质页岩夹粉砂岩
酒泉盆地 青西凹陷	K_1c+ K_1g	走滑 断陷	下沟组 1000 (m) 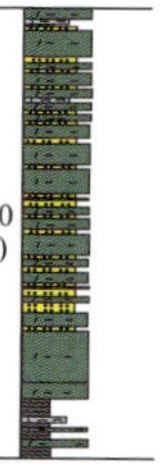	沉积相：半深湖-深湖相 盐度：微咸-半咸水 古气候：温暖湿润 生物生产率：较高 氧化还原条件：还原	H：100~1500 m TOC：1.0%~3.0% 类型：$Ⅱ_1$ R_o：0.5%~1.3%	孔隙类型：粒间孔、晶间孔；粒间溶孔、粒内溶孔；微裂隙 孔隙度：0.6%~15.9%	长石+石英：20.0%~45.0% 碳酸盐：>50% 黏土：<10%	中碳-高碳钠长石-铁白云石和铁白云石-钠长石喷流岩

续表

盆地 代表单元	沉积期	盆地 原型	岩性剖面	沉积环境	烃源条件	储集条件	可压性	岩相及组合
四川盆地 川东高陡 （涪陵）	J_1dy	挤榨 前渊	东岳庙一段 26 (m) 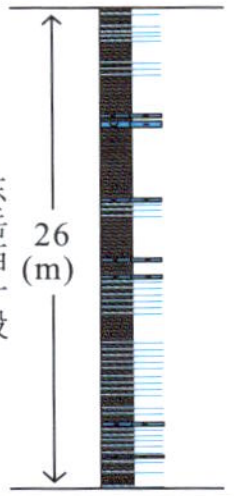	沉积相：浅湖-半深湖相 盐度：淡水 古气候：温暖湿润 生物生产率：较高 氧化还原条件：弱还原	H：30~80 m TOC：0. 50%~2. 20% 类型：Ⅰ-$Ⅱ_2$ R_o：0. 9~1. 5%	孔隙类型：无机孔为主 （晶间孔、溶蚀孔及微裂隙）， 有机孔较发育 孔隙度：0. 6%~15. 9%	长石+石英：20. 7%~57. 9% 碳酸盐：0. 0%~63. 9% 黏土：25. 5%~70. 6%	低碳-中碳粉砂质页岩、混合质岩、黏土质粉砂岩夹介壳灰岩、砂岩
塔里木盆地 库车拗陷	T_3h	挤榨 前渊	黄山街组 550 (m) 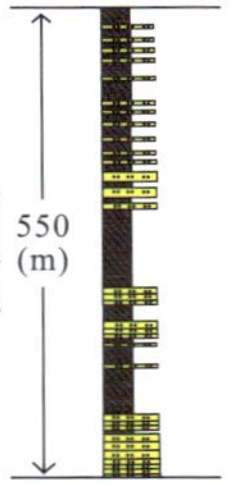	沉积相：浅湖-深湖相 盐度：淡水 古气候：温暖湿润 生物生产率：较高 氧化还原条件：弱还原	H：100~300 m TOC：0. 51%~5. 75% 类型：Ⅲ-$Ⅱ_2$ R_o：>2. 0%			低碳-中碳泥页岩、粉砂质泥岩夹砂岩
鄂尔多斯 鄂南地区	T_3yc	挤榨 前渊	长7段 110 (m) 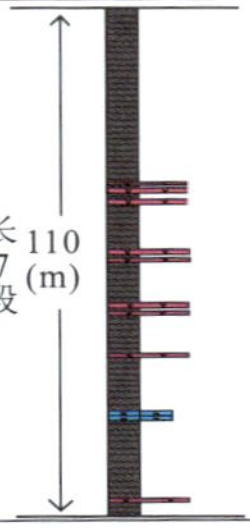	沉积相：半深湖-深湖相 盐度：半咸水 古气候：温暖湿润 生物生产率：高 氧化还原条件：还原-强还原	H：15~80 m TOC：0. 5%~9. 0% 类型：$Ⅱ_1$为主 R_o：0. 50%~1. 20%	孔隙类型：无机孔为主 （晶间孔、溶蚀孔及微裂隙）， 有机孔不发育 孔隙度：0. 16%~14. 0%	长石+石英：21. 0%~27. 0% 碳酸盐：1. 0%~6. 0% 黏土：23. 9%~54. 9%	中碳-富碳黏土质粉砂岩、混合质岩、长英质泥页岩夹火山凝灰岩、粉砂岩
准噶尔盆地 吉木萨 尔凹陷	P_2l	陆内 断陷	芦草沟组 660 (m) 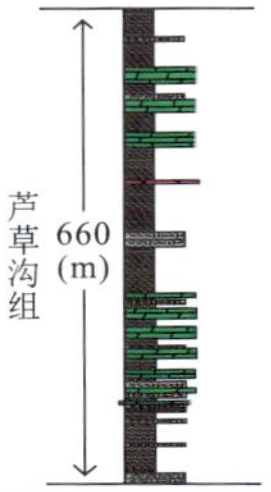	沉积相：半深湖-深湖相 盐度：半咸水-咸水 古气候：温暖湿润 生物生产率：高 氧化还原条件：还原-强还原	H：100~200 m TOC：0. 5%~32. 8% 类型：Ⅰ-$Ⅱ_1$ R_o：0. 56%~0. 84%	孔隙类型：无机孔为主 （原生粒间孔、晶间孔；溶洞、粒间溶孔、粒内溶孔；微裂隙）， 有机孔不发育 孔隙度：1. 8%~12. 1%	长石+石英：13. 7~17. 3% 碳酸盐：>50% 黏土：3. 8%~5. 0%	高碳-富碳混合质页岩、粉砂质页岩、黏土质粉砂岩夹粉砂岩、白云岩、火山凝灰岩等

第一个区间 TOC 分布于 1.0%~3.5%之间，众数为 2.5%，第二个区间 TOC 分布于 6.0%~10.5%之间，众数为 6.8%；浮游生物极为发育，沟鞭藻类、疑源类等顺层分布，形成夹在泥质纹层中间的有机质富集层，有机质属Ⅰ型。成熟度（R_o）分布于 0.4%~1.0%之间（孙焕泉，2019；宋明水等，2019）。岩相类型以中碳-富碳混合质岩、粉砂质灰岩、黏土质灰岩为主，少量灰质、粉砂质页岩和黏土质粉砂岩，夹薄砂岩和碳酸盐岩（彭丽等，2019）。

柴达木盆地走滑断陷——下干柴沟组上段（E_3^2）：下干柴沟组上段盐下岩性以暗色钙质泥页岩、泥质灰岩、泥质云岩为主，夹粉细砂岩和蒸发盐岩，地层厚度 1007~1463 m，盐间岩性为蒸发盐岩夹泥质云岩为主，地层厚度 312~938 m。富有机质泥页岩和碳酸盐岩主要发育于盐下，岩性包括泥页岩和泥质灰岩、泥质云岩，有机质丰度（TOC）相对较低，分布于 0.5%~2.6%，普遍小于 2.0%，但最新研究表明，其有机质以Ⅰ—$Ⅱ_1$型为主（葡萄球藻和疑源藻类；张道伟等，2019），有机质成熟度（R_o）分布于 0.8%~1.3%之间。岩相类型有低碳-中碳混合质岩、钙质泥页岩、黏土质云（灰）岩、粉砂质云（灰岩）、云（灰）质粉砂岩，夹粉细砂岩（张道伟等，2020）。

由上述分析可见，中国湖相富有机质泥页岩具以下特征：

1）在层位上，分布于中上二叠统、上三叠统、下侏罗统、白垩系和古近系。

2）在盆地原型上，各种盆地原型均可发育富有机质泥页岩，但走滑断陷的富有机质泥页岩厚度上最大，其次是陆内断陷，再次是挤榨前渊，陆内拗陷最小，而分布范围以陆内拗陷最广，其次是挤榨前渊，走滑断陷和陆内断陷分布范围相对最小。

3）在页岩油气形成条件上，有机质丰度差异较大，淡水湖相泥页岩有机质丰度相对较低，如四川盆地；微咸水-咸水湖相泥页岩有机质丰度较高，如济阳拗陷沙三下；当有湖底热液流体介入或火山灰介入时，有机质丰度最高，如吉木萨尔凹陷芦草沟组。有机质类型较好，以Ⅰ—$Ⅱ_1$型为主，演化程度多处于油窗范围内，四川盆地自流井组处于凝析油-湿气阶段，仅库车挤榨前渊黄山街组、塔西南弧后盆地中二叠统处于干气阶段。

4）陆相泥页岩及其夹层孔隙类型以无机孔为主，有机质孔欠发育或不发育；当演化程度较高时，有机质孔较为发育，如涪页 10 井东岳庙段。从储集物性看，陆相泥页岩因成岩演化程度相对较低，孔隙度普遍较海相层系高。

5）在可压性上，岩相类型及其组合主要受控于碎屑输入、湖底热液、火山灰沉积和内源沉积作用，灰质、云质、砂质纹层或隔夹层为湖相泥页岩可改造性奠定基础。但硅质含量明显低于五峰组-龙马溪组，硅质主要为陆源碎屑成因，并非五峰组-龙马溪组的生物成因硅；另一方面，陆相泥页岩层系岩相组合明显较五峰组-龙马溪组的复杂，砂岩、碳酸盐岩隔夹层普遍发育。

第二章 典型陆相盆地沉积特征与页岩发育模式

第一节 四川盆地中下侏罗统页岩沉积特征

一、地层划分与对比

（一）早中侏罗世盆地演化概述

四川盆地是一个发育在晋宁期基底上，由震旦纪—中三叠世海相层系和晚三叠世—第四纪陆相层系叠置形成的大型、多旋回叠合盆地，不同构造体制、多种类型盆地（原型）及多期构造运动的更迭和交织，构成了四川盆地复杂的构造-沉积演化史。

四川盆地经历了晚二叠世—中三叠世台地、台内拗陷和陆缘裂陷后，中晚三叠世的印支运动结束了区内海相沉积史，开始广泛接受陆相沉积；受周缘龙门山造山带、秦岭造山带（米仓山-大巴山推覆构造带）、雪峰山基底拆离构造等不断转换的地球动力学环境控制，四川盆地晚三叠世—白垩纪表现为挤榨前渊，不同时期前渊位置发生迁移，晚三叠世挤榨前渊位于龙门山前，早中侏罗世挤榨前渊位于米仓山-大巴山前，晚侏罗世则位于川东地区和川西龙门山前。受沉降幅度、物源供给程度、古气候等因素制约，湖泊沉积主要发育于早中侏罗世，位于挤榨前渊靠稳定地块一侧，近活动带一侧以边缘相沉积为主，这是下述四川盆地湖相泥页岩宏观展布的主控因素。

白垩纪持续发育挤榨前渊，自晚白垩世，盆地由北东至南西逐渐萎缩；至新生代，盆地萎缩至西南一角。

（二）地层发育特征

四川盆地侏罗系主要为碎屑岩沉积，地层总厚可达2000~4400 m。自下而上包含的地层单元有下侏罗统自流井组（J_1z，往盆缘称白田坝组J_1b），中侏罗统凉高山组（J_2l，往盆缘称千佛崖组J_2q）和沙溪庙组（J_2s），上侏罗统遂宁组（J_3sn）和蓬莱镇组（J_3p，往盆缘称莲花口组J_3l）。侏罗系不同地区地层划分对比如表2-1。

1. 自流井组（J_1z）

自流井组与下伏上三叠统须家河组四段或五段呈平行不整合接触关系，局部出现角度不整合。厚度为100~600 m，西薄东厚。垂向上岩性组合具明显的四分性，自下而上分别为珍珠冲段、东岳庙段、马鞍山段和大安寨段。

珍珠冲段（J_1z^1）：下部常为含石英岩质砾石的石英砂岩和砂质细砾岩，局部为灰绿与紫红掺杂的杂色泥页岩，中上部由数个浅灰或黄灰色细粒石英砂岩与紫红色、黄绿色砂质泥岩、页岩韵律互层组成。该岩性段普遍夹薄煤层和煤线，富含菱铁矿结核，产有较丰富的陆相双壳类、介形类和植物化石，厚50~270 m。除底部出现少量河流相水道砂体，主要属滨浅湖相和沼泽相沉积。

东岳庙段（J_1z^2）：该段地层较薄，仅厚5~50 m，但岩性分布较稳定，下部主要为灰-深灰色微晶灰岩、介壳灰岩、泥灰岩夹黑色页岩，上部主要由灰色或灰绿色间夹暗紫色泥页岩组成，亦夹有多个薄层泥灰岩和介壳灰岩透镜体，富含淡水双壳类化石，主要属浅-半深湖相沉积。

马鞍山段（J_1z^3）：该段地层很稳定，但厚度也不大，为100~150 m。盆地南部的岩性主体为紫红色间夹灰绿色泥岩，夹少量粉、细砂岩和透镜状泥灰岩、介壳灰岩。向盆地北部方向，泥岩颜色变深，并过渡为深灰-灰黑色，砂岩夹层减少。在垂向剖面上，于中下部发育一层于全区稳定分布的中厚层状粉-细砂岩，俗称“郭家坳砂岩”，中、上部暗色泥岩和泥灰岩夹层增多。

表 2-1　四川盆地侏罗系地层划分及对比表

<table>
<tr><td colspan="2" rowspan="2">地层</td><td colspan="9">地　区</td></tr>
<tr><td>川西</td><td colspan="2">川北</td><td colspan="2">川中</td><td colspan="2">川东</td><td colspan="2">川南</td></tr>
<tr><td rowspan="9">侏罗系</td><td rowspan="2">上统</td><td>蓬莱镇组</td><td colspan="2">蓬莱镇组</td><td colspan="2">蓬莱镇组</td><td colspan="2">蓬莱镇组</td><td colspan="2">蓬莱镇组</td></tr>
<tr><td>遂 宁 组</td><td colspan="2">遂 宁 组</td><td colspan="2">遂 宁 组</td><td colspan="2">遂 宁 组</td><td colspan="2">遂 宁 组</td></tr>
<tr><td rowspan="3">中统</td><td>上沙溪庙组</td><td colspan="2">上沙溪庙组</td><td colspan="2">上沙溪庙组</td><td colspan="2">上沙溪庙组</td><td colspan="2">上沙溪庙组</td></tr>
<tr><td>下沙溪庙组</td><td colspan="2">下沙溪庙组</td><td colspan="2">下沙溪庙组</td><td colspan="2">下沙溪庙组</td><td colspan="2">下沙溪庙组</td></tr>
<tr><td>千佛崖组</td><td colspan="2">千佛崖组</td><td colspan="2">千佛崖组</td><td colspan="2">凉高山组</td><td colspan="2">千佛崖组</td></tr>
<tr><td rowspan="4">下统</td><td rowspan="3">白田坝组</td><td rowspan="4">自流井组</td><td>大安寨段</td><td rowspan="4">自流井组</td><td>大安寨段</td><td rowspan="4">自流井组</td><td>大安寨段</td><td rowspan="4">自流井组</td><td>大安寨段</td></tr>
<tr><td>马鞍山段</td><td>马鞍山段</td><td>马鞍山段</td><td>马鞍山段</td></tr>
<tr><td>东岳庙段</td><td>东岳庙段</td><td>东岳庙段</td><td>东岳庙段</td></tr>
<tr><td>缺 失</td><td>珍珠冲段</td><td>珍珠冲段</td><td>珍珠冲段</td><td>珍珠冲段</td></tr>
</table>

大安寨段（J_1z^4）：该段地层岩性和厚度变化较大，以蓬莱镇和岳池一线为界，以北的川北和四川盆地主要为深灰-灰黑色页岩与介壳灰岩不等厚互层，局部夹薄层泥灰岩和粉砂岩，厚度相对较大，为 100~160 m。以南地区的川中和川南地区紫红和黄绿色泥页岩逐渐增多，并频繁夹有薄层粉-细砂岩，而介壳灰岩减少，常呈透镜状产出，厚度亦减薄为 40~80 m。该岩性段顶部于区域上稳定地发育有一套厚 2~8 m 的紫红与灰绿掺杂的杂色钙质泥岩夹薄层粉、细砂岩组合，并以杂色泥岩中钙质组分顺层密集发育的结核状产出特征成为区域地层划分和追踪对比的重要标志层。该岩性段所含的淡水双壳类和介形类化石于自流井组中最为丰富，分布范围亦最广，且常由淡水双壳类化石的连续沉积形成厚层块状的、呈大面积环带状分布的介壳滩相沉积，介壳滩向陆一侧以发育滨浅湖相杂色泥质沉积为主；向盆内一侧的达川、南充等地，则以发育深-半深湖相黑色页岩沉积为主，厚度亦相应加大。

2. 千佛崖组（J_2q）/凉高山组（J_2l）

千佛崖组命名于广元市北千佛崖剖面，以黄绿、绿灰色细砂岩、粉砂岩、页岩为主，夹介壳灰岩条带及透镜体，底部具细砾岩及含砾砂岩，含双壳类、植物及孢粉化石，地层厚度 180~450 m。从区域分布来看，千佛崖组主要发育于盆地边缘地区野外露头剖面，如广元荣山镇剖面、旺苍金溪镇剖面、南江桥亭剖面等，但在宣汉七里峡剖面以及盆地内部则演变为新田沟组。凉高山组主要分布于川东地区，以一套黄绿、紫红色夹深灰色泥岩、粉砂质泥岩为主，夹细砂岩、粉砂岩及生物碎屑灰岩透镜体，具三分性，上、下部以杂色泥岩为主，中部以黑色页岩为主，含双壳类、叶肢介、介形类、孢粉及脊椎动物化石，地层厚度 50~490 m。从发育时代来看，千佛崖组与凉高山组为等时沉积；从沉积特征上看，千佛崖组更靠近盆缘，凉高山组则靠近湖盆。

（三）层序地层划分

在层序地层学研究中最关键的是层序划分，而层序划分的关键是有关界面的识别，可用于确定层序的界面包括层序的底界面、初始海泛面（湖泛面）和最大海泛面（最大湖泛面）。其中最为重要的是层序底界面的识别，这是层序划分的基础和前提。识别层序界面最直接和最客观的手段，是对野外露头剖面和钻井岩芯、电测曲线和地球化学参数进行研究。准确合理地划分层序的关键是准确地识别和追踪层序边界。本次研究利用岩芯、测井和地球化学资料，对四川盆地中下侏罗统层序界面进行识别。

前人研究表明，侏罗系与三叠系之间为一区域性构造不整合面，该界面侧向连续性好。在地表露头上，龙门山北段的中下侏罗统均以角度不整合超覆于须家河组不同层位之上，其下伏地层均已褶皱变形；在龙门山中段的中侏罗统千佛崖组以高角度不整合于须家河组之上，交角达40°~50°，界面起伏，其上发育一层厚20~30 cm的灰白色黏土层，并含下伏地层的砾石和形态不规则的钙质团块。因此，该黏土层可能是铝、铁质土壤层，并见古溶蚀现象（李勇等，1995）。在旺苍金溪剖面，可见中侏罗统千佛崖组灰白色块状砾岩直接覆盖于下伏白田坝组灰黑色碳质泥岩之上，为一大型底冲刷面，该界面的形成机理与基准面大幅度快速下降造成的侵蚀冲刷作用有关，一般以冲刷面具有一定的起伏变化幅度为重要识别标志。岩性岩相转换面在研究区广泛发育，它是在湖平面下降速率小于盆地沉降速率条件下形成的。这种转化可以是两个由粗→细的正向结构的转化，也可以是由细→粗的逆向结构到正向结构的转化，在下侏罗统自流井组东岳庙段和马鞍山段之间上可以见到岩性的突变界面。

在此基础上，本次研究除了利用岩芯、测井对湖平面的升降变化进行分析外，还利用地球化学指标对层序内的体系域进行识别。在地球化学识别上，由于在层序界面的形成过程中，伴随着物理、化学及生物风化作用的进行，会引起原始沉积层的化学成分发生变化。因此，可以通过有关元素的地球化学性质识别层序界面（田景春，2006）。此外，不同体系域内水体的化学组成、沉积物的物质组成不同，在不同的湖平面升降阶段，从湖水中沉积出来的沉积层的常微量元素、稀土元素等组成不同。因此，可以根据这些地球化学资料进行层序内的体系域识别。湖泛面在岩芯上表现为黑色页岩发育相对集中，自然伽马曲线出现相对高值，特别是最大湖泛面自然伽马曲线为最大值；此外，通过对元坝地区元陆4井下侏罗统自流井组22块样品地球化学指标对泥页岩的氧化还原条件、古盐度、古生产力、古气候和陆源输入的分析表明，东岳庙段和大安寨段还原性好于马鞍山段，在东岳庙段和大安寨段可识别出2次最大湖泛面，TOC和古生产力增高，可作为体系域界面；东岳庙段到大安寨段，$100\times MgO/Al_2O_3$逐渐增加，说明水体咸度渐增加。大安寨段从下至上，气候干旱，盐度变大，指示湖平面变浅，可用来判断HST位置。与Sr/Ba解释结果相同，只有大安寨段的介壳灰岩Sr/Ba>1。因此，湖水咸度在大安寨段沉积时期达到最高。通过Fe/Mn解释判别古气候，大安寨段与马鞍山段比东岳庙段更加干旱炎热。东岳庙段底部到中部陆源输入逐渐减少，与马鞍山段-大安寨段底部的陆源输入变化特征相似，也可用来说明湖平面逐渐扩大（图2-1）。由此在东岳庙段、大安寨段和千佛崖组二段分别识别出初始湖泛面、最大湖泛面和局限湖泛面三期不同规模的湖侵事件。

依据侏罗系与三叠系之间、中侏罗统千佛崖组与下伏白田坝组之间的2次区域性的构造不整合面Ⅰ型（SB1）和下侏罗统自流井组东岳庙段与马鞍山段之间沉积构造转换面Ⅱ型（SB2）层序界面的识别，以及东岳庙段、大安寨段和千佛崖组二段分别识别出初始湖泛面、最大湖泛面和局限湖泛面三期不同规模的湖侵事件，将四川盆地中下侏罗统由下至上划分出3个三级层序和6个体系域。其中，下侏罗统自流井组划分为2个三级层序，SQ1对应于珍珠冲段和东岳庙段，SQ2对应于马鞍山段和大安寨段，中侏罗统千佛崖组为1个SQ3三级层序，且每个三级层序可以在测井剖面上识别出湖进和高位2个体系域（图2-2）。

SQ1：由下侏罗统自流井组下部的珍珠冲段和东岳庙段组成，层序总厚210~400 m。在印支晚幕运动，多表现为角度不整合或侵蚀沉积间断面，呈东厚西薄，向西上超之特征，向盆地西部边缘尖灭。层序下部的珍珠冲段，在盆地西部和北部分布，主要为紫红色间夹灰绿色泥岩及砂岩，底为含砾石英砂岩。在中部灰绿色、灰黑色泥页岩增多、增厚。在盆地的偏西部关基井、川合100井、龙651井，主要由紫红色、灰绿色泥岩夹粉砂岩的滨湖沉积组成，砂泥岩中普遍发育有含灰质结核，含黄铜矿，并发育水平层理和微波状层理，与下伏的须家河组呈假整合接触，垂向上可明显的看出由浅湖-滨湖的序列构成，一般是层序下部退积体系域较发育，厚度相对较大。初始湖泛面（段）沉积在这个层序中的东岳庙段，为一套厚度不大的深灰或灰黑色页岩，含有大量介形虫、双壳类和腹足类化石，反映水体安静、沉积物源干扰不大的湖水快速上升之较深水环境。层序上部东岳庙段以页岩夹灰岩为主，厚度一般为20~50 m。

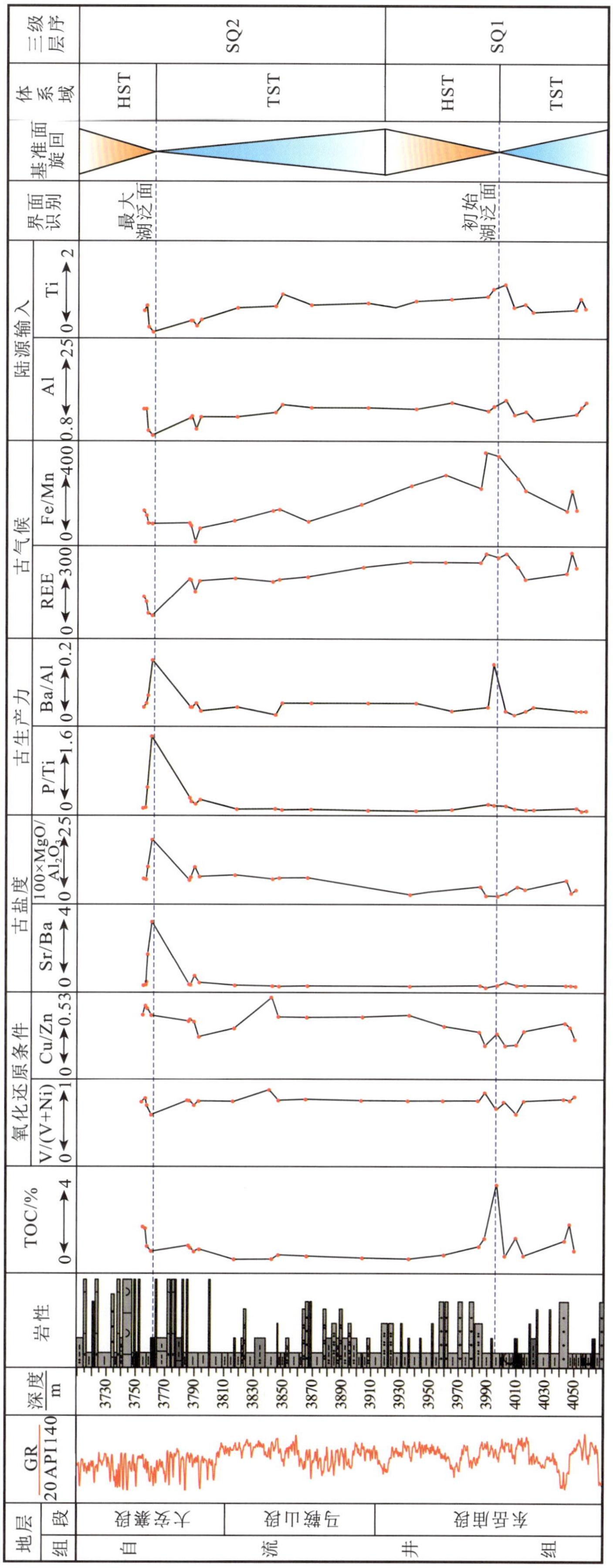

图2-1 四川盆地元陆4井下侏罗统自流井组地球化学指标及体系域识别

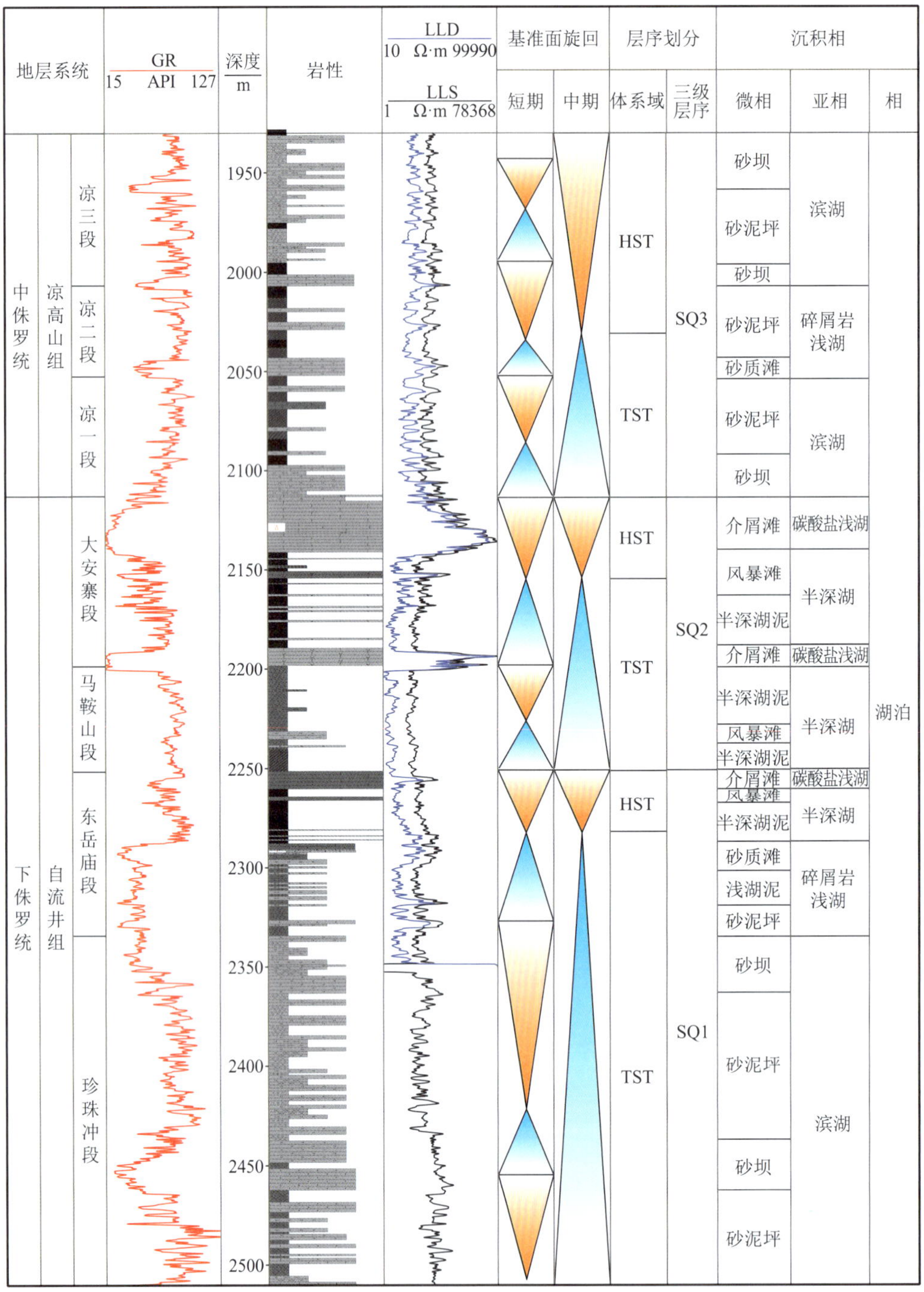

图 2-2 四川盆地涪陵地区 XL101 井中下侏罗统层序-沉积相柱状图

SQ2：由下侏罗统自流井组下部的马鞍山段和大安寨段组成。在盆地的北部及西部边缘为白田坝组，与盆地南部和东部自流井组上部的马鞍山段和大安寨段相对应，层序总厚一般 100~300 m，总体仍呈东厚西薄的趋势。层序的底界面为马鞍山段与东岳庙段的分界面，向川西拗陷北部可对比于白田坝组底部砾岩层之上的一套含煤砂泥岩地层（白田坝组的第二套岩性组合）之顶，该界面是一个区域性的沉积构造转换面，界面上下的沉积物性质和沉积序列的叠置方式都存在与前渊走滑隆升的转换和响应。以大安寨段中部最大湖泛面黑色页岩为界划分成层序下部的湖进体系域和上部的高位体系域。顶界面即为千佛崖组与白田坝组的分界面（红、黑分界面），在盆地内部的大部分地区十分清楚，在盆地边缘亦具平行不整合性质。

SQ3：由中侏罗统千佛崖组（凉高山组）组成。该层序底界面受燕山运动 I 幕影响，多表现为假整合或侵蚀沉积间断面，在盆地西北缘的广元工农镇、什邡双拱桥、芦山两河口等地均可见到，在盆地内的川南荣县度佳也很清楚。层序顶界面为岩性岩相转换面，其下部为湖进体系域；盆缘一带，底为含砾石英砂岩，其上为岩屑细砂岩夹泥质粉砂岩；向盆内逐渐变为石英粉-细砂岩及粉砂质泥岩，构成叠置河道、滨浅湖体系，纵向上自下而上由粗到细组成退积层序。在盆地西缘龙门山一带，下部水进体系域主要由河流相的灰绿色、浅灰色薄至中层钙质细粒岩屑石英砂岩、粉砂岩与灰绿色、暗红色、紫红色粉砂质泥岩、泥岩不等厚互层组成。纵向上可分为3个岩性段，即千一段（下杂色段）、千二段（中部黑色段）、千三段（上杂色段），分别对应于滨浅湖的细砂岩、浅湖-半深湖粉砂岩、泥页岩，反映了一次完整的湖进-湖退沉积旋回。千二段为湖侵最大时期，在盆地内部形成水进体系域最上部的沉积，其主要识别标志为半深水湖相薄层的黑色页岩，含介屑及莓状黄铁矿。湖退体系域由千佛崖组（凉高山组）上部组成，主要发育于盆地内部，盆缘入湖碎屑物总量渐增，陆源碎屑充填湖盆，滨湖、三角洲相较发育。

因此，在四川盆地中下侏罗统的沉积层序中，SQ1、SQ2上部的东岳庙段和大安寨段和SQ3中部千佛崖组二段（凉高山组二段）都为湖泛面（段）沉积的半深湖相灰黑色泥页岩，因水体安静、沉积物源干扰不大，湖水快速上升形成的较深水环境有利于烃源岩发育。

二、层序-沉积相特征分析

通过对四川盆地涪陵地区XL101井大安寨段—东岳庙段—凉高山组、元坝地区YL4井东岳庙段—大安寨段—千佛崖组和宣汉TYQ1井大安寨段、利川MYQ1井东岳庙段典型单井层序—沉积相划分，分析了不同地区不同泥页岩层段的沉积特征。

（一）不同地区单井层序-沉积相特征

1. 涪陵地区XL101井大安寨段—东岳庙段—凉高山组

涪陵地区构造上位于川东弧形高陡褶皱带拔山寺向斜。XL101井中下侏罗统自下而上可划分为3个三级层序，其中珍珠冲段—东岳庙段为SQ1，大安寨段—马鞍山段为SQ2，凉高山组为SQ3。泥页岩主要发育于东岳庙段、大安寨二亚段和凉二段3个湖泛期（图2-2）。

珍珠冲段—东岳庙段（SQ1），经历了完整的湖进—湖退过程，可划分为湖进体系域（SQ1-TST）和湖退体系域（SQ1-HST）。珍珠冲段为湖进体系域（TST）的初期，受盆缘丰富的陆源碎屑的供给，发育滨湖沉积，以砂泥坪和砂坝微相沉积为特征，岩性为灰色厚层细-粉砂岩。东岳庙段为湖进体系域晚期-湖退体系域。由于受陆源碎屑的影响，湖侵范围不断增大，主要发育碎屑岩浅湖-半深湖-碳酸盐浅湖沉积。东岳庙早期湖进期发育碎屑岩浅湖沉积，以砂泥坪和砂质滩微相沉积为特征，岩性为灰、深灰色薄层状粉砂质泥岩、粉砂岩；中期随着湖侵范围的不断增大，发育半深湖沉积，以半深湖泥和风暴滩微相沉积为特征，岩性为黑灰色页岩，夹薄层粉砂质泥岩，东岳庙沉积晚期湖退期发育碳酸盐浅湖亚相的介屑滩微相，岩性为厚层灰色介屑灰岩。

马鞍山段—大安寨段（SQ2），经历了完整的湖进-湖退过程，可划分为湖进体系域（SQ2-TST）和湖退体系域（SQ2-HST）。马鞍山段为湖进体系域的初期，受陆源碎屑的影响，主要发育碎屑岩浅湖沉积，以砂泥坪和砂质滩微相沉积为特征，岩性为灰、深灰色薄层状粉砂质泥岩、粉砂岩。大安寨段为湖进体系域晚期-湖退体系域。由于受陆源碎屑物源的影响较小，湖侵范围不断增大，因此，主要发育碳酸盐浅湖-半深湖沉积。大安寨沉积早期湖进期和晚期湖退期，主要以发育碳酸盐浅湖亚相的介屑滩和滩间泥微相沉积为特征，岩性为厚层灰色介屑灰岩夹薄层泥岩；中期随着湖侵范围达到最大，发育半深湖亚相的半深湖泥和风暴滩微相沉积，岩性为黑灰色页岩夹薄层介壳灰岩或页岩与薄层介壳灰岩互层。

凉高山组（SQ3），经历了完整的湖进-湖退过程，可划分为湖进体系域（SQ3-TST）和湖退体系域（SQ3-HST）。凉高山组沉积早期（凉一段）为湖进体系域的初期，受盆缘丰富的陆源碎屑的供给，发育滨湖沉积，以砂泥坪和砂坝微相沉积为特征，岩性为灰色厚层细-粉砂岩和泥岩。凉高山组中期（凉二段）随着湖侵范围的增大，发育碎屑岩浅湖-半深湖沉积，以砂泥坪、砂质滩微相和半深湖泥沉积为特征，岩性为灰、深灰色薄层状粉砂质泥岩、粉砂岩和黑灰色页岩。凉高山组晚期（凉三段）为湖退期滨湖沉积，以砂泥坪和砂坝微相沉积为特征，岩性为灰色厚层细-粉砂岩和泥岩。

2. 元坝地区 YL4 井大安寨段—东岳庙段—千佛崖组

元坝地区位于盆地的东北部，九龙山构造带东南翼。YL4 井中下侏罗统自下而上可划分为 3 个三级层序，其中珍珠冲段（未钻穿）—东岳庙段为 SQ1，马鞍山段—大安寨段为 SQ2，千佛崖组为 SQ3。泥页岩主要发育于东岳庙段、大安寨二亚段和千二段 3 个湖泛期（图 2-3）。

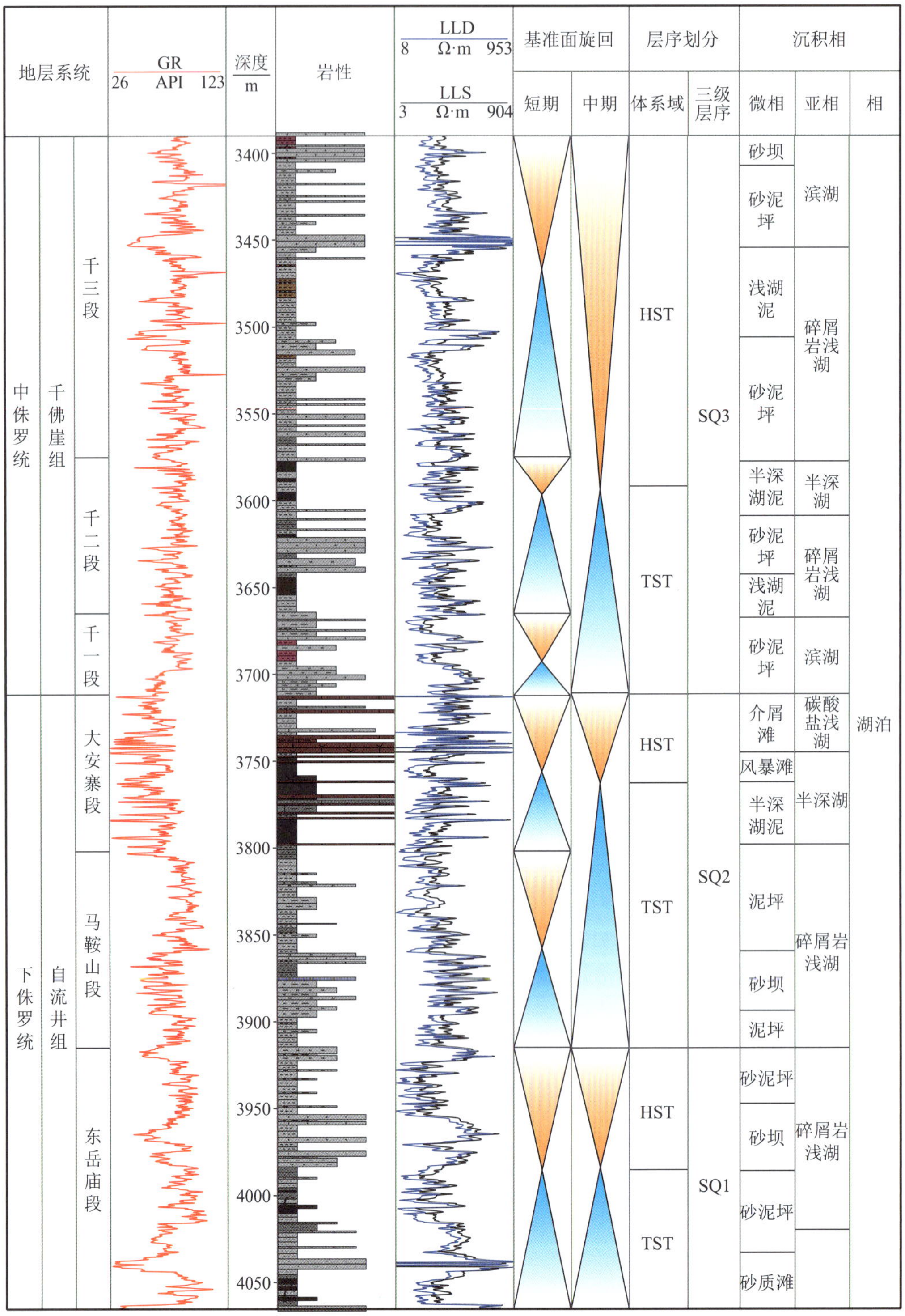

图 2-3 四川盆地元坝地区 YL4 井中下侏罗统层序-沉积相柱状图

东岳庙段（SQ1）：经历了较完整的湖进-湖退过程，可划分为湖进体系域（SQ1-TST）和湖退体系域（SQ1-HST）。东岳庙段为湖进体系域晚期-湖退体系域。由于受陆源碎屑的影响，湖侵范围不断增大，主要发育碎屑岩浅湖沉积，以砂泥坪和砂质滩微相沉积为特征，岩性为灰、深灰色薄层状粉砂质泥岩、粉砂岩。

马鞍山段-大安寨段（SQ2）：经历了完整的湖进-湖退过程，可划分为湖进体系域（SQ2-TST）和湖退体系域（SQ2-HST）。马鞍山段为湖进体系域的初期，受陆源碎屑的影响，主要发育碎屑岩浅湖沉积，以砂泥坪和砂质滩微相沉积为特征，岩性为灰、深灰色薄层状粉砂质泥岩、粉砂岩。大安寨段为湖进体系域晚期-湖退体系域。由于受陆源碎屑物源的影响较小，湖侵范围不断增大，因此，主要发育碳酸盐浅湖-半深湖沉积。大安寨早期湖进期和晚期湖退期，主要以发育碳酸盐浅湖亚相的介屑滩和滩间泥微相沉积为特征，岩性为厚层灰色介屑灰岩夹薄层泥岩；中期随着湖侵范围达到最大，发育半深湖亚相的半深湖泥和风暴滩微相沉积，岩性为黑灰色页岩夹薄层介壳灰岩或页岩与薄层介壳灰岩互层。

千佛崖组（SQ3）：经历了完整的湖进-湖退过程，可划分为湖进体系域（SQ3-TST）和湖退体系域（SQ3-HST）。千佛崖组沉积早期（千一段）为湖进体系域的初期，受盆缘丰富的陆源碎屑的供给，发育滨湖沉积，以砂泥坪和砂坝微相沉积为特征，岩性为灰色厚层细-粉砂岩和泥岩。千佛崖组沉积中期（千二段）随着湖侵范围的增大，发育碎屑岩浅湖-半深湖沉积，以砂泥坪、砂质滩微相和半深湖泥沉积为特征，岩性为灰色、深灰色薄层状粉砂质泥岩、粉砂岩和黑灰色页岩。千佛崖组沉积晚期（千三段）为湖退期滨湖沉积，以砂泥坪和砂坝微相沉积为特征，岩性为灰色厚层细-粉砂岩和泥岩。

3. 宣汉地区铁页浅1井大安寨段

铁页浅1井构造上位于川东褶皱带西缘铁山背斜南东翼，主要钻遇下侏罗统自流井组大安寨段和马鞍山段，泥页岩主要分布于大安寨段。该浅井马鞍山段—大安寨段为一个三级层系（SQ2），经历了完整的湖进-湖退过程，可划分为湖进体系域（SQ2-TST）和湖退体系域（SQ2-HST）（图2-4）。

马鞍山段为湖进体系域的初期，受陆源碎屑的影响，主要发育碎屑岩浅湖沉积，以砂泥坪和砂质滩微相沉积为特征，岩性为灰色、深灰色薄层状粉砂质泥岩、粉砂岩。

大安寨段为湖进体系域晚期-湖退体系域。由于受陆源碎屑物源的影响较小，湖侵范围不断增大，因此，主要发育碳酸盐浅湖-半深湖沉积。大安寨沉积早期湖进期和晚期湖退期，主要以发育碳酸盐浅湖亚相的介屑滩和滩间泥微相沉积为特征，岩性为厚层灰色介屑灰岩夹薄层泥岩；中期随着湖侵范围达到最大，发育半深湖亚相的半深湖泥和风暴滩微相沉积，岩性为黑灰色页岩夹薄层介壳灰岩或页岩与薄层介壳灰岩互层。

4. 利川地区谋页浅1井东岳庙段

谋页浅1井构造上位于七曜山背斜北西翼，主要钻遇下侏罗统自流井组东岳庙段和珍珠冲段，泥页岩主要分布于东岳庙段。该浅井珍珠冲段—东岳庙段为1个三级层序（SQ1），经历了完整的湖进-湖退过程，可划分为湖进体系域（SQ1-TST）和湖退体系域（SQ1-HST）（图2-5）。

珍珠冲段为湖进体系域（TST）的初期，受四川盆地周缘丰富的陆源碎屑的供给，发育滨湖沉积，以砂泥坪和砂坝微相沉积为特征，岩性为灰色厚层细-粉砂岩。

东岳庙段为湖进体系域晚期-湖退体系域。由于受陆源碎屑的影响，湖侵范围不断增大，主要发育碎屑岩浅湖-半深湖沉积。东岳庙段沉积早期湖进期和晚期湖退期，主要发育碎屑岩浅湖沉积，以砂泥坪和砂质滩微相沉积为特征，岩性为灰、深灰色薄层状粉砂质泥岩、粉砂岩，局部夹少量薄层状介壳灰岩；中期随着湖侵范围的不断增大，发育半深湖沉积，以半深湖泥和风暴滩沉积为特征，岩性为黑灰色页岩，夹薄层粉砂质泥岩。

（二）不同层段层序-沉积相连井对比

在重点单井层序地层划分及沉积相识别的基础上，以东岳庙段、大安寨段和千佛崖组（凉高山组）二段湖泛面为对比标志层，开展从物源-浅水区-深水区不同方向（近东西向和南北向）重点泥

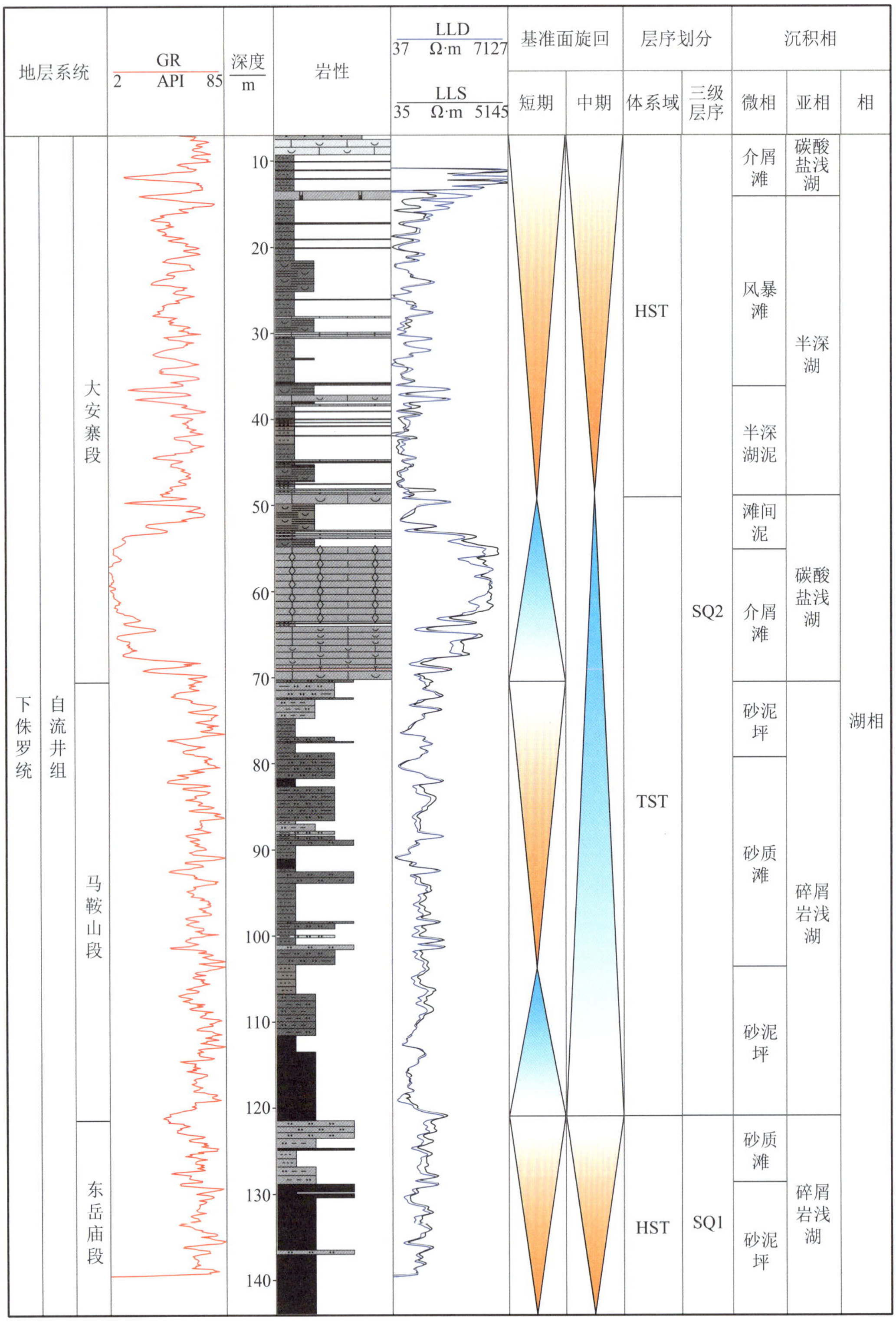

图 2-4　四川盆地宣汉地区 TYQ1 井下侏罗统自流井组大安寨段层序-沉积相柱状图

页岩发育层系东岳庙段、大安寨段和千佛崖组二段（凉高山组二段）的层序地层格架和沉积相的连井对比，建立四川盆地中下侏罗统层序-沉积格架。

1. 自流井组东岳庙段层序-沉积相连井对比

通过四川盆地北西—南东方向川合 100 井-石深 1 井-元陆 4 井-普光 9 井-涪页 10 井-建页 HF-1 井-谋页浅 1 井和近南北向广元工农镇-元陆 4 井-石深 1 井-女基井-容县度佳东岳庙段层序-沉积相

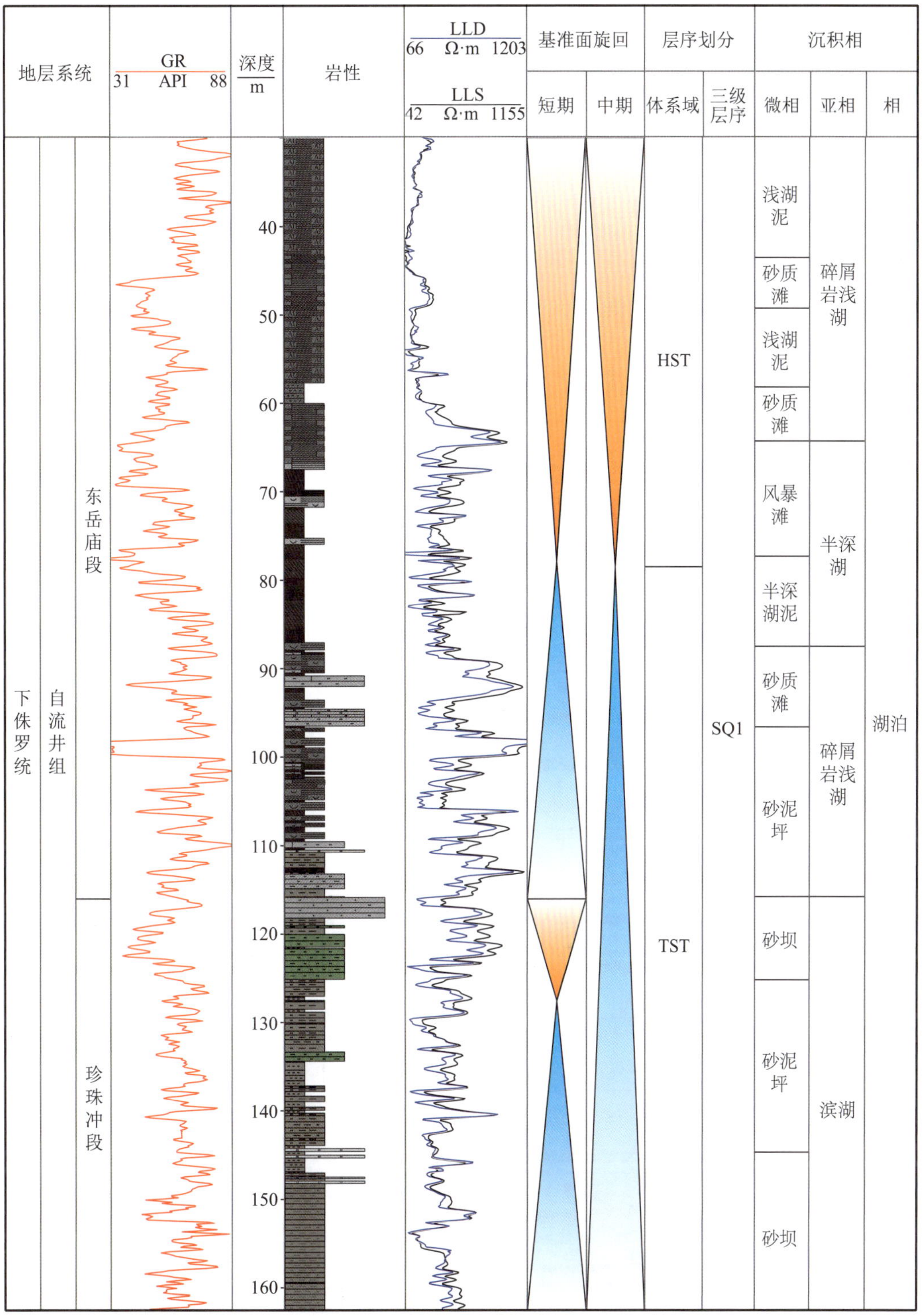

图 2-5　四川盆地利川地区 MYQ1 井下侏罗统自流井组东岳庙段层序-沉积相柱状图

对比表明，自流井组东岳庙沉积时期，受四川盆地西部和北部周缘山系隆升的影响，由西向东沉积相依次为三角洲-滨湖-碎屑岩浅湖-半深湖，由北向南沉积相呈现为三角洲-滨湖-碎屑岩浅湖-滨湖。靠近山前带的川西（合兴场）和广元地区发育三角洲沉积，向东南方向至川中阆中、川东北元坝、普光地区受物源的影响，发育碎屑岩浅湖沉积，初始湖侵期范围主要分布于川东涪陵-建南地区，发育碳酸盐浅湖-半深湖相沉积（图 2-6，图 2-7）。

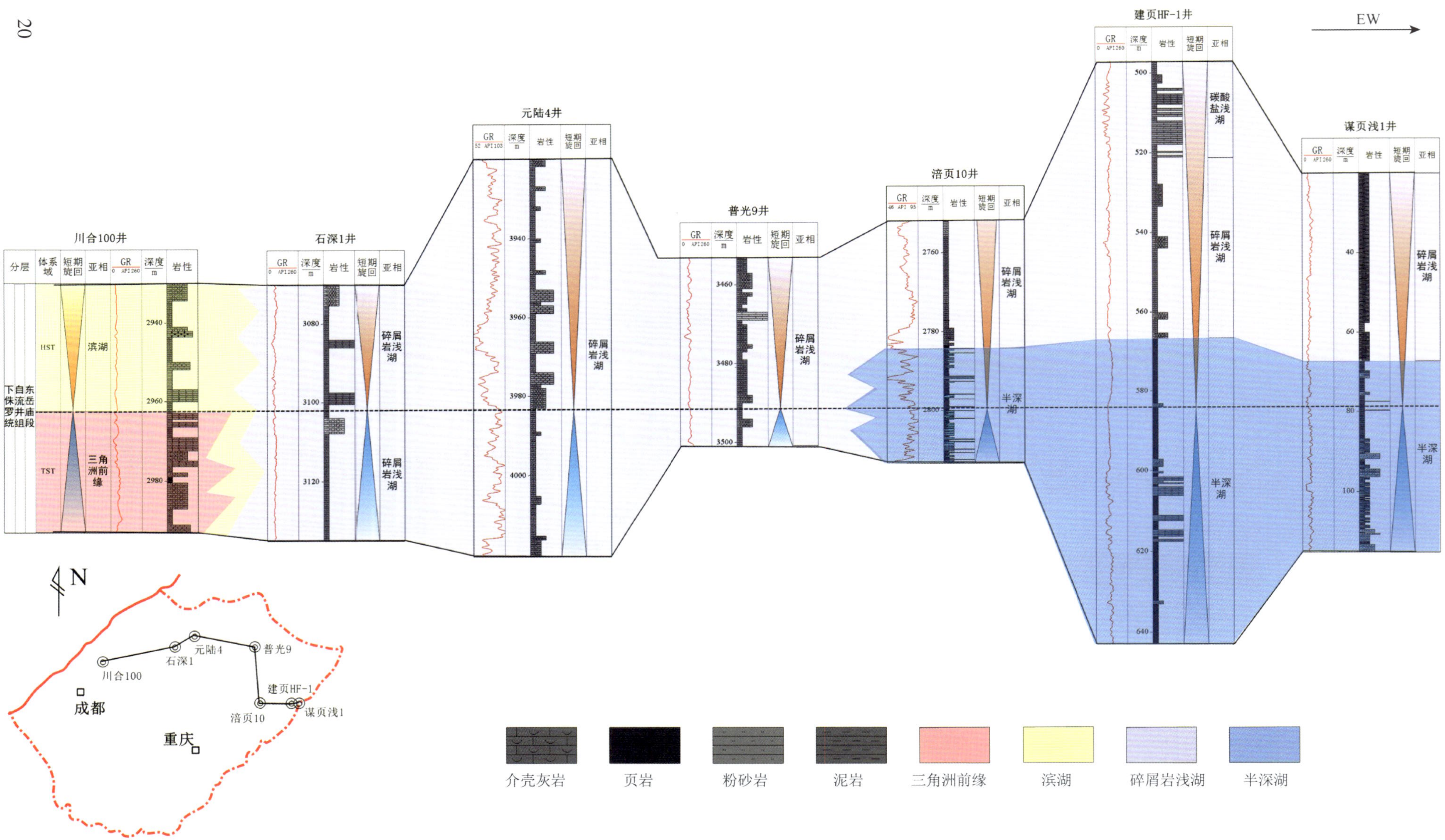

图2-6　四川盆地川合100井-石深1井-元陆4井-普光9井-涪页10井-建页HF-1井-谋页浅1井下侏罗统自流井组东岳庙段层序-沉积相对比剖面图

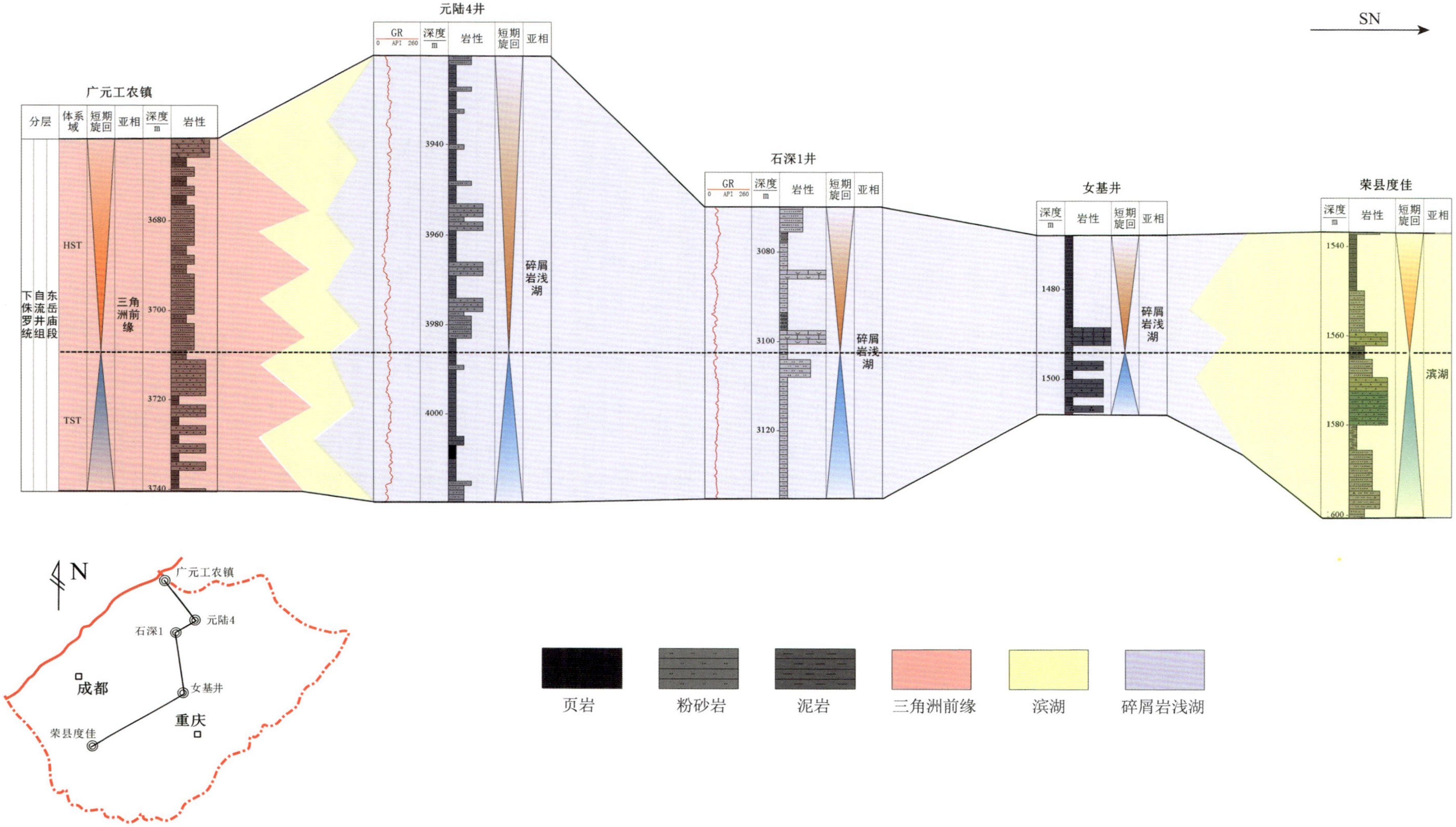

图2-7　四川盆地广元工农镇-元陆4井-石深1井-女基井-荣县度佳下侏罗统自流井组东岳庙段层序-沉积相对比剖面图

2. 自流井组大安寨段层序-沉积相连井对比

通过四川盆地北西—南东方向川合 100 井-石深 1 井-元陆 4 井-普光 9 井-兴隆 101 井-建页 HF-1 井和近南北向广元工农镇-元陆 4 井-石深 1 井-女基井-容县度佳大安寨段层序-沉积相对比表明，自流井组大安寨段沉积时期，四川盆地周缘构造相对稳定，湖侵期范围最大，受盆缘陆源碎屑物源的影响较小，除靠近川西山前带的广元地区发育三角洲-滨湖沉积外，以滨湖-碳酸盐浅湖-半深湖沉积为特征。在川西（合兴场）、川中阆中、川北元坝、普光、涪陵地区发育碳酸盐浅湖-半深湖，最大湖侵期的半深湖范围主要分布于在川北元坝-川东涪陵、建南地区（图 2-8，图 2-9）。

3. 千佛崖组（凉高山组）层序-沉积相连井对比

通过四川盆地北西—南东方向川合 100 井-石深 1 井-元陆 4 井-普光 9 井-兴隆 101 井-建页 HF-1 井和近南北向广元工农镇-元陆 4 井-石深 1 井-女基井-容县度佳大千佛崖组（凉高山组）层序-沉积相对比表明，千佛崖组（凉高山组）沉积时期，四川盆地周缘构造再次相对活跃，受四川盆地西南部和西北部周缘山系隆升的影响，在川北、川西和川南盆缘地区的千佛崖组发育三角洲沉积，向盆内的凉高山组沉积早期和晚期川中-川东地区广泛发育滨湖-碎屑岩浅湖，仅在中期局限湖侵期发育半深湖沉积，分布范围局限于川北近湖一侧的元坝地区-川东涪陵地区（图 2-10，图 2-11）。

三、沉积相、微相类型及分布

（一）沉积相及微相类型划分

在四川盆地中下侏罗统的沉积层序划分和沉积环境研究的基础上，由于受物源影响的不同，导致四川盆地中下侏罗统的湖泊沉积背景上的沉积亚相存在较大的差异，主要体现在浅湖-半深湖亚相的划分上。浅湖亚相位于枯水期水面至浪基面之间的浅水地带，沉积物受波浪和湖流作用的影响明显，按照沉积物的不同，浅湖-半深湖亚相沉积可以分为陆源碎屑浅湖-半深湖和碳酸盐岩浅湖-半深湖两种类型。湖退时期，沉积环境受陆源碎屑物源的影响较大，湖盆范围分布局限，水体浑浊，沉积亚相以扇三角洲-滨湖-陆源碎屑浅湖砂坝-半深湖泥岩夹粉砂岩沉积为特征；湖进时期，沉积环境受陆源碎屑物源的影响较小，湖盆范围扩大，水体清澈，沉积亚相以滨湖-碳酸盐岩浅湖生屑滩-半深湖泥岩夹生屑灰岩沉积为特征。因此，将四川盆地中下侏罗统的沉积相划分为三角洲平原、三角洲前缘、滨湖、陆源碎屑岩浅湖、碳酸盐岩浅湖、半深湖 6 个沉积亚相和 12 个沉积微相（表 2-2）。

表 2-2 四川盆地中下侏罗统沉积相类型及岩性特征

<table>
<tr><th>相</th><th colspan="2">亚相</th><th>微相</th><th>岩性描述</th><th>典型代表</th></tr>
<tr><td rowspan="2">三角洲</td><td colspan="2">平原</td><td>河滥平原</td><td>砾砂砾岩、砂岩及泥岩不等厚互层组合</td><td>元坝珍珠冲段</td></tr>
<tr><td colspan="2">前缘</td><td>分流河道</td><td>砂岩及泥岩</td><td>广元千佛崖组</td></tr>
<tr><td rowspan="10">湖泊</td><td colspan="2" rowspan="3">滨湖</td><td>砂坝</td><td>灰白色-灰黄色钙质粉砂岩、细砂岩</td><td rowspan="3">元坝千佛崖组上、下部，涪陵凉高山组上、下部</td></tr>
<tr><td>砂泥坪</td><td>灰色泥岩夹粉砂岩、细砂岩</td></tr>
<tr><td>滨湖泥</td><td>杂色钙质泥岩</td></tr>
<tr><td rowspan="5">浅湖</td><td rowspan="3">碎屑岩浅湖</td><td>砂质滩</td><td>灰白色-灰黄色细砂岩、粗粉砂岩</td><td rowspan="3">元坝千佛崖组中部，东岳庙段，涪陵凉高山组中下部</td></tr>
<tr><td>砂泥坪</td><td>灰绿色-灰色页岩、泥岩、粉砂质泥岩</td></tr>
<tr><td>浅湖泥</td><td>灰色泥岩、粉砂质泥岩</td></tr>
<tr><td rowspan="2">碳酸盐浅湖</td><td>介屑滩</td><td>浅灰-灰黄色亮晶介壳、介屑灰岩</td><td rowspan="2">涪陵、阆中大安寨段，元坝大安寨段</td></tr>
<tr><td>滩间泥</td><td>灰色泥页岩、泥灰岩夹介壳、介屑灰岩</td></tr>
<tr><td colspan="2" rowspan="2">半深湖</td><td>风暴滩</td><td>深灰色页岩与泥晶介屑灰岩、介壳灰岩不等厚互层</td><td rowspan="2">涪陵、阆中大安寨二段，东岳庙一段，元坝千佛崖组二段，大安寨二段</td></tr>
<tr><td>半深湖泥</td><td>黑色页岩、泥灰岩</td></tr>
</table>

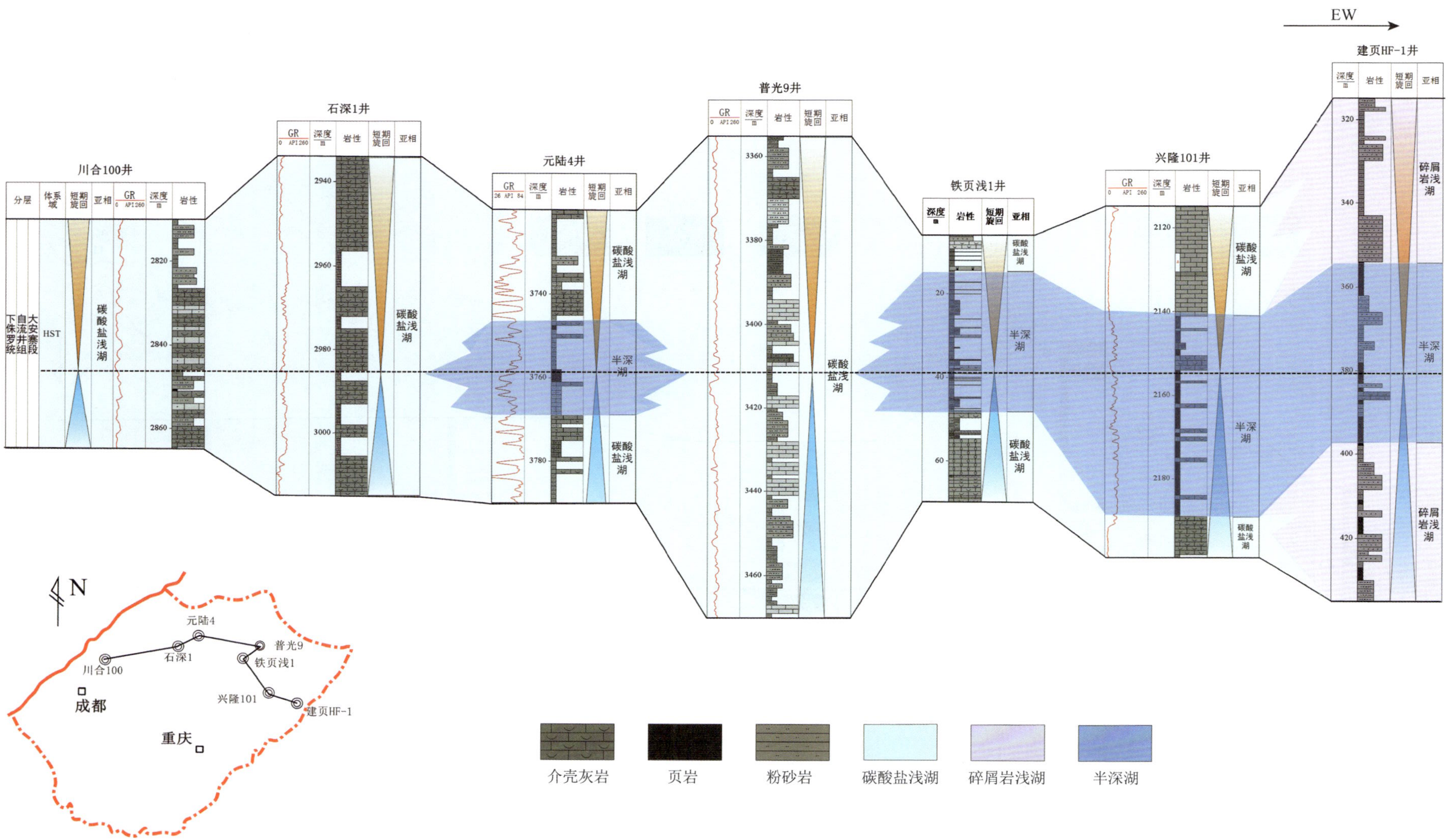

图2-8 四川盆地川合100井-石深1井-元陆4井-普光9井-兴隆101井-建页HF-1井下侏罗统自流井组大安寨段层序-沉积相对比剖面图

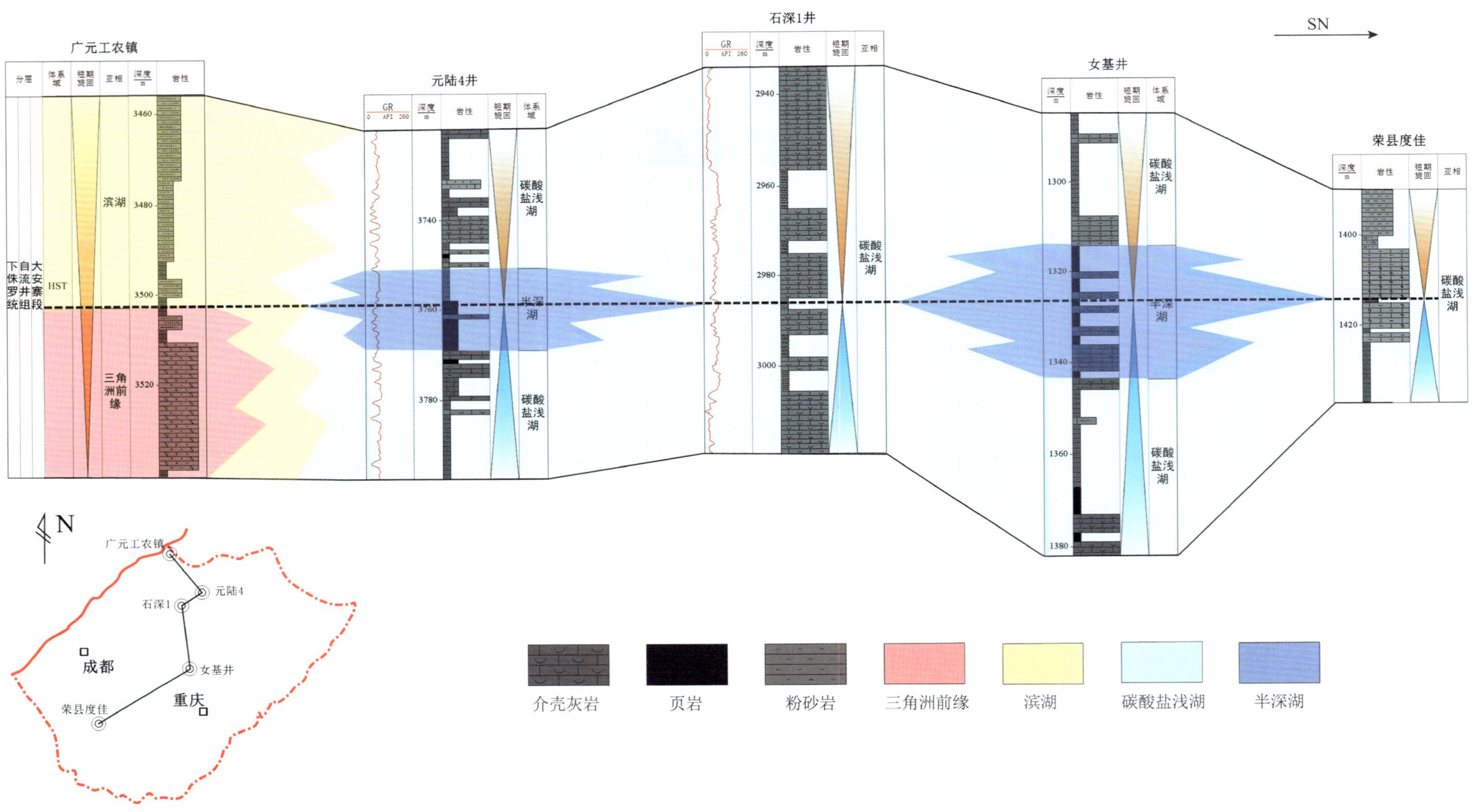

图2-9 四川盆地广元工农镇-元陆4井-石深1井-女基井-荣县度佳下侏罗统自流井组大安寨段层序-沉积相对比剖面图

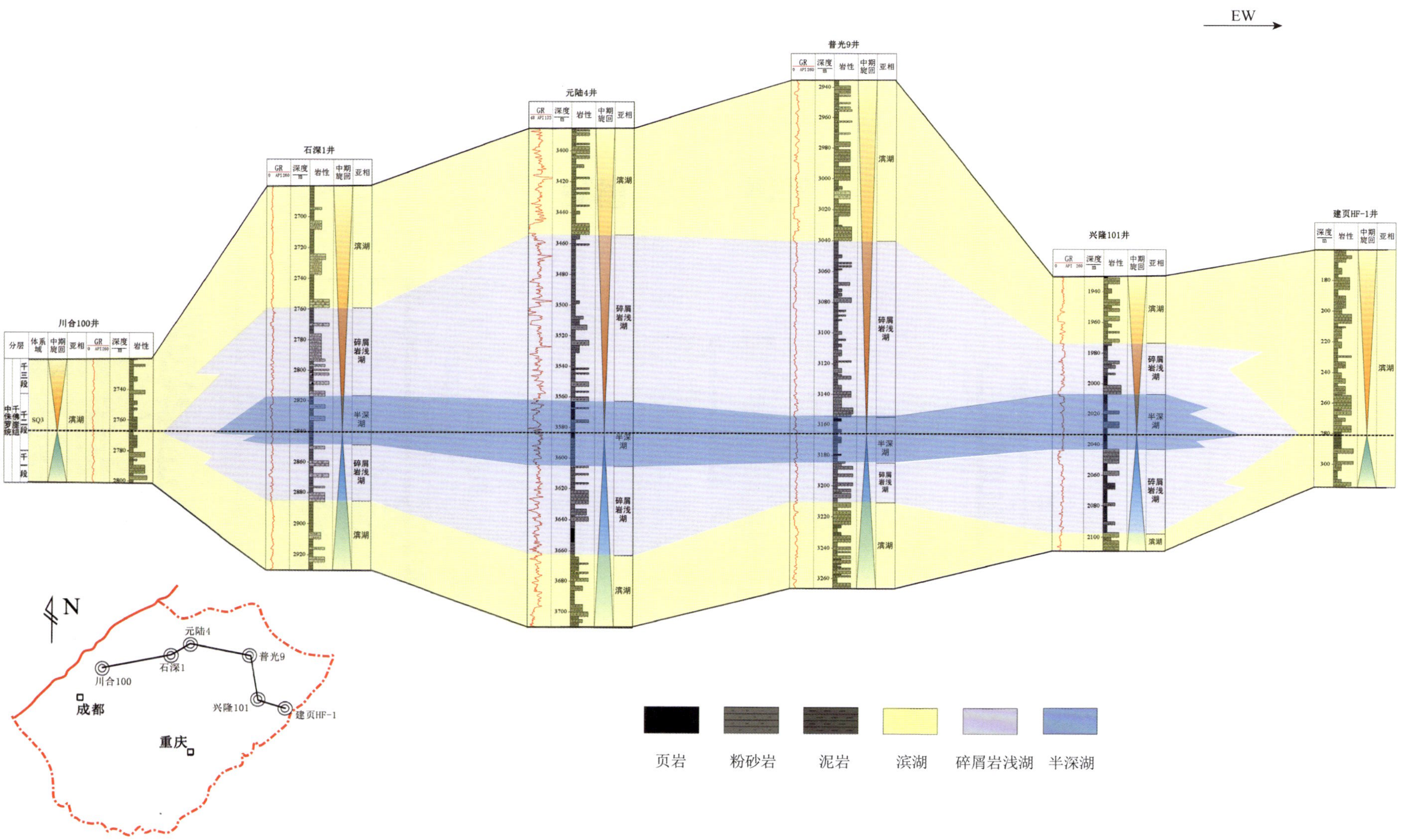

图2-10 四川盆地川合100井-石深1井-元陆4井-普光9井-兴隆101井-建页HF-1井中侏罗统千佛崖组层序-沉积相对比剖面图

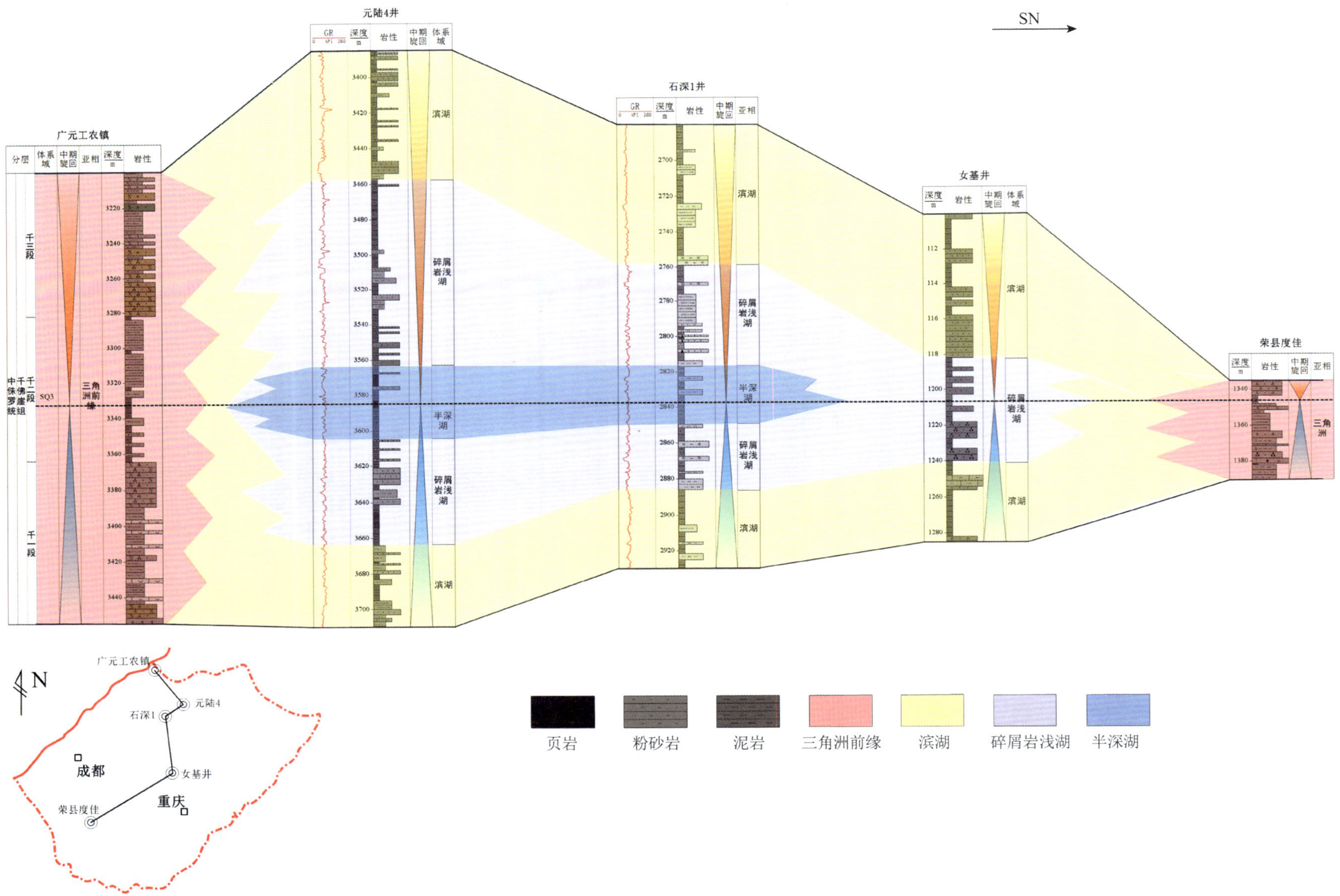

图2-11　四川盆地广元工农镇-元陆4井-石深1井-女基井-荣县度佳中侏罗统千佛崖组层序-沉积相对比剖面图

1. 三角洲相

主要分布下侏罗统自流井组珍珠冲段和中侏罗统千佛崖组，区域上位于四川盆地西部龙门山前缘和北部米仓-大巴山前缘元坝地区，物源供给充足，河流携带大量陆源沉积物在此入湖，由于湖水与河流交汇，致使河水流速降低，携带的沉积物便在河口处堆积下来，从而形成三角洲体系。元坝地区珍珠冲段由于离物源较近，在物源供给充足的条件下形成，岩性为砾岩、砂砾岩、砂岩及泥岩不等厚互层组合，以砾岩和砂砾岩占主导，发育三角洲前缘平原；千佛崖组由于离物源区较远，发育三角洲前缘沉积，自下向上发育前三角洲泥、远砂坝和三角洲前缘河口坝（图2-12），岩性为细砂岩、粉砂岩与泥岩不等厚互层。

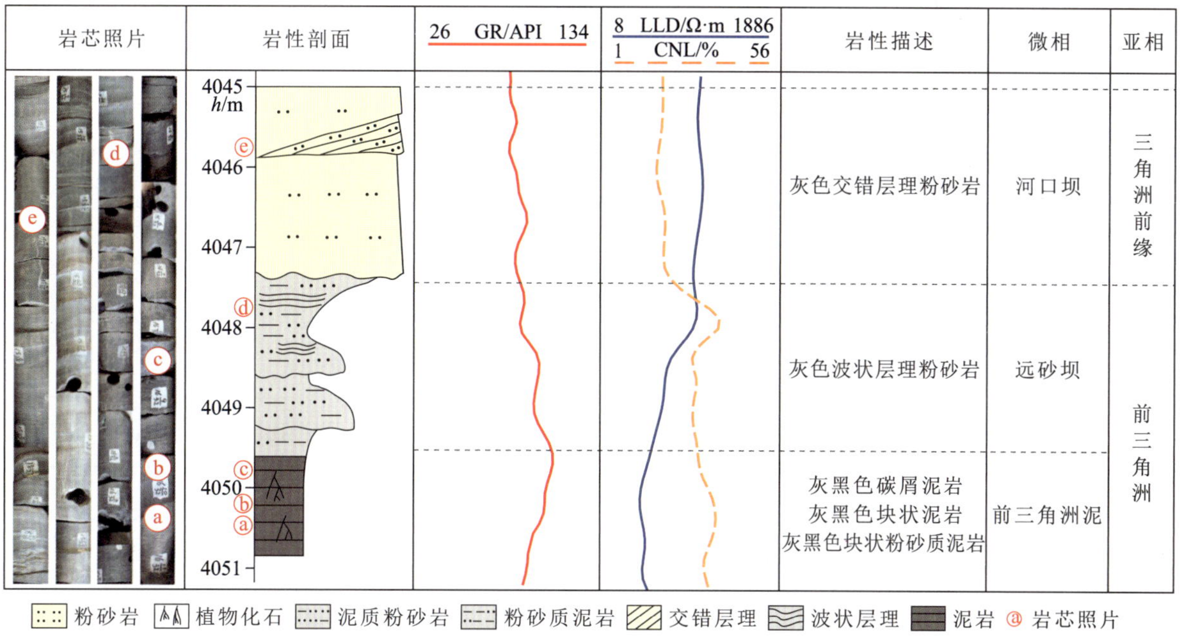

图 2-12　元坝地区元陆 4 井下侏罗统自流井组珍珠冲段三角洲相沉积序列

2. 湖泊相

湖泊是四川盆地自流井组—千佛崖组最主要的沉积相类型，由于不同地区受沉积物源影响的差异，它又可分为滨湖、碎屑浅湖、碳酸盐岩浅湖、半深湖四个亚相。

（1）滨湖亚相

主要发育在元坝地区千佛崖组、涪陵及鄂西渝东地区凉高山组，珍珠冲段局部也发育滨湖沉积，岩性为黄灰色、灰色、灰绿色中厚层状粉砂岩、泥质粉砂岩、细砂岩与粉砂质泥岩互层，发育砂纹层理、水平层理、波状层理，层面上偶见波痕，紫红色泥岩中发育钙质结核，局部密集成层，显示滨湖带有强烈的暴露和蒸发作用，可分为滨湖砂坝、砂坪和砂泥坪 3 个微相（图 2-13）。

（2）碎屑岩浅湖亚相

主要发育于川中-川东北地区的中侏罗统凉高山组、千佛崖组和川中-川北局部地区的马鞍山段和东岳庙段。湖退期，受陆源碎屑物源的影响较大，以陆源碎屑沉积为主体。碎屑岩浅湖亚相可进一步分为砂质滩、砂泥坪和浅湖泥 3 个微相（图 2-14）。岩性为深灰、灰色细砂岩-粉砂岩、灰黑色的泥岩、泥岩夹薄层岩屑石英粉质砂岩等。泥岩页理不发育，粉砂岩条带和薄夹层中常具波状层理及流水型沙纹层理和浪成沙纹层理，显示浅湖泥虽主要形成于浪基面之下的低能带，但持续受底流和湖浪改造作用，由河流间歇注入浅湖的漫流席状砂沉积也比较发育。泥岩中有机质含量低，形成于弱还原环境，入湖河水带入的含氧水系是造成泥岩中有机质不易保存的重要因素。

（3）碳酸盐岩浅湖亚相

主要分布于川中-川东北广大地区的下侏罗统自流井组大安寨段和川中-鄂西渝东局部地区的东

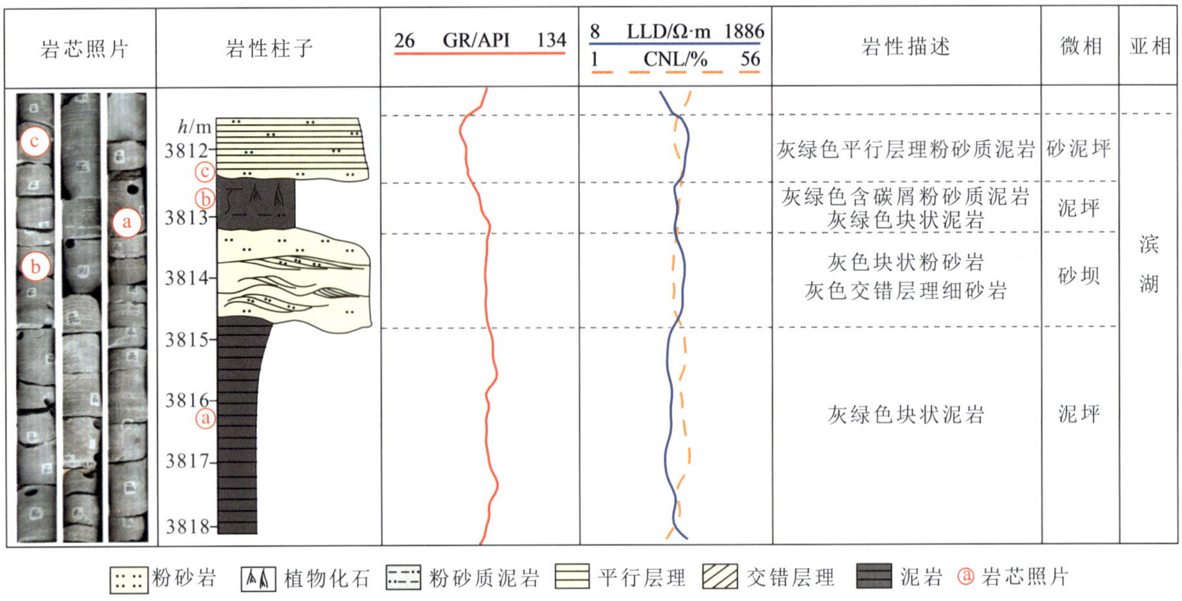

图 2-13 元坝地区元陆 104 井中侏罗统千佛崖组滨湖亚相沉积序列

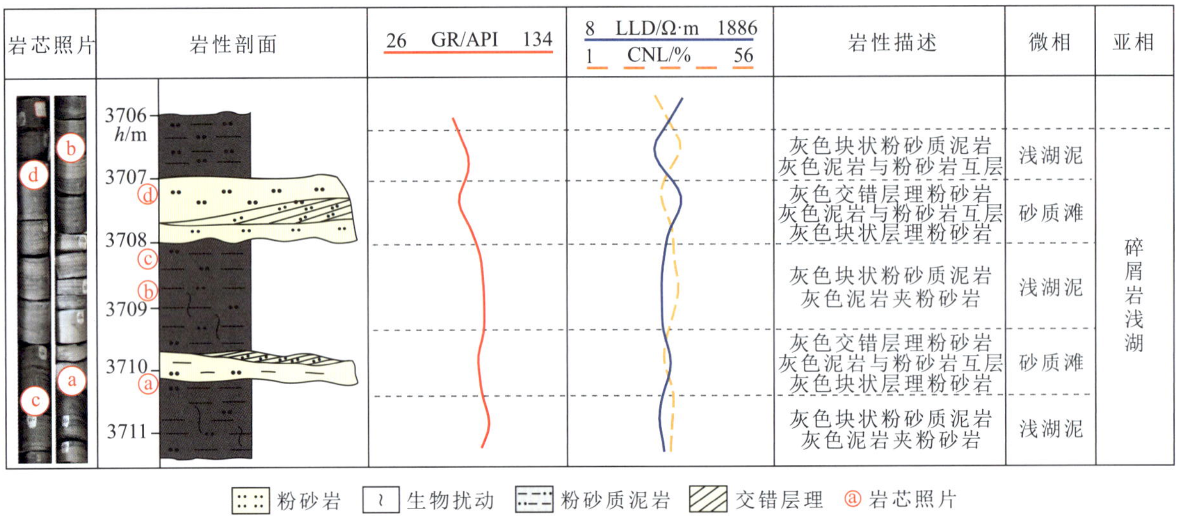

图 2-14 元坝地区元陆 104 井下侏罗统自流井组东岳庙段碎屑岩浅湖亚相沉积序列

岳庙段。湖进期，受陆源碎屑物源的影响较小，以碳酸盐岩沉积为主体。该亚相按岩性特征可进一步划分为介屑滩、浅湖泥 2 个微相（图 2-15）。其中介屑滩由介屑灰岩和介壳灰岩、含泥质组成介壳灰岩，呈浅灰-灰黄色的块状，瓣鳃介壳有强烈破碎、分选和磨圆改造作用，泥质组分低（<5%）、单层厚度大，岩性致密，重结晶作用明显，一般位于生物滩核部，显示此类灰岩形成于有湖浪持续颠选作用的高能带，是大安寨最重要的储集岩相。

（4）半深湖亚相

主要分布于川东-川东北大安寨二段和鄂西渝东局部地区的东岳庙段下部，为最大湖进期，湖盆范围扩大，水体清澈，浮游生物化石丰富，可划分为湖坡风暴滩和半深湖泥 2 个微相（图 2-16）。其中湖坡风暴滩岩性为灰黑色页岩与薄层介屑灰岩不等厚互层，位于湖盆斜坡，为介屑滩受风暴作用，间歇进入半深湖盆地的风暴流沉积。半深湖泥微相岩性为黑色、灰黑色页岩夹条带状或纹层状介壳灰岩，位于湖盆中心水较深的部位，发育水平层理，有机碳含量 1.0%~3.0%，富含黄铁矿、菱铁矿晶粒或结核、铁白云石，胶磷矿常呈局部富集的结核状和条带，沉积于氧化还原界面之下的，有利有机质保存和还原性自生矿物沉淀的较深水环境（>50 m），为富有机质页岩发育的有利相带。

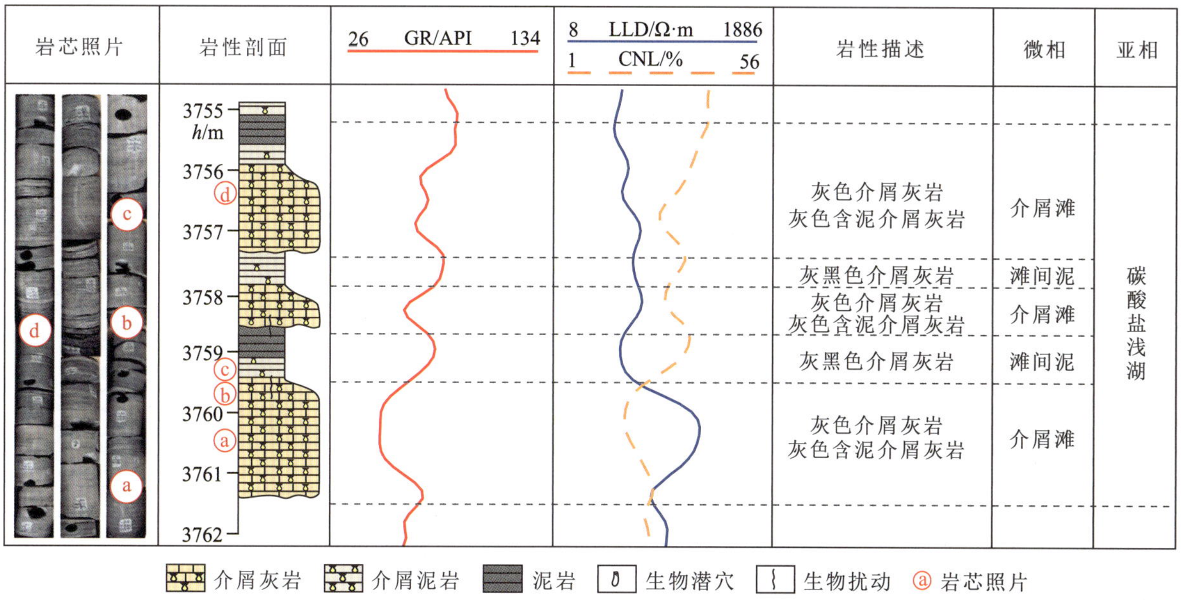

图 2-15 元坝地区元陆 4 井下侏罗统自流井组大安寨段碳酸盐浅湖亚相沉积序列

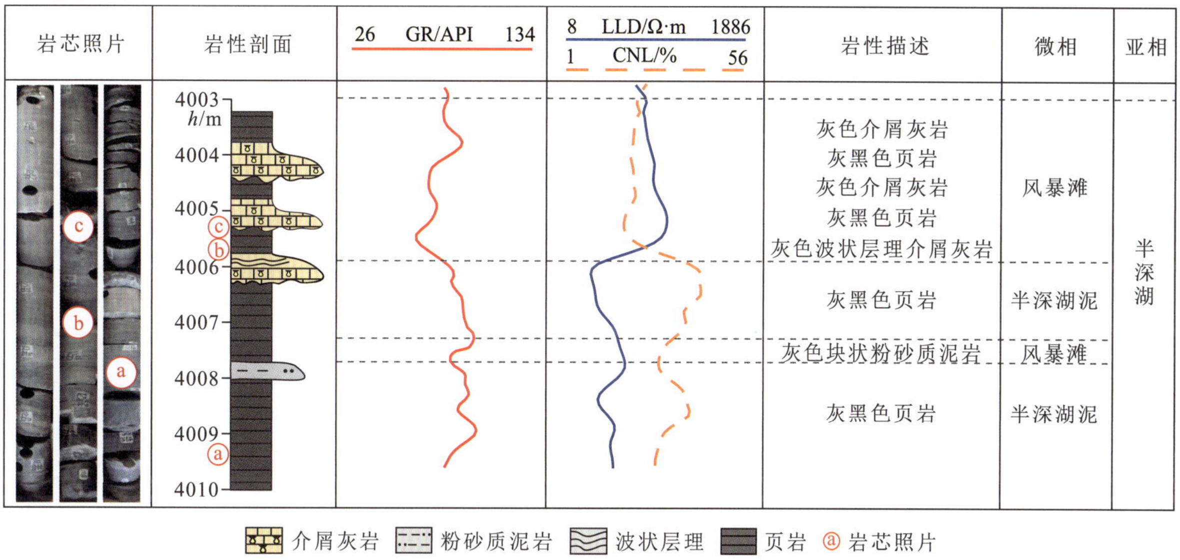

图 2-16 元坝地区元陆 4 井下侏罗统自流井组大安寨段半深湖亚相沉积序列

（二）沉积相展布特征

通过对元坝、阆中、涪陵、建南地区中下侏罗统自流井组—千佛崖组沉积亚相进行对比，明确了各区不同阶段的沉积亚相类型（表 2-3）。

自流井组珍珠冲段-东岳庙段：由于印支晚幕运动的作用，米仓山向南强烈逆冲挤压，使得湖水大面积退却而在珍珠冲段沉积早期山前形成冲积扇沉积。元坝地区此时为扇三角洲沉积环境，物源主要来自米仓山。由于元坝西部靠近物源，主要发育扇三角洲平原沉积，而东部远离物源，发育扇三角洲前缘沉积；涪陵地区则由于远离物源，地势较元坝地区低，普遍发育三角洲前缘-前三角洲沉积；

鄂西渝东地区离物源较近，主要发育扇三角洲平原沉积。此后，四川盆地基底沉降，开始了持续的湖侵，到珍珠冲段沉积晚期，元坝、涪陵及鄂西渝东地区均演变为扇三角洲前缘-滨浅湖沉积。东岳庙段时期（图2-17），盆地内湖水范围达到最大，元坝地区由于仍靠近山前，受物源的影响发育碎屑岩浅湖-半深湖沉积，沉积以灰色细-粉砂岩和灰黑色泥岩为主，有的地方发育煤线。涪陵和鄂西渝东地区因处于碎屑岩浅湖和碳酸盐浅湖交替沉积部位，受物源影响较小，以发育碳酸盐浅湖-半深湖沉积，沉积黑色泥岩夹灰色泥灰岩，局部含砂质。

表 2-3　四川盆地不同地区中下侏罗统自流井组—千佛崖组沉积亚相对比

层位		元坝	阆中	涪陵	建南
千佛崖组（凉高山组）		滨湖-碎屑岩浅湖-半深湖	滨湖-碎屑岩浅湖-半深湖	滨湖-碎屑岩浅湖-半深湖	滨湖-碎屑岩浅湖
自流井组	大安寨段	碳酸盐岩浅湖-半深湖	碳酸盐岩浅湖	碳酸盐岩浅湖-半深湖	碎屑岩浅湖-半深湖
	马鞍山段	碎屑岩浅湖	碎屑岩浅湖	碎屑岩浅湖	碎屑岩浅湖
	东岳庙段	碎屑岩浅湖-半深湖	碎屑岩浅湖-半深湖	碎屑岩浅湖-碳酸盐岩浅湖-半深湖	碎屑岩浅湖-碳酸盐岩浅湖-半深湖
	珍珠冲段	三角洲平原-前缘	三角洲前缘-滨湖	三角洲前缘-滨湖	三角洲前缘-滨湖

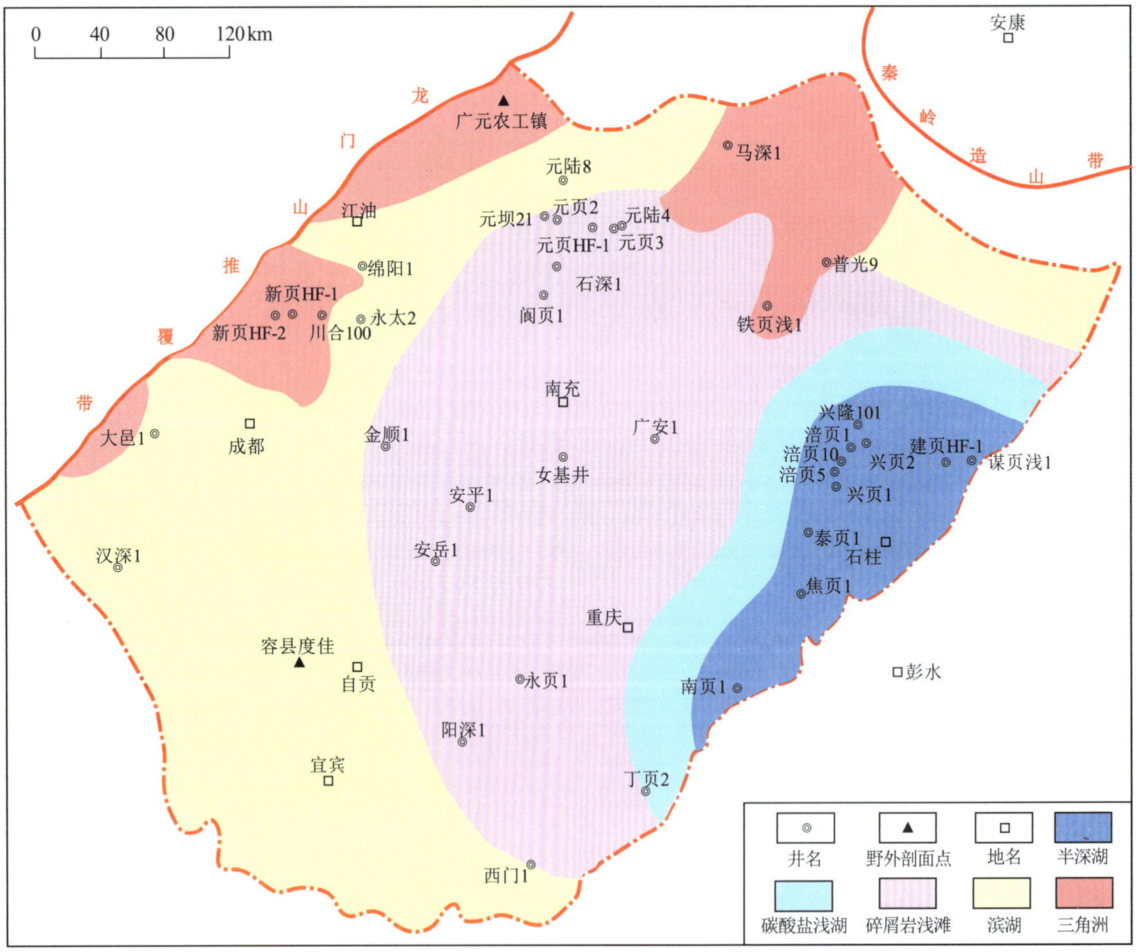

图 2-17　四川盆地下侏罗统自流井组东岳庙段沉积相平面分布图

马鞍山段-大安寨段：又开始一轮新的湖退-湖进的过程。马鞍山段沉积时期湖水范围缩小，元坝地区发育滨湖-碎屑岩浅湖亚相，涪陵地区发育碎屑岩浅湖沉积，鄂西渝东地区湖水开始变浅，发育滨湖-碎屑岩浅湖亚相。大安寨段沉积时期周缘山系活动处于一个平静期，大型河流不发育，进入湖盆的陆源碎屑较少，水体较清澈，加上温暖的气候条件，双壳、腹足类等生物大量繁衍，从而以在浅湖相带广泛发育介壳滩，形成了以涪陵区块西部、元坝南部、鄂西渝东西北部等多个湖盆中心（图 2-18）。在川中涪陵和阆中地区大安寨段沉积期经历一个完整的湖进-湖退过程，大安寨段沉积早期（大三时期）开始湖侵，这次湖侵是早侏罗世最大的一次湖侵，发育碳酸盐浅湖介屑沉积；到大安寨段沉积中期（大二时期），湖水范围达到最广，主要发育半深湖风暴滩沉积，此后开始湖退；到大安寨段沉积晚期（大一时期），演化为碳酸盐浅湖介屑滩沉积。而元坝地区大安寨段沉积时期湖盆中心在南部元坝 16 井-元陆 5 井-元坝 9 井-元陆 4 井一带，为半深湖相沉积，由湖盆中心向周围，逐渐向碳酸盐浅湖亚相过渡。鄂西渝东地区大安寨沉积时期水体在马鞍山沉积时期的基础上不断加深，演变为碎屑岩浅湖-半深湖亚相。

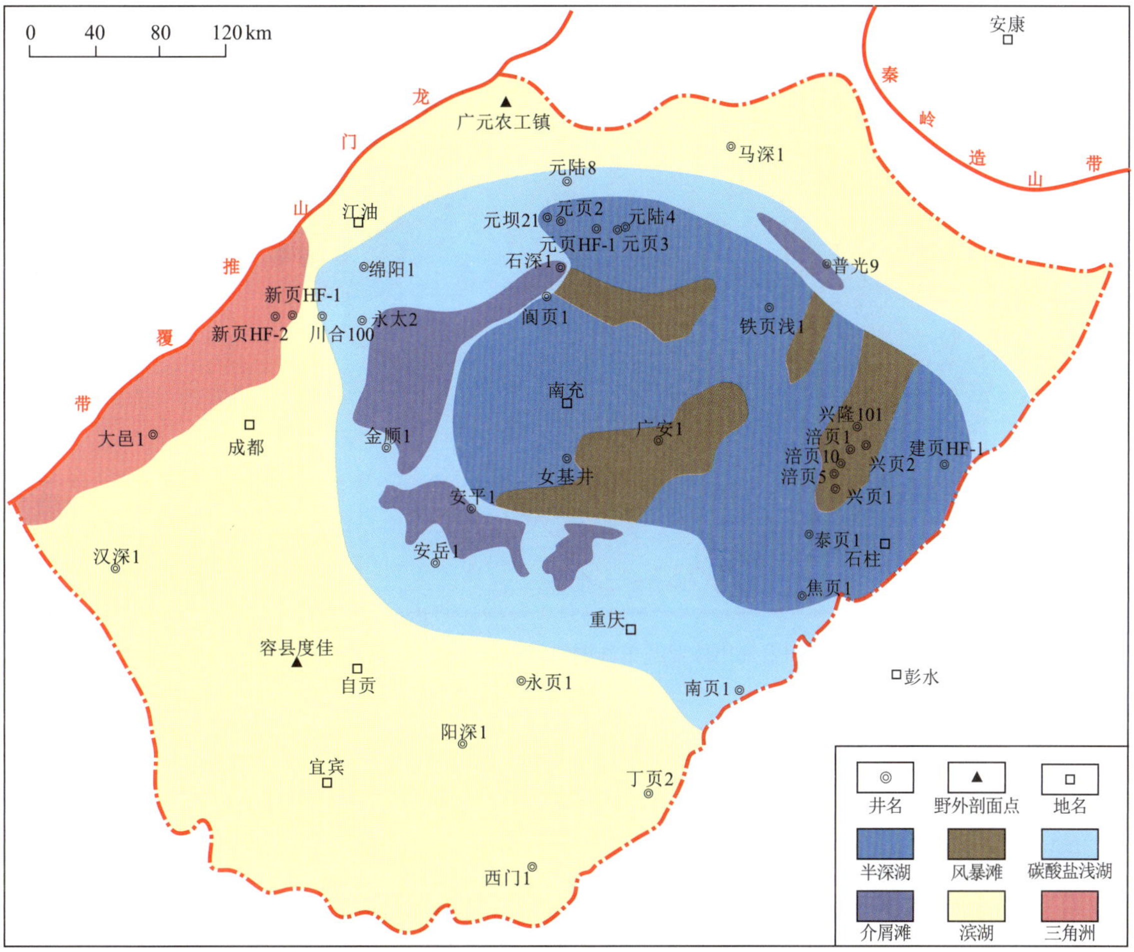

图 2-18　四川盆地下侏罗统自流井组大安寨段沉积相平面分布图

千佛崖组：继承了自流井组的沉积格局，燕山早幕运动在米仓山前缘影响不明显，此时周边山系处于相对平静时期。千佛崖组可分为 3 个岩性段（下杂色段-中部黑色段-上杂色段），即千下部、千二段、千三段，分别对应于滨浅湖、浅湖-半深湖和滨浅湖亚相沉积，反映了一次完整的湖侵-湖退沉积旋回，在研究区局部发育水下河道和砂坝（图 2-19）。元坝地区千二段沉积时期湖盆范围也比较大，但各地深浅变化较大，湖盆中心大体在元坝南部，为半深湖沉积，在研究区范围内尚未见湖岸线的迹象。但北部浅湖相区的存在，表明此处已离湖岸相对较近，并指示了物源区的可能方向。涪陵地区凉高山组沉积时期沉积背景与元坝地区一致，但水体更深、离物源更远，沉积更为稳定，岩性组合相对简单。凉一、凉二段灰黑色泥页岩更为发育，平面上沿盆地内缘逆时针方向，水体逐渐加深，凉高山组下部灰黑色泥页岩含量也逐渐增多，至贵州赤水地区，凉高山组下部灰黑色泥页岩成为主要的烃源岩之一。

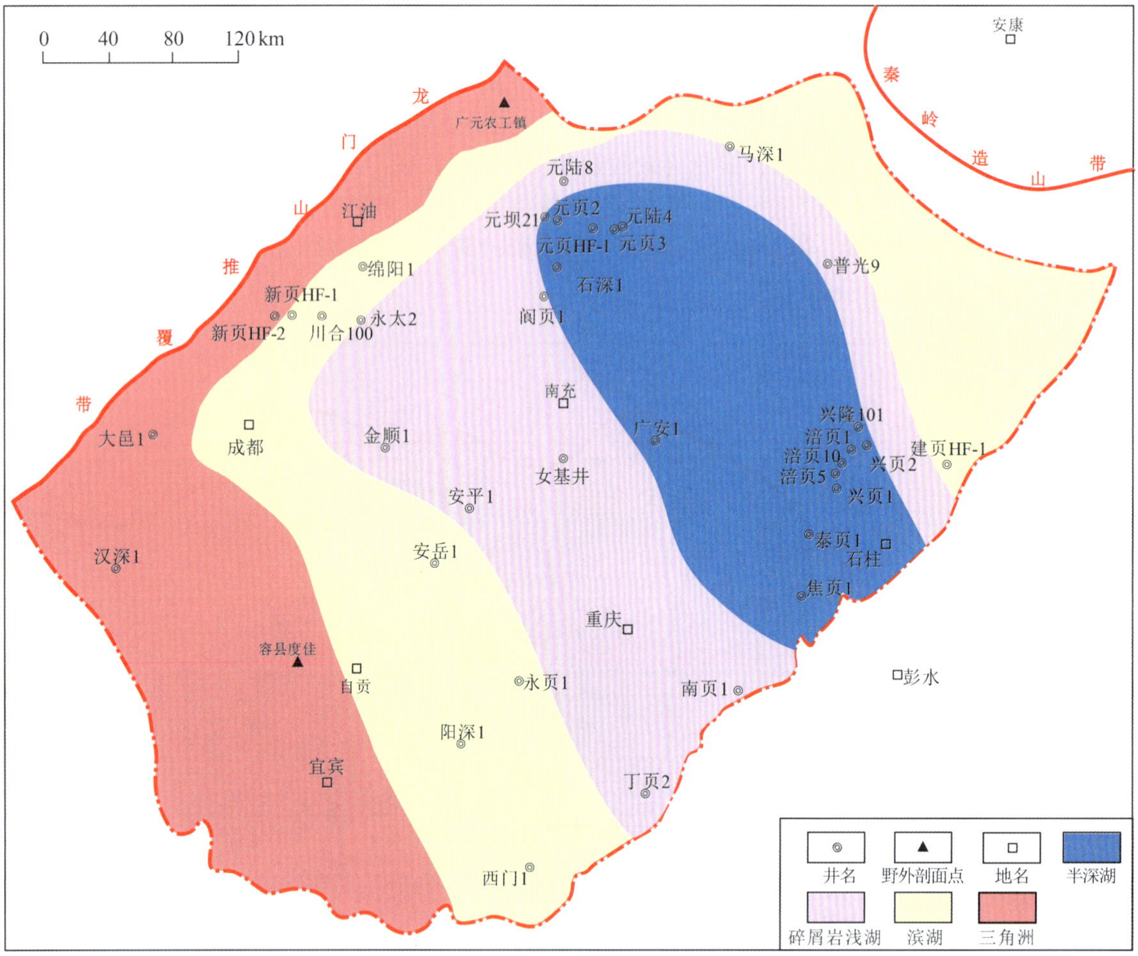

图 2-19　四川盆地中侏罗统千佛崖组（凉高山组）沉积相平面分布图

四、泥页岩沉积环境与发育模式

（一）沉积环境

四川盆地早中侏罗世为挤榨前渊，受米仓山-大巴山逆冲推覆影响，为混积、内源交替作用的陆内湖盆沉积。富有机质页岩的形成取决于生烃母质生物的生存环境和保存条件。因此，古环境的恢复不仅有利于沉积模式的建立，也有助于解释富有机质页岩的形成和保存条件。在沉积相识别划分的基础上，利用元素地球化学特征，分析古氧化还原条件、古气候、古盐度、陆源碎屑供给和古生产力5种古环境条件（图2-20），恢复早中侏罗世沉积时期环境演化过程。

1. 氧化还原性

古氧化还原条件指示沉积时期湖泊水体的氧气含量高低。V和Ni对沉积环境的氧化还原性变化响应敏感，反映古环境的氧化还原条件。Hatch et al.（1992）对Kansas州Wabaunsee县的Pennsylvania系黑色页岩研究表明：V/(V+Ni)值可反映沉积环境氧化还原的条件，高V/(V+Ni)值（0.84~0.89）反映水体分层，同时底层水体中出现H_2S的厌氧环境，中等比值（0.54~0.82）表征水体分层不强的厌氧环境，而低值（0.46~0.60）则反映水体分层弱及缺氧环境。Cu和Zn在沉积过程中，随着环境中氧气含量的不同，发生沉积分异，Cu/Zn与氧气含量正相关。

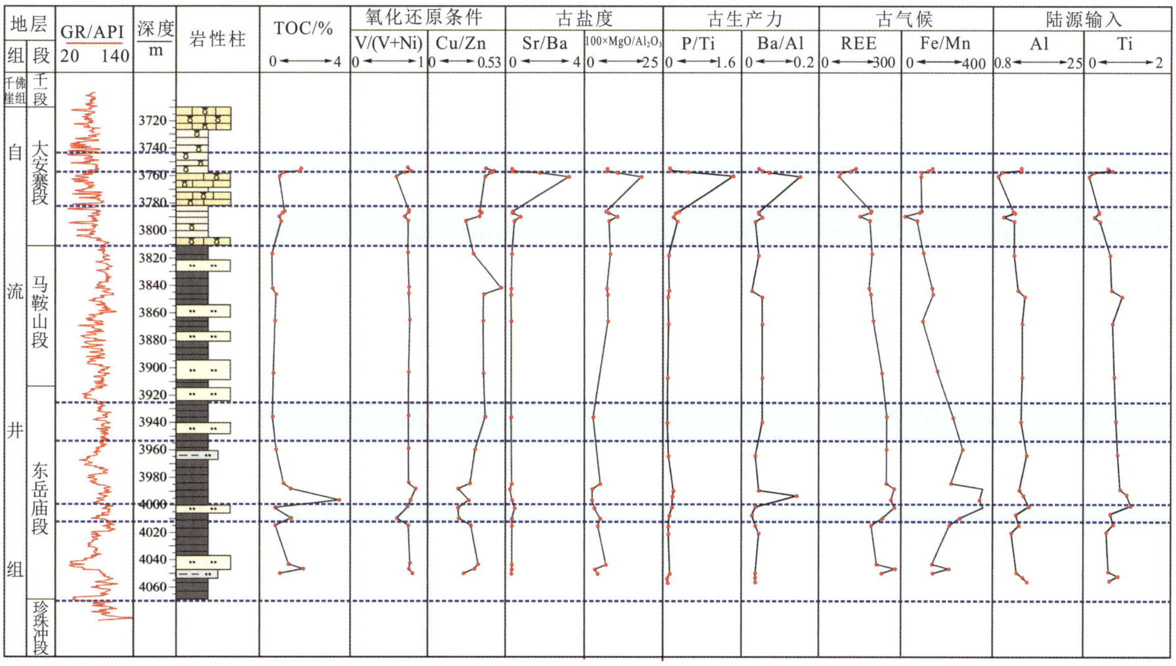

图 2-20　四川盆地中下侏罗统沉积环境参数图

通过元陆 4 井自流井组 22 块样品发现，V/(V +Ni) 介于 0.60~0.84 之间，平均值为 0.74，反映了缺氧和厌氧的沉积环境；Cu/Zn 介于 0.24~0.51 之间，平均值为 0.36，在马鞍山段较高。综合古氧化还原指标认为，东岳庙段和大安寨段还原条件较好，有利于富有机质页岩的形成和保存，而马鞍山段还原条件遭到破坏，氧气含量较高。

2. 古气候

Mn 在湖泊中常以 Mn^{2+} 的形式存在，当湖水中 Mn^{2+} 达到饱和时，Mn 会发生沉淀。因此，岩石中的高 Mn 含量指示了干旱炎热的古气候条件。相反，稳定的 Mn 含量指示了相对温暖潮湿的气候。在潮湿气候条件下，Fe 以 $Fe(OH)_3$ 胶体形式沉淀下来。因此，高 Fe/Mn 反映了温暖潮湿的气候，低 Fe/Mn 则反映了干旱炎热的气候。元陆 4 井东岳庙段，Fe/Mn 平均值最高，马鞍山段和大安寨段依次降低。表明从东岳庙段到大安寨段，古气候由温暖潮湿逐渐向干旱炎热变化。

岩石中的稀土元素总量 ∑REE 也能指示古气候条件变化。低 ∑REE 表明气候干旱炎热，高 ∑REE 表明气候温暖湿润。因此，根据 ∑REE 的垂向变化可知，大安寨段与马鞍山段比东岳庙段更加干旱炎热，与通过 Fe/Mn 解释判别结果一致。

3. 古盐度

在自然水介质中，Sr 比 Ba 迁移的距离更远。因为当淡水与咸水混合时，淡水中的 Ba^{2+} 与咸水中的 SO_4^{2-} 结合生成 $BaSO_4$ 沉淀下来；而 $SrSO_4$ 溶解度高，可以运移的更远并在生物作用下沉淀。因此，随着距湖岸的距离增加，Sr/Ba 逐渐增加。通常，Sr/Ba 在淡水中小于 1，而在咸水中大于 1。元陆 4 井下侏罗统自流井组细粒岩中 Sr/Ba 介于 0.06~3.44 之间，且大部分样品 Sr/Ba<1，只有大安寨段的介壳灰岩样品 Sr/Ba>1。因此，湖水咸度在大安寨段沉积时期达到最高。

随着水体咸度的增加，MgO 含量增加，Al_2O_3 含量降低。因此，可以利用 MgO/Al_2O_3 来指示水介质咸度的变化，当水介质咸度增加，MgO/Al_2O_3 为高值，反之，为低值。统计元陆 4 井 22 块样品发现，东岳庙段到大安寨段，$100\times MgO/Al_2O_3$ 逐渐增加，说明水体咸度渐增加，与 Sr/Ba 解释结果相同。

4. 初始生产力

古生产力是富有机质页岩聚集的重要因素，决定了原始有机质含量的多少。P/Ti 和 Ba/Al 常用来反映古生产力的高低。本次研究综合二者比值，综合分析古生产力的大小。P 是判别生物生产力高低的重要标志。Ti 或 Al 是典型的陆源输入标志。为了减少陆源输入的影响，利用 P/Ti 判别古生产力的大小。大安寨段 P/Ti 介于 0.08~1.54 之间，平均值 0.40，大于 PAAS（澳大利亚后太古代平均页岩）标准（0.13），深海页岩标准（0.33），说明古生产力较高；马鞍山段 P/Ti 介于 0.03~0.07 之间，平均值 0.05，说明古生产力较低；东岳庙段 P/Ti 值分布较广，介于 0.02~0.16 之间，说明古生产力变化幅度较大，高低生产力都有发育。

重晶石含量（$BaSO_4$）与古生产力呈正相关。高 Ba/Al 值出现在东岳庙段和大安寨段，而马鞍山段 Ba/Al 值较低。因此，研究区下侏罗统马鞍山段细粒岩古生产力总体上较东岳庙段和大安寨段低。

5. 水动能方式

中下侏罗统陆相细粒岩沉积由于距离物源区的差异，岩性变化快，沉积过程复杂，不仅沉积在安静水体中，也沉积在较强的水动力条件下，主要沉积过程包括悬浮沉积，风暴沉积、生物沉积和底流沉积。

悬浮沉积：是受重力和凝聚作用控制形成沉积物的沉积作用过程。泥质沉积物粒径一般小于 10 μm，沉积过程中发生凝聚作用后，受重力作用沉积下来；而粒径大于 10 μm 的颗粒，直接在重力作用下沉积。下侏罗统自流井组细粒岩主要以泥页岩沉积为主，发育在较弱水动力条件的沉积环境中，以水平的方式排列形成纹理，沉积之后没有受到底部水流及生物扰动的影响，纹理得以保存，在浅湖和半深湖的低水动力条件下发育。

风暴沉积：Ager et al.（1973）提出了“风暴岩”（Tempestite）的概念，指受风暴流扰动后再沉积形成的一套沉积物组合；Kumar et al.（1976）将其范围扩大为风暴沉积（storm deposit），泛指风暴作用形成的沉积物。风暴作用发生在正常浪基面以下，风暴作用使水体动荡，侵蚀近岸湖底沉积物，当风暴作用减弱时，由风暴作用产生的风暴流向湖深处搬运沉积，形成丘状交错层理粉砂岩，变形层理粉砂岩和介壳泥岩。Drummond et al.（2001）在研究美国肯塔基州北部的奥陶系 Kope 组含生物贝壳风暴岩时发现，风暴的强度和频率不同会引起壳化石埋藏、保存特征的变化，壳化石越多，说明风暴越强。下侏罗统介壳泥岩中，介壳呈层状、破碎杂乱分布于泥岩之中，介壳层与泥岩突变接触，呈现风暴沉积的特征。

生物沉积：研究区下侏罗统生物沉积作用发育。在浅湖环境中，水动力较强，营养物质充足有利于生物的发育。瓣鳃类生物由文石组成，为下侏罗统提供了大量方解石矿物。同时，可在沼泽，浅水中，发现大量植物化石。元坝地区大安寨段和涪陵地区大安寨、东岳庙段瓣鳃类生物大量发育，少量介形虫和腹足类生物。主量元素含量对于瓣鳃类生物成因判别有重要意义。对元陆 4 井大安寨段进行主量元素相关性分析发现，Ca 与陆源元素 Si（$r=-0.94$），Al（$r=-0.84$），K（$r=-0.77$），Ti（$r=-0.90$）呈负相关。因此，以 Ca 为主要成分的瓣鳃类生物为自生成因。

底流沉积：指由底流活动所改造沉积的、或受其重大影响的沉积物。Shanmugam（2013）总结了许多学者的观点，并认为底流改造的砂体可以用主要的原生沉积构造来识别，牵引构造是唯一可靠的底流改造砂体的识别标志。与泥岩互层的粉砂岩-细砂岩中发育砂纹交错层理、韵律性层理、透镜状层理及平行层理，以及粉砂质页岩发育纹层状粉砂或韵律性的纹层，小型的冲刷面以及小规模的透镜状层理均为牵引流改造的产物。陆源碎屑供给一方面可以提供有机质生产所需的养分，另一方面会稀释有机质。因此，陆源碎屑供给是有机质富集的主要影响因素。通过元陆 4 井 Al 和 Ti 数据统计发现，元坝地区自流井组自东岳庙段到大安寨段下部，Al 和 Ti 含量逐渐减少，陆源碎屑供给逐渐减少。东岳庙段陆源碎屑供给较多，发育薄粉砂纹层、小型沙纹层理以及生物碎屑等相对高能水动力条件下的沉积构造。

综合研究认为，大安寨段和东岳庙段具有缺氧-贫氧、弱还原-弱氧化沉积环境。在元坝地区大安寨段发育大量含有瓣鳃类生物的介壳灰岩段，具有气候干旱，盐度较高，陆源碎屑供给较少的特点。以内源作用占主导，较少的陆源输入使湖水变得清澈，适合微生物繁殖，有助于大量的瓣鳃类生物的生存，气候干旱导致湖水咸度增加，高盐还原环境，古生产力较高，具有较好的有机质富集程度。

（二）泥页岩发育模式

四川盆地中下侏罗世地层整体上处于陆内伸展的构造背景，受西部松潘-甘孜褶皱带与龙门山冲断带、北部的秦岭造山带与米仓山-大巴山冲断带以及东南缘的雪峰山褶皱带的综合影响，发育了三角洲、滨湖、碎屑岩浅湖、碳酸盐浅湖和半深湖沉积体系（图 2-21）。

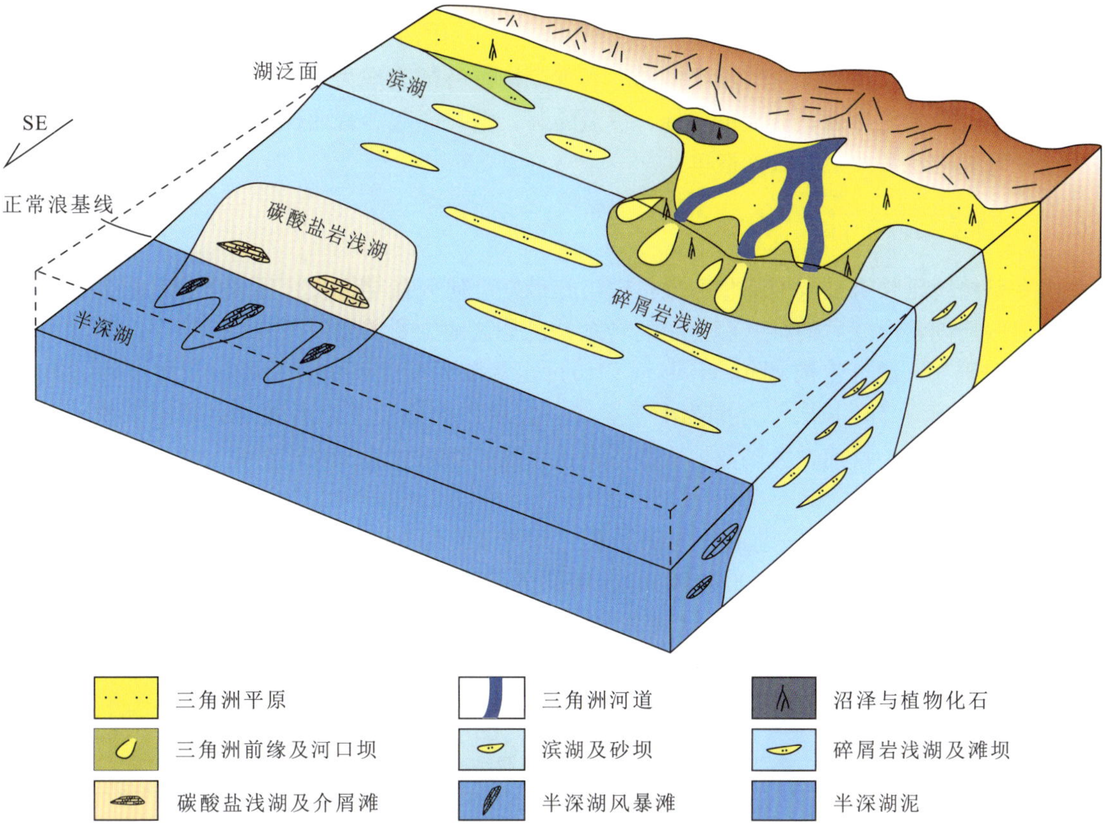

图 2-21　四川盆地中下侏罗统细粒岩沉积模式图

由于构造活动的差异，湖侵范围和周缘山系物源影响的不同，将中下侏罗统湖泊相划分为最大湖进期碳酸盐岩湖泊沉积模式和局限湖进期陆源碎屑湖泊沉积模式。碳酸盐岩湖泊沉积主要发育于四川盆地周缘构造相对稳定的最大湖进期，以大安寨段为代表。沉积受陆源碎屑物源的影响较小，湖盆范围最大，水体清澈，浮游生物丰富，以滨湖砂坪-碳酸盐浅湖介屑滩-湖坡风暴滩-半深湖沉积为特征；局限湖进期陆源碎屑湖泊沉积主要发育于四川盆地周缘构造相对活跃的局限湖进期，以千佛崖组（凉高山组）二段为代表，沉积受四川盆地西南陆源碎屑物源的影响较大，以三角洲-滨湖-碎屑岩浅湖-半深湖沉积为特征。

第二节　鄂尔多斯盆地三叠系页岩沉积特征

一、地层划分与对比

（一）晚三叠世盆地演化概述

鄂尔多斯盆地是一个发育在中元古代基底上，由长城纪—奥陶纪海相层系、中晚石炭世—二叠纪海陆过渡相层系和中晚三叠世—第四纪陆相层系叠置形成的大型、多旋回叠合盆地，特定的构造位置确定了盆地复杂的构造-沉积演化史。

经历中新元古代裂陷-拗陷、早古生代克拉通内拗陷与被动大陆边缘后，鄂尔多斯盆地整体隆升剥蚀（缺失 S-D），晚古生代的再次沉降与海侵，接受了海相-海陆过渡相的上石炭统—二叠系；中晚三叠世，随着秦岭洋自东向西剪刀式关闭，华北地块向南的俯冲，以及西缘贺兰山冲断带的形成，华北地块南缘在陆内造山负载作用下发生强烈沉降，形成北东向展布的挤榨前渊。山前带形成巨厚的磨拉石沉积，湖相沉积主要发育于隆后沉积带。

侏罗纪—早白垩世，沉降作用主要受控于贺兰山，沉积体呈西厚东薄的楔状体，为南北向展布的挤榨前渊，奠定了现今构造面貌的基本格局。其现今构造特征表现为东翼宽缓、西翼陡窄的不对称矩形盆地。按其现今构造形态，盆地可划分为伊盟隆起、渭北隆起、晋西挠褶带、伊陕斜坡、天环拗陷及西缘逆冲断裂构造带 6 个一级构造单元。

（二）地层发育特征

盆地上三叠统延长组是我国陆相三叠系中出露最好、研究最早、发育比较齐全的层型剖面，是鄂尔多斯盆地内陆湖盆形成后的第一套生储油岩系，也是盆地主要的勘探开发目的层系。对于鄂尔多斯盆地延长组的研究，最早曾被 Clark et al.（1916）定为陕西层下部的延长带，王竹泉等（1934）研究了延长地区后建立"延长层"并归为上三叠统，此后广大地质工作者做了大量的工作，先后提出了多种地层划分方案，目前，大多数地质工作者认为延长组时代属于晚三叠世，本次研究基于石油系统地层划分系统。

延长组发育了一套由湖进-湖退的沉积层系。大约以北纬 38°为界，盆地北部为一套冲积平原相沉积，沉积物粒度粗、厚度小（100~600 m），南部则主要发育一套河流、三角洲-湖相沉积，沉积物相对较细、厚度大（1000~1400 m），盆地边缘沉降拗陷最大可达 3200 m。根据沉积旋回及岩性组合特征，自上而下划分为 4 段 10 个油层组，分别为：T_3y^1（长 10，长 9）、T_3y^2（长 8，长 7）、T_3y^3（长 6，长 4+5）和 T_3y^4（长 3，长 2，长 1）（表 2-4）。

表 2-4　鄂尔多斯盆地上三叠统延长组地层简表

组	段	厚度/m	油层	岩性
延长组	第四段（T_3y^4）	100~250	长 1	为一套深灰绿色粉砂质泥岩与泥质粉砂岩、细砂岩互层，局部夹薄煤层
			长 2	为一套灰绿色中-细粒砂岩夹灰黑色粉砂质泥岩，是延长组重要的储油层
			长 3	
	第三段（T_3y^3）	120~400	长 4+5	以泥页岩为主，局部为生油层，是较好的区域盖层
			长 6	以砂岩为主，是主要的储油层
	第二段（T_3y^2）	100~200	长 7	在盆地南部发育了"张家滩"页岩，是盆地主要烃源岩
			长 8	以湖相沉积为主的砂、泥岩沉积，是重要的储油层
	第一段（T_3y^1）	100~300	长 9	以泥页岩为主，习惯称为"李家畔"页岩，是主要烃源岩
			长 10	为灰绿色、浅红色长石砂岩夹暗紫色泥岩及粉砂岩；砂岩为沸石胶结，呈麻斑结构

（三）层序地层划分

1. 延长组层序地层的划分

由于鄂尔多斯盆地物源的复杂性和沉积类型的多样性，对晚三叠世延长组层序地层的划分存在较大分歧，前人对鄂尔多斯盆地晚三叠世延长组层序地层的划分提出了多种方案（王峰，2007；陈全红，2004；李凤杰，2004；李运振，2012；王宏波，2006；陈飞等，2012）。本次研究将延长组构造层序划分为 4 个三级层序，自下而上依次为 SQ1-SQ4（图 2-22）。其中每个层序的平均年限为 6.5 Ma

(上三叠统延长组的地质年龄为 27 Ma，对应着卡尼阶-瑞替阶)。在盆地形成演化过程中，伴随着基准面的升降变化，不同相区、不同时期可容空间和沉积物之间的比值发生相应的变化，从而表现为不同的地层堆砌样式和充填特点。

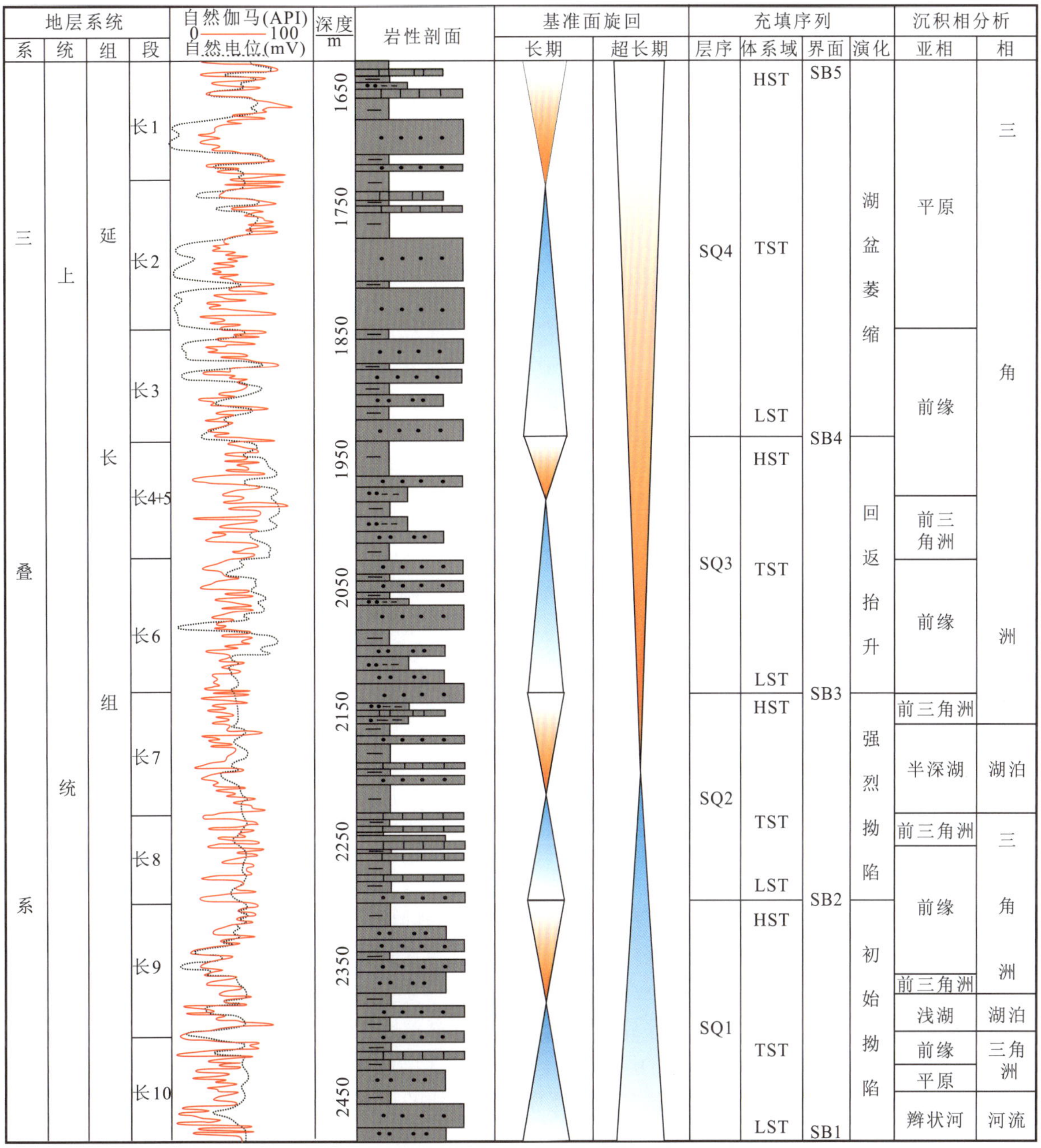

图 2-22　鄂尔多斯盆地上三叠统延长组层系-沉积相柱状图（定探 1 井）

SQ1：为长 10 段-长 9 段油层沉积期，湖盆开始发育，面积小，水体浅，可容空间小；盆缘造山带强烈抬升，物源供给充分。盆缘造山带抬升与盆地沉降的强度成正比，盆内沉积物供给和可容空间均处于增长状态，但沉积物的供给远大于构造沉降所产生的可容空间，沉积充填作用强烈，河水携砂量大，沉积物供给充分，沉积速率大，层序多表现为强烈的主动进积，沉积上处于填平补齐阶段，沉积相以冲积扇、辫状河及辫状河三角洲沉积为主。

SQ2：为长 8 段-长 7 段油组沉积期，湖盆强烈拗陷，可容空间迅速增加，沉积物供给速率由大于到逐渐等于到小于可容纳空间增加速率，沉积环境进入弱补偿和欠补偿状态，形成以加积、退积为主的细粒砂、泥质沉积，沉积相以三角洲及湖泊沉积为主。长8段沉积早期，由于盆地演化处于长9段沉降旋回末至回返初期，可容空间增长速率明显减慢，沉积速率、物源供给量开始大于盆地可容空间的增长速率，与此同时，在长8段油层组下段形成了较强的进积式层序，在盆地西南形成辫状河三角洲平原相带，分流河道流域面积大，砂体厚度大，沉积构造发育。长8段沉积晚期，湖盆进入强烈拗陷期，沉降速率明显加快，延续到长7段末，可容空间增长持续大于沉积速率，沉积体系域由低位域向湖侵体系域逐渐演化，长8上段形成了湖泊中的退积序列；在长7段沉积期湖泊扩张体系域中，盆地不均衡性强烈挤压沉降，可容空间增长速度急剧增加，湖水变深，深湖区为滞水还原环境，形成了巨厚的高阻泥岩及油页岩，成为鄂尔多斯盆地最重要的生油岩。在盆地边缘早期形成的三角洲前缘等沉积体中未固结的沉积物在地震、重力滑动等外力诱导因素影响下，经历了再次搬运沉积，形成了广泛分布的浊积砂体。

SQ3：为长6段-长4+5段沉积期，湖盆经过早期深陷扩张之后逐渐抬升回返，湖盆稳定收缩，可容空间增加速率逐渐减小，物源供给逐渐增大，沉积物供给速率接近至略大于可容空间增量，盆地均衡补偿，由于河流的注入充填，在盆地中沉积了一系列高建设性的河流-湖泊三角洲沉积体系。由于长6段为三角洲建设的高峰期，物源充足，湖岸线向湖推进很快，深湖区范围由于三角洲的充填而有所减小。沿湖岸线发育有许多低位体系域三角洲朵体，骨架砂体主要为分流河道和水下分流河道，在盆地外围有大范围的沼泽平原化。

SQ4：为长3段-长1段油组沉积期，湖盆全面抬升收缩并进入萎缩消亡期，物源供应充足，可容纳空间增长速率明显小于沉积物供给速率，湖水迅速退缩变浅，形成河道向盆地方向大幅度迁移的强迫进积作用，盆地边缘及盆地内大部分地区都形成了进积式浅覆水型曲流河三角洲，以低位体系域三角洲平原分流河道沉积广泛发育为特征，三角洲河口坝普遍不发育，砂岩粒度细，泥质含量较高，泛滥沼泽和残留湖泊洼地暗色泥岩、碳质泥岩广布。

2. 重点层系长7段高频层序与沉积特征

由于本次针对鄂尔多斯盆地延长组页岩的层序地层研究主要目标层段为长7段和长9段。其中，长7段是最为重要的目标层段。据以上对鄂尔多斯盆地层序地层学研究现状的总结，长7段整段地层属于一个三级层序内的一部分。由于第一部分已经介绍了经典层序地层学在页岩中的应用，故综合前人采用的经典层序地层学理论为指导思想，延长组为一个二级构造旋回是没有争议的。在延长组内可划分为若干个三级层序，但三级层序究竟如何划分存在较大争议，其中：（长8段、长7段）或（长8上段、长7段、长6中下段）或（长8中上段、长7段和长6中下段）或（长7段、长6中下段）为其中一个三级层序，由张家滩页岩广泛发育整个盆地南部可知，长7段油层应该处于某一个三级层序的湖侵体系域，究竟采用那一套三级层序的划分方案，将有此次研究中野外剖面的测定和钻井资料的分析共同确定。从而在确定了三级层序地层划分方案的基础上，对更进一步的高频旋回做出划分。

层序界面是层序划分的关键，层序界面不仅将界面所穿越地区的新、老地层分开，使层序具有年代地层学意义（即由层序界面所围限的层序是个等时性的地层单元），同时也是划分层序，确定层序成因类型，并对层序进行区域等时对比和建立层序地层格架的重要标志。利用测井曲线划分地层层序有比较高的纵向分辨率，可以反映出由沉积旋回所导致岩层物质性质变化的特点。同时，本次研究将化学层序地层学方法引入长7段泥岩的高频层序划分中。

化学层序地层学一直是泥页岩沉积学领域中备受关注的研究方法与手段，多种地球化学指标均能反映沉积水体环境：氧化还原条件、初级生产力。地球化学指标实际上是间接为层序地层学研究提供资料，鉴于地球化学指标的非直观性，需要配合其他层序界面识别标志，相互验证与完善。本次研究从泥页岩的沉积过程入手，通过分析古气候、古环境及关键地质事件对整个沉积过程产生的直接或间接影响：大气温度和大气循环的变化会引起水体盐度，风化过程、风尘输入、海洋大洋循环（湖盆的水体分层）的改变；古湖泊水深影响绝对湖平面的变化；火山爆发产生的火山灰影响沉积水体的盐度及水循环/分层，火山爆发伴生的酸雨则改变陆源风化作用的强度；区域大规模海侵、天文轨道周期变化等均对沉积水体产生重要影响。将以上影响因素具体落实到泥页岩沉积物中，可以归纳为

3 个要素：矿物组分、有机生产力、氧化还原条件，其中氧化还原条件与有机生产力二者均为富有机质页岩形成的主控因素。如图 2-23 所示，长 7 段内部四级层序界面的 TOC 均为最小值，代表了一次湖平面的下降。生产力采用 $R=C\times\rho_s\times(1-\Phi)/(0.03\times S^{0.3})$ 进行计算，其中 C 代表有机碳含量，S 代表沉积速率，ρ_s 代表干沉积物密度，Φ 代表孔隙度；氧化还原条件的替代指标选取代表 DOP_T。

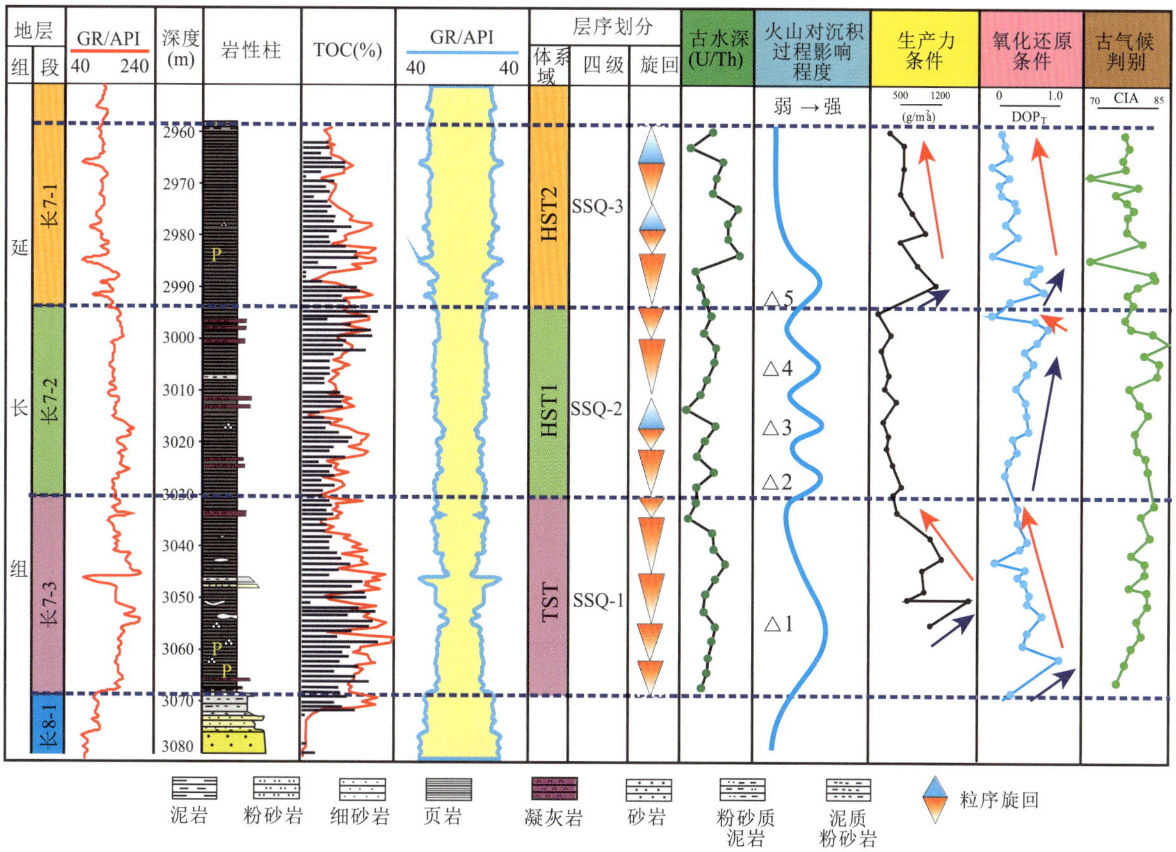

图 2-23　鄂尔多斯盆地盐边地区盐 56 井上三叠统延长组长 7 段内部层序界面识别

二、层序-沉积相特征分析

（一）不同地区层序-沉积相特征分析

1. 富县、宜川地区长 7 段

富县、宜川地区位于盆地东南部。长 7 段为一个完整的沉积旋回，可划分为一个三级层序（图 2-24）。长 7_3 段、长 7_2 段、长 7_1 段的岩性从页岩过渡到砂岩，沉积相从深湖-半深湖过渡到前三角洲亚相沉积，沉积微相从深湖泥过渡到水下分流河道和河口坝，因此又将长 7_3 段、长 7_2 段、长 7_1 段划分成 3 个四级层序。其中，长 7 段的顶界面自然伽马曲线和自然电位曲线呈现非常明显的异常高值点，长 7 段的底界结束于张家滩页岩标志层，具有三高一低的特点（高自然伽马、高声波时差、高电阻率和低密度）。富县地区长 7 段主要发育三角洲前缘水下分流河道、分流河道间、河口坝、远砂坝、席状砂微相和浅湖、半深湖-深湖亚相及湖泊浊积扇沉积。页岩分布受沉积微相的分布，主要为半深湖-深湖-浅湖沉积，颜色主要为深灰色、灰绿色和灰黑色，局部夹薄-中层状粉-细砂岩。

2. 铜川地区长 7 段

铜川地区位于盆地南部。本次研究在铜川金锁关实施的浅钻金页浅 1 井揭示，长 7 段主要发育深湖-半深湖亚相和三角洲前缘亚相沉积（图 2-25），微相以深湖泥，水下分流河道及分流间湾为主。深湖泥亚相以灰黑色泥岩、粉砂质泥岩为主。长 7_1 段和长 7_2 段主要发育三角洲前缘砂体，岩性主要

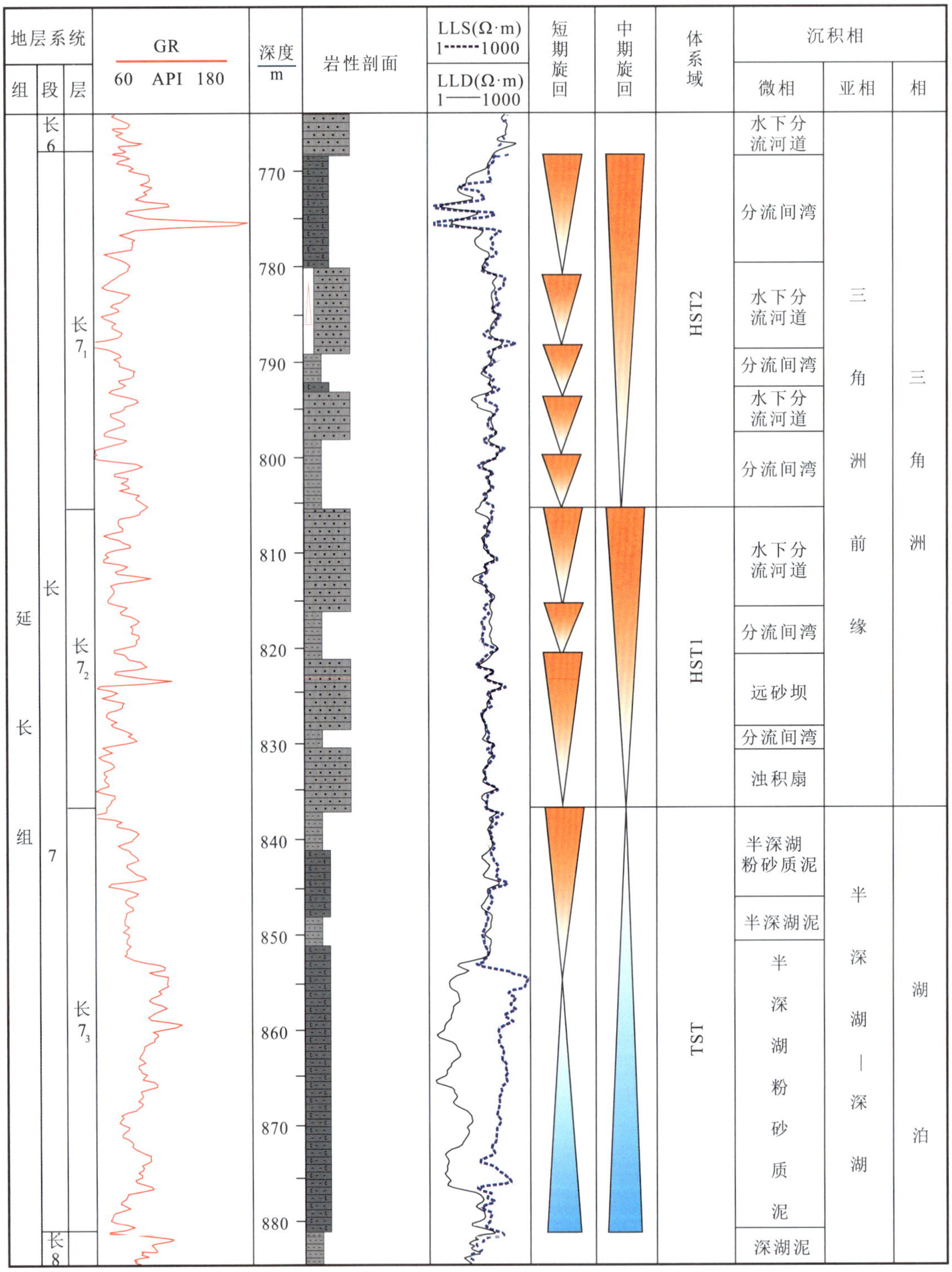

图 2-24　鄂尔多斯盆地富县地区新富 2 井上三叠统延长组长 7 段层序-沉积相柱状图

为灰白色-灰色细砂岩，长 7_3 段主要沉积深湖-半深湖泥岩，岩性主要为灰黑色-灰色泥页岩，有机质含量较高。

3. 镇泾地区长 7 段、长 9 段

镇泾地区位于盆地西南部。红河 22 井揭示，长 7 段主要发育深湖-半深湖亚相和前缘亚相沉积（图 2-26），微相以深湖泥，水下分流河道及分流间湾为主。深湖泥亚相以灰黑色泥岩、粉砂质泥岩为主，泥页岩厚度最大可达 30 m。长 7_3 段厚度较薄，长 7_2 段和长 7_1 段均发育厚层泥页岩。长 7_3 段、长 7_2 段、长 7_1 段的岩性从泥岩到砂岩进行过渡，沉积相从深湖-半深湖过渡到前三角洲亚相沉积，

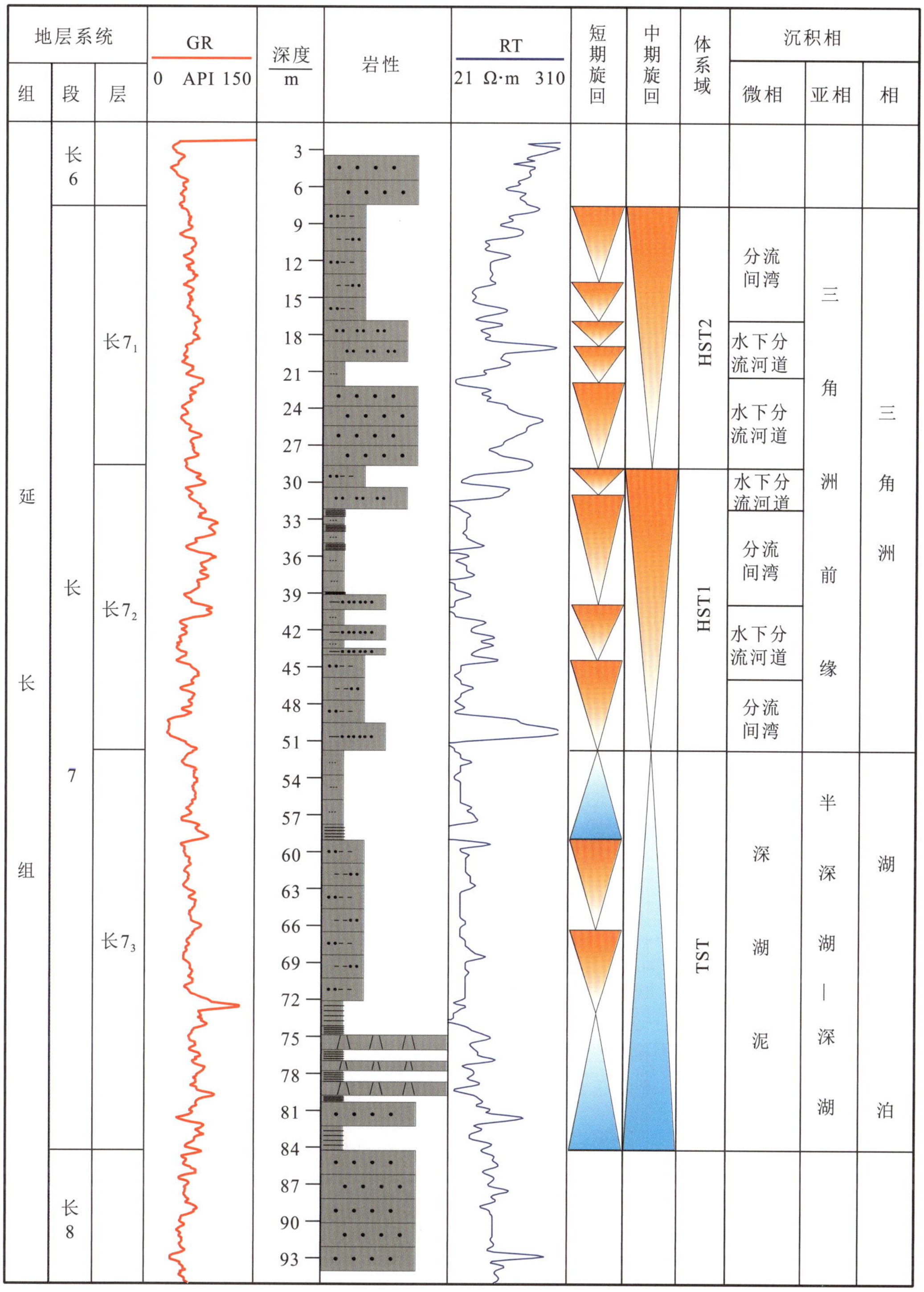

图 2-25 鄂尔多斯盆地铜川地区金页浅 1 井上三叠统延长组长 7 段层序-沉积相柱状图

沉积微相从深湖泥过渡到水下分流河道和河口坝，所以将长 7_3 段、长 7_2 段、长 7_1 段划分成 3 个四级层序。其中，长 7 段的顶界面显示自然伽马曲线和自然电位曲线呈现非常明显的异常高值点，长 7 段的底界结束于张家滩页岩标志层，具有三高一低的特点：高自然伽马、高声波时差、高电阻率和低密度。测井曲线（TOC，GR，ILD）极值 GR 曲线粒序特征明显差异：EST 体系域（长 7_1 段）呈高幅指状，HST1（长 7_2 段），HST2（长 7_1 段）低幅箱型。

红河 22 井长 9 段主要发育三角洲-湖泊沉积，其中三角洲前缘分布范围较广，主要发育分流河道（水下分流河道）、河口砂坝和分流间湾等微相；区块内湖泊水体不深，主要为浅湖-半深湖沉积。浅

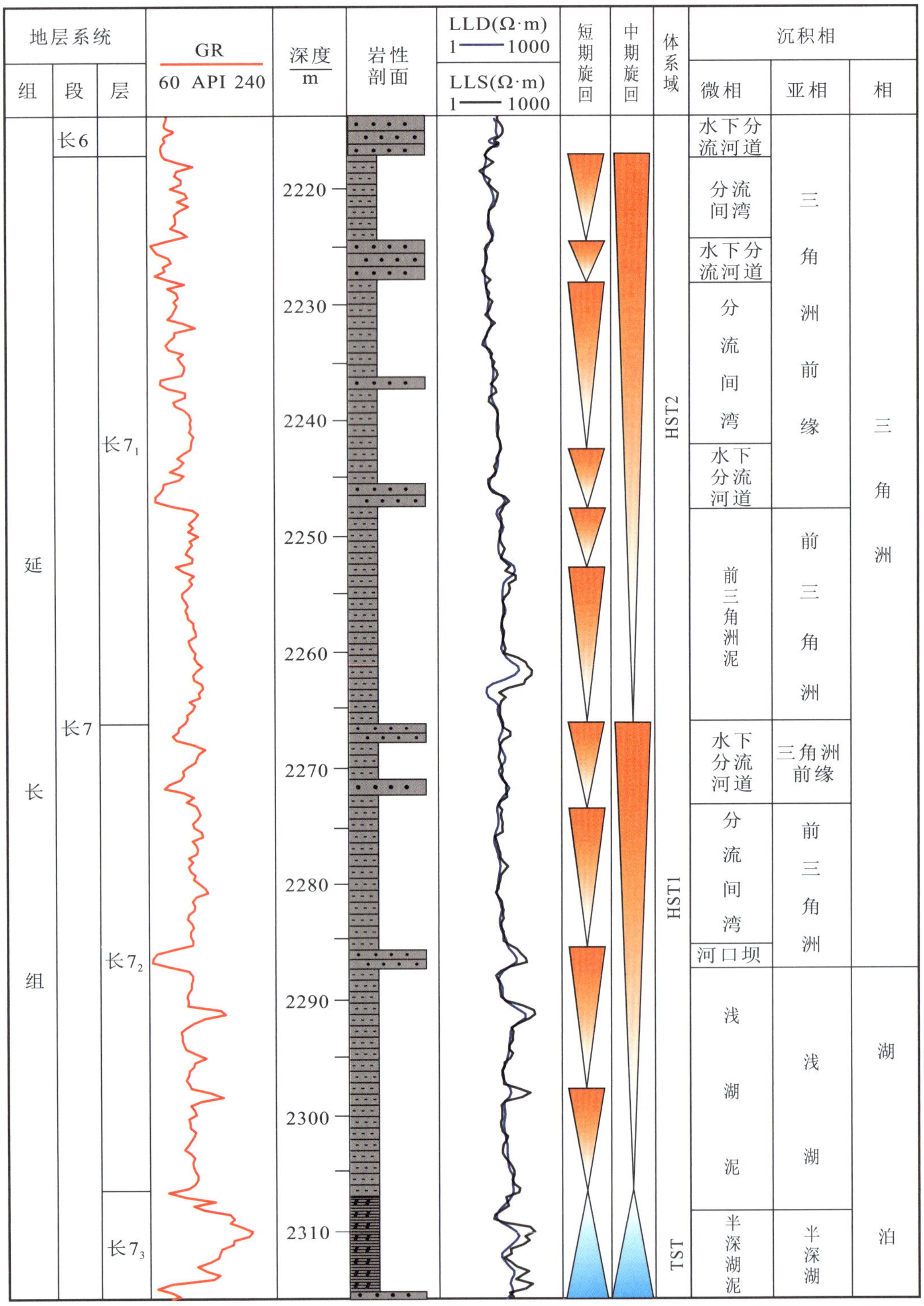

图 2-26　鄂尔多斯盆地镇泾地区红河 22 井上三叠统延长组长 7 段层序-沉积相柱状图

湖沉积通常指位于枯水期湖水面之下至正常波基面以上的低能环境，由于地形平坦故有人又将其称之为湖底平原（侯方浩，1996）。通常水流不强，水深不大，起主导作用的是传递到湖底的水面波浪的波动及沿岸流动的湖岸流。沉积物主要为入湖河流带来的以悬浮沉降的泥及粉砂为主的细粒物质，一般沉积岩性为具有水平层理的暗色-深灰色泥岩、粉砂质泥岩或泥质粉砂岩，浅湖沉积表现在测井曲线上为低幅微齿状线形。在平面上分布于三角洲前方的广大地区，与前三角洲相邻产出，但两者因为沉积物相似而很难区分。

（二）不同层段层序-沉积相连井对比

1. 长 7 段层序-沉积相连井对比

鄂尔多斯南部北西—南东方向宁东 5 井-黄 25 井-耿 68 井-城 85 井-柳评 171 井-中富 29 井-金页浅 1 井连井层序-沉积相对比表明，长 7 段自下而上划分为 3 个四级层序，为长 7_3、长 7_2、长 7_1，分别对应着 1 个三级层序内部的湖侵体系域、早期高位体系域和晚期高位体系域。地层整体发育完整；北西方向长 7_3（湖侵体系域）厚度较大，南东方向长 7_3 较薄，黄 25 和柳评 171 井的长 7_3 厚度最大，为长 7_3 富有机质页岩发育的中心；长 7_2、长 7_1（高位体系域）厚度变化不大。其中高位体系域阶段北西、南东方向靠近盆缘方向发育三角洲前缘砂体，湖盆中心发育浊积砂体。长 7_2 和长 7_1 沉积时期主要发育三角洲前缘沉积亚相及半深湖沉积亚相，长 7_3 沉积时期主要发育深湖亚相，深湖环境中浊流沉积发育（图 2-27）。

鄂尔多斯南部南西—北东方向长 2 井-花 1 井-崔 4 井-中富 26 井-中富 29 井-中富 21 井-仕页浅 1 井连井层序-沉积相对比表明，地层在整个延长组长 7 段自下而上划分为 3 个四级层序，分别为长 7_3、长 7_2 和长 7_1。连井剖面中仕页浅 1 井仅见长 7_3，崔 4 井、中富 29 井的长 7_1 也有不同程度的剥失。相对位于湖盆中心的中富 26 井长 7_1 和长 7_3 沉积时期发育浊积砂体。南西方向的长 2 井发育三角洲前缘砂体，向北东方向推进至花 1 井，北东方向的中富 21 井发育三角洲前缘砂体。中富 29 井的长 7_3 时期沉积的富有机质页岩厚度最大，且不发育浊积砂体。整体上长 7_3 厚度较为均一，长 7_3 沉积期中富 26 和中富 21 井发育浊积砂体（图 2-28）。

2. 长 9 段层序-沉积相连井对比

鄂尔多斯南部近南北方向塞 522 井-高 116 井-丹 49 井-黄深 1 井-里 1 井-建 1 井层序-沉积相连井对比表明，地层在整个延长组长 9 段自下而上水体呈现逐渐加深的变化，层序旋回结构上 TST 相对更为发育，表明湖盆面积快速扩大，长 9 上部相对为湖泛期，湖盆中心位于志丹、高桥、延安一带，具有半深湖-深湖特点，主要以泥岩、页岩、粉砂质泥岩、粉砂岩为主。南侧方向的建 1 井发育三角洲前缘砂体，向北东方向推进至黄深 1 井，北东方向的安塞一带塞 522 井、高 116 井等在长 9 中下部发育三角洲前缘砂体。湖盆南北两侧三角洲均为退积型三角洲，至长 9 晚期北部三角洲后退距离最大（图 2-29）。

三、沉积相类型及分布

（一）沉积相及微相类型划分

鄂尔多斯盆地三叠纪沉积结构为极不对称的西陡东缓、由北西向南东倾伏的挤榨前渊盆地，发育了一套陆相沉积。晚三叠世延长组沉积时期，盆地周边网状水系发育，延伸入湖，形成一系列向盆地中心发育的河湖三角洲裙体系。其沉积体系主要有冲积扇沉积体系、河流沉积体系、三角洲沉积体系及湖泊沉积体系（表 2-5）。

表 2-5　鄂尔多斯盆地南部上三叠统延长组长 9 段—长 7 段主要沉积体系类型划分表

沉积体系	沉积相	沉积亚相	沉积微相	发育层位及分布
三角洲	辫状河三角洲	辫状河三角洲平原	分流河道、泛滥平原	全盆延长组均有分布，主要分布在盆地西南缘
		辫状河三角洲前缘	水下分流河道、分流间湾、席状砂、河口坝	
		前辫状河三角洲	前三角洲泥、砂质重力流	
	曲流河三角洲	三角洲平原	分流河道、天然堤、决口扇、河间洼地、漫滩沼泽	盆地北部及东北部缓坡带，其中长 8 段-长 7 段多为破坏性三角洲，长 7 段以后多为建设性三角洲
		三角洲前缘	水下分流河道、分流间湾、河口坝、远砂坝、席状砂	
		前三角洲	前三角洲泥	
湖泊	湖泊	滨湖	滨岸砂坝、湖湾、滨湖泥	全盆均有分布，长 7 段分布最广
		浅湖	浅湖泥坪、泥质粉砂坪	发育在湖盆扩张期的深水部位，以长 7 段最为发育，其次为长 9 段
		半深湖-深湖	泥坪、粉泥坪	
		浊积扇	浊积水道砂、浊积水道间、外扇泥	长 7 段分布最广，主要在盆地南部发育

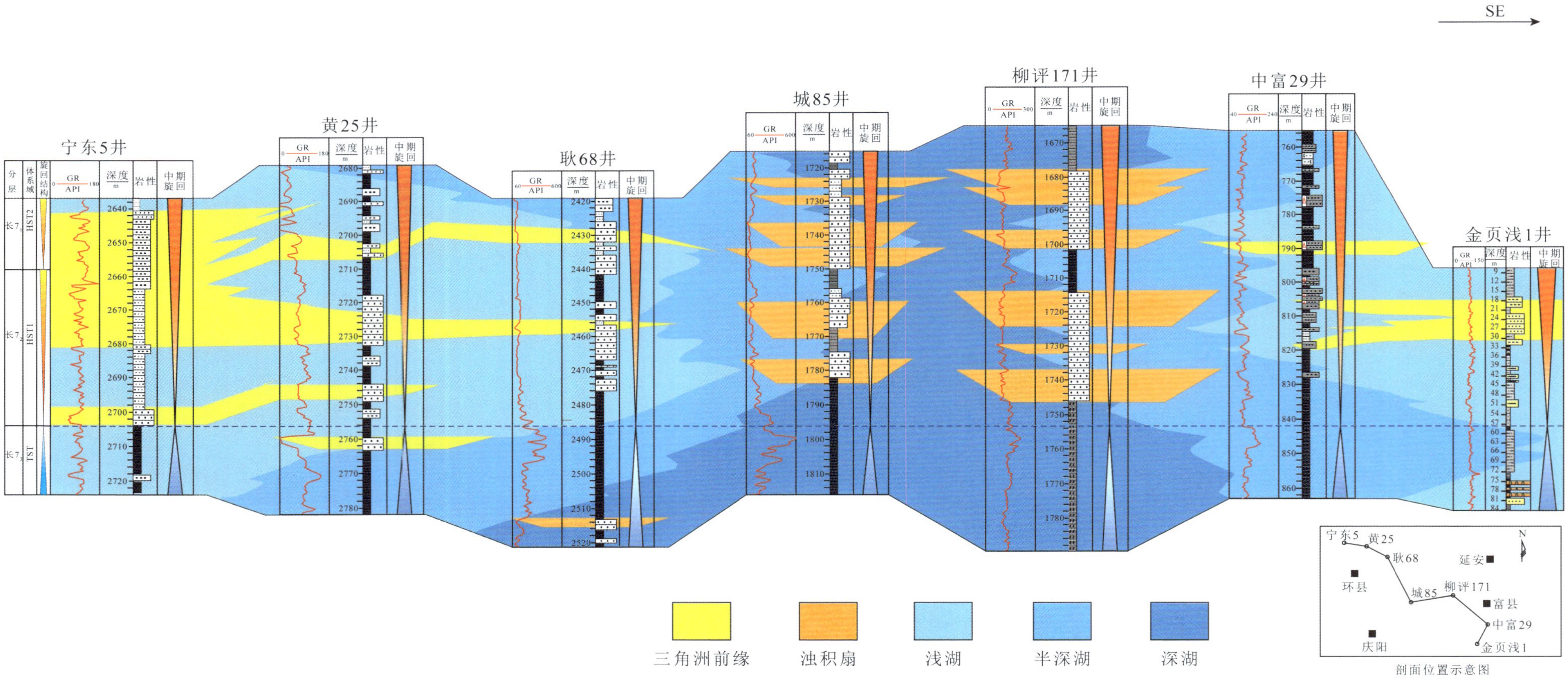

图2-27 鄂尔多斯盆地宁东5井-黄25井-耿68井-城85井-柳评171井-中富29井-金页浅1井上三叠统延长组长7段层序-沉积相对比剖面图

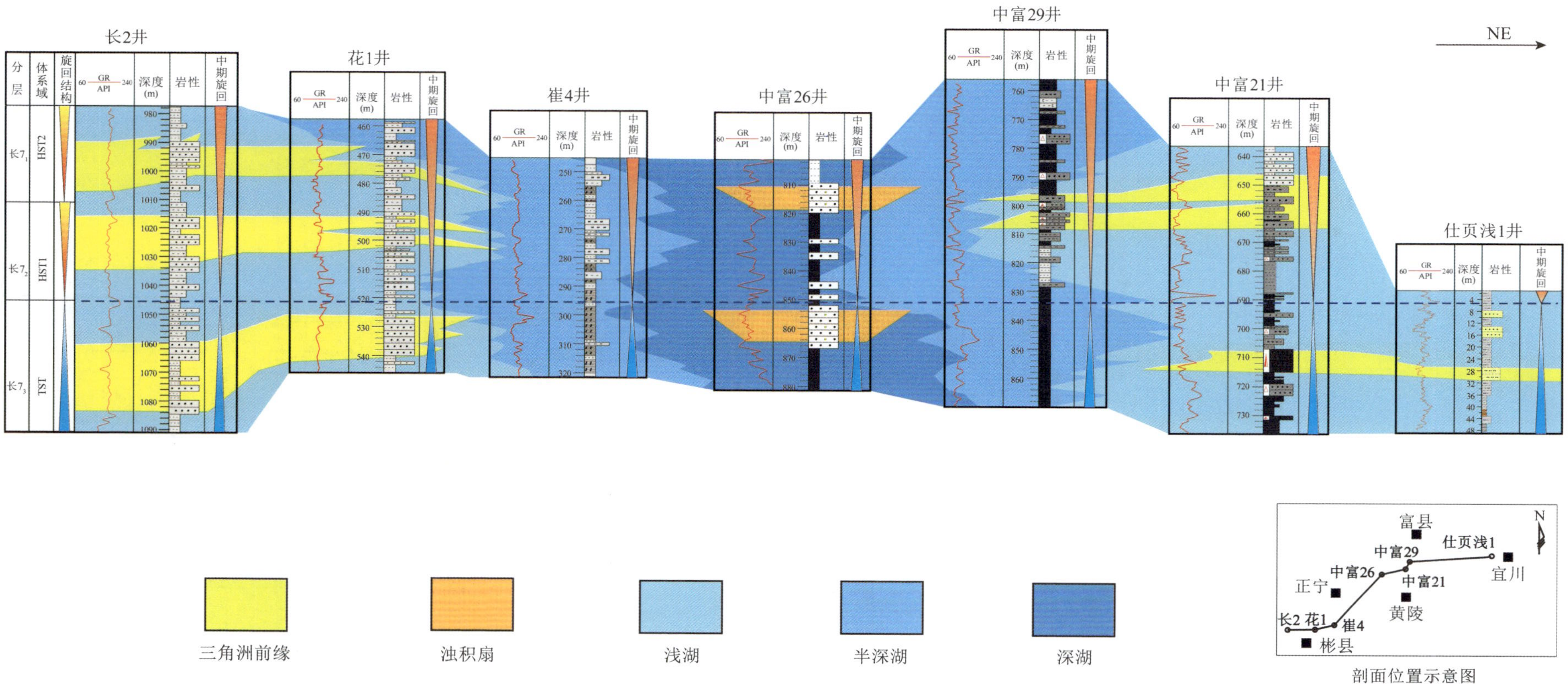

图2-28 鄂尔多斯盆地长2井-花1井-崔4井-中富26井-中富29井-中富21井-仕页浅1井上三叠统延长组长7段层序-沉积相对比剖面图

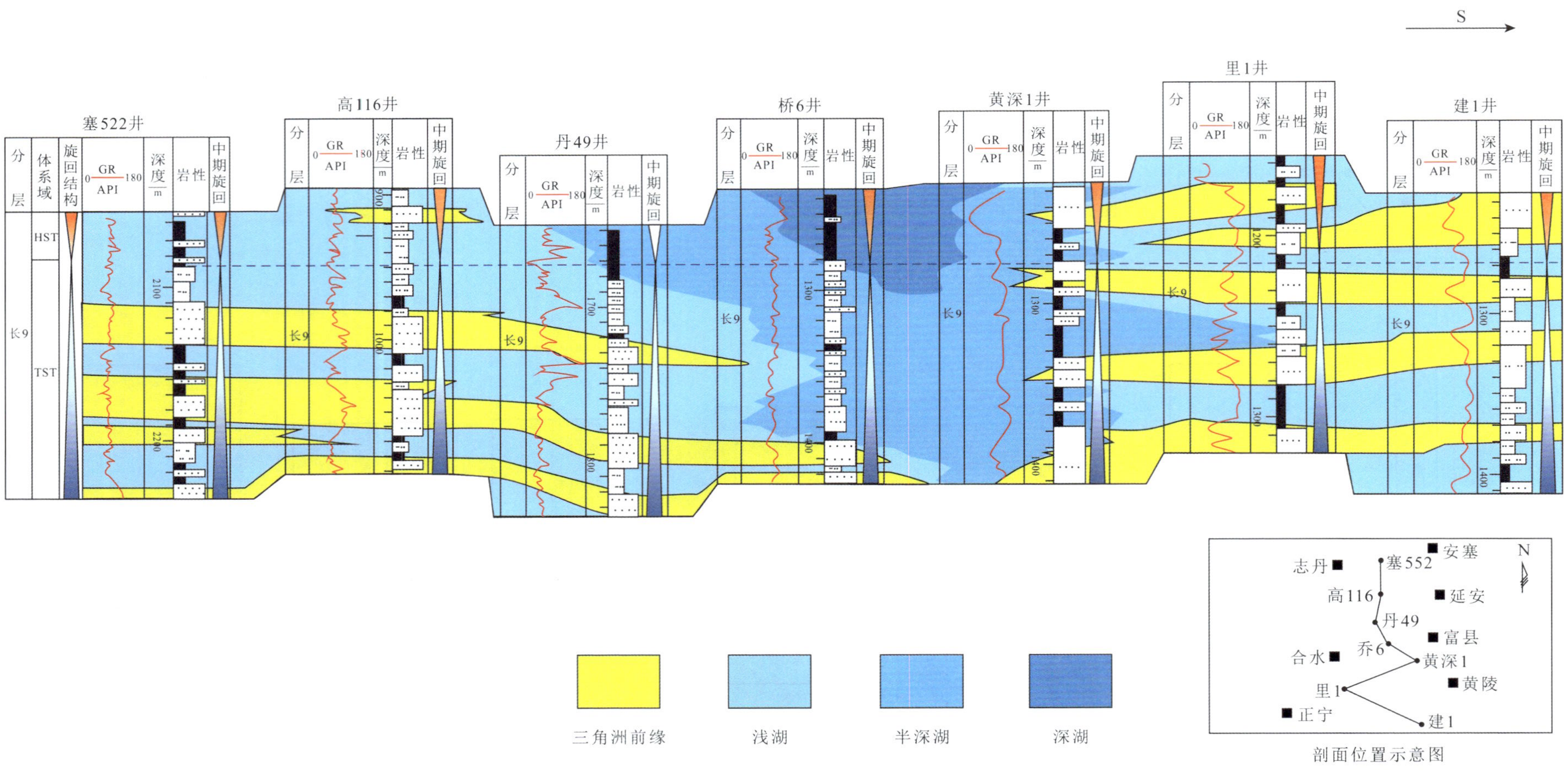

图2-29 鄂尔多斯盆地塞552井-高116井-丹49井-桥6井-黄深1井-里1井-建1井上三叠统延长组长9段层序-沉积相对比剖面图

1. 三角洲相（三角洲前缘-前三角洲）

研究区主要为三角洲前缘亚相，其岩石组合主要为厚层的砂岩层和相对薄层的粉砂岩和泥岩层。三角洲前缘亚相可细分为水下分流河道、河口坝、远砂坝、分流间湾和席状砂等微相（图2-30），其中水下分流河道、河口坝、远砂坝较发育，构成主要的夹层沉积，分流间湾则是泥页岩发育的主要微相。受可容纳空间限制，三角洲前缘砂体滑塌进入半深湖区，浊积岩占据了前三角洲的位置，在平面展布上难以将三角洲前缘砂体与浊积岩砂体分别开来，但二者在沉积构造上有着明显区别（前者具牵引流标志，后者具重力流标志）。

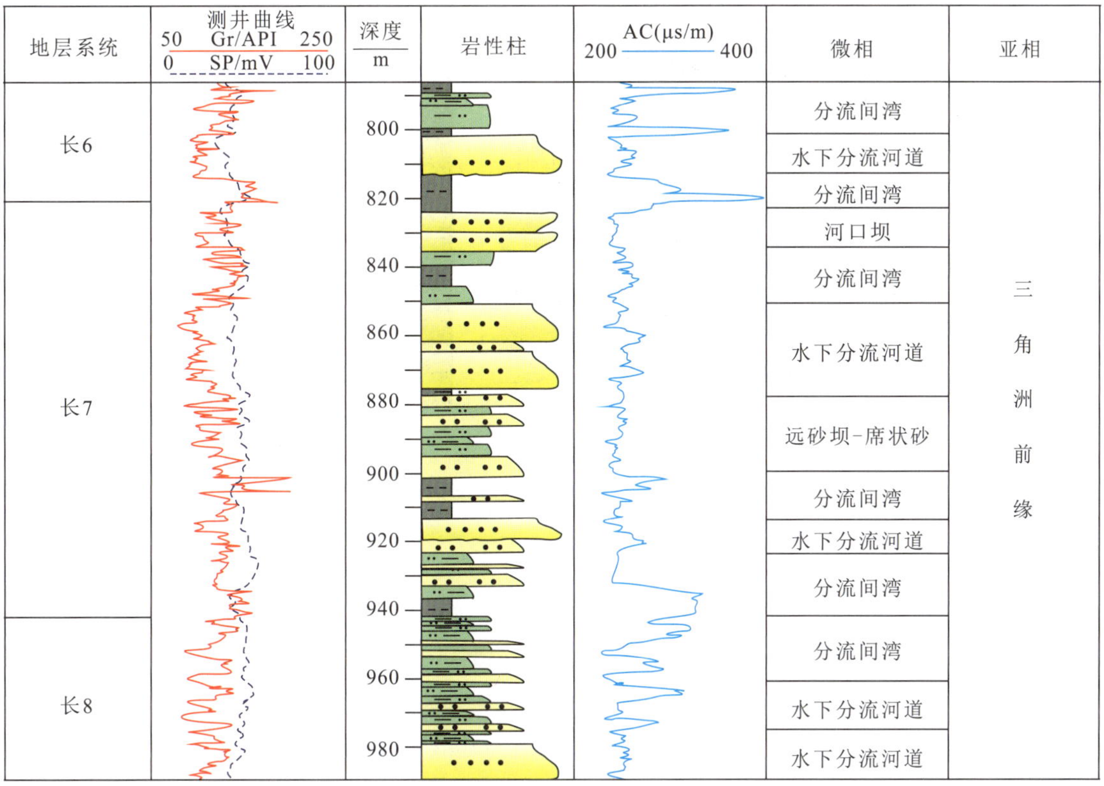

图2-30　鄂尔多斯盆地上三叠统延长组三角洲前缘沉积剖面图

富县区块洛河3井，延长组长7段—长8段

2. 湖泊相

延长组湖泊沉积体主要发育在盆地中心偏西南一带，根据湖盆水深及沉积物特征可将湖泊沉积体系进一步划分为滨湖-浅湖亚相、半深湖-深湖亚相和深水浊积（重力流）亚相，环境演化和沉积特征及相带分布规律受区域沉积地质背景和湖盆演化规律影响。鄂尔多斯盆地湖泊相在长10期—长1期均较发育，各时期的湖盆范围和湖水深度存在不同，其中长7期为湖相发育的鼎盛时期。

（1）滨湖-浅湖亚相

岩石组合类型主要以灰色、灰黑色泥岩和粉砂质泥岩为主，夹灰绿色、深灰黑色的粉砂质泥岩夹薄层粉、细砂岩，泥岩中常见植物茎干化石、炭屑、虫孔、生物扰动等，砂岩常为细砂岩，具有较高的结构成熟度，发育平行层理、斜层理、波状层理等，剖面上发育双向交错层理、平行层理等。

（2）半深湖-深湖亚相

主要分布于长7段最大湖泛期，岩性以灰黑色的粉砂质泥岩、泥页岩和油页岩为主，块状构造，水平层理发育，下部油页岩较厚，页理发育与褐灰色粉砂质泥岩间隔出现；泥岩以深灰-灰黑色为主，判定其为一次湖泛的末期。常见植物茎干、炭屑、胶磷矿、黄铁矿、鱼鳞等动植物化石，并在远端发育浊积岩（图2-31）。

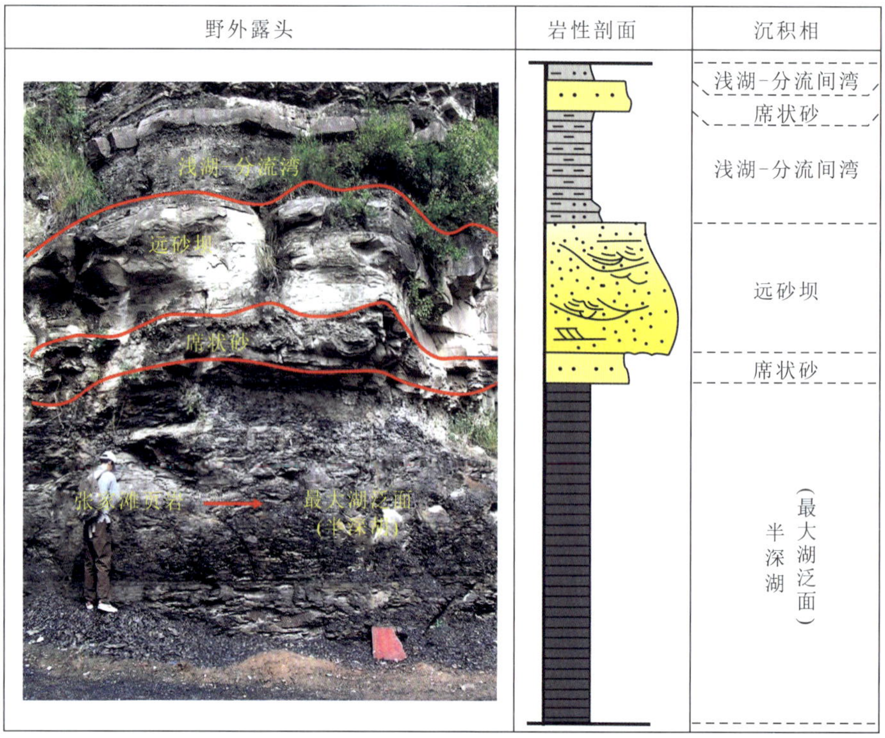

图 2-31　鄂尔多斯盆地上三叠统延长组长 7 段半深湖-深湖野外剖面及沉积相发育及组合特征
（延河剖面张家滩小学）

（3）深水浊积（重力流）亚相

主要分布于长 7 段—长 9 段，均发育事件性沉积的浊积岩，岩性组合为薄-中厚层灰色、灰白色细砂岩、灰黑色粉砂岩、泥质粉砂岩夹灰黑色粉砂质泥岩及碳质泥岩。湖泊浊积岩为盆地中重要的油气储集体之一，延长组浊积岩主要分布在庆阳、合水、固城、安置农场和黄陵，铜川地区的长 7-长 9 段（图 2-32）。浊积岩具有正粒序性和多期韵律性旋回的特点。多见块状层理和包卷层理、滑塌构造等变形层理，平行层理、砂纹层理相对很少，岩石层面发育丰富的槽模、沟模、印模，时常还伴生火焰状构造。

（二）沉积相展布特征

长 7 初期湖盆发生迅速的构造沉降作用，导致湖侵达到鼎盛、湖水迅速上升，湖岸线大幅度内外扩展，水体覆盖面积约达 $10\times10^4\ km^2$ 以上，水体明显加深，半深湖-深湖分布于盐池北、定边、吴起、志丹、永宁、环县东、庆阳、正宁、直罗、洛川及其以东广大地区，在金锁关、宜君也有分布，深水面积达 $5.5\times10^4\ km^2$，最大水深 60 m，水生生物和浮游生物繁盛，发育厚度为 70~120 m，已欠补偿为主的深灰色、灰黑色泥岩、油页岩，有机质丰富，构成最主要的烃源岩分布区；其外围环绕的浅水湖亚相，分布面积约为 $4.5\times10^4\ km^2$，深灰色、灰黑色泥岩厚度 60~70 m，均是最有利烃源岩分布区（图 2-33），形成了盆地内最主要的分布稳定的“张家滩”页岩生油岩系。下寺湾和富县地区长 7 段主要发育三角洲前缘亚相和浅湖、半深湖-深湖亚相，泥页岩的分布受沉积微相控制。在长 7 段沉积初期，下寺湾和富县地区为半深湖-深湖沉积，岩性为黑色、灰黑色碳质泥岩。随着湖体的变浅，沉积相带演变为浅湖亚相和三角洲前缘亚相。下寺湾和富县地区的长 7 段含油气泥页岩厚度最大可达 70 m。富县区块长 7 段主要发育三角洲前缘水下分流河道、分流河道间、河口坝、远砂坝、席状砂微相和浅湖、半深湖-深湖亚相及湖泊浊积扇沉积。含气油页岩分布受沉积微相的控制，如在中富 28 一线为半深湖-深湖沉积，而中富 13 井浅湖亚相主要沉积的是粉砂岩、泥质粉砂岩和粉砂质泥岩类，常显示泥岩和粉砂岩的韵律性互层。颜色主要为深灰色、灰绿色和灰黑色，局部夹薄-中层状粉-细砂岩。

长 9 期为湖盆发展期，湖盆范围扩大，各类三角洲体系向外退移，北到鄂托克旗，南到长武，西

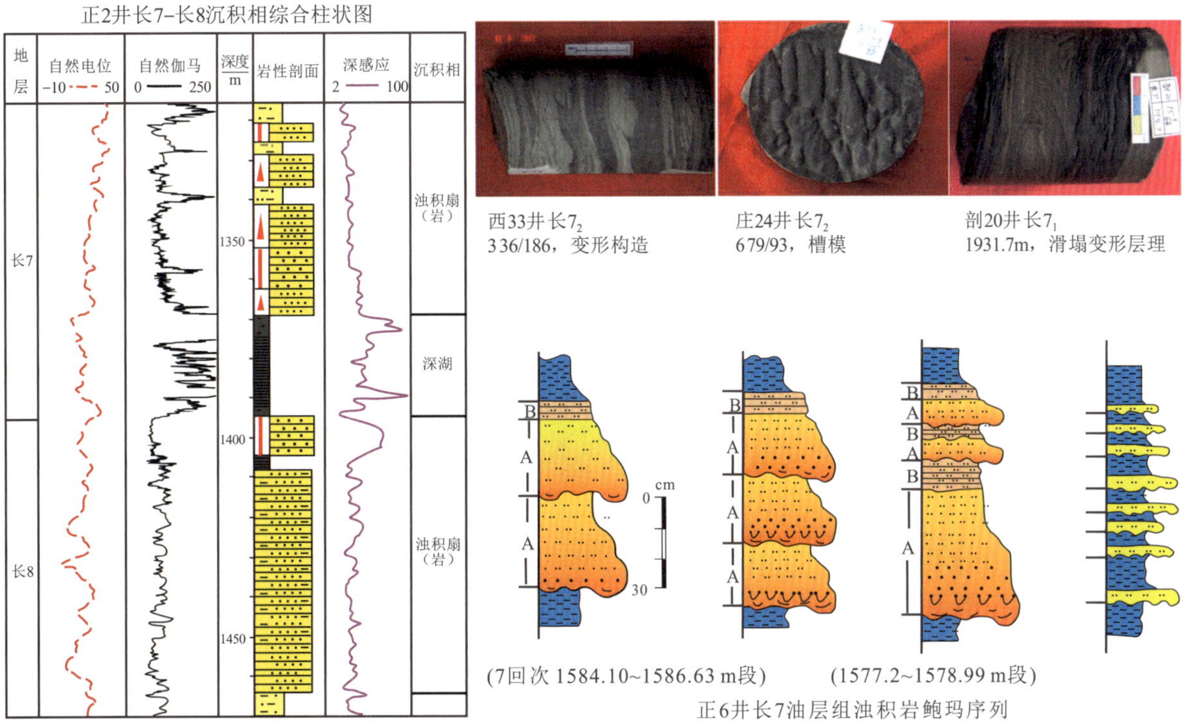

图 2-32　鄂尔多斯盆地上三叠统延长组湖相浊积岩发育特征

到环县，东到白豹一线广大区域为湖盆沉积，而白马-马岭-槐树庄林场一线为半深湖-深湖沉积，在扩大的湖盆范围内，第一次出现由直罗-张岔-花池-固城-正宁所圈定，并向东南开口的深湖-半深湖（图 2-34）。在长 9 晚期，形成区域上分布稳定并可对比的第一套生油岩系标志层——“李家畔”页岩。在深湖区见有油页岩存在，说明该期暗色泥岩生烃潜力较好。盆地南缘镇泾、彬长、西峰等多个地区未钻至（穿）长 9 段，因此长 9 段资料较少。根据现有的资料，富县和下寺湾地区总体为浅湖-深湖亚相沉积，微相以深湖泥、浅湖泥和浅湖砂为主，长 9 段顶部为泥页岩，厚度一般小于 15 m。富县和下寺湾区块为泥页岩发育的最有利区块。姬塬和麻黄山区块的沉积亚相总体为三角洲前缘-浅湖亚相沉积，微相以浅湖泥、分流间湾和水下分流河道为主，长 9 段泥（页）岩厚度一般小于 20 m，以灰色泥岩为主。

四、页岩沉积环境及发育模式

（一）沉积环境

目前主要运用地球化学、矿物成分、古生物等手段对细粒沉积物氧化还原性、古生产力和火山作用对富有机质页岩形成环境的影响进行研究。

1. 氧化还原性

本次研究通过敏感性微量元素、草莓状黄铁矿的粒径分布特征和磷酸盐矿物 Corg：P 的摩尔比值 3 种方法对氧化还原性进行研究。

（1）敏感性微量元素特征

通过对鄂尔多斯盆地三叠系延长组长 7 段优质烃源岩已有测试分析结果统计发现，15 个 U/Th 值处于 0.5~13.34，平均值为 3.09，大多数大于 0.75；41 个 V/(V+Ni) 值为 0.64~0.98，平均值为 0.85；42 个 V/Cr 值处于 1.06~10.62 之间，平均值为 3.33，34 个 Ni/Co 值处于 0.28~6.08 之间，平均值为 1.9。从上述统计结果来看，除了 Ni/Co 值显示当时沉积环境为氧化条件外，其余参数均表明长 7 沉积时期湖盆底部沉积环境以弱氧化-还原条件为主。

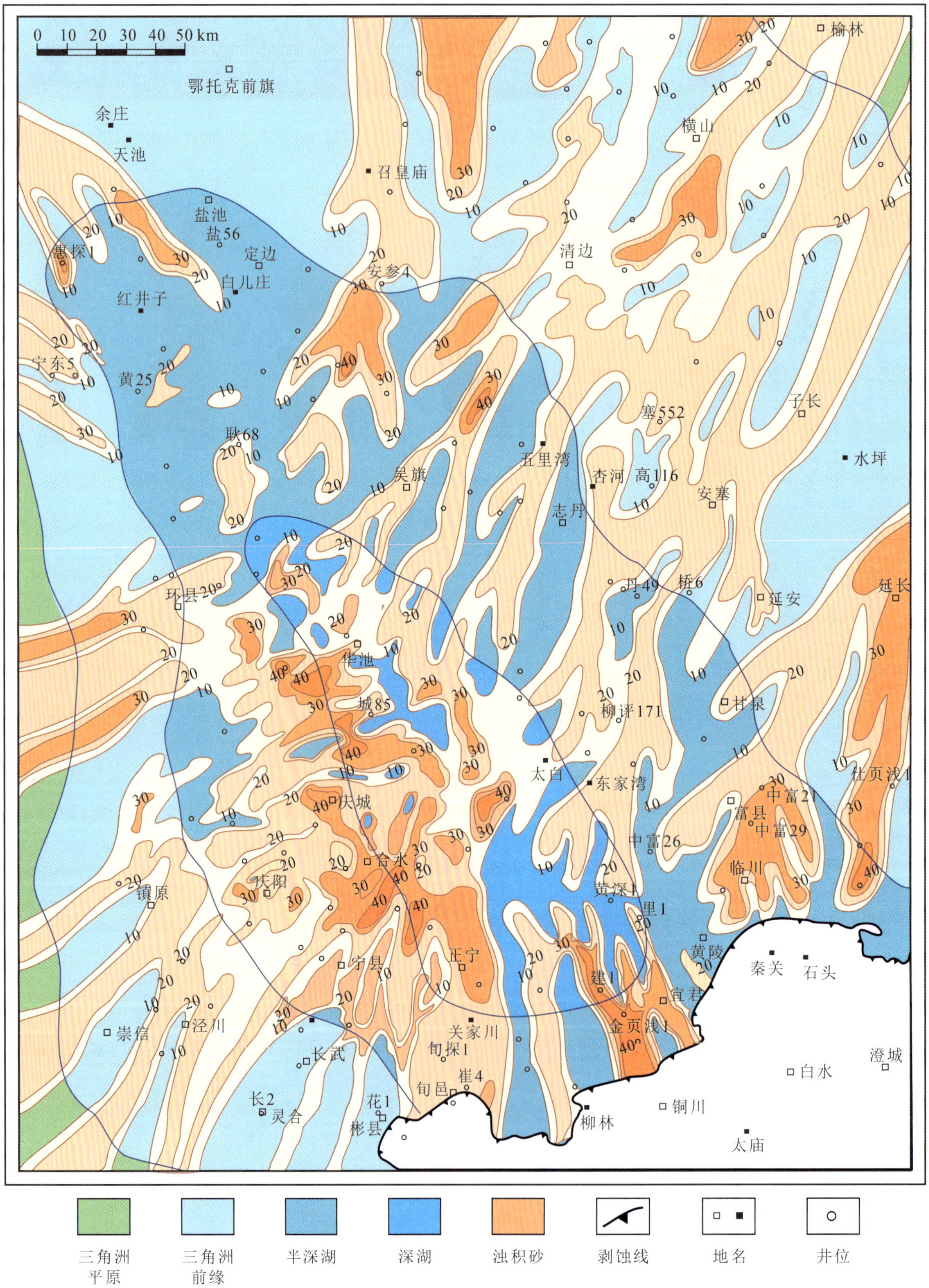

图 2-33 鄂尔多斯盆地上三叠统延长组长 7 段沉积相平面分布图

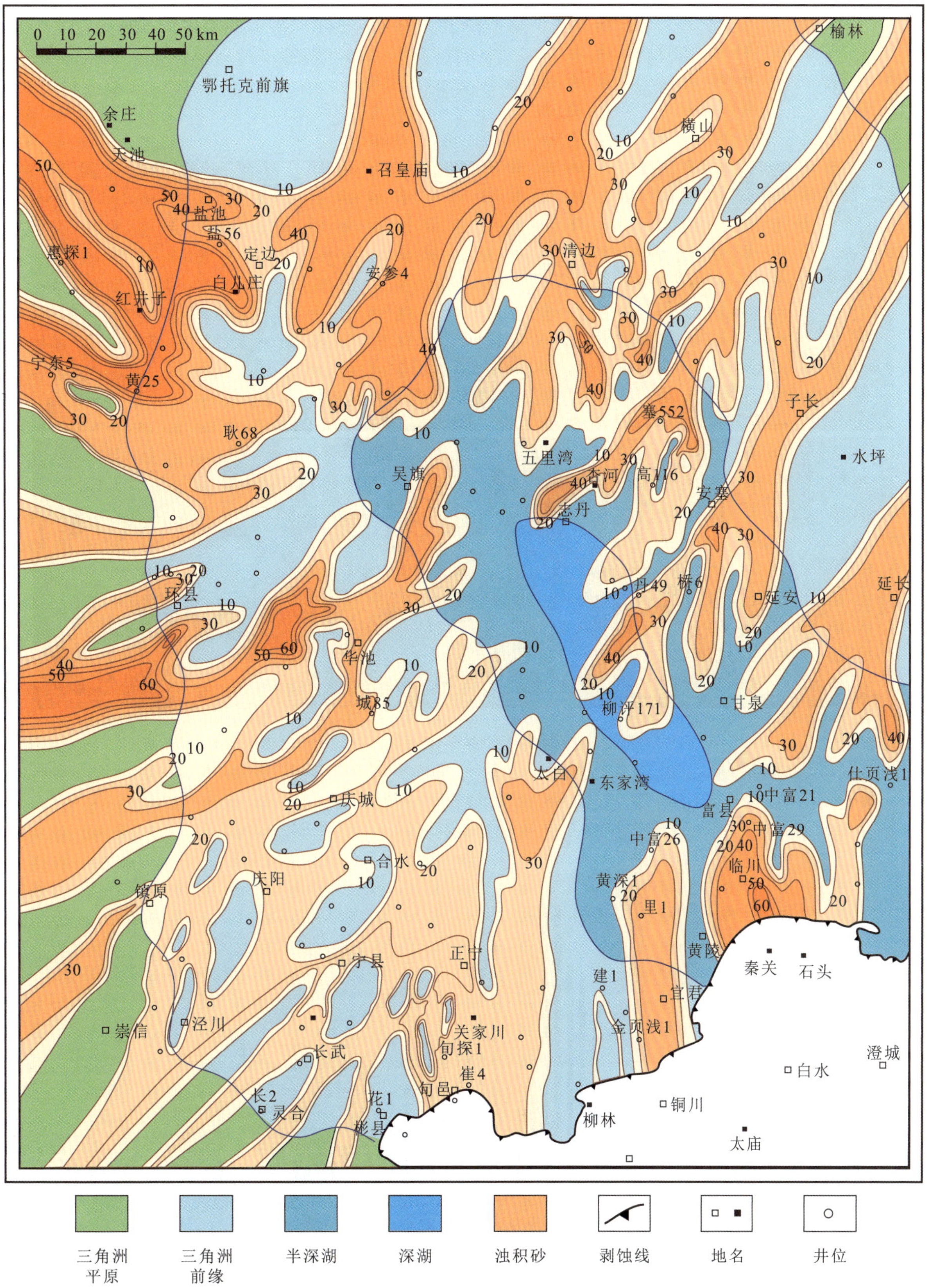

图 2-34 鄂尔多斯盆地上三叠统延长组长 9 段沉积相平面分布图

（2）草莓状黄铁矿的粒径分布特征

从场发射扫描电镜（SEM）的观察发现，鄂尔多斯盆地延长组长 7 段富有机质页岩中沉积黄铁矿的主要类型为自形黄铁矿和草莓状黄铁矿，这两种黄铁矿又以单个或集合体的形式存在（图 2-35）。在扫描电镜下，对 12 个延长组长 7 段富有机质页岩样品中草莓状黄铁矿的直径进行了测量，并进行了统计分析。结果显示所有样品中草莓状黄铁矿的平均直径都不小于 10 μm，且标准偏差较大，为 2.8~5.9 μm（图 2-36）。

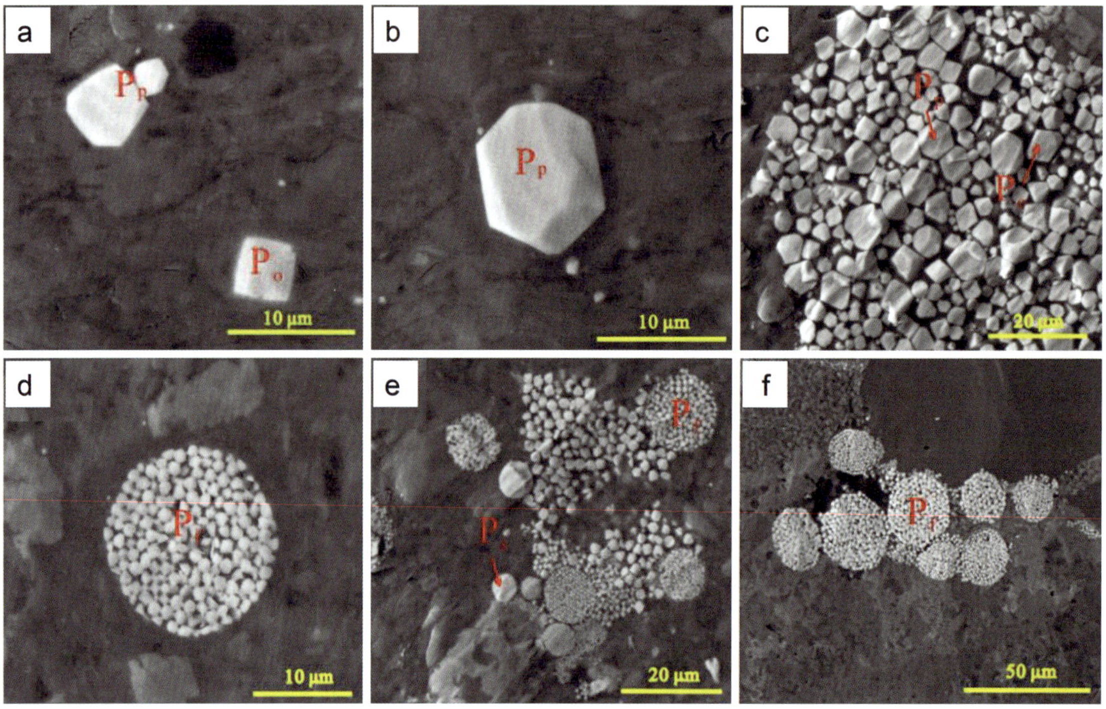

图 2-35　鄂尔多斯盆地上三叠统延长组长 7 段富有机质页岩中沉积黄铁矿形态特征

a—单一自形八面晶黄铁矿，新 36 井，2188.28 m；b—五角十二面体自形晶黄铁矿，新 36 井，2188.28 m；c—自形晶黄铁矿集合，张 22 井，1575.35 m；d—单一草莓状黄铁矿，塔 11 井，1385.53 m；e—自形晶、草莓状黄铁矿集合，张 22 井，1575.35 m；f—草莓状黄铁矿集合，张 22 井，1603.10 m

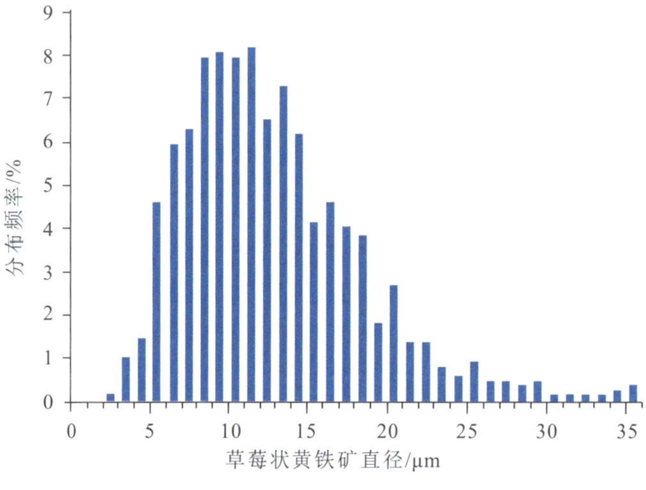

图 2-36　鄂尔多斯盆地长 7 段富有机质页岩中草莓状黄铁矿直径的分布频率

鄂尔多斯盆地延长组长 7 段富有机质页岩中草莓状黄铁矿的粒径分布特征如图 2-37 所示，这些草莓状黄铁矿平均直径较大（10.0~18.1 μm）、分布范围较宽。12 个长 7 段富有机质页岩样品中草莓状黄铁矿的平均直径和标准偏差的特征与现代还原-亚氧化环境沉积物中的草莓状黄铁矿类似，这说明长 7 段富有机质页岩中的这些草莓状黄铁矿形成于还原-亚氧化的底水环境中。由于这些样品取自于不同的井位和深度，说明鄂尔多斯盆地长 7 期底水主要为还原环境。

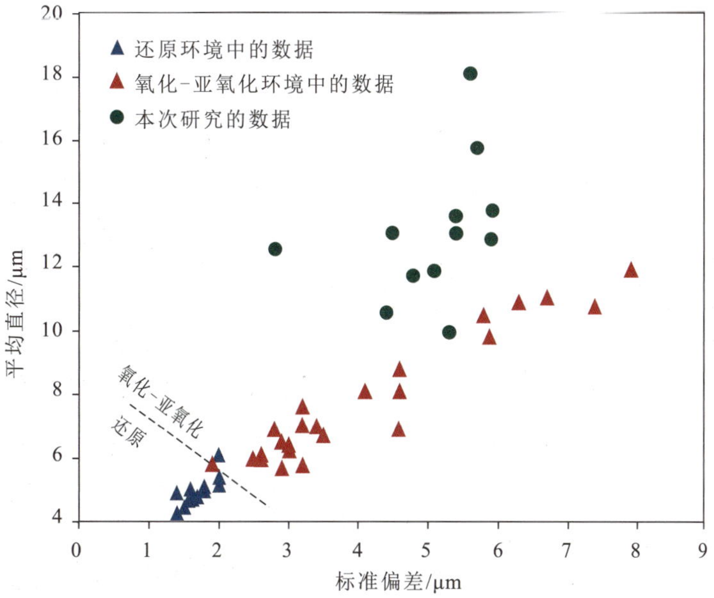

图 2-37　草莓状黄铁矿的平均直径和标准偏差交汇图

（3）磷酸盐矿物 Corg：P 的摩尔比值

鄂尔多斯盆地延长组长 7 段富有机质页岩中自生磷酸盐矿物非常丰富，在岩芯、光学显微镜和扫描电镜下（图 2-38）经常可以看到。长 7 段富有机质页岩中胶磷矿的大小差异很大，其长轴的尺寸范围分布在几百微米至几厘米之间。一些胶磷矿发生了重结晶作用，致使其内部或边缘形成了形貌各异、大小不一的磷灰石晶体。

延长组长 7 段富有机质页岩中存在的丰富胶磷矿表明富有机质页岩形成时期的底水环境有利于磷元素的保存。一般认为其 Corg：P 摩尔比值约为 106：1（又称为“Redfield 比值”）。Algeo et al.（2007）发现长期处于还原环境中的沉积物具有最大的 Corg：P 摩尔比值中值（约 150：1~200：1），氧化-亚氧化环境中的沉积物具有最小的 Corg：P 摩尔比中值（小于 40：1）。

根据鄂尔多斯盆地张 22 井和盐 56 井延长组长 7 段共 89 个富有机质页岩的有机碳和总磷含量数据，计算了其 Corg：P 摩尔比值。从整体上看，这两口井的 Corg：P 摩尔比值变化范围较大，为 7.2~215.8，平均值为 94.7。其中张 22 井的 Corg：P 摩尔比值为 15.6~171.2，平均值为 96.3；盐 56 井的 Corg：P 摩尔比值为 7.2~215.8，平均值为 93.4。Corg：P 摩尔比值是识别鄂尔多斯盆地长 7 段富有机质页岩形成时期湖盆底水氧化还原条件的另一有效方法，从 Corg：P 摩尔比值的频率分布图（图 2-39）中可以看出，鄂尔多斯盆地长 7 段富有机质页岩样品的 Corg：P 摩尔比值的主要分布区间与亚氧化并间歇性还原环境中的现代海洋沉积物的 Corg：P 摩尔比值类似，这说明长 7 段富有机质页岩沉积时期底水主要是氧化-亚氧化条件，并伴有间歇性的还原环境出现。

2. 古生产力及变化规律

研究鄂尔多斯盆地延长组长 7 段富有机质页岩形成过程中湖泊古生产力及变化规律，对探讨该套富有机质页岩的形成机理是至关重要的。

（1）长 7 期湖盆古生产力定性评价

利用延长组长 7 段富有机质页岩的分析化验数据，对长 7 段 3 个小层 X/Ti 值（X 表示 P、Ni、Cu、Zn）的分布范围和平均值分别进行了统计（表 2-6）。统计结果发现，长 7_1 小层的 P/Ti 值为

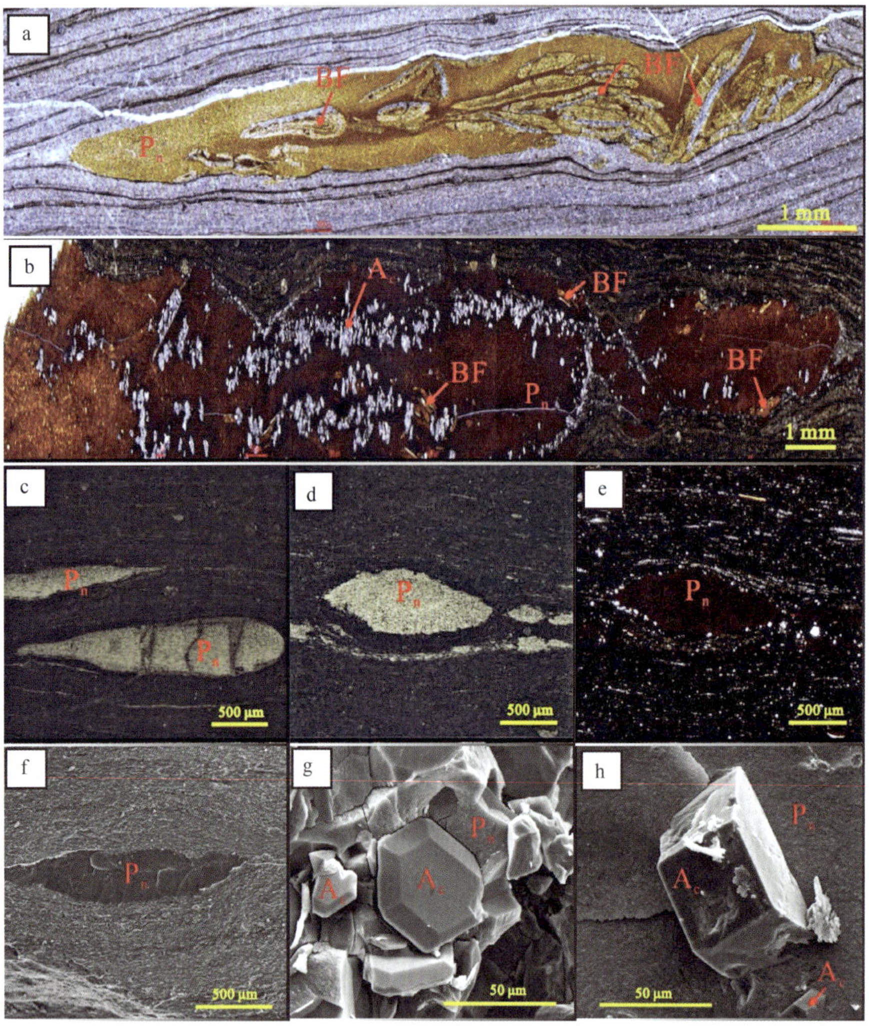

图 2-38　鄂尔多斯盆地上三叠统延长组长 7 段富有机质页岩中胶磷矿的形态特征

a—胶磷矿，含有生物化石，透射光，午 100 井，1895.75 m；b—胶磷矿，含有生物化石和重结晶形成的磷灰石晶体（亮色部分），透射光，午 100 井，1907.08 m；c—胶磷矿，反射光，庄 62 井，1943.15 m；d—胶磷矿，反射光，庄 62 井，1943.15 m；e—胶磷矿，边缘有重结晶形成的磷灰石晶体（亮色部分），与 d 为同一视域，透射光；f—胶磷矿，SEM，午 100 井，1894.70 m；g—六边形板状或片状磷灰石晶体，边缘呈楔状，SEM，午 100 井，1907.08 m；h—六边形柱状磷灰石晶体，SEM，庄 62 井，1938.00 m。Pn—胶磷矿；Ac—磷灰石晶体；BF—生物化石

0.13~1.21，其平均值为 0.50。长 7_2 小层的 P/Ti 值变化范围较小，为 0.11~0.56，P/Ti 平均值为 0.30；长 7_3 段 3 个小层的 P/Ti 值变化范围最大，其分布区间为 0.13~2.56，平均值为 0.64；整体上看，延长组长 7 段 3 个小层的 P/Ti 平均值具有长 7_3 段>长 7_1 段>长 7_2 段的规律。而且 Ni/Ti（长 7_1 段、长 7_2 段和长 7_3 段的平均值分别为 116.7×10^{-4}、87.4×10^{-4}、131.1×10^{-4}）、Cu/Ti（长 7_1 段、长

表 2-6　鄂尔多斯盆地上三叠统延长组长 7 段富有机质的 X/Ti 值统计表

层位	P/Ti 值范围/平均值	Ni/Ti 值范围/平均值（10^{-4}）	Cu/Ti 值范围/平均值（10^{-4}）	Zn/Ti 值范围/平均值（10^{-4}）	样品数/个
长 7_1	0.13~1.21/0.50	67.4~257.7/116.7	69.4~1030.2/280.0	179.2~598.8/306.2	55
长 7_2	0.11~0.56/0.30	57.1~136.9/87.4	74.5~2863.8/221.0	148.6~381.2/248.7	55
长 7_3	0.13~2.56/0.64	46.0~344.5/131.1	88.2~6160.5/573.4	193.9~824.5/356.2	80
长 7	0.11~2.56/0.50	46.0~344.5/114.2	69.4~6160.5/386.5	148.6~824.5/310.6	190

注：X 表示 P、Ni、Cu、Zn。

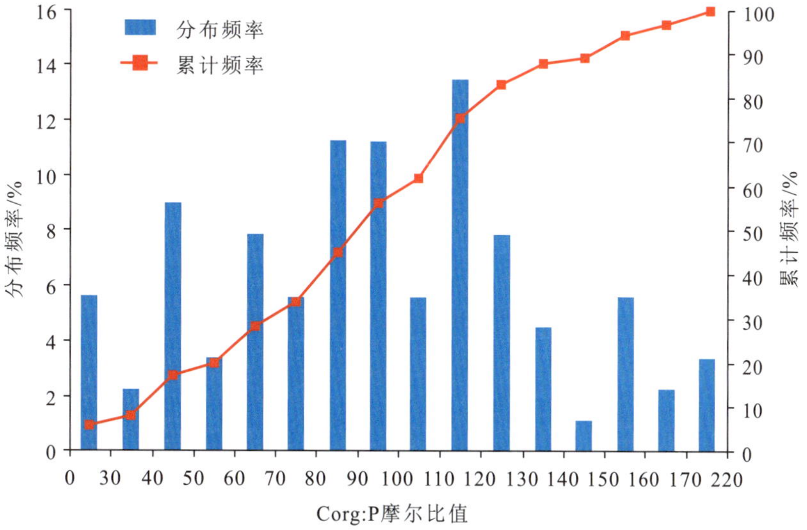

图 2-39　鄂尔多斯盆地上三叠统延长组长 7 段富有机质页岩 Corg：P 摩尔比值频率分布图

7_2 段和长 7_3 段的平均值分别为 280. 0×10^{-4}、221. 0×10^{-4}、573. 4×10^{-4}）和 Zn/Ti（长 7_1 段、长 7_2 段和长 7_3 段的平均值分别为 306. 2×10^{-4}、248. 7×10^{-4}、356. 2×10^{-4}）的数据也具有相似的规律。从鄂尔多斯盆地长 7 段富有机质页岩的古生产力指标与 TOC 含量的关系图（图 2-40）可以看出，X/Ti 值与 TOC 含量均呈正相关关系。因此，根据这些数据可以判断，延长组长 7_3 时期的湖盆古生产力最大，长 7_1 时期次之，长 7_2 时期古生产力最小。

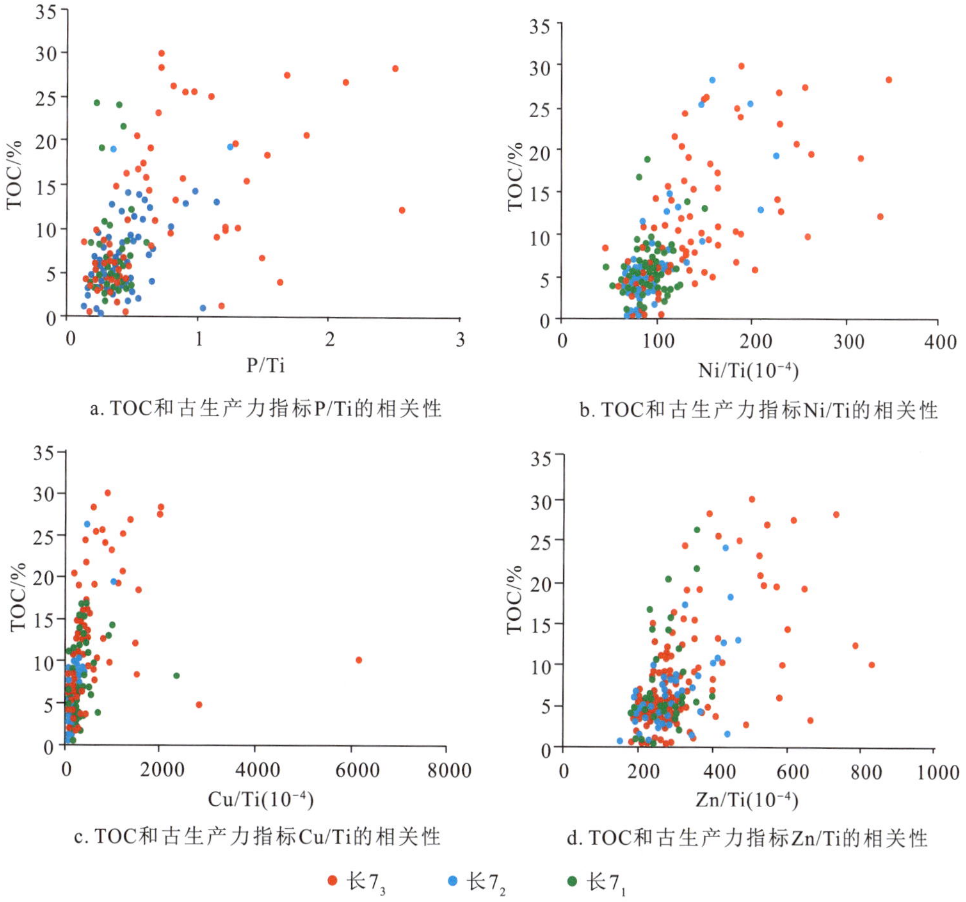

图 2-40　鄂尔多斯盆地上三叠统延长组长 7 段富有机质页岩的古生产力指标与 TOC 的关系

（2）长 7 期湖盆古生产力定量化评价

在对鄂尔多斯盆地长 7 沉积期湖泊古生产力的定量评价研究中，主要采用了下面的公式：

$$R=C\times\rho_s\times(1-\Phi)/(0.03\times S^{0.3})$$

式中：R 为古生产力（g/m^2a），C 为有机碳含量（%，干重），ρ 为干沉积物密度（g/cm^3），Φ 为孔隙度（%），S 为沉积速率（cm/ka）。

盐 56 井的密集取芯样品进行了有机碳分析，计算结果表明，长 7_1 期的湖盆古生产力分布于 233.0~3279.5 g/m^2a 之间，平均值为 1829.8 g/m^2a；长 7_2 期的湖盆古生产力分布于 598.7~2026.1 g/m^2a之间，平均值为 1176.2 g/m^2a；长 7_3 期的湖盆古生产力分布于 458.5~3973.9 g/m^2a 之间，平均值为 2704.7 g/m^2a。鄂尔多斯盆地盐 56 井区长 7 期湖泊古生产力的定量评价结果表明，其具有长 7_3 期>长 7_1 期>长 7_2 期的特征，这与定性评价的结果一致。

（3）火山作用对富有机质页岩形成的影响

延长组长 7 沉积期，构造活动活跃，火山地震活动频发，在盆地内留下了许多直观的证据。其中火山灰是最常见的火山活动的直接反映。对正 8 井粗略统计，发现纹层及薄层状凝灰岩达到 180 余层之多，证明延长组沉积盆地周围火山活动极为活跃。

火山灰富集大量 N、P 及其他金属元素，能成为藻类繁盛的营养物质。吉利明（2007，2012）曾对这种纹层状泥页岩做有机壁微体化石分析，发现纹层状有机质多为丰富的蓝藻、疑源藻及绿藻等藻类化石组成，其中蓝藻最为丰富，其次为疑源藻及绿藻。长 7 段泥页岩中火山灰纹层频现，蓝藻的勃发应与火山物质的供给有直接关系。鄂尔多斯盆地延长组凝灰岩厚度与长 7 沉积时期富有机质泥页岩厚度的叠合图证实，凝灰岩越厚的地区也恰好是泥页岩较厚的地区，表明火山灰沉积物对富有机质泥页岩有较好的控制作用。

综上所述，鄂尔多斯上三叠统延长组（长 7 段）的沉积环境为弱氧化-还原环境，有机质古生产力具有长 7_3 期>长 7_1 期>长 7_2 期的特征，并且富有机质泥页岩发育与凝灰岩层的发育具有良好的对应关系。

（二）页岩发育模式

在三角洲-湖泊沉积体系控制下，长 7 沉积早期（长 7_3 期）为湖侵体系域（TST），构造活动强烈，使得湖盆下陷、变宽，湖水加深，同时火山灰从空而降，造成了湖盆整体间歇性缺氧，形成了有利于烃源岩发育的还原环境，并且火山物质可能为微生物的繁衍提供营养，促使生物大量繁殖，从而有利于有机质的富集，形成较好的烃源岩。长 7 沉积中晚期（长 7_2 期、长 7_1 期）为高位体系域（HST），构造活动异常频繁，发生多期火山活动（王建强，2017；邱欣卫，2008，2009，2010；李慧，2009），湖平面起伏变化较大，气候逐渐向干燥炎热过渡，水体的氧化还原性也随着强烈的构造活动由还原环境变化为弱氧化-弱还原的水体条件，有机质无法形成大规模的富集。

盆地东北部因距物源较近，坡度较缓，主要发育三角洲前缘亚相，易于形成席状砂体和远砂坝，延伸较远，粒度变化缓慢；在近源斜坡带主要分布细砂岩，砂体沉积厚度大、横向连通性差，在远源斜坡带主要分布粉砂岩，砂体沉积厚度相对较薄、横向连片；分流间湾发育含块状泥岩，粒序层理泥岩，陆源物质供给充分，沉积速率较快，有机质被稀释，同时由于水体较浅，保存环境欠佳，一般形成普通烃源岩，少部分可达优质烃源岩。半深湖-深湖区沉积速率低，湖区宁静，但当有湖流或浊流影响时，湖区稍有波动，有机质纹层可能不平直，而呈波状，因此深湖静水区页岩发育波状纹层页岩、平行纹层页岩和黑色页岩，其中黑页岩有机碳含量极高，古生产力极高，是火山灰爆发期引起藻类勃发所致（图 2-41）。

温暖湿润的古气候对延长组长 7 段沉积期优质烃源岩形成的控制作用体现在以下几个方面：①温暖湿润的气候条件下，物源区风化程度高，水系发育，更多的营养物质被水流带入湖盆中，为浮游生物所利用，促进极高生物生产力的形成；②温暖湿润的气候降雨量丰富，湖盆水域面积大且深，易形

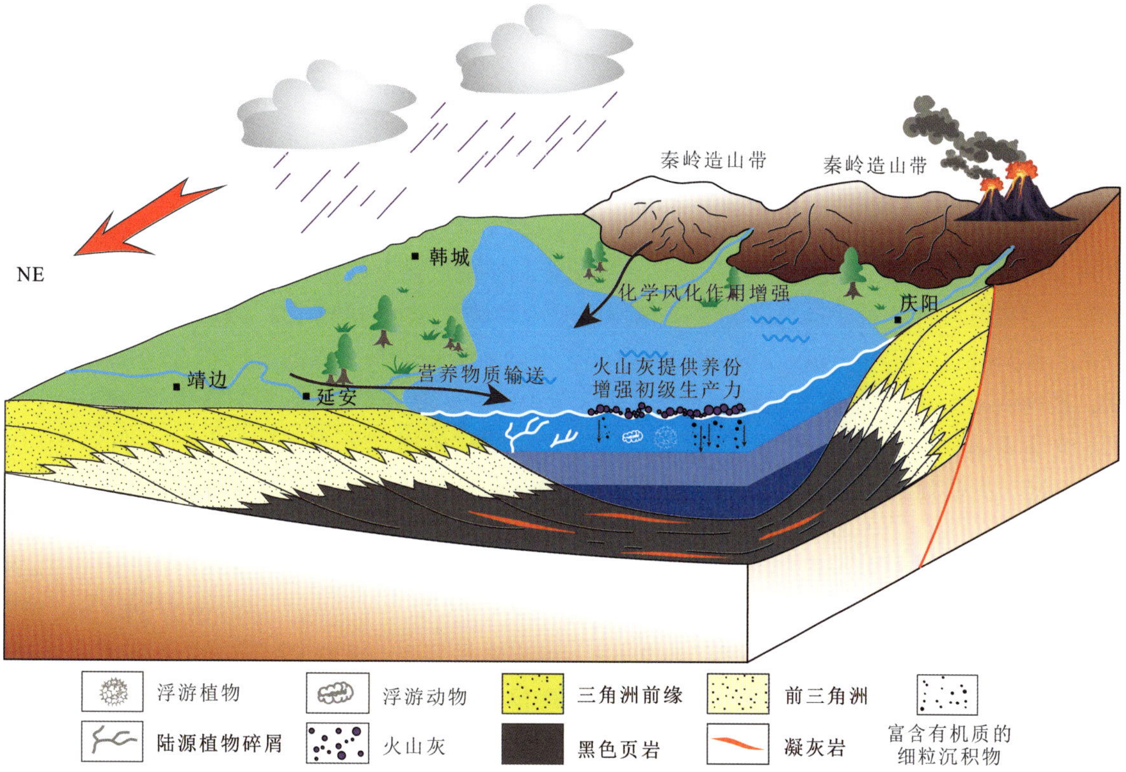

图 2-41　鄂尔多斯盆地上三叠统延长组富有机质泥页岩发育模式

成深水湖盆。研究表明，深水湖盆常因底水与表层水体温度、盐度、密度等的差别而形成水体分层。鄂尔多斯盆地延长组长 7 段泥页岩中有机质丰度高的烃源岩多具有纹层结构，应是与湖水分层，底水还原环境良好有关。

综上所述，沉积环境及沉积相在一定程度上控制了细粒沉积物的发育和分布，砂岩类主要发育在三角洲前缘，前三角洲以及重力流沉积中。泥页岩类主要发育于水体宁静缺氧，沉积速率较慢的半深湖-深湖相，尤其在火山爆发期，封闭的深湖相形成的烃源岩质量最好。

第三节　陆相页岩岩相特征

一、陆相页岩岩相划分方案

近年来，对四川盆地中下侏罗统自流井组和千佛崖组、鄂尔多斯盆地上三叠统延长组、渤海湾盆地古近系沙河街组、松辽盆地上白垩统青山口组及古近系营城组、苏北盆地古近系阜宁组二段等泥页岩层系的研究表明，陆相页岩层系具有矿物成分复杂，页岩黏土矿物含量高，页岩岩相时空变化快，夹层类型多、且频繁发育的地质特点。如四川盆地中下侏罗统富有机质页岩层段发育介壳灰岩、粉（细）砂岩或两者均有，鄂尔多斯盆地上三叠统延长组富有机质页岩层段发育粉（细）砂岩、凝灰岩夹层。不同盆地陆相页岩岩相类型的精细识别，对于深入认识页岩与夹层之间的沉积组合关系，进行页岩气勘探开发潜力的整体评价至关重要。鉴于目前陆相页岩岩相的识别划分标准及分类方案，尚未形成统一的认识。仍存在以下 3 个方面的问题：① 在建立分类方案的过程中，仍存在考虑的指标过多，导致岩相类型的种类过多，在页岩气勘探开发的实际应用中可操作性不强；② 有的分类没有坚持以矿物含量大于 50% 为边界确定岩石主名的原则，岩相分区过于随意；③ 有的分类以矿物含量 50% 为边界确定岩石主名，但未考虑 3 类矿物（黏土矿物、长英质、碳酸盐）含量都小于 50% 的混合区，或考虑了但划分方案复杂，可应用性差。为此，本次重点以四川盆地中下侏罗统陆相页岩层系为例，通过钻井岩芯观察、薄片鉴定、全岩矿物X射线衍射测试等资料的综合分析，建立了陆相页岩层系全岩矿物分区-TOC分级-矿物结构与沉积构造校正与完善的3步岩相划分方法，实现了陆相页岩岩相的精细识别与划分。

（一）页岩全岩矿物组成及分区

全岩X射线衍射分析是目前迅速而准确定量测试岩石矿物组成的最有效方法。502个页岩全岩X射线衍射测试分析表明，四川盆地中下侏罗统页岩矿物组成以黏土矿物、石英为主，其次为方解石及少量斜长石和白云石（图2-42）。其中千佛崖组黏土矿物含量介于11.2%~66.8%之间，平均值为46.7%；石英+长石含量介于19.2%~80.8%之间，平均值为45.8%；碳酸盐矿物含量介于0~49.3%之间，平均值为5.6%。自流井组黏土矿物含量介于19.5%~70.6%之间，平均值为48.6%；石英+长石含量介于14.2%~79.4%之间，平均值为38.2%；碳酸盐矿物含量介于0~48.8%之间，平均值为11.5%。进一步细分岩性段统计对比结果显示，东岳庙段（$N=132$）黏土矿物含量介于19.5%~70.6%之间，平均值为49.0%；石英+长石含量介于14.2%~79.4%之间，平均值为41.3%；碳酸盐矿物含量介于0~46.6%之间，平均值为10.3%。马鞍山段（$N=54$）黏土矿物含量介于30.7%~61.7%之间，平均值为48.4%；石英+长石含量介于24.0%~64.0%之间，平均值为39.1%；碳酸盐矿物含量介于0~31.1%之间，平均值为10.6%。大安寨段（$N=181$）黏土矿物含量介于21.5%~68.3%之间，平均值为48.3%；石英+长石含量介于17.1%~60.3%之间，平均值为35.7%；碳酸盐矿物含量介于0~48.8%之间，平均值为12.6%。综上表明，千佛崖组与自流井组相比，石英+长石含量略高，黏土含量略低，自流井组各层段页岩主要矿物平均含量差异不大，整体表现为黏土矿物与石英含量高、碳酸盐含量局部富集的特征。

鉴于目前泥页岩矿物三端员岩石命名分类方案中存在没有坚守以50%为边界确定岩石主名、未

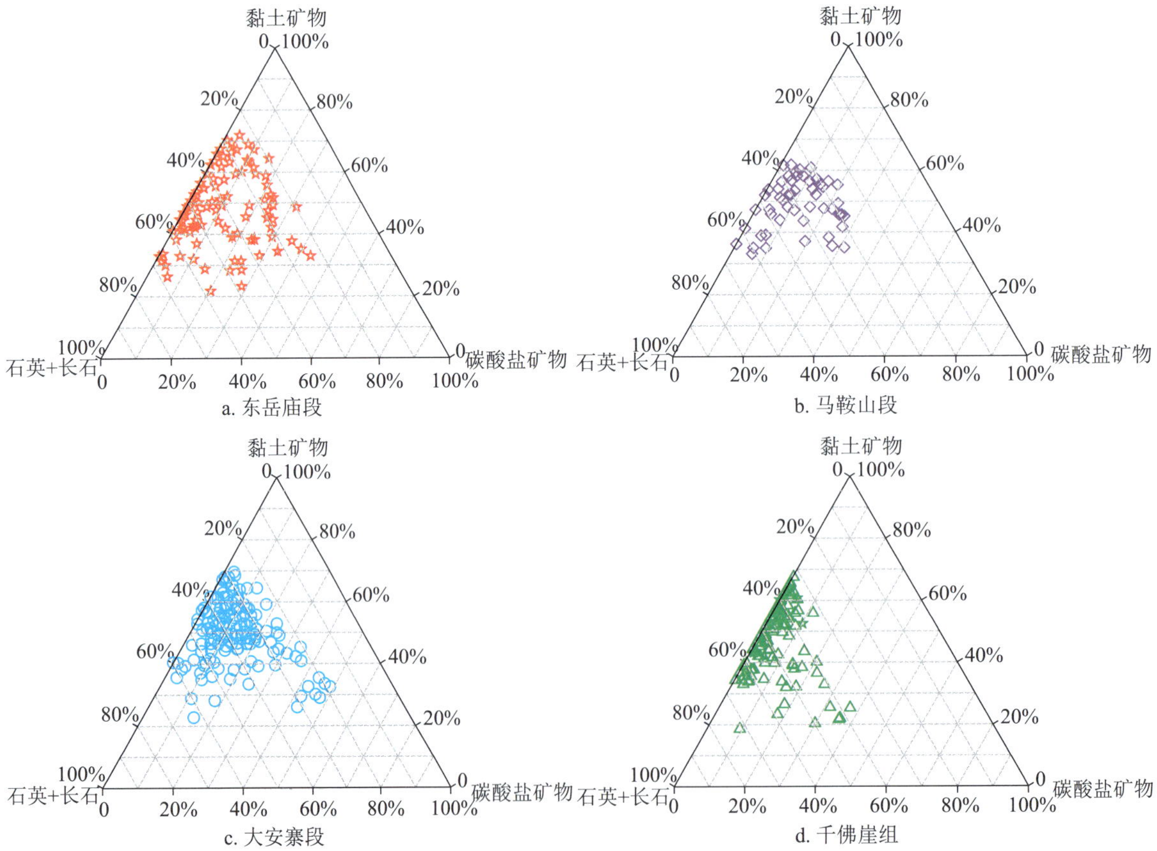

图2-42　四川盆地中下侏罗统页岩全岩矿物组成特征

考虑3类矿物（黏土矿物、长英质、碳酸盐矿物）含量均小于50%的混合部分、或考虑了但分区复杂的现象，笔者在中下侏罗统页岩全矿物组成定量分析的基础上，采用以碳酸盐矿物、长英质矿物和黏土矿物为三端员的图解法进行两级岩石命名分区：在一级分区中，尊重传统岩石学命名方法，以50%为边界确定岩石主名，在三角图的三个端员分别划分出泥页岩岩相区（Ⅰ）、粉砂岩岩相区（Ⅲ）及灰（云）岩岩相区（Ⅳ），同时将3种组分含量均不超过50%的中间区命名为混合岩岩相区（Ⅱ）；在此基础上，针对Ⅰ、Ⅲ、Ⅳ区，以矿物含量25%为界进行二级分区（考虑到岩相分区不宜太复杂，笔者未将相对含量介于10%~25%的区域进行二级区划分），以含量25%~50%确定为“××质”作为主名前缀，如将泥页岩岩相一级区划分为黏土质页岩岩相、粉砂质页岩岩相及灰质页岩岩相3个二级区。而对于混合岩岩相区，以其三角区各边界中点向中心点连线划分为3个二级分区，每个区内任意两类矿物组分之和大于70%，并以这两类矿物进行作为前缀命名“××质××质页岩岩相”（百分含量高者居后）。为此，在全岩矿物三角图中共划分出4个岩相命名一级分区，12个岩相命名二级分区，其中页岩岩相区6个、粉砂岩岩相区和灰（云）岩岩相区各3个（图2-43）。

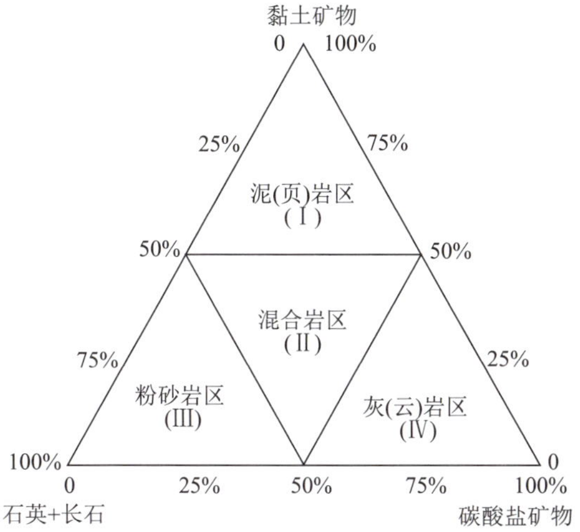

a. 岩相命名一级分区

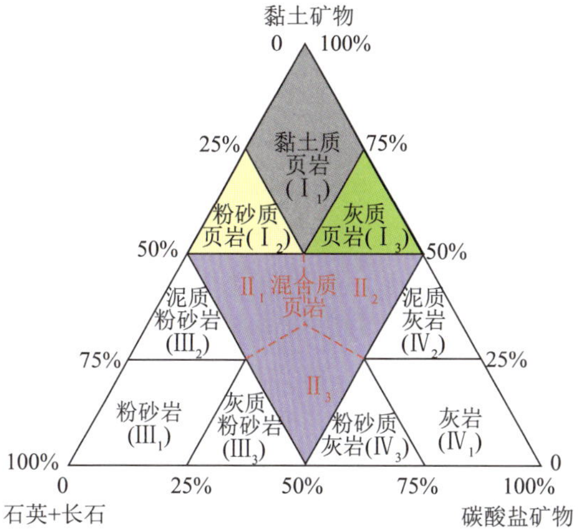

b. 岩相命名二级分区

图2-43 全岩矿物三端员分区岩相命名方案图

四川盆地中下侏罗统与鄂尔多斯盆地上三叠统页岩相比，石英+长石和黏土矿物含量更高，而碳酸盐矿物含量较低。四川盆地中下侏罗统三个层段间相比较，东岳庙段的黏土矿物较高，大安寨段具有相对较高的碳酸盐含量，而千佛崖组的石英+长石含量较高；鄂尔多斯盆地上三叠统两个层段间相比较，长9段的石英+长石含量较高，而长7段的黏土矿物和碳酸盐矿物较高（图2-44）。

采用上述岩相命名分区方案，将四川盆地中下侏罗统不同层段页岩全岩矿物测试数据分别在图2-43b中投点，对比分析发现，各层段以发育粉砂质页岩岩相（$Ⅰ_2$）、粉砂质黏土质页岩岩相（$Ⅱ_1$）、泥质粉砂岩岩相（$Ⅲ_2$）为主，差异主要表现为东岳庙段和大安寨段发育黏土质页岩岩相（$Ⅰ_1$）、黏土质灰质页岩岩相（$Ⅱ_2$），千佛崖组发育灰质粉砂质页岩岩相及粉砂岩岩相。这一结果对于东岳庙段、大安寨段中部分页岩岩相的认识，与钻井岩芯观察的认识存在较大差异。反映出单纯依据三端员矿物组分的岩相命名存在一定的局限性，其无法区分石英、方解石矿物颗粒的大小、结构形态、成因及沉积构造的差异，故对于页岩岩相的命名仍需进一步校正。

（二）TOC分级

页岩是一种重要的烃源岩类型，以富含有机质为其标志性特征之一。尤其在非常规气勘探中，页岩有机质含量是评价其页岩气勘探潜力的重要依据。因此，在依据全岩矿物岩相命名的基础上，将TOC分级纳入岩相划分命名中，能够更准确、快速的体现不同类型页岩中有机质富集程度的差异。

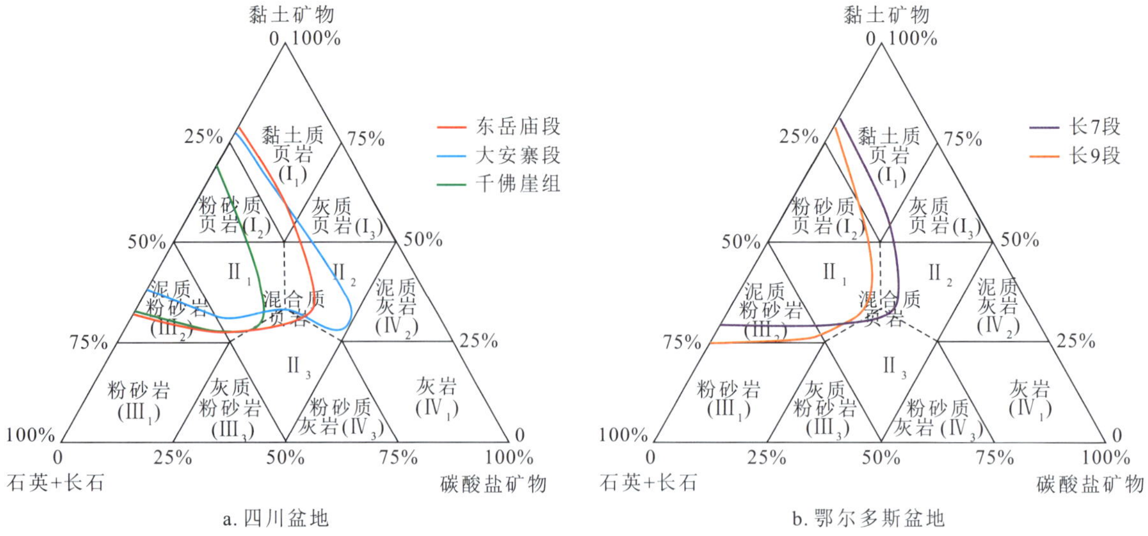

图 2-44 四川盆地侏罗系自流井组—千佛崖组与鄂尔多斯盆地延长组页岩岩相特征对比图

四川盆地中下侏罗统 597 个页岩样品 TOC 分级（分级界限为 0.5%、1.0%、2.0%）统计分析表明，页岩 TOC 主要分布在≤0.5%、>0.5%~1.0%、>1.0%~2.0%等 3 个区间，且占比大致相当，分别为 33.33%、26.97%、34%，TOC 介于>2.0%~4.0%和>4.0%的样品占比较低，分别仅为 4.52%、1.17%（图 2-45），但其细化分级更有利于优选品质好的页岩。故以≤0.5%、>0.5%~1.0%、>1.0%~2.0%、>2.0%~4.0%、>4.0%为 TOC 分级界线，分别定义为含碳、低碳、中碳、高碳及富碳，作为岩相名前缀。将无机（矿物组分含量）与有机（TOC）相结合，建立三端员四组分页岩岩相分区划分方案（图 2-46）。

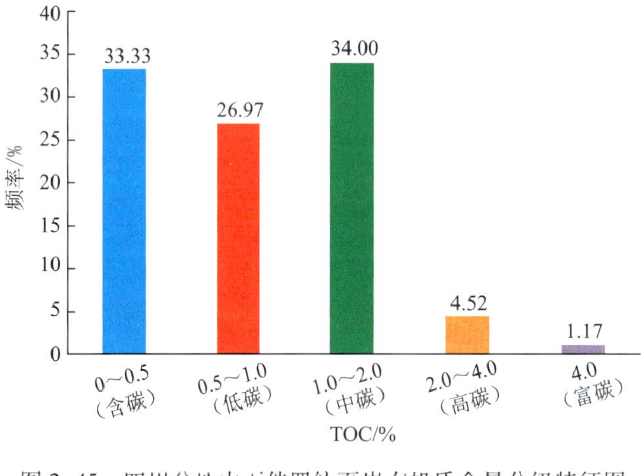

图 2-45 四川盆地中下侏罗统页岩有机质含量分级特征图

（三）矿物结构与沉积构造

在上述全岩矿物三端员分区与 TOC 分级的基础上，页岩中石英（粒度结构）与方解石（形态结构）两种非黏土矿物的结构、成因及其形成的相关沉积构造的识别，对于进一步校正和完善岩相命名至关重要，可使其真正具有“环境”的意义。

1. 矿物结构

对于石英矿物而言，岩芯观察、全岩矿物成分及薄片鉴定综合分析显示，不同页岩中其粒度结构不同，如在全岩矿物三端员分区命名中，同处于粉砂质页岩岩相（I_2）区的 YL30 井大安寨段（井深 4007.13 m）和 YL4 井千佛崖组（井深 3646.5 m）的两个页岩样品，黏土矿物含量均大于 50%，

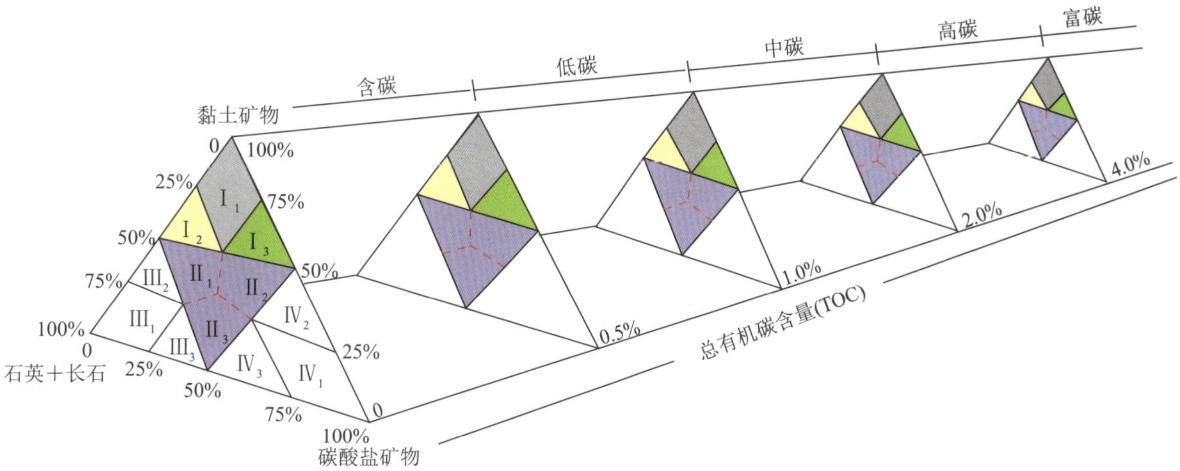

图 2-46　四川盆地中下侏罗统三端元四组分页岩岩相划分方案

石英含量分别为37%和31%，但在岩石薄片中石英粒度结构差异十分明显，YL30井大安寨段页岩样品为粉砂泥质结构，碎屑石英颗粒粒径大于0.039 mm，YL4井千佛崖组页岩样品为泥质结构，肉眼很难识别出明显的石英矿物（颗粒粒径小于0.039 mm），故前者命名为粉砂质页岩岩相，而后者应命名为黏土质页岩岩相。对于方解石矿物而言，YL30井大安寨段2个样品岩芯观察和薄片鉴定均显示，其主要以介壳形式发育，为生物-化学沉积成因。在显微镜下，井深3996.81 m页岩样品，泥质结构为主，生物介壳较发育，结合全岩矿物含量，应命名为“介壳灰质黏土质页岩岩相”；井深4004 m页岩样品除发育生物介壳外，还发育较多的碎屑石英颗粒，结合全岩矿物含量，应命名为“介壳灰质粉砂质页岩岩相”。因此，在页岩全岩矿物分区命名的基础上，对非黏土矿物结构及成因的准确厘定，能够进一步对岩相命名起到校验和修正的作用。

2. 沉积构造

四川盆地11口钻井岩芯观察结果显示，中下侏罗统暗色（深灰色、灰黑色）富有机质页岩层系沉积构造主要为灰质介壳纹层（0.1～1.0 cm，断续状、连续状）（图2-47a、b）、薄层（1.0～5.0 cm）及杂乱状堆积灰质介壳（图2-47c）。其次为粉砂质纹层（<1 cm）（图2-47d），还发育一些同生变形层理、小型交错层理、韵律层理，但这些层理发育的层段，从岩性上来讲，多为泥质粉砂岩、粉砂岩，且颜色浅、TOC低。从微观岩石薄片尺度放大至岩芯观察尺度上，在命名过程中加入

图 2-47　四川盆地中下侏罗统页岩岩芯中典型沉积构造发育特征照片

a—XL101井，井深2157.3 m，大安寨段，灰质介壳纹层，部分为断续状，介壳沿层面定向排列；b—FY1井，井深2622.4 m，大安寨段，灰质介壳薄层，介壳排列紧密，定向性好，局部有重结晶现象；c—YB10井，井深3967.48 m，大安寨段，灰质介壳杂乱分布，方解石沿介壳环边状胶结；d—YL4井，井深3648.01 m，千佛崖组，粉砂质纹层，断续状、连续状

沉积构造因素，从更为宏观的角度完善岩石命名，有利于在岩相划分中体现“相”的含义。

二、四川盆地中下侏罗统页岩岩相类型及组合特征

（一）页岩岩相类型及特征

依据全岩矿物分区—TOC 分级—矿物结构与沉积构造校正与完善的 3 步岩相划分方案，在四川盆地中下侏罗统页岩层系共识别出黏土质页岩、介壳（断续）纹层-薄层状黏土质页岩岩相、（纹层状）粉砂质页岩岩相、黏土质介壳灰质页岩岩相、粉砂质黏土质页岩岩相及介壳灰质粉砂质页岩岩相 6 类 20 种页岩岩相类型。其中以中-高碳黏土质页岩岩相及纹层-薄层状黏土质页岩岩相、低-中碳粉砂质页岩岩相为主，其次为低碳-中碳黏土质介壳灰质页岩岩相、含碳-低碳粉砂质黏土质页岩岩相。各类页岩岩相岩芯、显微镜下特征及分布情况详见表 2-7。

表 2-7　四川盆地中下侏罗统页岩岩相类型及特征

类型	薄片照片	岩芯照片	TOC 分级	发育特征及分布
黏土质页岩岩相			中碳为主，其次为低碳、高碳，局部含碳、富碳	泥质结构为主，少许粉砂碎屑星点分布。黏土矿物为隐晶状、显微鳞片状，部分呈拉长状，其长轴具定向分布。有机质呈斑点状、短细条状分散分布。主要发育于涪陵地区东岳庙段、元坝及涪陵地区大安寨段
介壳纹层-薄层状黏土质页岩岩相	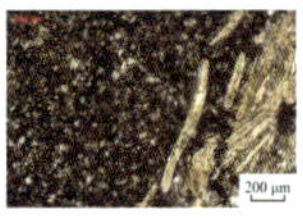		中碳为主、其次为高碳	与黏土质页岩岩相的差别在于发育介壳纹层与薄层，镜下仍以泥质结构为主，隐晶状黏土矿物与有机质相混，部分样品可见介壳呈层状定向排列富集。主要发育于涪陵地区东岳庙段、元坝及涪陵地区大安寨段
（纹层状）粉砂质页岩岩相			含碳、低碳为主，局部中碳、高碳	部分岩芯上可见粉砂质纹层，镜下粉砂泥质结构，粉砂碎屑与隐晶状黏土矿物相混，粉砂碎屑以石英为主，次棱-次圆状，有机质呈斑点状、弯曲拉长状分散分布。主要发育于元坝地区东岳庙段、大安寨段与千佛崖组
粉砂质黏土质页岩岩相	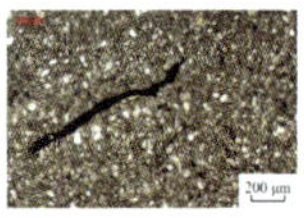		低碳、中碳为主，局部高碳	泥质结构为主，主要由隐晶状黏土矿物及粉砂碎屑组成，粉砂碎屑以石英、长石等为主，分布不均匀，次棱-次圆状为主，可见少许针状白云母，少许有机质呈弯曲片状、粒状零星分布。主要发育于元坝地区东岳庙段、大安寨段及千佛崖组
黏土质介壳灰质页岩岩相	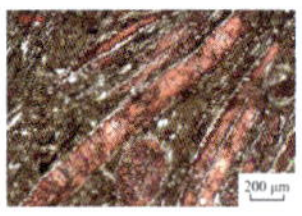		低碳、中碳为主，局部高碳	泥质结构、粒屑结构，主要由隐晶状黏土矿物、介壳组成，部分黏土矿物水云母化呈微鳞片状，介壳具定向性，染色呈粉红色，由方解石颗粒组成，有重结晶现象。主要发育于涪陵地区东岳庙段、涪陵及元坝地区大安寨段
粉砂质介壳灰质页岩岩相	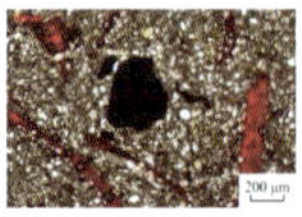		低碳、中碳为主	泥质结构、粒屑结构，主要由隐晶状黏土矿物、介壳组成，部分黏土矿物水云母化呈微鳞片状，介壳具定向性，染色呈粉红色，由方解石颗粒组成，有重结晶现象。主要发育于涪陵地区东岳庙段、涪陵及元坝地区大安寨段

（二）岩相组合特征

鉴于四川盆地湖相泥页岩的原始沉积模式的不同，导致陆相页岩层系中夹层类型多样、夹层频繁发

育的特点，岩性组合特征存在着差异。因此，开展页岩与夹层组合特征的研究，精细识别与分析不同类型页岩与不同类型夹层的组合关系、不同尺度下页岩与夹层的发育及组合特征，对于从整体上认识不同页岩层系的页岩气勘探潜力尤为重要。按照岩芯层厚的划分方案厘定夹层：块状（≥1.00 m）、厚层（<1.00~0.50 m）、中层（<0.50~0.10 m）、薄层（<0.10~0.01 m）、纹层（<0.01 m）。

1. 页岩与厚层-块状夹层（米级尺度）组合类型及特征

在典型取芯井页岩及夹层岩相类型识别与划分的基础上，结合85口钻井岩性剖面的统计分析，重点依据夹层类型（石灰岩、砂岩）、厚度、数量等差异，在中下侏罗统富有机质页岩层系中（TOC≥0.5%）共识别出3类9种岩相组合类型（图2-48）。即泥灰沉积组合（A型）、泥砂沉积组合（B型）、泥灰砂混合沉积组合（C型），其中A型包括4种：黏土质页岩与介壳灰岩近等厚互层型（A1）、黏土质页岩夹介壳灰岩型（A2）、黏土质页岩局部夹介壳灰岩型（A3）、大套黏土质页岩连续沉积型（A4）；B型包括3种：粉砂质页岩与（粉）细砂岩互层型（B1）、粉砂质页岩夹（粉）细砂岩型（B2）、粉砂质页岩局部夹（粉）细砂岩型（B3）；C型包括2种：粉砂质（黏土质）页岩与粉砂岩、（泥质）介壳灰岩互层型（C1）、黏土质页岩夹介壳灰岩-粉砂质页岩与（粉）细砂岩、（泥

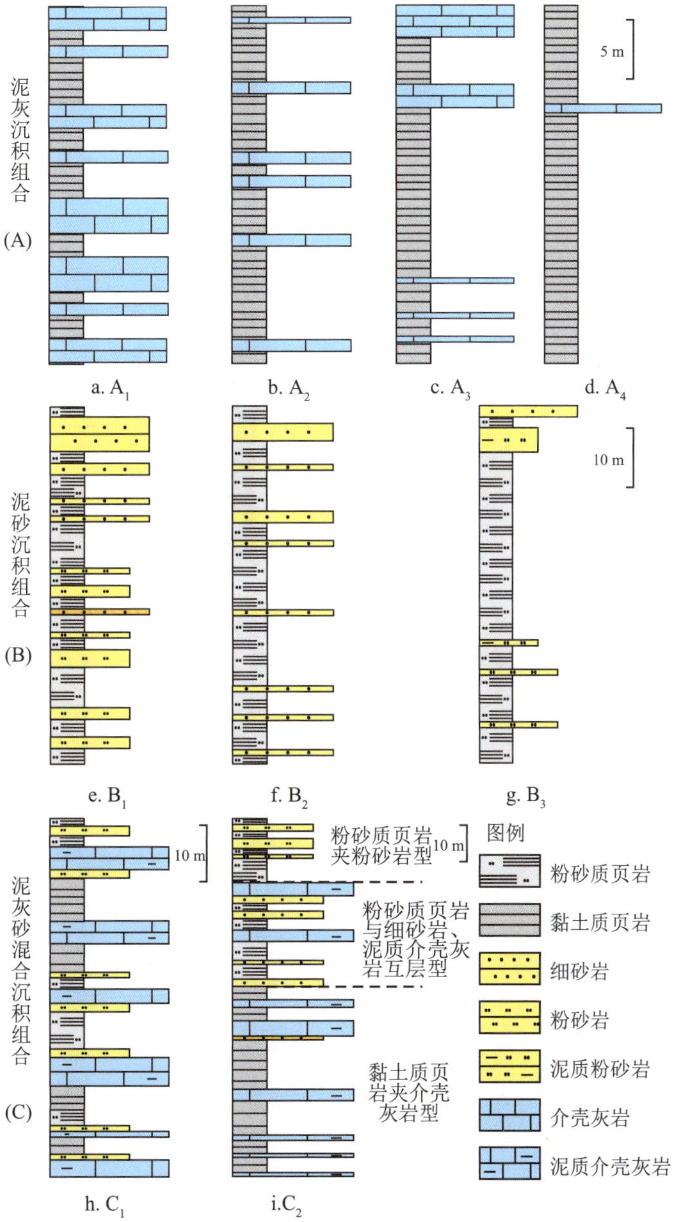

图2-48 四川盆地中下侏罗统页岩层系岩相组合类型及特征图

质）介壳灰岩互层-粉砂质页岩夹（粉）细砂岩型（C2）。其中A1型、A2型组合类型主要发育于阆中、涪陵地区大安寨段；A3型、A4型组合类型主要发育于涪陵与建南等地区东岳庙段、龙岗地区大安寨段；B1型组合类型主要发育于元坝地区大安寨段；B2型、B3型组合类型在元坝地区东岳庙段与千佛崖组、涪陵地区凉高山组均有发育；C1型组合类型发育于元坝、普光等地区大安寨段；C2型组合类型在元坝、涪陵等地区大安寨段均有发育。

2. 页岩与介壳纹层—薄层（毫米至厘米级尺度）组合特征

钻井岩芯观察表明，泥灰沉积（A型）和泥灰砂混合沉积（C型）两类组合中的6种岩相组合类型中的页岩层段中仍发育灰质介壳纹层（断续状、连续状）及薄层。选取A2、A3、A4岩相组合类型，对其中页岩段内部更小尺度下（毫米至厘米级）灰质介壳纹层及薄层开展更进一步精细刻画（图2-49）。研究结果表明，在常规录（测）井剖面尺度下（米级）的3种组合类型中的页岩段中灰

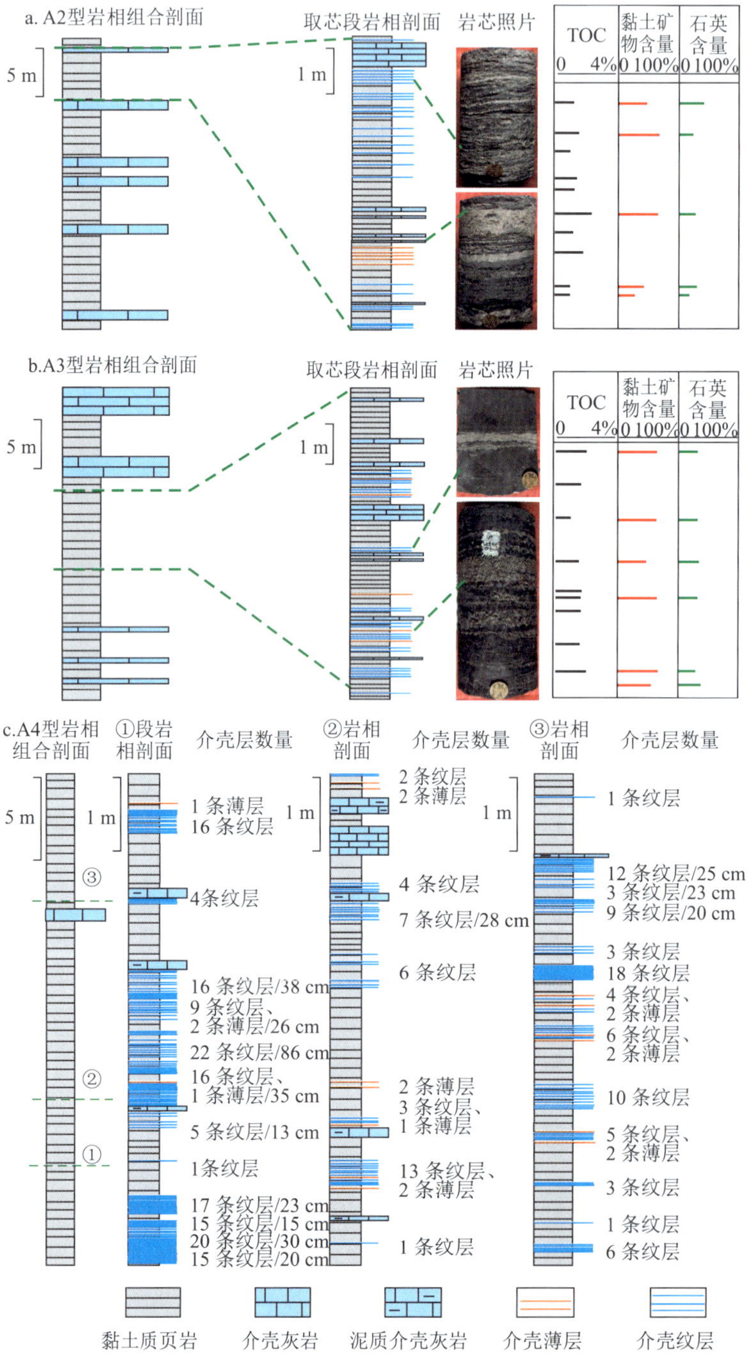

图2-49 四川盆地中下侏罗统不同尺度下页岩与夹层组合特征图

质介壳纹层与薄层十分发育，如 XL101 井大安寨段两个取芯段的 A2 型岩相组合中介壳纹层与薄层的数量之和分别为 22 条/6.5 m、70 条/8.5 m（图 2-49a），该井东岳庙段 A3 型岩相组合中介壳纹层与薄层的数量之和也可达 48 条/7.9 m（图 2-49b）。从东岳庙段取芯较为齐全的一口井来看，纵向上不同层段页岩中发育介壳纹层及薄层的数量及频次仍存在差异，表现为下部纹层多，断续状、连续状均有，而上部纹层相对少、连续状为主，页理较下部更为发育（图 2-49c）。整体而言，介壳纹层与薄层的出现频次与中层、厚层介壳层的发育无明显关系，不同厚度级别的介壳层发育规律不明显，不同厚度或频次的介壳层对于相邻页岩层段的 TOC 含量的影响较小，但对于高黏土含量（大于 50%）陆相页岩而言，不同尺度岩相组合类型及其间夹层厚度、数量及频次的识别与统计分析，对于陆相页岩层系储层压裂改造效果的评价、水平井钻探层段的优选具有重要的参考价值。

三、鄂尔多斯盆地上三叠统页岩岩相类型及特征

（一）页岩岩相类型及特征

鄂尔多斯盆地延长组共识别出黏土质页岩岩相、含凝灰黏土质页岩岩相、（纹层-薄层）凝灰质黏土质页岩岩相、含粉砂黏土质页岩岩相和粉砂质黏土质页岩岩相等 5 类主要岩相类型。其中以富碳-高碳黏土质页岩岩相、低碳-中碳含粉砂黏土质页岩岩相及低碳粉砂质黏土质页岩岩相为主，其次为中碳-高碳含凝灰黏土质页岩岩相和中碳-低碳（纹层-薄层）凝灰质黏土质页岩岩相。各类页岩岩相岩芯、显微镜下特征及分布情况详见表 2-8。

表 2-8　鄂尔多斯盆地上三叠统延长组页岩岩相类型及特征

类型	薄片照片	岩芯照片	TOC 分级	发育特征及分布
黏土质页岩岩相			富碳为主，其次为高碳	黏土矿物与有机质薄互层分布，可形成水平纹层或波状纹层。黄铁矿、胶磷矿质藻类十分常见。页岩主要发育在长 7_3 中下部及其他部位泥岩夹层中，为深湖-半深湖沉积环境，具有一定连续厚度的页岩以长 7_3 中下部为主
含凝灰黏土质页岩岩相			中碳为主、其次为高碳、低碳	火山碎屑含量小于 25%，火山碎屑集合体以无定型、透镜体等形态分布于黏土中。火山碎屑虽然含量不高，但相对聚集，显示其事件成因特征，可能为湖底火山灰发生浊流沉积的远端沉积
（纹层-薄层）凝灰质黏土质页岩岩相	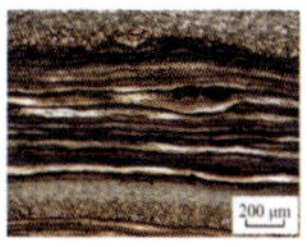		中碳为主，其次为低碳	主要发育在高频率发育的凝灰岩纹层或薄层之间，以黏土矿物为主，火山碎屑含量略少于黏土矿物。火山碎屑与黏土矿物、有机质顺层发育，可形成近水平纹层或波状纹层。沉积构造和有机质赋存特征可知，沉积环境为深湖-半深湖深水沉积
含粉砂黏土质页岩岩相	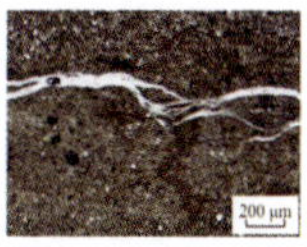		低碳为主，局部中碳	以黏土矿物为主，含少量粉砂、黄铁矿和有机质，均呈漂浮状分散于黏土矿物中，主要发育在长 7_3、长 7_2 中上部，为半深湖-滨浅湖沉积环境
粉砂质黏土质页岩岩相			低碳为主	粉砂含量明显增高，仍以漂浮状均匀分散于黏土矿物中，少量粉砂之间呈点接触，为水体较浅的滨浅湖沉积环境，在长 7_2 亚段，长 7_1 亚段，均有发育

（二）岩相组合特征

根据录井、测井资料，参照岩芯观察及岩石薄片观察等认识，对研究区长7段岩性特征进行了识别。受岩石类型及其组合特征的影响，研究区形成了多种储层组合类型（图2-50）。彬长地区具有页岩夹凝灰岩型、页岩夹凝灰岩和薄砂层型储层组合类型；旬宜地区具有页岩夹凝灰岩型、页岩夹凝灰岩和薄砂层型储层组合类型；富县和下寺湾地区具有纯页岩型、页岩夹薄砂层型储层组合类型。

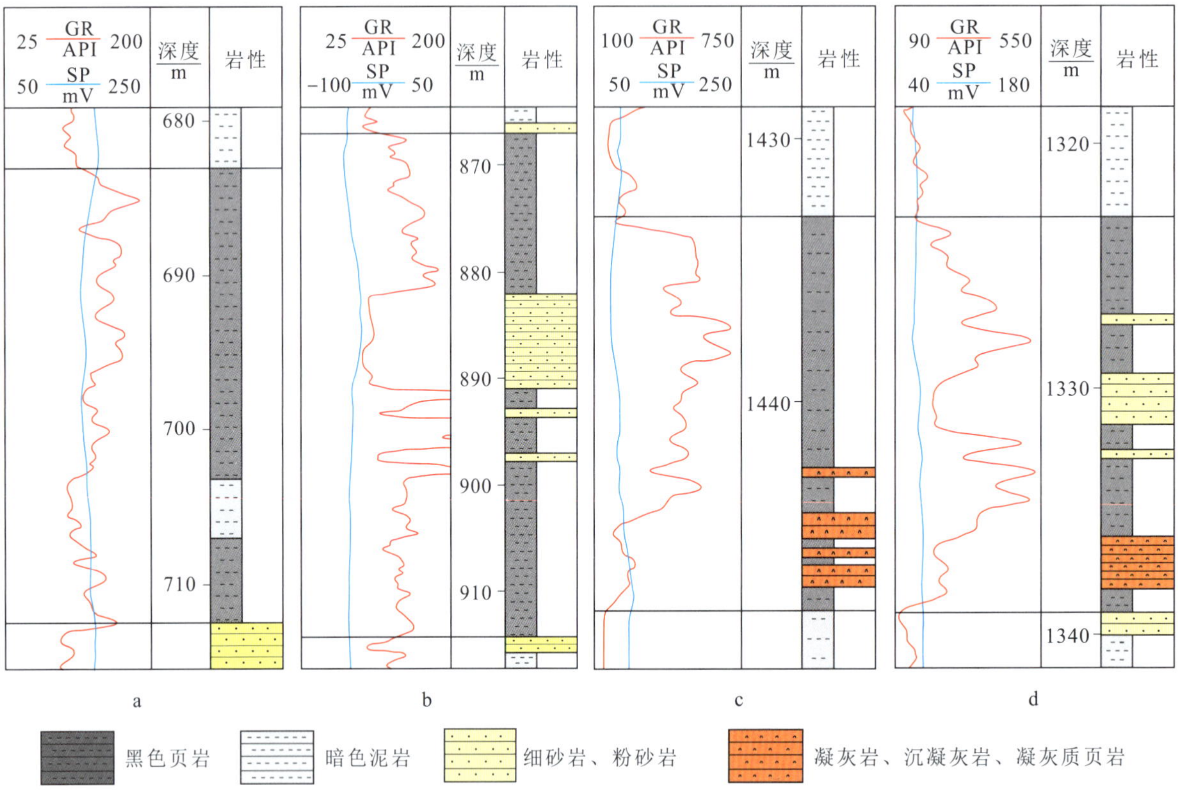

图2-50 鄂尔多斯盆地彬长至下寺湾地区上三叠统延长组长7_3亚段储层类型划分

a—中富1井，纯页岩型；b—中富26井，页岩夹砂岩型；c—彬1井，页岩夹凝灰岩型；
d—泾河37井，页岩夹凝灰岩和砂岩型

第三章 陆相页岩烃源特征及综合评价

第一节 烃源岩有机地化特征

优质泥页岩的发育是页岩气形成的前提条件。通过泥页岩有机质丰度、有机质类型、成熟度等有机地球化学相关参数对四川盆地下侏罗统自流井组东岳庙段、大安寨段、中侏罗统千佛崖组（凉高山组）和鄂尔多斯盆地上三叠统延长组长9段、长7段进行生烃潜力评价。有机地化参数的获取以钻井岩芯、岩屑和野外露头样品的实验室检测结果为主。

一、四川盆地中下侏罗统

（一）有机质丰度

有机质丰度主要应用总有机碳（TOC）来表征。对川东北、川东地区18口钻井共计603件泥页岩烃源岩样品（包括岩芯、岩屑和野外露头样品）进行了有机碳含量（TOC）的分析测试，其中东岳庙段富有机质泥页岩样品141件、大安寨段富有机质泥页岩样品226件、千佛崖组富有机质泥页岩段样品236件，并对比分析了川西和川南地区千佛崖组和自流井组（白田坝组）的有机碳含量。

川东北地区东岳庙段泥页岩发育不连续，有机碳变化大（图3-1）。有机碳含量0.04%~4.61%，平均1.26%；TOC大于0.5%的样品占总样品数的80.3%，TOC大于1.0%的样品占总样品数的55.3%（表3-1；图3-2c）。自流井组大安寨段泥页岩主要发育于大二亚段（图3-1）。大安寨段泥页岩有机碳含量0.04%~3.52%，平均1.05%；TOC大于0.5%的样品占总样品数的76.9%，TOC大于1.0%的样品占总样品数的34.6%（表3-1；图3-2b）。千佛崖组泥页岩主要集中在千一段至千二段，以灰色泥岩夹薄层砂岩为主（图3-1）。千佛崖组有机碳含量0.08%~11.73%，平均1.01%；TOC大于0.5%的样品占总样品数的75.7%，TOC大于1.0%的样品占总样品数的42.1%（表3-1；图3-2a）。根据中石化含气泥页岩有机碳的评价标准，有机碳含量大于1.0%为较好烃源岩。川东北地区千佛崖组和自流井组东岳庙段、大安寨段都是较好的烃源岩，有机碳含量较高，为形成页岩气藏提供了良好的物质基础。

表3-1 四川盆地中下侏罗统泥页岩TOC统计表

地区	层位	样品数/个	TOC/%		
			最小	最大	平均
川东北	千佛崖组	140	0.08	11.73	1.03
	大安寨段	78	0.04	3.52	1.05
	东岳庙段	76	0.04	4.61	1.26
川东	凉高山组	96	0.07	6.28	1.18
	大安寨段	148	0.05	3.89	1.36
	东岳庙段	65	0.09	3.46	1.45
川西	千佛崖组	44	0.04	0.8	0.15
	白田坝组	208	0.03	9.28	0.33
川南	千佛崖组	10	0.05	1.30	0.15
	自流井组	19	0.03	2.47	0.35

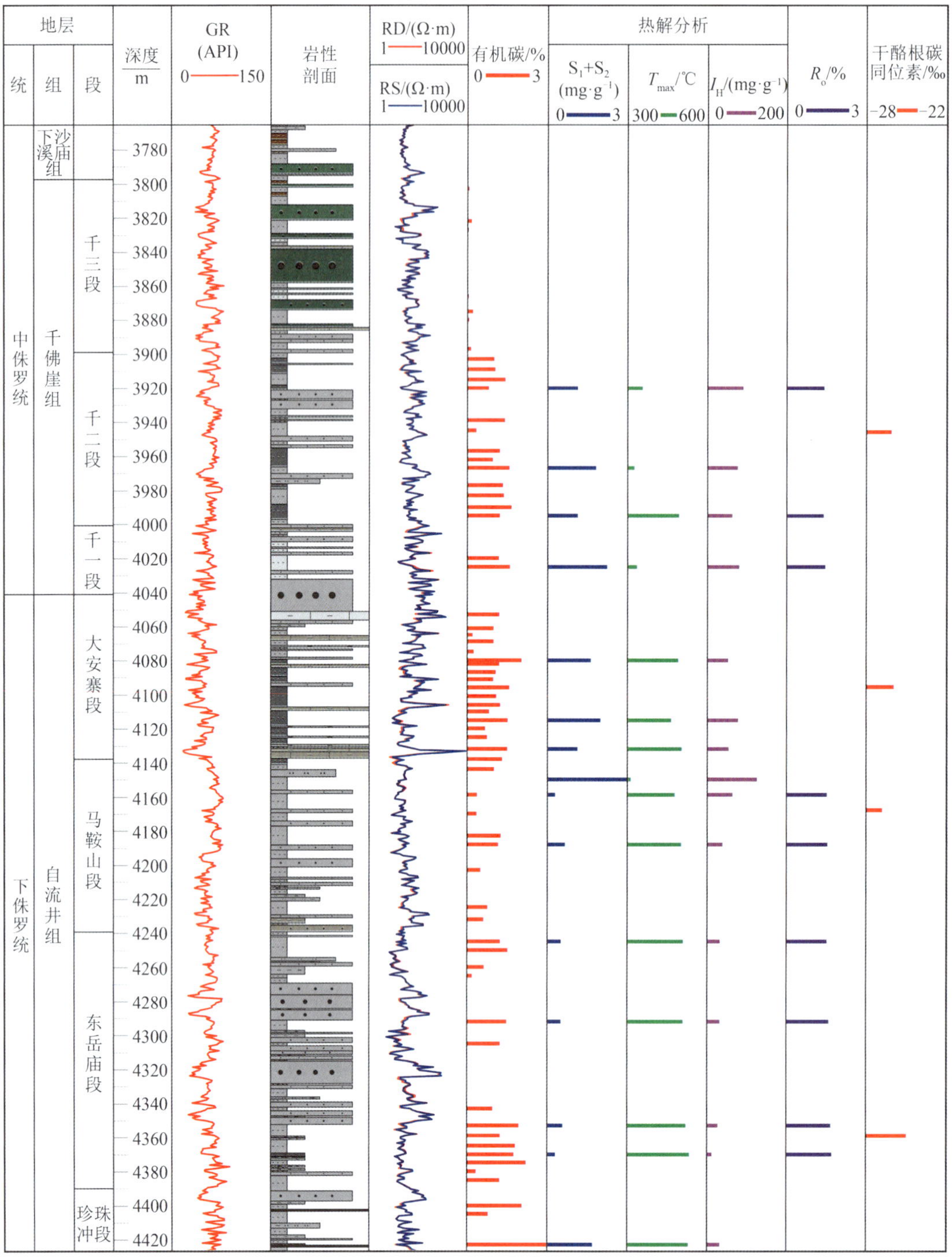

图 3-1　川东北地区 YB4 井中下侏罗统自流井组东岳庙段-千佛崖组地球化学综合柱状图

川东地区自流井组东岳庙段泥页岩有机碳含量 0.09%~4.06%，平均 1.45%；TOC 大于 0.5%的样品占总样品数的 97.8%，TOC 大于 1.0%的样品占总样品数的 70.5%（表 3-1；图 3-2f）。东二亚段、东三亚段以小于 1.0%为主，东一亚段各小层页岩 TOC 均大于 1.5%（图 3-3）。大安寨段泥页岩有机碳含量 0.05%~3.89%，平均 1.36%；TOC 大于 0.5%的样品占总样品数的 76.1%，TOC 大于 1.0%的样品占总样品数的 49.7%（表 3-1；图 3-2e）。凉高山组泥页岩有机碳含量 0.07%~6.28%，平均 1.18%；TOC 大于 0.5%的样品占总样品数的 75.6%，TOC 大于 1.0%样品占总样品数的 38.8%（表 3-1；图 3-2d）。川东地区凉高山组和自流井组大安寨段、东岳庙段均为较好的烃源岩。纵向上，川东地区自流井组东岳庙段的有机碳含量最高，大安寨段有机碳含量相对较低。

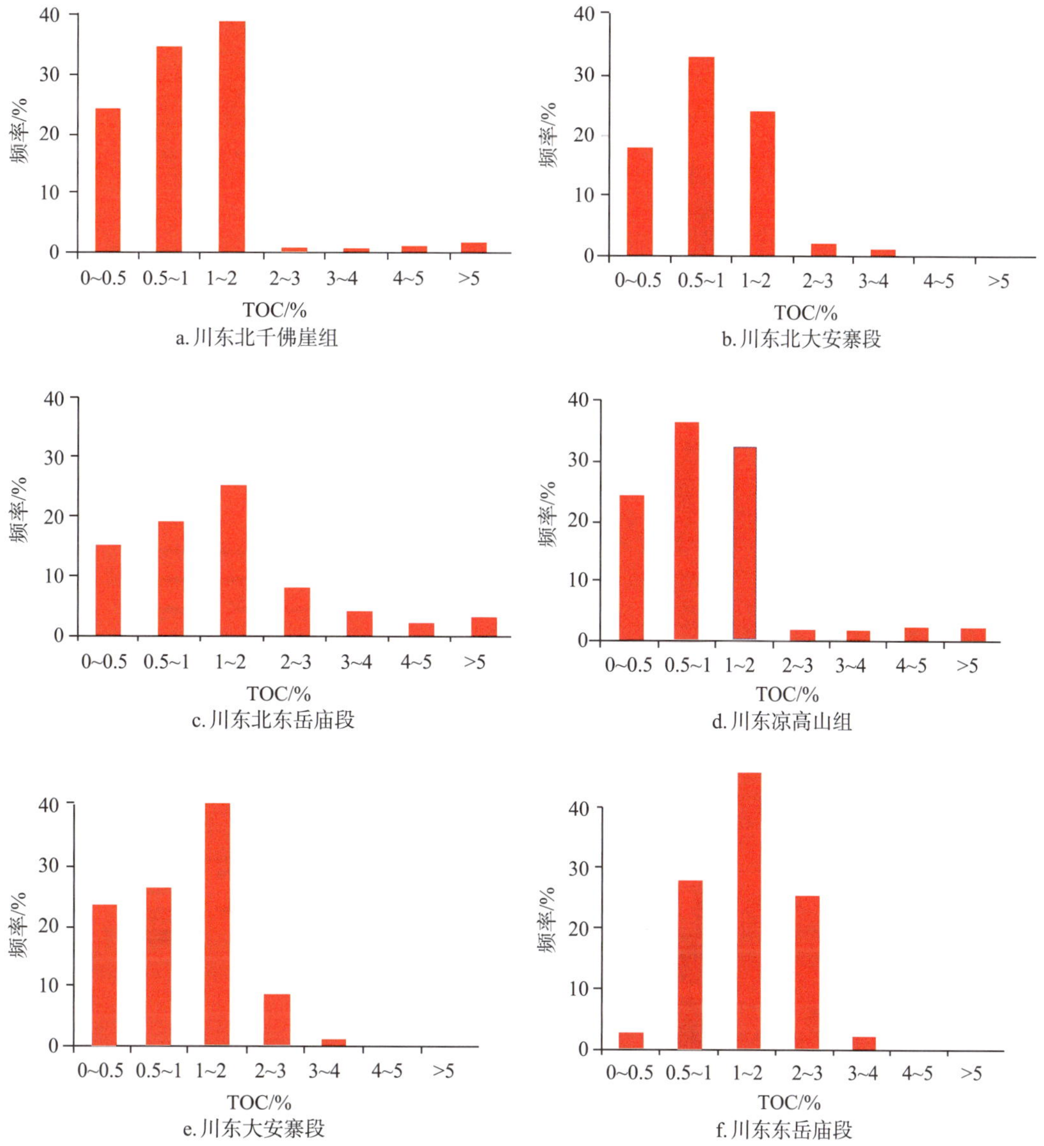

图 3-2　四川盆地不同地区中下侏罗统泥页岩 TOC 分布

川西地区白田坝烃源岩有机碳含量为 0.04%~9.28%，平均为 0.33%，208 件样品中 72 件样品大于 0.5%。千佛崖组烃源岩有机碳含量为 0.04%~0.8%，平均为 0.15%，44 件样品中只有 2 件达标。总体为较差烃源岩或非烃源岩。川南地区自流井组烃源岩有机碳含量为 0.03%~2.47%，平均为 0.35%，19 件样品中 5 件样品大于 0.5%。川西和川南下侏罗统自流井组总体为较差烃源岩或非烃源岩。千佛崖组烃源岩有机碳含量为 0.05%~1.3%，平均为 0.15%，10 件样品中只有 2 件达标。总体为较差烃源岩或非烃源岩（表 3-1）。

（二）有机质类型

有机质类型反映了烃源岩有机质的质量，不同的成烃母质通常具有不同的油气生成能力。划分有机质类型的方法比较多，本次研究选用干酪根碳同位素、干酪根元素 H/C-O/C 范氏图、热解氢指数和氧指数图版、有机显微组分等对有机质类型进行划分。

1. 干酪根碳同位素

干酪根碳同位素分析结果显示（图 3-4），川东北地区东岳庙泥页岩有机质-25.0‰~23.0‰，表

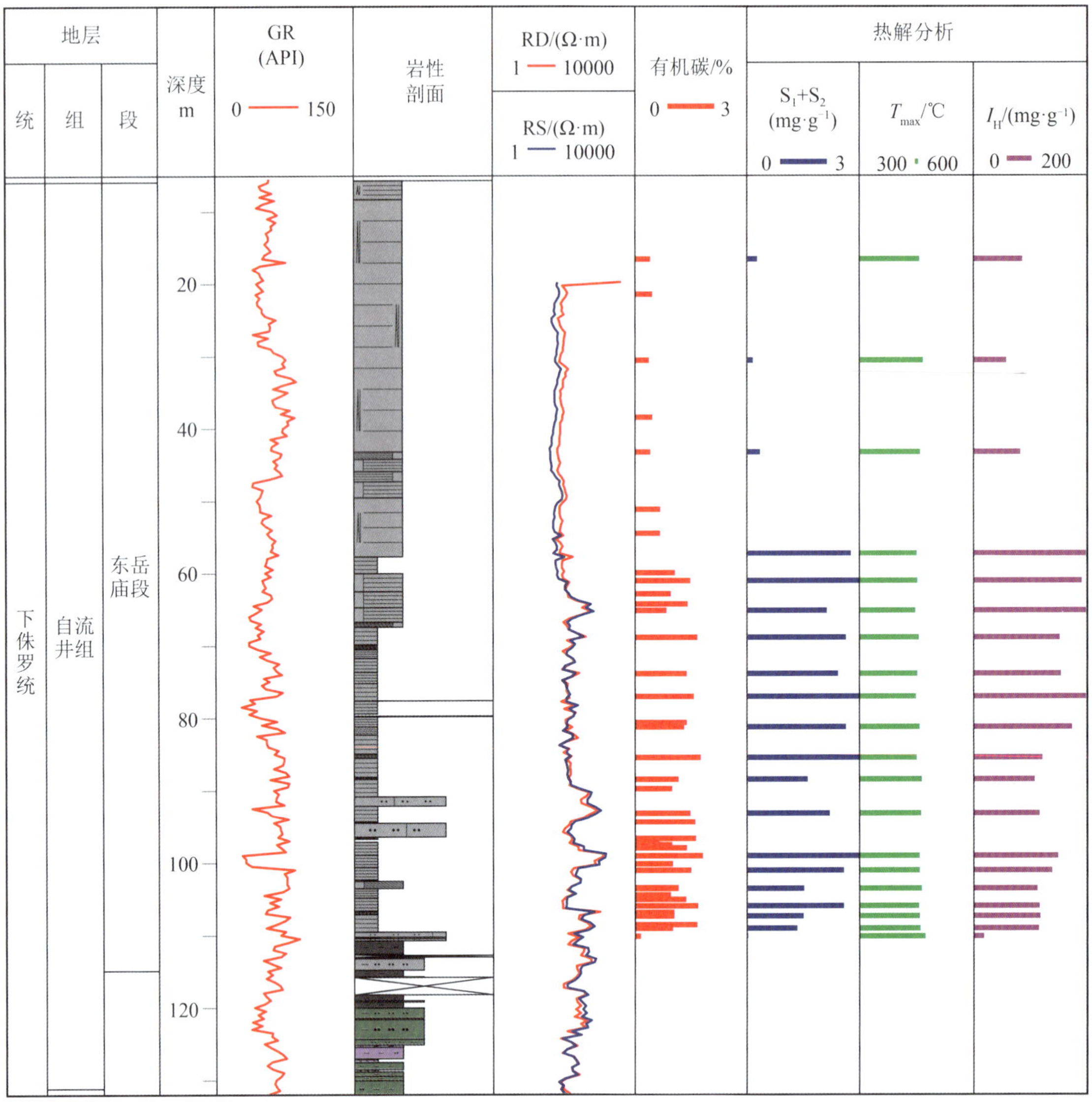

图 3-3 川东地区 MYQ1 井下侏罗统自流井组东岳庙段地球化学综合柱状图

现Ⅱ$_2$-Ⅲ型烃源岩特征，主体为Ⅱ$_2$型；川东地区东岳庙段泥页岩有机质-27.2‰~23.2‰，表现Ⅱ$_1$-Ⅲ型烃源岩特征，主体为Ⅱ$_1$-Ⅱ$_2$型。川东北地区大安寨段泥页岩有机质-25.9‰~23.3‰，表现Ⅱ$_2$-Ⅲ型烃源岩特征，主体为Ⅱ$_2$型；川东地区大安寨段泥页岩有机质-24.9‰~23.4‰，表现Ⅱ$_2$-Ⅲ型烃源岩特征，主体为Ⅱ$_2$型；川东北地区千佛崖组泥页岩有机质-26.2‰~23.0‰，表现Ⅱ$_1$-Ⅲ型烃源岩特征，主体为Ⅱ$_2$型；川东地区凉高山组泥页岩有机质-25.4‰~23.0‰，表现Ⅱ$_2$-Ⅲ型烃源岩特征，主体为Ⅱ$_2$型；同四川盆地上奥陶统—下志留统五峰组—龙马溪组以Ⅰ-Ⅱ$_1$型为主和下寒武统筇竹寺组以Ⅰ型为主，具有很大的差异。

2. 有机元素分析

利用 O/C 原子比与 H/C 原子比范氏图判识源岩有机质类型（图 3-5），结果显示样品数据点基本上处于图的左下角，已难以区分其有机质类型，这种现象是由于烃源岩演化程度高而造成的。

3. 热解分析

在烃源岩氢指数 I_H 与氧指数 I_O 关系图上（图 3-6a），样品数据点基本上处于图的左下角，已难以区分其有机质类型，这种现象也是由于烃源岩演化程度高而造成的。岩石热解实验数据中的最大热解峰温 T_{max}、氢指数 I_H 的分布特征图上样品数据点主要分布于右下角，难以区分有机质类型（图 3-6b）。

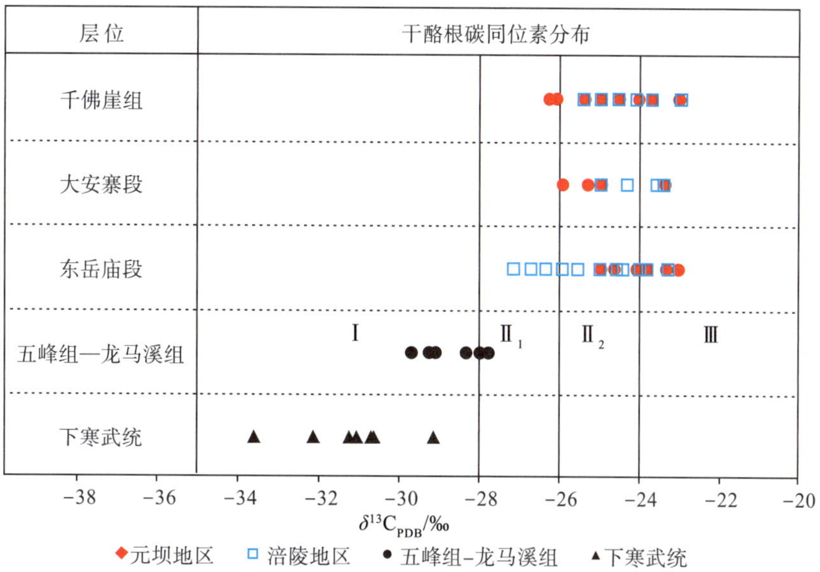

图 3-4　四川盆地中下侏罗统泥页岩干酪根碳同位素图

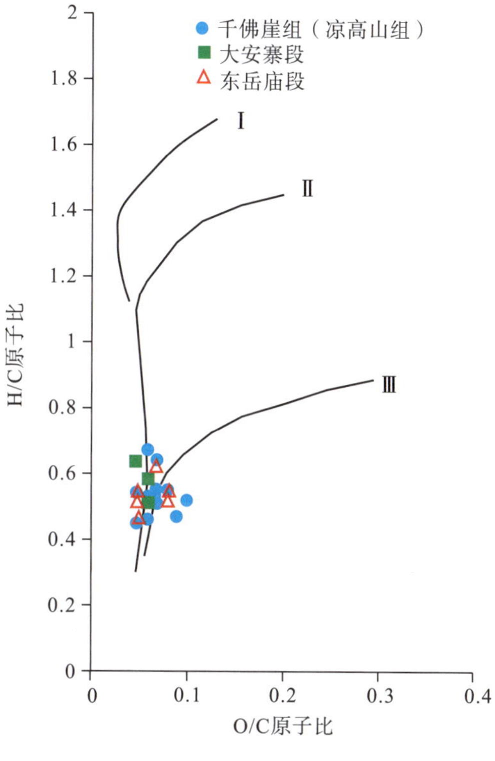

图 3-5　四川盆地中下侏罗统泥页岩干酪根 O/C-H/C 原子比范氏图

4. 有机显微组分

对川东北地区、川东地区多口钻井烃源岩样品有机岩石学和干酪根显微组分分析表明，自流井组烃源岩显微组分以镜质组为主，其含量为 42.3%~92.8%，平均值为 69.33%；惰性组次之，其含量为 4.3%~57.7%，平均值为 28.62%；腐泥组含量为 0.3%~8.1%，平均值为 1.65%；壳质组含量为 0.2%~11.2%，平均值为 1.71%。类型指数 TI 为-89~-64。千佛崖组烃源岩显微组分也是以镜质组为主，其含量为 35.9%~84%，平均值为 59.36%；惰性组次之，其含量为 15.6%~62.1%，平均值为 39.35%；腐泥组含量为 0.5%~9.8%，平均值为 1.87%；壳质组含量为 0.6%~3.9%，平均值为

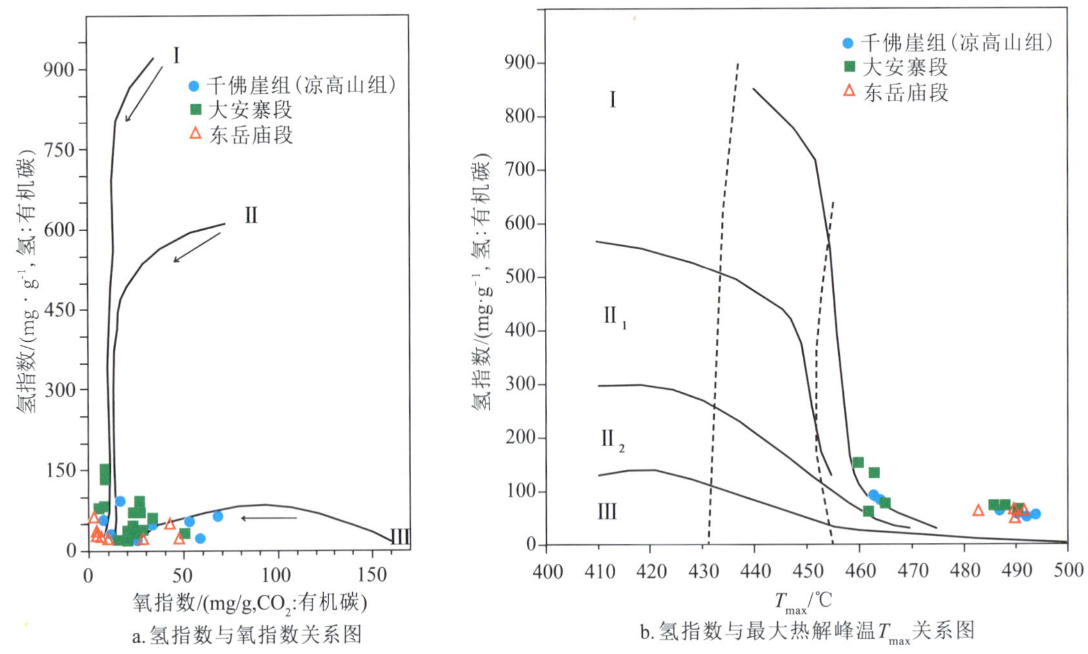

图 3-6　四川盆地中下侏罗统泥页岩岩石热解参数的干酪根类型图

1.17%。类型指数 T_1 为-94~-60。

川东北地区大安寨段较东岳庙段、千佛崖组镜质组减少，固体沥青增加（图 3-7）。川东地区东岳庙组一亚段富有机质页岩发育镜质体、丝质体、固体沥青和微粒体 4 种有机质显微组分；东一亚段③、④小层较①、②小层固体沥青和微粒体明显增多、生油气能力增强，表明半深湖相有利于形成 II_1 型的有机质（图 3-8）。

据黄第藩（1995），随着演化程度的增高，在总的趋势上腐泥组和壳质组的含量明显减少。黄县样品模拟实验表明，壳质组含量从原样（R_o=0.39%）的 15.2%降至 R_o=1.79%时的 0。扎赉诺尔样品模拟实验表明，壳质组含量从原样（R_o=0.36%）的 9.8%降至 0（R_o=1.66%）。两样品中，惰性组和镜质组的相对百分含量则有所增加。这表明演化过程中，壳质组是成烃的主要母质。壳质组含量的下降以至消失，一方面是因为其本身因生烃而损失，壳质组各显微组分个体逐渐缩小，反映了烃类释放过程的存在；另一方面则与其在演化过程中因生烃而使光学性质趋向于惰性组和镜质组，从而不再能被鉴定为壳质组有关。

根据干酪根碳同位素和有机显微组分分析结果，并考虑到有机质演化作用对干酪根碳同位素和显微组分分析的影响，认为本区自流井组、千佛崖组烃源岩有机质类型主要为腐泥-腐殖型（II_2），兼有腐殖型-腐泥型（II_1）和腐殖型（Ⅲ）。虽然，本区陆相烃源岩有机质类型主要为 II_2-Ⅲ型，但从盆地边缘露头剖面采集的演化程度相对较低的样品中，可见到富氢组分如角质体、木栓质体、树脂体、孢子体及固沥青等，表明本区 II_2-Ⅲ型有机质具备较好的生烃能力。

（三）有机质成熟度

镜质体反射率（R_o）值的测定结果表明川东北地区东岳庙段、大安寨段 R_o 处于 1.56%~2.02%及 1.44%~1.83%之间。千佛崖组 R_o 相对较小，处于 1.38%~1.82%之间（表 3-2）；川东地区热演化程度较川东北地区低，东岳庙段 R_o 在 1.26%~2.12%之间，大安寨段 R_o 在 1.1%~1.5%之间（表 3-2），千佛崖组 R_o 在 1.10%~1.46%之间。川东北地区和川东地区中下侏罗统泥页岩演化程度适中，处于成熟至高成熟阶段，以凝析油和湿气为主。

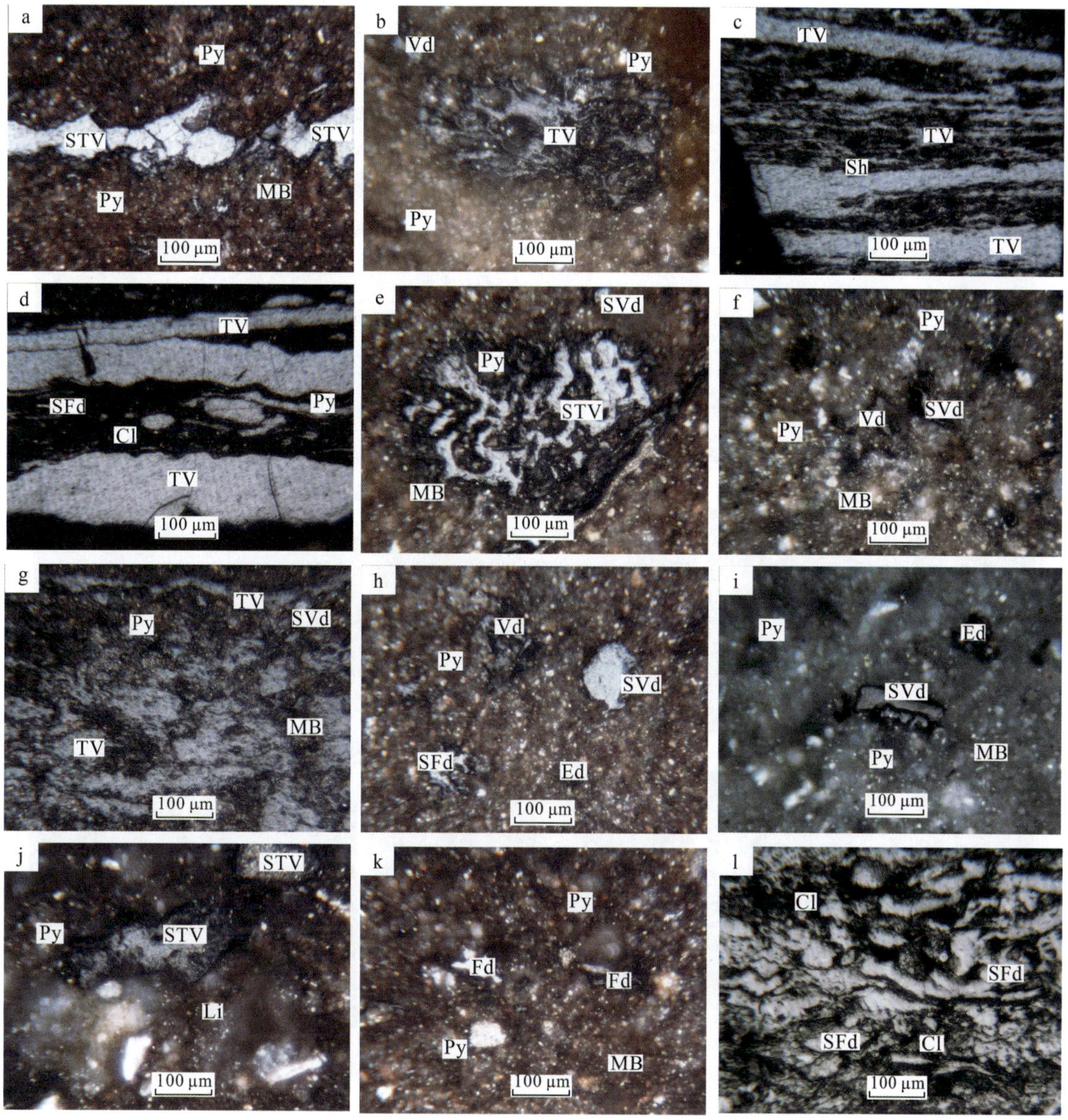

图 3-7 川东北元坝地区中下侏罗统有机显微组分图版

a—Rh-3352-1，东岳庙段；b—Yb4-4245-2，东岳庙段；c—Yb4-4581-3，东岳庙段；d—Yb27-3674-1，东岳庙段；e—Yb12-3835-1，东岳庙段；f—Rh-3155，大安寨段；g—Yb12-3680-1，大安寨段；h—Yb12-3680-2，大安寨段；i—Yb27-3373，大安寨段；j—m2-2806，大安寨段；k—YB12-3578，千佛崖组；l—YB4-3995-2，千佛崖组。以上均为光片，反射光，油浸。TV—结构镜质体；Vd—镜质碎屑体；SVd—半镜质碎屑体；SFd—半丝质碎屑体；Fd—丝质碎屑体；Ed—壳质碎屑体；MB—矿物沥青基质；Py—黄铁矿；Li—褐铁矿；Cl—黏土矿物；Sh—泥岩

表 3-2 川东、川东北地区侏罗系泥页岩 R_o 统计表

地区	地层	样品数/个	最小值/%	最大值/%
川东北	千佛崖组	9	1.38	1.82
	大安寨段	10	1.44	1.83
	东岳庙段	16	1.56	2.02
川东	凉高山组	53	1.10	1.46
	大安寨段	26	1.10	1.50
	东岳庙段	23	1.26	2.12

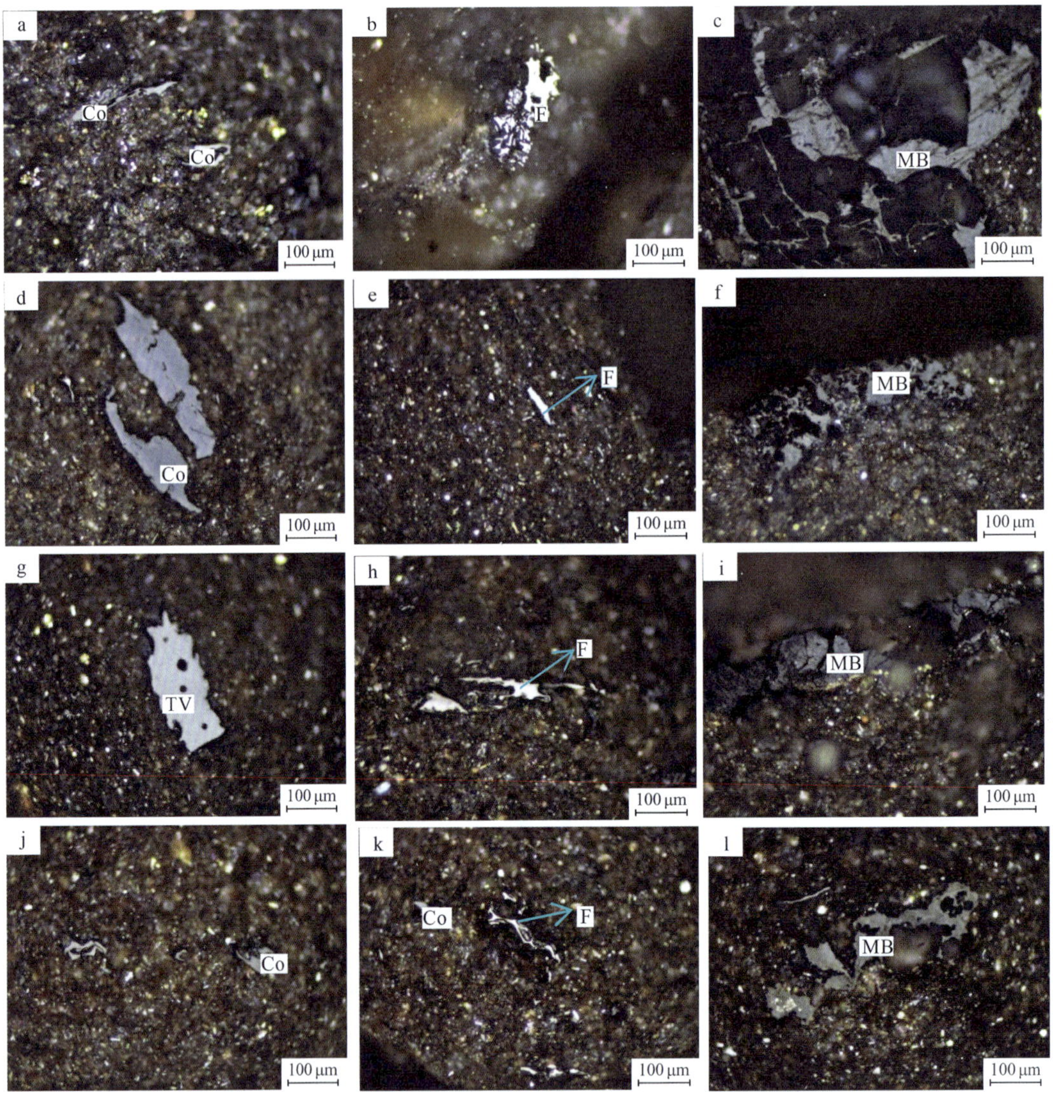

图 3-8　川东涪陵地区下侏罗统自流井组东岳庙段一亚段有机显微组分

a～c—FY10 井④小层，东岳庙段；d～f—FY10 井③小层，东岳庙段；g～h—FY10 井②小层，东岳庙段；j～l—FY10 井①小层，东岳庙段。以上均为光片，反射光，油浸。

Co—无结构镜质体；TV—结构镜质体；F—丝质体；MB—矿物沥青基质

二、鄂尔多斯盆地上三叠统

（一）有机质丰度

长 9 段、长 7 段钻井及露头剖面泥页岩有机质丰度统计如表 3-3、表 3-4，由表可见，长 9 段泥页岩主要发育该段顶部（图 3-9），通常称之为“李家畔”页岩。富有机质页岩层段暗色泥岩有机碳含量为 0.03%～5.37%，平均值为 1.51%；S_1+S_2 为 0.06～12.47 mg/g，平均值为 2.88 mg/g；氯仿沥青“A”为 0.02%～0.38%，平均值为 0.14%；总烃为 0.0218%～0.0510%，平均值为 0.0375%；富碳页岩有机碳含量为 0.12%～20.32%，平均值为 3.95%；S_1+S_2 为 0.12～68.35 mg/g，平均值为 13.87 mg/g；长 9 段页岩氯仿沥青“A”为 0.02%～0.97%，平均值为 0.29%；总烃为 0.0117%～0.0615%，其平均值为 0.029；从泥页岩样品有机碳含量分布情况来看，TOC 大于 1.0%的样品占总样品数的 89.5%（图 3-10a），S_1+S_2 大于 6 mg/g 的样品占总样品数的 76.2%（图 3-10b）。综合评价长 9 段富有机质页岩层段暗色泥岩、富碳页岩为中等-较好的烃源岩。

表 3-3　鄂尔多斯盆地南部钻井上三叠统延长组有机质丰度统计表

层位	岩性	TOC/%		S_1+S_2/(mg·g^{-1})		氯仿沥青“A”/%		总烃/%		丰度评价
		分布特征	级别	分布特征	级别	分布特征	级别	分布特征	级别	
长 7 段	暗色泥岩	0.01~5.91 1.86（108）	好	0.03~43.09 6.35（108）	好	0.01~0.99 0.30（15）	好	0.0045~0.0677 0.0379（15）	较好	好
	富碳页岩	0.30~30.01 13.15（104）	好	0.12~139.86 54.51（104）	好	0.33~1.81 1.16（31）	好	0.0079~0.0684 0.0434（23）	较好	好
长 9 段	暗色泥岩	0.03~5.37 1.51（41）	好	0.06~12.47 2.88（41）	较好	0.02~0.38 0.14（7）	好	0.0218~0.0510 0.0375（7）	较好	较好-好
	富碳页岩	0.12~20.32 3.95（10）	好	0.12~68.35 13.87（10）	好	0.02~0.97 0.29（6）	好	0.0117~0.0615 0.0290（6）	较好	好

表 3-4　鄂尔多斯盆地野外剖面上三叠统延长组有机质丰度统计表

剖面	层位	岩性	TOC/%		S_1+S_2/(mg·g^{-1})		氯仿沥青“A”/%		总烃/%		丰度评价
			分布特征	级别	分布特征	级别	分布特征	级别	分布特征	级别	
金锁关剖面	长 7 段	页岩	13.77~33.01 23.84（24）	好	46.04~139.8 85.68（24）	好	0.33~1.53 0.97（10）	好	0.0079~0.0576 0.0287（10）	较好	好
仕望河剖面	长 7 段	暗色泥岩	0.01~3.73 0.82（10）	差	0.03~46.88 4.93（10）	好	—	—	—		较差
	长 9 段	暗色泥岩	0.03~1.51 0.49（13）	较差	0.03~1.62 0.39（13）	较差	0.04（1）	好	0.0146（1）		较差
		页岩	1.25~21.59 9.14（6）	好	1.01~68.35 31.56（6）	好	0.11~0.97 0.41（5）	好	0.0117~0.0615 0.0273（5）	较好	好
柳林剖面	长 7 段	页岩	3.66~28.26 19.46（11）	好	8.20~135.33 73.13（11）	好	0.53~1.81 1.17（6）	好	0.0239~0.0667 0.0511（6）	好	好
汭水河剖面	长 7 段	泥岩	0.12~0.93 0.36（17）	差	0.37~1.29 0.73（17）	较差	0.01~0.14 0.08（2）	较好	0.0314~0.0459 0.0386（2）	较好	较差
	长 9 段	泥岩	0.79~0.86 0.82（2）	较好	0.16~0.31 0.24（2）	较差	0.02~0.02 0.02（2）	较差	0.0510~0.0548 0.0529（2）	好	较差-较好

长 7 段富有机质页岩主要发育长 7 段下部，通常称之为“张家滩”页岩（图 3-9）。该层段暗色泥岩有机碳含量为 0.01%~5.91%，平均值为 1.86%，S_1+S_2 为 0.03~43.09 mg/g，平均值为 6.35 mg/g；氯仿沥青“A”为 0.01%~0.99%，平均值为 0.30%；总烃为 0.0045%~0.0677%，平均值为 0.0379%，其有机碳含量明显高于野外露头样品。富碳页岩样品有机碳含量为 0.30%~30.01%，平均值为 13.15%；S_1+S_2 为 0.12~139.86 mg/g，平均值为 54.51 mg/g，氯仿沥青“A”为 0.33%~1.81%，平均值为 1.16%；总烃为 0.0079%~0.0685%，其平均值为 0.0434%，此值明显低于岩屑（TOC 为 12.44%）和野外露头页岩样品（金锁关剖面 TOC 均值为 23.84%；柳林剖面 TOC 均值为 19.46%）及仕页浅井长 7 段页岩剖面的分析结果，可能与沉积相带和有机母质组成相关。从长 7 段富有机质页岩段泥页岩样品有机碳含量和 S_1+S_2 分布情况来看，TOC 大于 1.0%的样品占 85.3%（图 3-10c），S_1+S_2 大于 6 mg/g 的样品占 88.2%（图 3-10d）。因此，长 7 段富有机质页岩为较好-好的烃源岩。

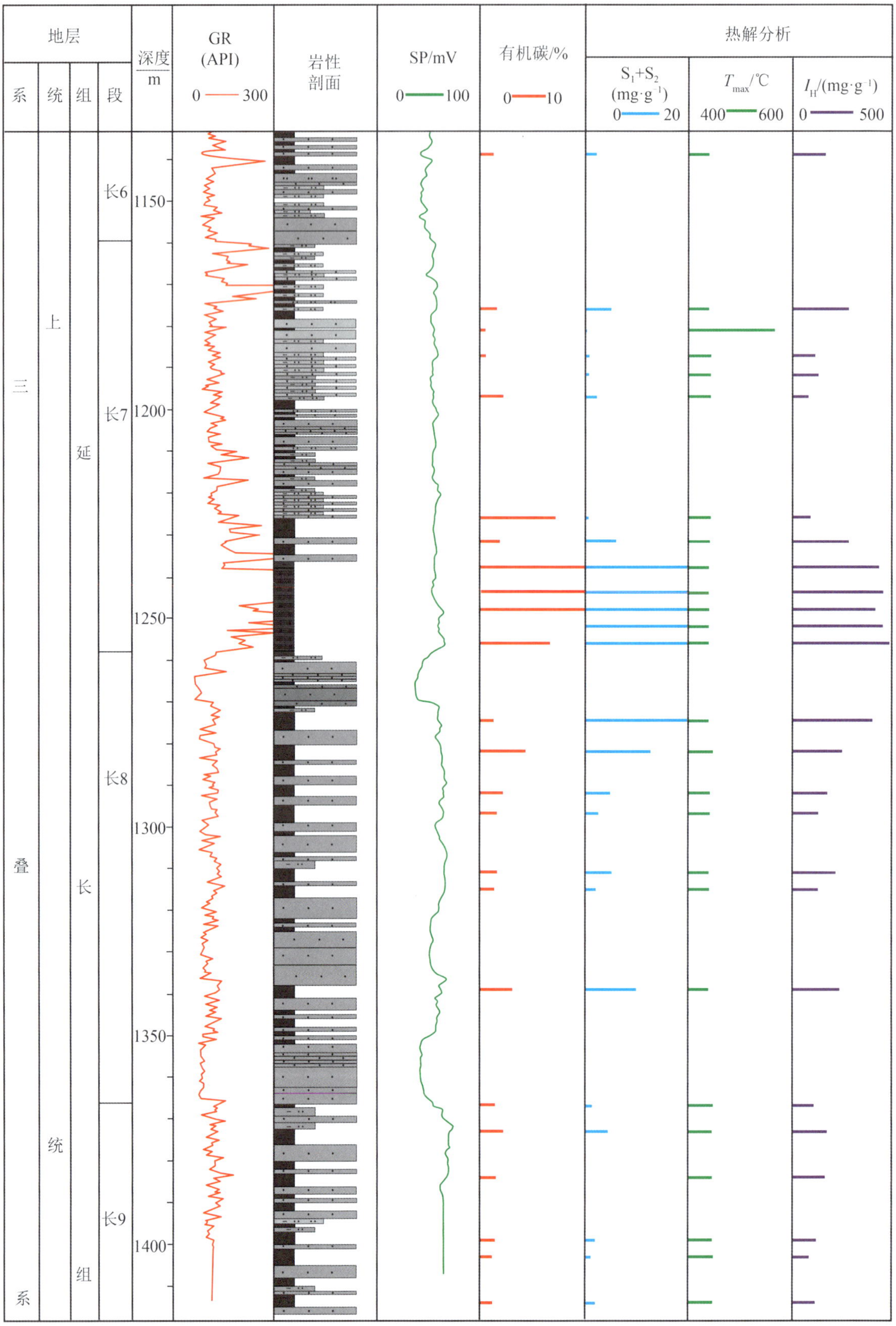

图 3-9　鄂尔多斯盆地 JH8 井上三叠统延长组长 9 段—长 7 段地球化学综合柱状图

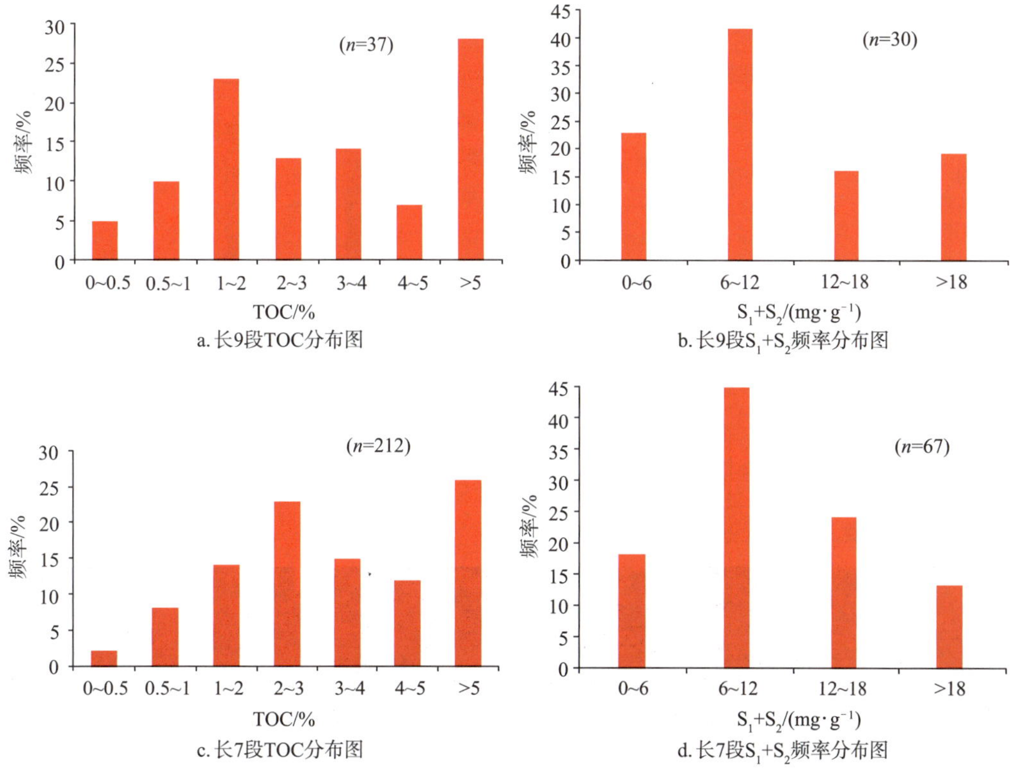

图 3-10　鄂尔多斯盆地上三叠统延长组长 9 段、长 7 段富有机质页岩有机质丰度分布

（二）有机质类型

1. 有机显微组分

下三叠统延长组富有机质页岩有机显微组分以壳质组、镜质组、惰质组和矿物沥青为主，次生组分和动物碎屑含量很低。烃源岩全岩显微组分有机岩石学分析表明：延长组长 9 段烃源岩富含矿物沥青基质和壳质组，在总有机显微组分中所占比例较高，镜质组和惰质组含量低；烃源岩富氢组分含量高，生烃潜力较大（表 3-5；图 3-11a）。延长组长 7 段烃源岩富含矿物沥青基质和壳质组，在总有机显微组分中占比高，镜质组和惰质组含量低；长 7 烃源岩富氢组分含量高，生烃潜力较大（表 3-5；图 3-11b）。

表 3-5　鄂尔多斯盆地上三叠统延长组有机显微组分相对含量统计表

层位	镜质组/%	惰质组/%	壳质组/%	矿物沥青基质/%
长 7 段 （样品数 21）	4. 30～39. 10 15. 30	0. 90～29. 20 5. 33	5. 80～81. 50 39. 07	12. 10～70. 70 40. 30
长 9 段 （样品数 6）	6. 0～27. 7 20. 24	2. 2～26. 0 14. 03	18. 1～58. 2 41. 44	9. 8～54. 2 24. 28

矿物沥青基质中以壳质体为主，含少量藻质体（图 3-12a）；壳质组中孢子体（图 3-12b）、藻类体（图 3-12c）常见且含量高，角质体少量出现（图 3-12d、e），个别样品出现少量的荧光体（图 3-12f）；镜质组以灰色脉状、条状镜质体为主，且含量高。该区主要生烃组分为藻类体、矿物沥青基质及壳屑体等。在富有机质页岩有机显微组分组成中，长 9 段和段长 7 段壳质组和矿物沥青基质相对含量为 65%～75%左右，属于 $Ⅱ_1-Ⅱ_2$ 型干酪根。总体来看，延长组长 9 段和段长 7 段富有机质中显微组分中矿物沥青基质和壳质组的相对含量要高，烃源岩有机质类型较好（表 3-5）。

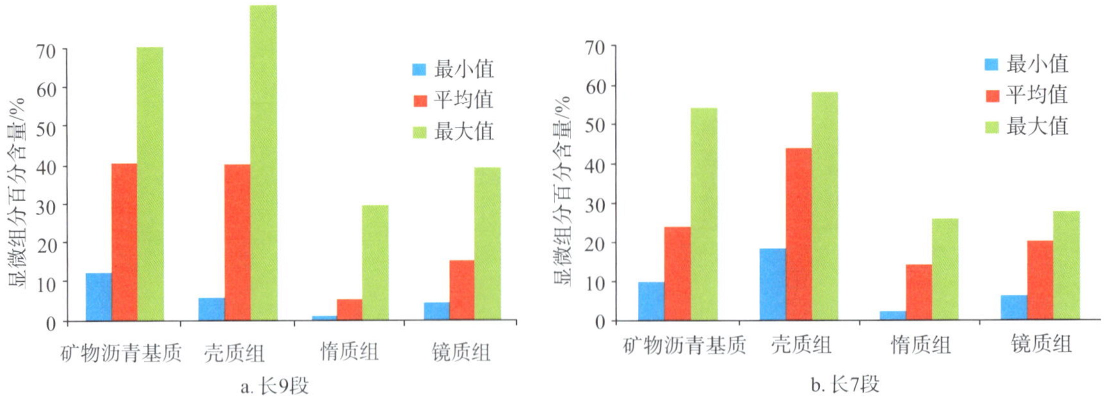

图 3-11　鄂尔多斯盆地上三叠统延长组长 9 段、长 7 段富有机质页岩有机显微组分含量分布

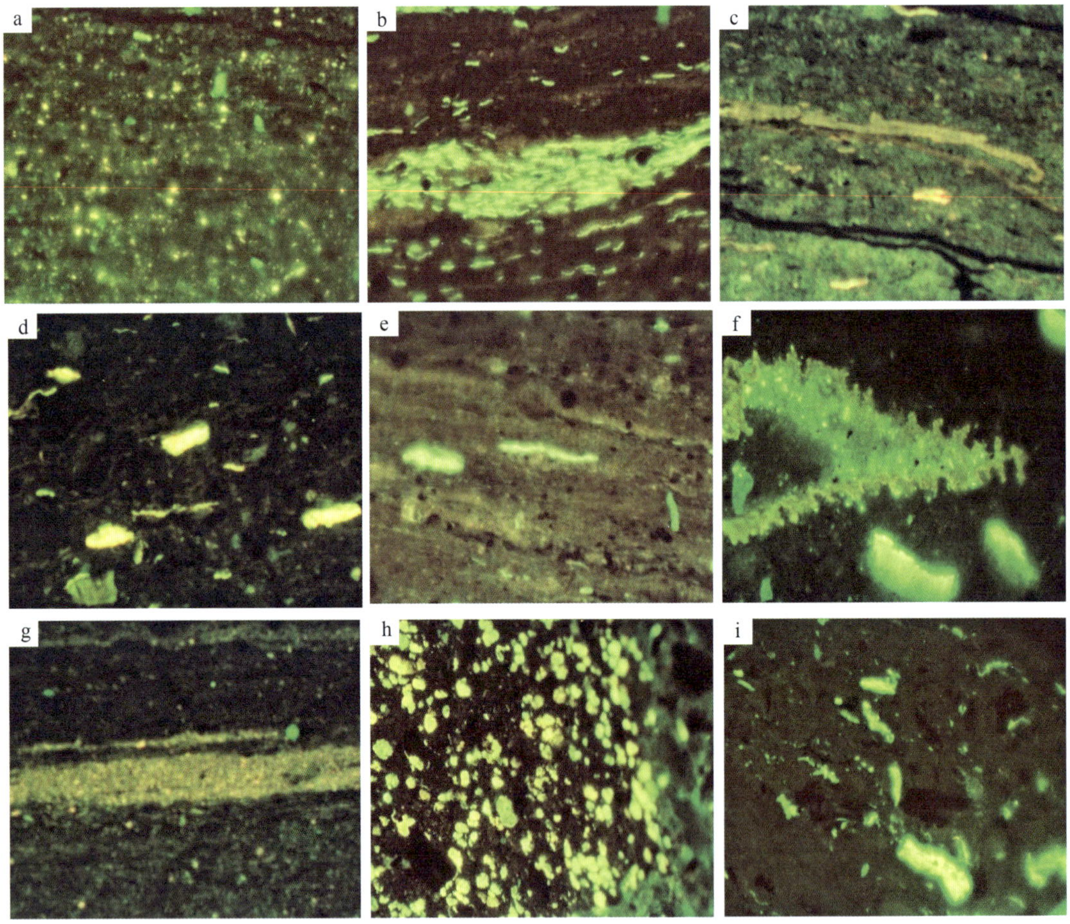

图 3-12　鄂尔多斯盆地上三叠统延长组长 9 段、长 7 段富有机质页岩有机显微组分图版

a—分散状矿物沥青基质，LH2 井-F11，长 7 段，暗色泥岩，968.45 m，荧光，×250；b—孢子体，HH34 井-Y106，长 7 段，页岩，2027~2035 m，荧光，×250；c—角质体、孢子体，LH2 井，长 7 段，黑色碳质泥岩，965.64 m，荧光，×250；d—藻类体，LH2 井，长 7 段，黑色泥岩，928.81 m，荧光，×250；e—孢子体，JH8 井，长 7 段，深灰色泥岩，1164.66 m，荧光，×250；f—角质体，LH2 井，长 7 段，黑色泥岩，928.81 m，荧光，×250；g—黄色矿物沥青基质，JH8 井，长 9 段，深灰色泥岩，1366.89 m，荧光，×250；h—藻类体，JH8 井，长 9 段，暗色泥岩，1371~1375 m，荧光，×250；i—藻类体，JH8 井，长 9 段，暗色泥岩，1371~1375 m，荧光，×250

2. 有机元素分析

有机元素分析（图 3-13）表明，长 9 段页岩有机质类型主体以Ⅱ$_2$型为主，部分为Ⅱ$_1$型；长 7 段页岩有机质类型主体以Ⅱ$_1$—Ⅱ$_2$为主，见少量Ⅰ型；与有机岩石学分析结果基本一致。

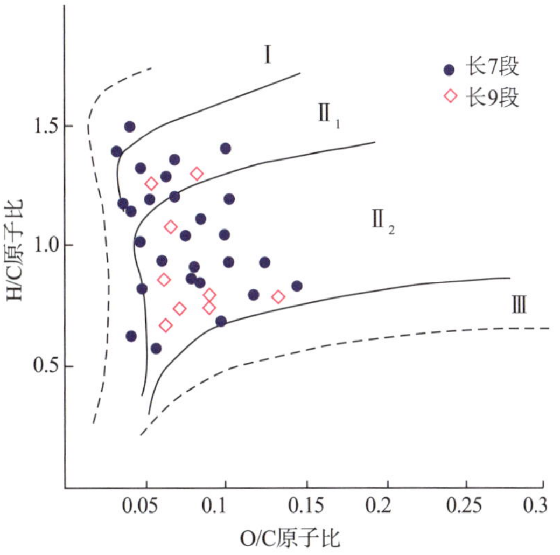

图 3-13　鄂尔多斯盆地上三叠统延长组长 9 段、长 7 段页岩干酪根 O/C-H/C 原子比范氏图

3. 岩石热解

热解数据得到 T_{max}-I_H 有机质类型图（图 3-14）揭示出，长 9 段页岩有机质类型主体以Ⅱ$_2$型为主，部分为Ⅱ$_1$型，与有机元素分析结果吻合；长 7 段页岩有机质类型变化较大，从Ⅰ—Ⅲ型均有分布，从分布频率看，以Ⅱ$_1$型出现频率最高（38.6%），Ⅰ型（28.4%）和Ⅱ$_1$型（29.6%）出现频率大致相当，Ⅲ型有机质出现频率最低（3.4%），总体反映了有机质类型的分布面貌。

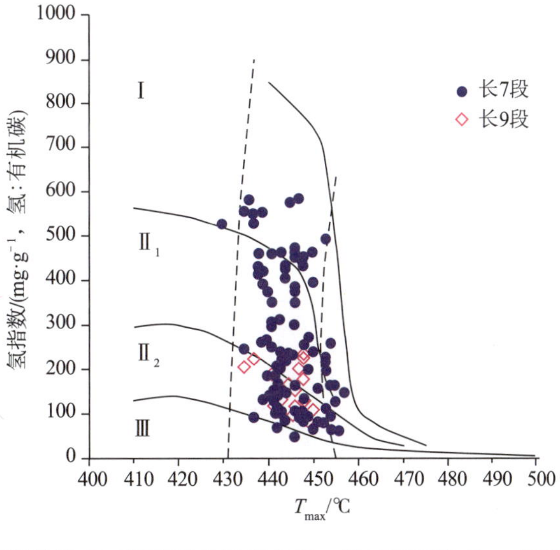

图 3-14　鄂尔多斯盆地上三叠统延长组长 9 段、长 7 段页岩 T_{max}-氢指数与有机质类型

（三）有机质成熟度

1. 镜质体反射率

有机质成熟度为页岩油气成藏的决定性因素，当镜质体反射率（R_o）值小于 1.5%时，以生油为

主。已有的镜质体反射率资料表明，长 9 段与长 7 段富有机质页岩 R_o 在 0.6%~1.3%之间，总体处于成熟阶段；长 9 段有机质成熟度略较长 7 段有机质高（图 3-15）。

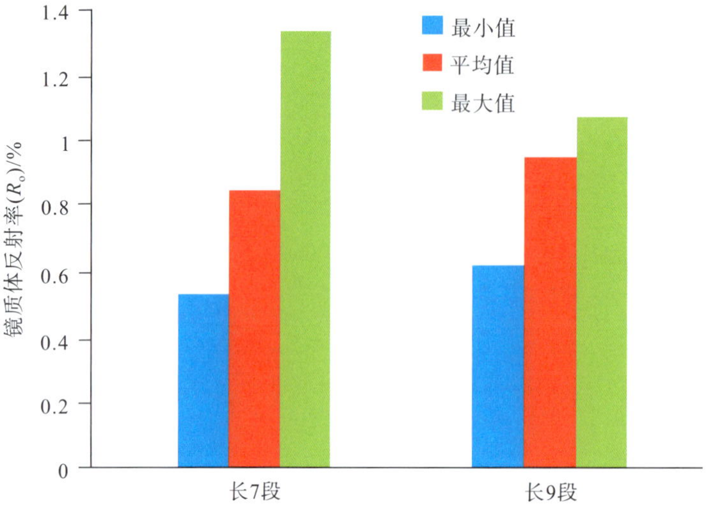

图 3-15　鄂尔多斯盆地上三叠统延长组长 9 段、长 7 段富有机质页岩镜质体反射率频率分布

2. 正构烷烃

烃源岩中的有机质随着温度的升高和热演化进程的加快，其饱和烃馏分中正构烷烃的奇偶优势会逐渐消失，所以常用碳优势指数（CPI）和奇偶优势指数（OEP）来判断有机质的成熟度，即有机质的热演化程度越高，CPI 和 OEP 值越接近 1。延长组长 7 段富有机质页岩样品的 OEP 和 CPI 值均介于 1~1.1 之间，平均值为 1.05，无明显的奇偶优势，表明长 9 段、长 7 段烃源岩的有机质演化都已进入成熟阶段。

3. 甾萜烷类化合物

甾烷、萜烷是一种重要的生物标志物，其演化特征可以判断和划分有机质的热演化程度，尤其是甾烷化合物的立体异构化比值是有效的成熟度指标。在成岩作用和有机质成熟过程中，C_{29}5α（H），14α（H），17α（H）甾烷的 C_{20} 的异构化作用增强，使得 20S/(20S+20R）从 0 升到 0.5 左右（0.52~0.55 为平衡状态）。同时规则甾烷的 C_{14}、C_{27} 上的异构化作用使得 αα 型向 ββ 型转变，导致 C_{29}ββ/(ββ+αα）从非零值增加到 0.7 左右（0.67~0.71 为平衡状态）。因此可以根据以上两个参数的变化特征判断烃源岩的成熟度，如图 3-16 所示，鄂尔多斯盆地南部延长组不同层位烃源岩均处于成熟阶段。

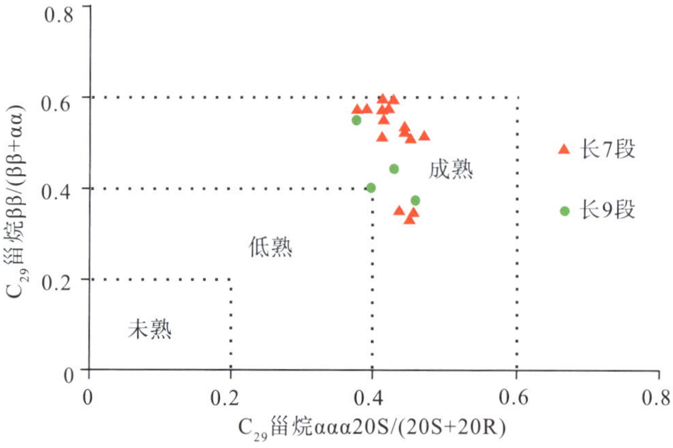

图 3-16　鄂南上三叠统延长组烃源岩 C_{29} 甾烷异构化作用成熟度参数分布图

三、四川盆地与鄂尔多斯盆地陆相烃源岩地化特征对比

从厚度看，四川盆地中侏罗统千佛崖组（凉高山组）和下侏罗统自流井组东岳庙段、大安寨段明显比鄂尔多斯盆地上三叠统长 9 段、长 7 段陆相泥页岩发育，富县和旬宜地区长 9 段和长 7 段泥页岩累计厚度仅为 30~40 m，四川元坝和涪陵地区泥页岩累计厚度达到 50~100 m（表 3-6）。从有机质丰度来看，鄂尔多斯盆地上三叠统长 9 段、长 7 段泥页岩有机质丰度明显比四川盆地中侏罗统千佛崖组（凉高山组）和下侏罗统自流井组东岳庙段、大安寨段高。从有机质类型来看，四川盆地中侏罗统千佛崖组（凉高山组）和下侏罗统自流井组东岳庙段、大安寨段以 $Ⅱ_2$ 型和Ⅲ型为主，仅深湖相表现为 $Ⅱ_1$ 型。而鄂尔多斯盆地上三叠统长 9 段、长 7 段以 $Ⅱ_1$—$Ⅱ_2$ 为主。从有机质成熟度来看，四川盆地中侏罗统千佛崖组（凉高山组）和下侏罗统自流井组东岳庙段、大安寨段 R_o 在 1.0%~2.0%之间，为成熟-高成熟阶段，元坝和涪陵地区总体表现为高成熟；鄂尔多斯盆地上三叠统长 9 段、长 7 段 R_o 在 0.8%~1.3%之间，总体表现为成熟阶段，处于生油高峰（表 3-6）。

表 3-6　四川盆地中下侏罗统与鄂尔多斯盆地上三叠统泥页岩地球化学特征对比

地化条件	四川盆地						鄂尔多斯盆地			
	元坝			涪陵			富县		旬宜	
	J_1dy	J_1da	J_2q	J_1dy	J_1da	J_2l	长 9 段	长 7 段	长 9 段	长 7 段
厚度/m	20~35	20~40	10~30	30~35	30~40	15~30	4~5	25~30	0~5	30~35
TOC/%	0.9~1.2	1.0~1.2	1.2~1.4	1.6~1.8	1.2~1.6	1.4~1.8	3.0~4.0	6.0~8.0	2.0~3.0	8.0~9.0
类型	$Ⅱ_2$—Ⅲ	$Ⅱ_2$—Ⅲ	$Ⅱ_2$—Ⅲ	$Ⅱ_1$—$Ⅱ_2$	$Ⅱ_2$—Ⅲ	$Ⅱ_2$-Ⅲ	$Ⅱ_1$—Ⅲ	$Ⅱ_1$—$Ⅱ_2$	$Ⅱ_1$—$Ⅱ_2$	$Ⅱ_1$—$Ⅱ_2$
R_o/%	1.3~1.9	1.5~1.8	1.0~1.7	1.6~1.8	1.0~1.6	1.0~1.7	1.1~1.3	1.0~1.2	0.8~1.1	0.8~1.0

第二节　陆相页岩生—排—滞留烃演化模式

一、陆相页岩生—排—滞留烃演化模式研究

要评价陆相页岩气资源量的大小，首先要明确页岩气的成因来源及构成各个泥页岩的生—排—滞留烃演化模式及演化过程。研究表明陆相页岩气主要来源于干酪根裂解气和烃源岩和夹层内滞留油裂解气两部分，早期以干酪根裂解气为主，高-过成熟演化阶段以滞留油裂解气为主。从陆相泥页岩完整的生—排—滞留烃演化过程可以看出，烃源岩在早期阶段主要以生油为主，$Ⅱ_2$—Ⅲ型干酪根早期也会生成少量的气；随着热演化程度的升高，早期生成的油一部分排出烃源岩体系外，形成常规油气（与页岩气形成没有关系）；另外一部分仍滞留在烃源岩和夹层内；随热演化程度进一步升高，烃源岩和夹层中滞留油一部分油裂解为天然气，另外一部分仍滞留在烃源岩和夹层体系内，形成页岩油，还有一部分以源内沥青的形式存在；伴随原油进一步裂解生气的过程，烃源岩中的干酪根随热演化程度升高，也持续裂解生气。从位置上来看，烃源岩和夹层滞留油裂解气和干酪根生气都属于烃源岩层系内生气，即源内生气。随着生、排烃作用的进行和保存条件的变化，源内生气又分为两部分，一部分排出烃源岩层系外，另外一部分残留在烃源层系内，残留在烃源岩和夹层内的天然气就是页岩气。残留在泥页岩层系中的页岩气占源内生成气的比例，即为“存滞系数”。

目前地层孔隙热压模拟实验已能够定量烃源岩各演化阶段的生油量、排出油量、残留油量和总生气量。从图 3-17 可以看出，烃源岩生成的总气包括三部分：排出油裂解气、滞留油裂解气和干酪根

裂解气。干酪根裂解气可以直接通过热模拟实验的方式获得，排出油和滞留油裂解气可根据各演化阶段排出、滞留油量和原油性质，根据原油向天然气的转化效率计量。从位置上来说，烃源岩和夹层滞留油裂解气和干酪根生气都属于烃源岩层系内生气，即源内生气，随着生排烃作用的进行，源内生气又分为两部分，一部分排出烃源岩层系外；另外一部分残留在烃源层系内，形成页岩气。根据地层孔隙热压模拟实验，再结合盆地模拟技术可实现不同地质时期总生气量及源内生气量的定量计算，在解决页岩气资源量定量计算方面前进了一大步。

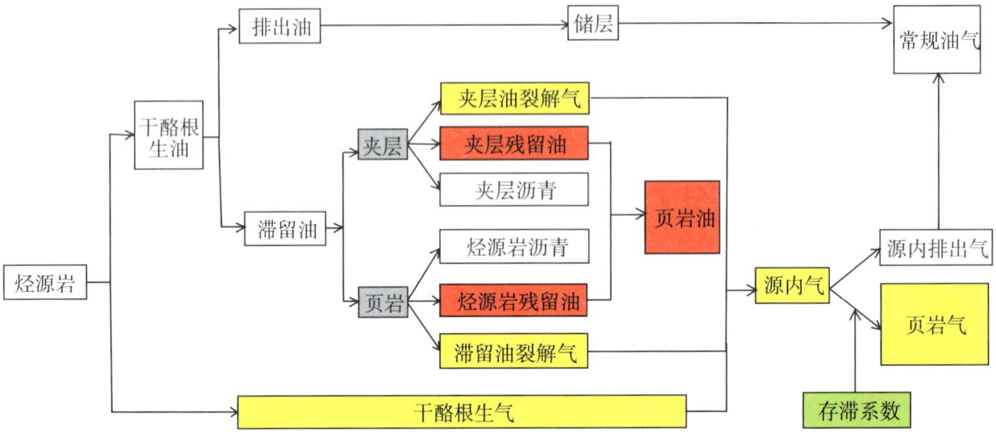

图 3-17　陆相泥页岩生—排—滞留烃演化模式

二、不同类型陆相泥页岩生—排—滞留烃演化模式

已有研究表明，不同有机质类型泥页岩生—排—滞留烃潜力和生—排—滞留烃模式存在较大差别（郑伦举等，2013）。因此，在油气资源评价过程中有必要根据不同有机质类型差异建立对应的生—排—滞留烃演化模式。通过对云南禄劝泥盆系海相钙质泥页岩、泌阳凹陷古近系核桃园组陆相黏土型泥页岩、鄂尔多斯盆地三叠系延长组长 7 段黏土型泥页岩和四川盆地广元地区侏罗系白田坝组煤系泥岩地层孔隙热压模拟实验数据进行修正，修正后得到海相Ⅱ$_1$型泥页岩、陆相典型Ⅰ—Ⅱ$_1$型、Ⅱ$_2$型、Ⅲ型泥页岩生—排—滞留烃曲线。样品基本信息可见表 3-7。

表 3-7　地层孔隙热压模拟实验样品基本信息表

样品号	盆地	地点	岩性	井深	地层	干酪根类型	TOC/%	氢指数/(mg·g^{-1}) TOC	氧指数/(mg·g^{-1}) TOC	T_{max}/℃	S_1/(mg·g^{-1})	S_2/(mg·g^{-1})	R_o/%
NQ-02	四川盆地	广元	煤系泥岩	地表	J_1b	Ⅲ	3.11	185	4	437	0.07	5.74	0.68
19-133	鄂尔多斯	张家滩	黏土型页岩	地表	T_3yc	Ⅱ$_2$	2.86	388	5	433	0.57	7.42	0.52
10-177	泌阳凹陷	泌 215	黏土型页岩	1523	Eh_3	Ⅱ$_1$—Ⅰ	2.66	549	14	442	0.08	14.61	0.4
X	云南禄劝	禄劝	钙质页岩	地表	D	Ⅱ$_1$	3.44	455	/	431	/	/	0.61

泌阳凹陷古近系核桃园组陆相Ⅰ—Ⅱ$_1$型黏土型泥页岩总烃产率最高达 800 kg/t. TOC 左右，总气产率最高达 500 kg/t. TOC 以上。源内产气率也随热演化程度升高呈现增加的趋势，在高-过成熟演化阶段达 180 kg/t. TOC 以上，源内气比例在 35%左右（图 3-18a）。

云南禄劝泥盆系海相Ⅱ$_1$型钙质泥页岩总产烃率最高达 600 kg/t. TOC 左右，总气产率最高达 400 kg/t. TOC以上。源内产气率也随热演化程度升高呈现增加的趋势，在高-过成熟演化阶段达

180 kg/t. TOC以上，源内气比例在40%左右（图3-18b）。

鄂尔多斯盆地三叠系延长组长7段Ⅱ$_2$型黏土型泥页岩产烃率低于海相Ⅰ—Ⅱ$_1$型泥页岩，总烃产率最高为600 kg/t. TOC（图3-18c），总气产率在高-过成熟演化阶段最高可达到240 kg/t. TOC左右，源内气产率最高达150 kg/t. TOC以上，源内气比例明显大于海相Ⅰ—Ⅱ$_1$型泥页岩，且源内气主要来源于干酪根裂解气，滞留油裂解气比例相对有限。

四川盆地广元地区侏罗系白田坝组Ⅲ型煤系泥页岩产烃率更低，总烃产率最高仅达220 kg/t. TOC（图3-18d），总气产率在高-过成熟演化阶段最高也可达到200 kg/t. TOC以上，这与Ⅲ型泥页岩以生气为主是吻合的。源内气产率最高在120 kg/t. TOC左右，源内气比例也高于海相Ⅰ—Ⅱ$_1$型泥页岩，且源内气也主要来源于干酪根裂解气。

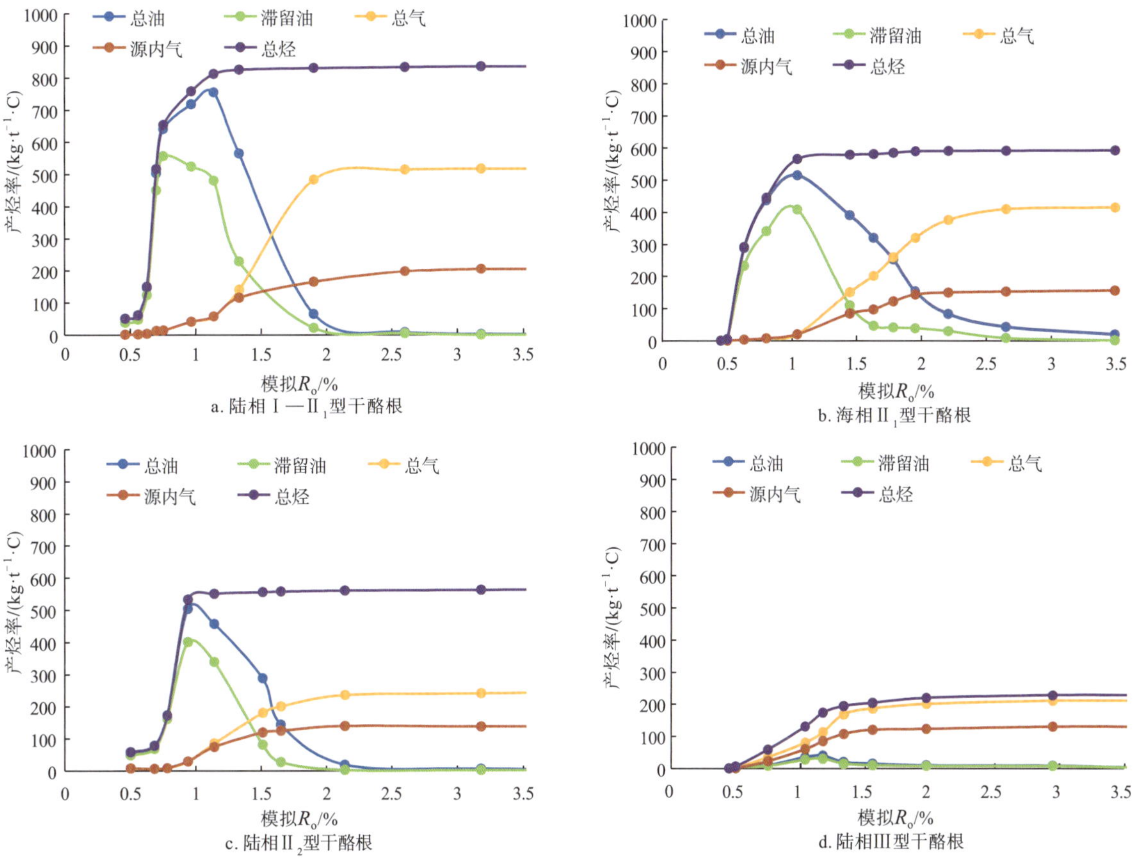

图3-18　不同有机质类型泥页岩生—排—滞留烃模式

a—陆相Ⅰ-Ⅱ$_1$型干酪根；b—海相Ⅱ$_1$型干酪根；c—陆相Ⅱ$_2$型干酪根；d—陆相Ⅲ型干酪根

通过陆相不同类型烃源岩生烃产率对比可以发现，Ⅲ型生烃高峰R_o=1.1%，Ⅱ$_2$型生烃高峰R_o=0.9%~1.0%，Ⅱ$_1$—Ⅰ生烃高峰R_o=1.2%。生油高峰期陆相泥页岩Ⅰ—Ⅲ型、Ⅱ$_2$型、Ⅲ型泥页岩总烃、总油、滞留油产率依次降低（图3-19a~c）。高成熟-过成熟阶段Ⅰ—Ⅱ$_1$型、Ⅱ$_2$型、Ⅲ型泥页岩总气产率、源内气依次降低（图3-19d~e），高成熟-过成熟阶段源内气占总气的比例Ⅲ型>Ⅱ$_2$型>Ⅰ—Ⅱ$_1$型，陆相源内气比例大于海相源内气比例（图3-19f）。

四川盆地中下侏罗统经历燕山中期、燕山晚期和喜马拉雅期3次构造抬升，最大埋深位于新近纪早期（图3-20）。中侏罗世中-晚期进入生烃门限，晚侏罗世沉积早期达到生油高峰，晚侏罗世—早白垩世进入高成熟演化阶段，目前为成熟-高成熟阶段，有机质类型以Ⅱ$_2$型为主，滞留烃总体表现为以气为主，但油也占显著比例，应油气兼探。

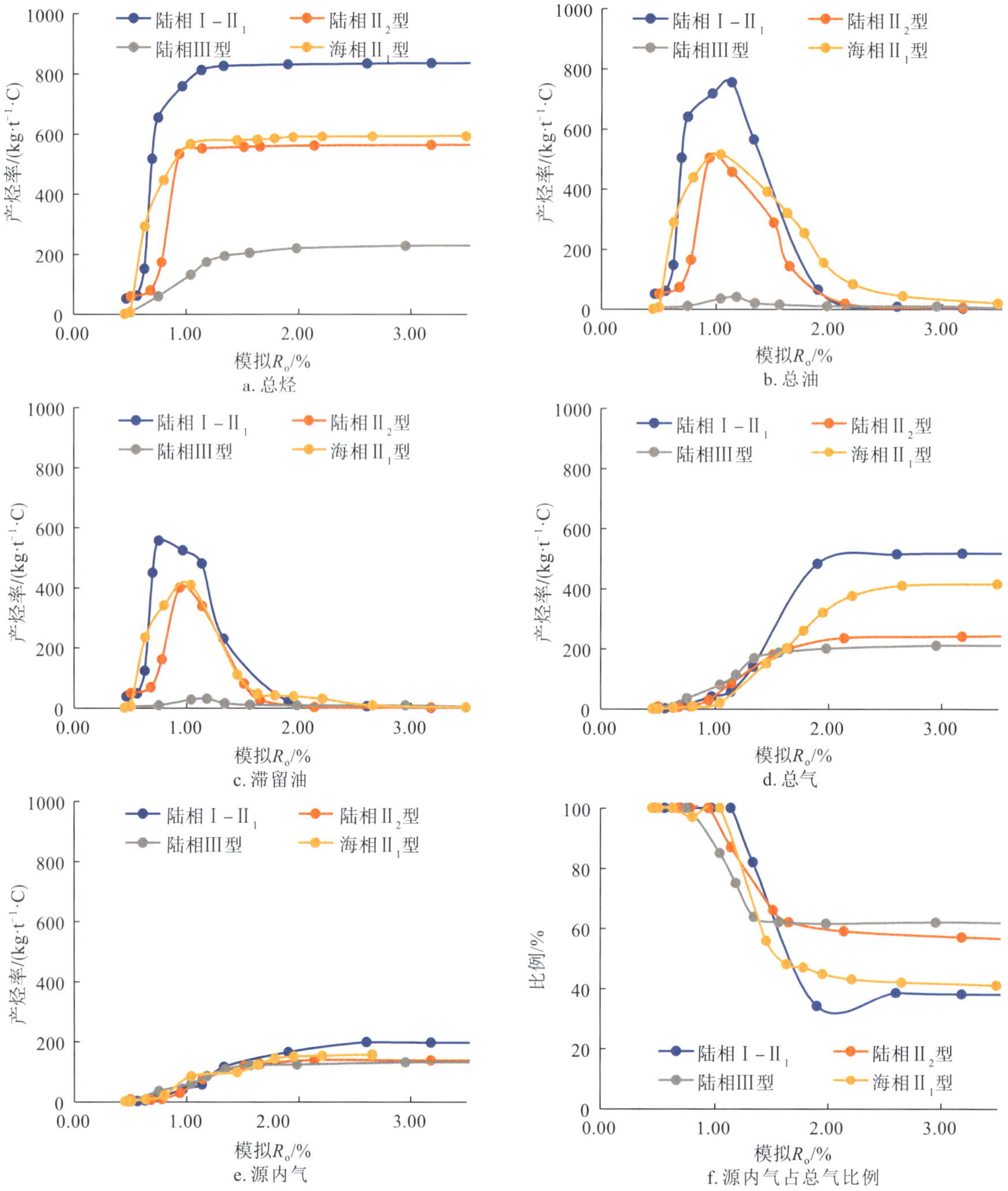

图 3-19　不同有机质类型泥页岩生—排—滞留烃模式对比

鄂尔多斯盆地三叠系延长组经历了早期持续深埋，晚白垩世持续抬升，最大埋深发生于晚白垩世末。长 9 段、长 7 段页岩晚白垩世中期进入生烃门限，晚白垩世晚期达到生油高峰，最大埋深热演化属于成熟阶段（0.7%～1.1%），以生油为主；仅富县探区处于油气兼生气，生油为主，伴生少量天然气（0.7%～1.0%）。鄂尔多斯盆地上三叠统延长组处于低成熟-成熟，有机质类型以Ⅱ$_1$—Ⅰ型为主，滞留烃总体表现为以油为主，气占比较小。应以页岩油勘探为主（图 3-21）。

三、页岩气“存滞系数”概念及获取

假定泥页岩和夹层层系内的滞留油裂解气和干酪根裂解气不排出，即源内生气都滞留在泥页岩层系内，可以得到理论最大滞留气量。而泥页岩实际生、排烃过程中势必有一部分源内生成气排出烃源岩层系外，形成常规气的一部分或散失掉，另外一部分仍保留在泥页岩层系内，形成页岩气。目前仍

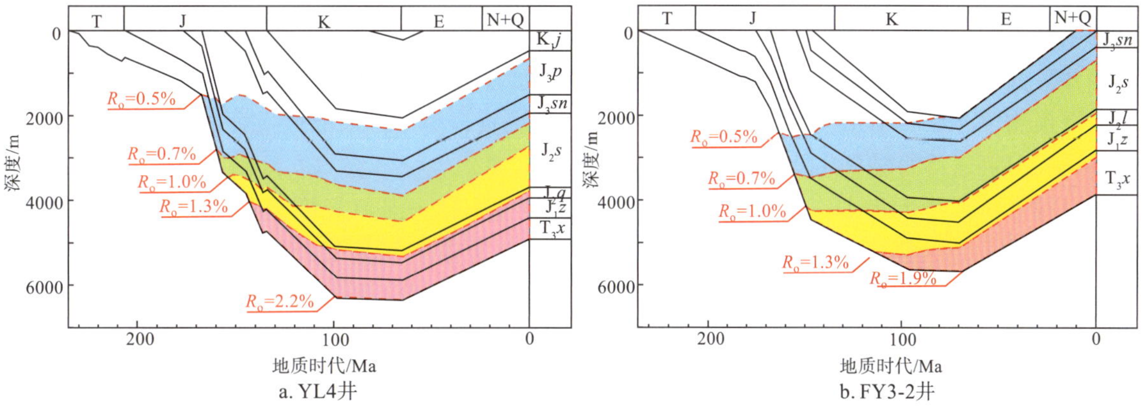

图 3-20 四川盆地川东北-川东中下侏罗统烃源岩埋藏史与有机质热演化史

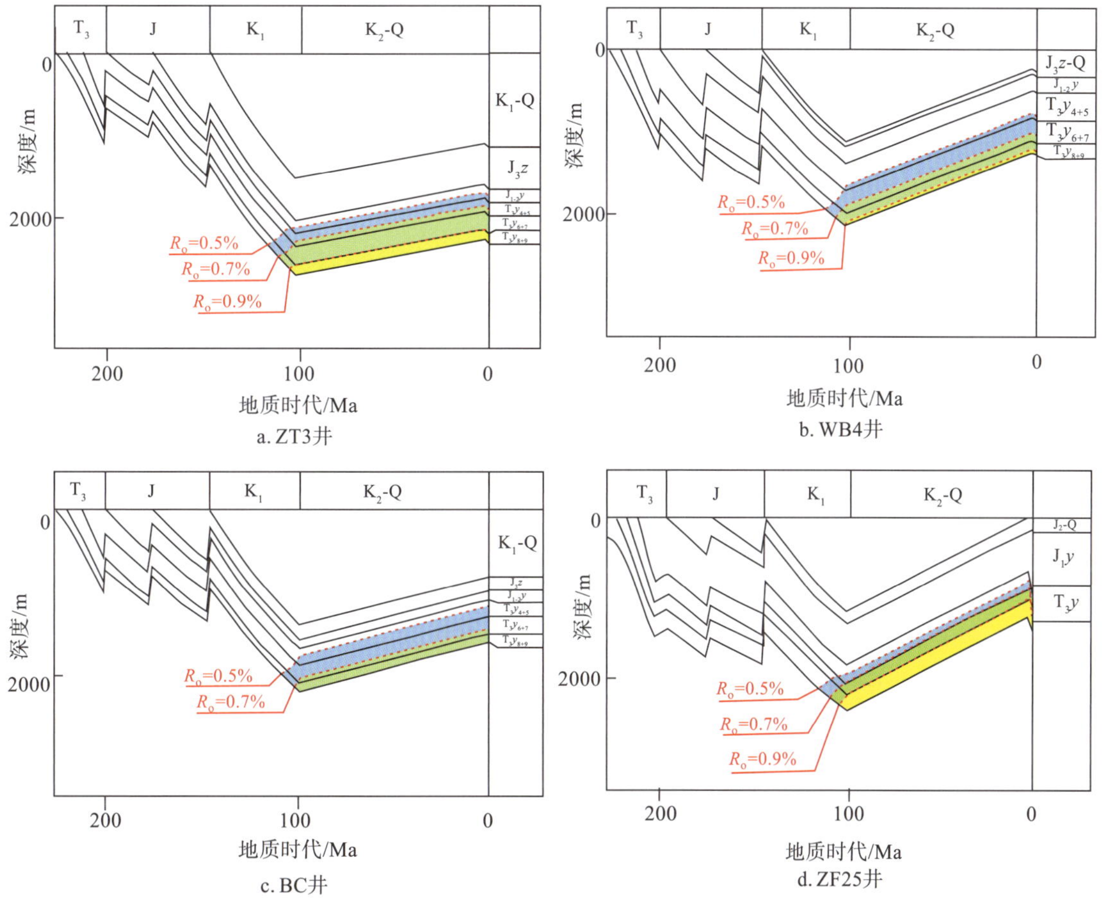

图 3-21 鄂尔多斯盆地上三叠统延长组长 9 段和长 7 段烃源岩埋藏史与有机质热演化史

残留在泥页岩和夹层内的页岩气占理论最大滞留气量（源内生成气）的比值即为“存滞系数”，该系数是影响成因法计算页岩气资源中最关键的参数。

由于天然气生成、演化过程极其复杂，目前尚无法从正演角度准确定量源内生成的气到底有多少排出烃源岩外，多少残留在烃源岩层系内。但通过典型页岩气井大量实测含气量数据，再结合单井精细生—排—滞留烃模拟计算得到的理论最大滞留气量，可以反推得到不同井区泥页岩段页岩气“存滞系数”。以元坝地区 YL4 井自流井组大安寨段为例，简要介绍页岩气“存滞系数”的求取流程。

首先要开展单井纵向泥页岩段 TOC 含量的预测。泥页岩 TOC 含量预测目前主要有两种方法，一种是基于已有的岩芯实测样品数据，建立 TOC 纵向分布剖面，对目的层段进行 TOC 估算；另一种是基于测井数据（声波、密度、电阻率）进行预测，例如△LogR 法和密度测井法。本次也主要采用测井曲线来预测单井纵向 TOC 含量，最后根据不同井段泥页岩类型，采取最适合的测井曲线预测方法综合得到到泥页岩目的层全井段的 TOC 数据。

然后结合母质类型为Ⅰ—$Ⅱ_1$陆相和$Ⅱ_2$型泥页岩生—排—滞留烃模式曲线，采用盆地模拟技术和成因法的原理，模拟计算得到单井泥页岩总生气、源内生气量及其纵向展布特征；盆地模拟得到单井纵向源内生气强度后，再根据现场解吸或等温吸附拟合回归后得到的对应泥页岩段的总含气量数据或者测井解释含气量数据，除以源内生气强度即得到页岩气“存滞系数”。从测井解释含气量数据来看，中下侏罗统泥页岩含气量多分布在 2.0~8.0 m^3/t 之间，从总含气量与源内生气量对比图（图 3-22）可以看出，二者之间具有良好的线性关系，总含气量约为源内生气量的69.2%~77.5%，即页岩气存滞系数为 69.2%~77.5%，将单井纵向不同层段源内生气强度乘以存滞系数，即可得到不同井段的页岩气含量。陆相页岩气相较于五峰组—龙马溪组海相页岩气具有更高的存滞系数。

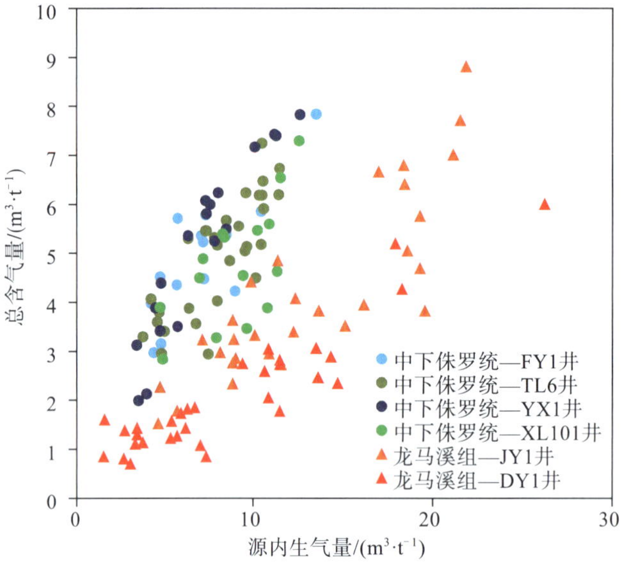

图 3-22 四川盆地中下侏罗统泥页岩测井总含气量与源内生气量散点图

第三节 生烃潜力综合评价

从陆相页岩生烃条件而言，应具备五个条件：①具备较高的有机质丰度。四川盆地中、下侏罗统陆相页岩和鄂尔多斯盆地上三叠统延长组陆相页岩热演化程度较低，因此，需要陆相页岩气具有相对较高的有机质丰度，最大埋深时具有相对较高的滞留气量，确保在后期地质改造中页岩气的富集。②具有较好的有机质类型。富氢组分高，生烃能力强。陆相页岩沉积环境多样，浅湖-半深湖-深湖有机质类型从Ⅰ型—$Ⅱ_1$型—$Ⅱ_2$型—Ⅲ型变化，富氢组分含量也有所变化。生排烃模拟实验揭示Ⅰ型有机质具有更强的生烃能力，Ⅱ型次之，Ⅲ型相对最低。③优质页岩具一定的厚度。这是页岩大规模生烃、滞留烃及保存烃量的基础。④具有适宜的热演化程度。根据生排滞烃模拟实验的结果，不同的演化程度的泥页岩样品生排滞烃效率差别巨大，适宜的演化程度有利于泥页岩生烃并滞留。⑤生烃强度是生烃条件的综合反映。

综合以上五个方面因素，提出了陆相页岩气形成富集的生烃评价指标（表 3-8）。

表 3-8　陆相页岩气生烃条件评价指标

评价标准分类	Ⅰ类区	Ⅱ类区	Ⅲ类区
有机质类型	Ⅰ-$Ⅱ_1$ 型	$Ⅱ_2$ 型	Ⅲ型
TOC>1%厚度/m	>30	10~30	<10
TOC/%	>1.0	0.5~1.0	<0.5
R_o/%	>1.3	0.7~1.3	<0.7
生烃强度（$10^8 m^3 \cdot km^{-2}$）	>10	4~10	<4

一、四川盆地中下侏罗统

（一）烃源岩展布

川东北地区东岳庙段泥页岩主要发育于该段下部和顶部。以 YB4 井为例，东岳庙段富有机质泥页岩在该段上部和下部较为发育，下部厚度 55 m，平均 TOC 含量为 1.60%，上部 25 m，平均 TOC 为 1.27%。川东地区东岳庙段泥页岩主要发育在该段中部，顶部为灰岩，底部为砂岩。厚度一般在 45 m 左右，最厚可达 52 m。平面上，东岳庙段泥页岩具有北东厚南西薄的特点，东岳庙段厚度中心位于元坝-南充、梁平-建南地区，富有机质泥页岩（TOC>1.0%）厚度在 35 m 以上，其他地区富有机质泥页岩厚度普遍小于 10 m 厚。其中涪陵地区厚度在 30~35 m 之间（图 3-23）。

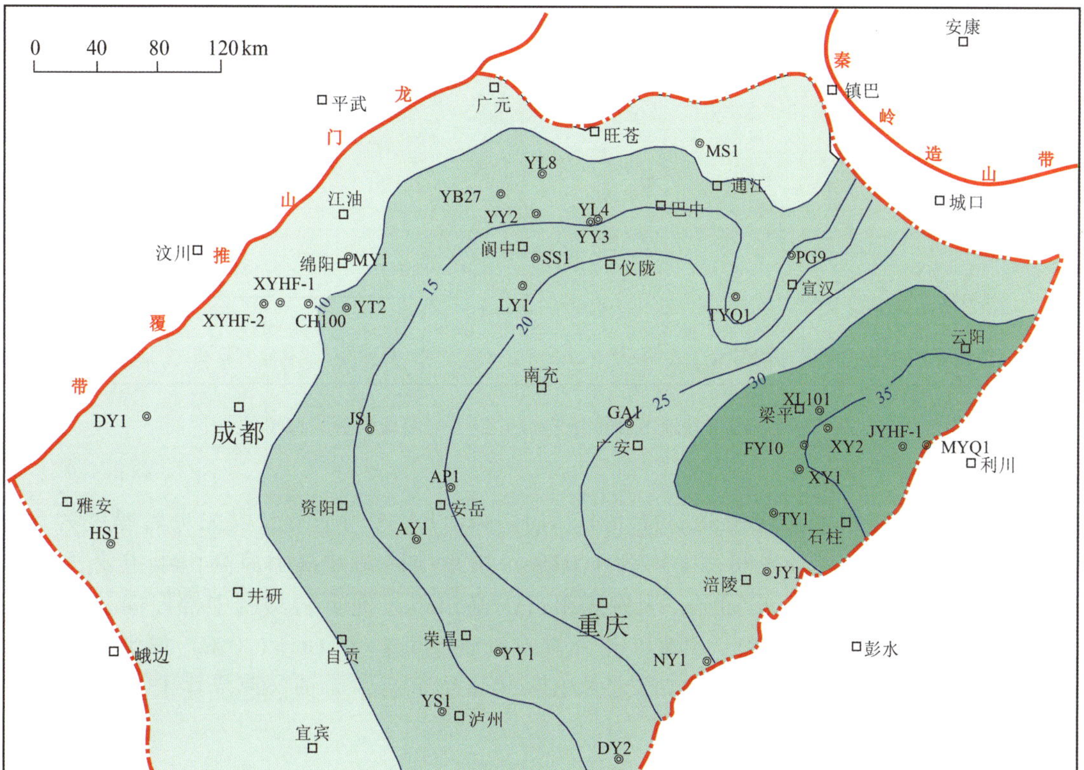

图 3-23　四川盆地下侏罗统自流井组东岳庙段烃源岩厚度图

川东北地区大安寨段泥页岩主要发育于大二亚段。以 YB27 井为例，大二亚段厚度为 35.5 m，有机碳含量在 0.3%~1.45%之间，平均为 0.76%。川东地区钻井揭示大安寨段顶、底部为灰色深灰色介壳灰岩、灰岩，顶部偶夹粉砂岩，其中介壳灰岩为该段区域标志层，深灰色、灰黑色页岩发育于大安寨中部，夹薄层灰色灰岩、介壳灰岩或粉砂岩，TOC 平均含量为 1.36%。平面上，大安寨段泥页岩具有北东厚南西薄的特点，厚度中心位于元坝-龙岗、建南-万州-梁平一带，富有机质泥页岩（TOC>1.0%）厚度在 40 m 以上，其他地区普遍小于 15 m。其中元坝地区厚度在 20~40 m 之间，涪陵地区厚度在 30~40 m 之间（图 3-24）。

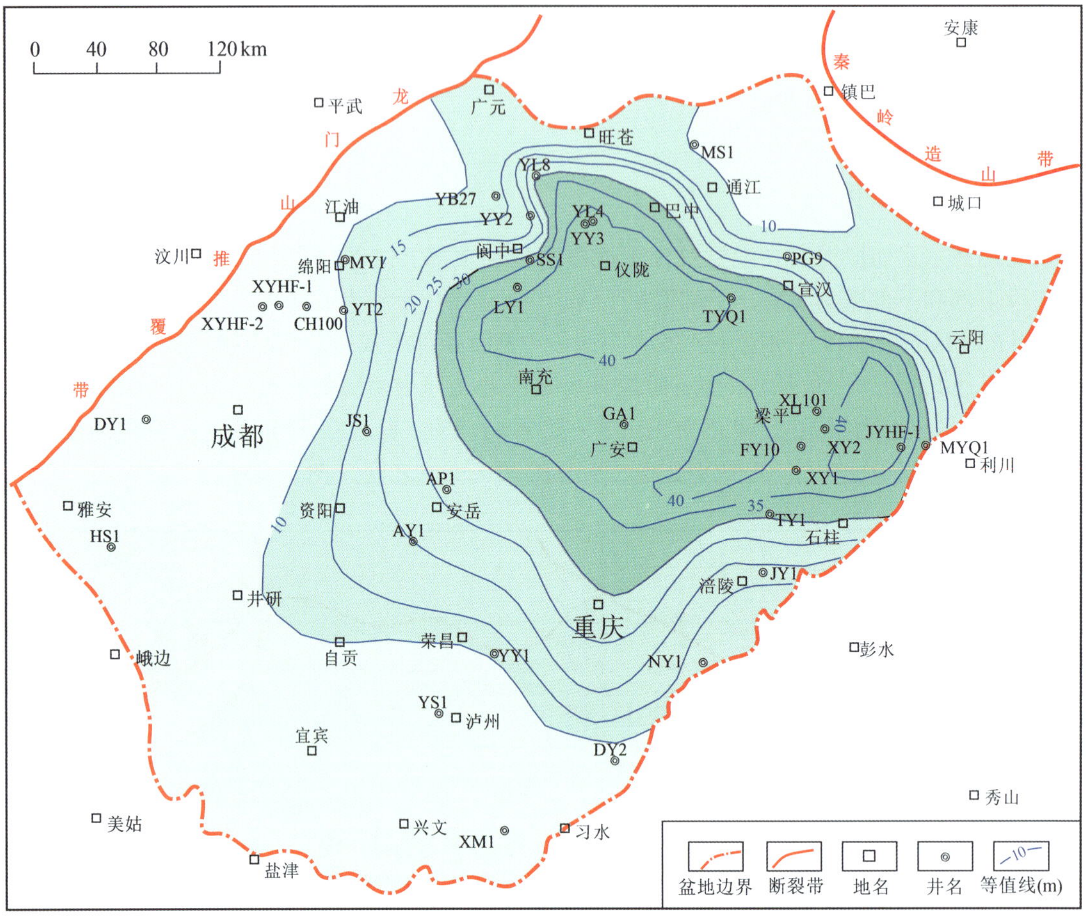

图 3-24　四川盆地下侏罗统自流井组大安寨段烃源岩厚度图

川东北地区千佛崖组泥页岩主要发育于千二段。以 YB4 为例，千二段泥页岩厚度为 35.5 m，有机碳含量在 0.08%~1.47%之间，平均为 1.01%。川东地区钻井揭示凉高山组主要发育于凉二段，TOC 平均含量为 1.18%。平面上，千佛崖组（凉高山组）泥页岩具有中部厚向盆地四周减薄的特点，厚度中心位于元坝-龙岗、泰来一带，富有机质泥页岩（TOC>1.0%）厚度在 30 m 以上，其他地区普遍小于 15 m。其中元坝地区厚度在 10~30 m 之间，涪陵地区厚度在 15~30 m 之间（图 3-25）。

（二）总有机碳展布

从平面分布上来看，总有机碳含量主要受控于沉积相，与富有机质泥页岩的展布具有良好的相关性，浅湖-半深湖相带泥页岩总有机碳含量较高。

东岳庙段平均 TOC 变化范围较大，在 0.5%~2.0%之间，总体表现为北东高南西低的特点。总有机碳高值区主要分布在川东地区石柱-万州一带，平均 TOC 含量 1.8%以上。川北、川西和川南地区

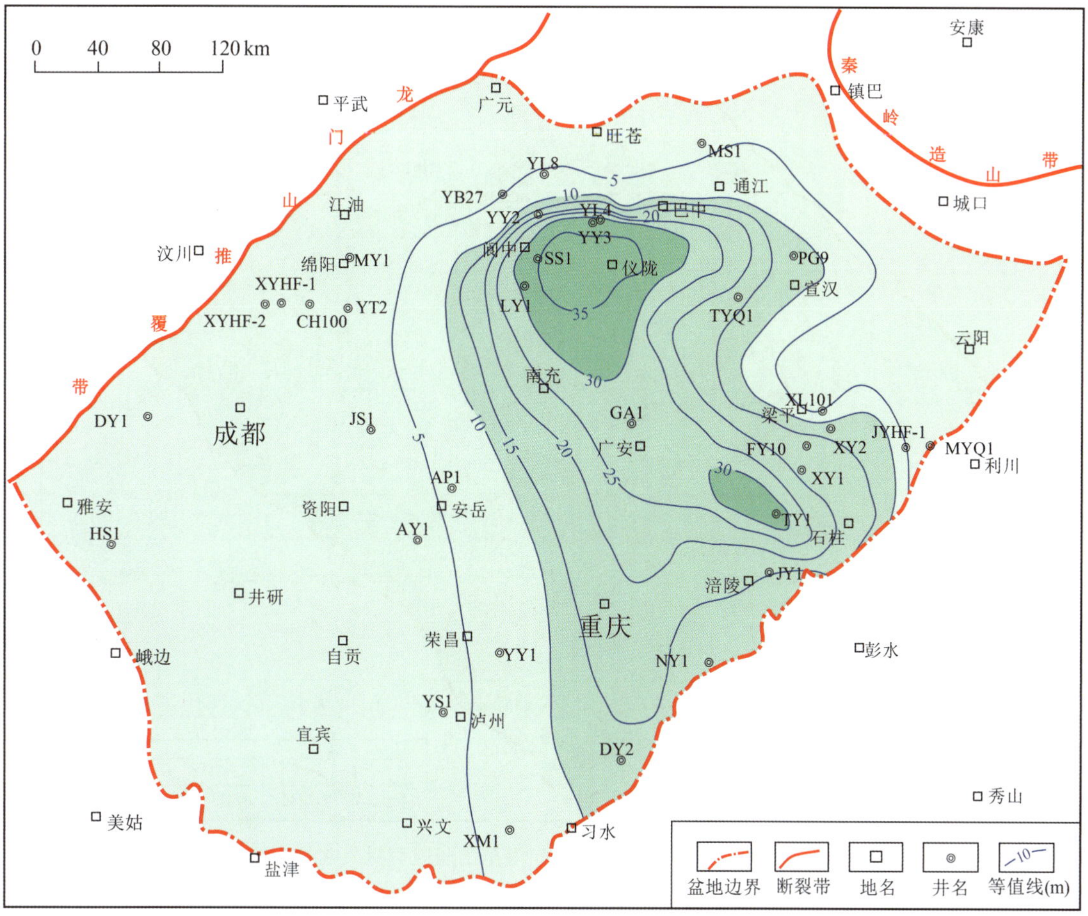

图 3-25 四川盆地中侏罗统千佛崖组（凉高山组）烃源岩厚度图

TOC 普遍偏小，一般小于 1.0%（图 3-26）。

大安寨段平均 TOC 变化范围较大，从 0.5%～2.0%之间，总体表现为北东高南西低的特点。总有机碳高值区位于阆中-仪陇、梁平-万州、渠县-大竹一带，最高平均 TOC 可达 2.0%。川西和川南地区 TOC 普遍偏小，一般小于 1.0%。川东北地区大安寨段 TOC 相对较高，平均 TOC 在 1.0%～1.7%之间，川东地区大安寨段 TOC 较元坝地区高，平均 TOC 在 1.3%～1.8%之间（图 3-27）。

千佛崖组（凉高山组）平均 TOC 变化范围较大，从 0.5%～1.8%之间，总体表现为南东高、南西、北西、北东低的特点。总有机碳高值区位于泰来-广安一带，最高 TOC 可达 1.8%。川西和川南地区 TOC 普遍偏小，一般小于 1.0%。元坝地区千佛崖组平均 TOC 在 1.0%～1.2%之间，涪陵地区凉高山组 TOC 较元坝地区高，平均 TOC 在 1.3%～1.8%之间（图 3-28）。

（三）有机质成熟度与油气结构

有机质热演化程度同埋藏深度有直接关系。四川盆地下侏罗统东岳庙段、大安寨段和中侏罗统千佛崖组（凉高山组）富有机质泥页岩演化程度具有良好的继承性。依据陆相页岩生—排—滞留烃演化模式，油气结构可以同 R_o 直接联系起来。以 $Ⅱ_2$ 型干酪根为例，R_o 小于 0.9%，以生油为主；随着演化程度的升高，开始生气，R_o 在 0.9%～1.5%之间，滞留油产率大于源内气产率，以油为主，伴生气，演化程度越高，气的比例逐渐升高。当 R_o 大于 1.5%时，源内气产率大于滞留油产率，以生气为主，伴生油，演化程度越高，气的比例逐渐升高，油的比例逐渐降低。

从四川盆地下侏罗统自流井组东岳庙段富有机质页岩现今成熟度分布图（图 3-29）上可以看出，R_o 具有北高南低的特点，在四川盆地东北部元坝-宣汉-涪陵围限的区域，烃源岩成熟度最高，R_o 值

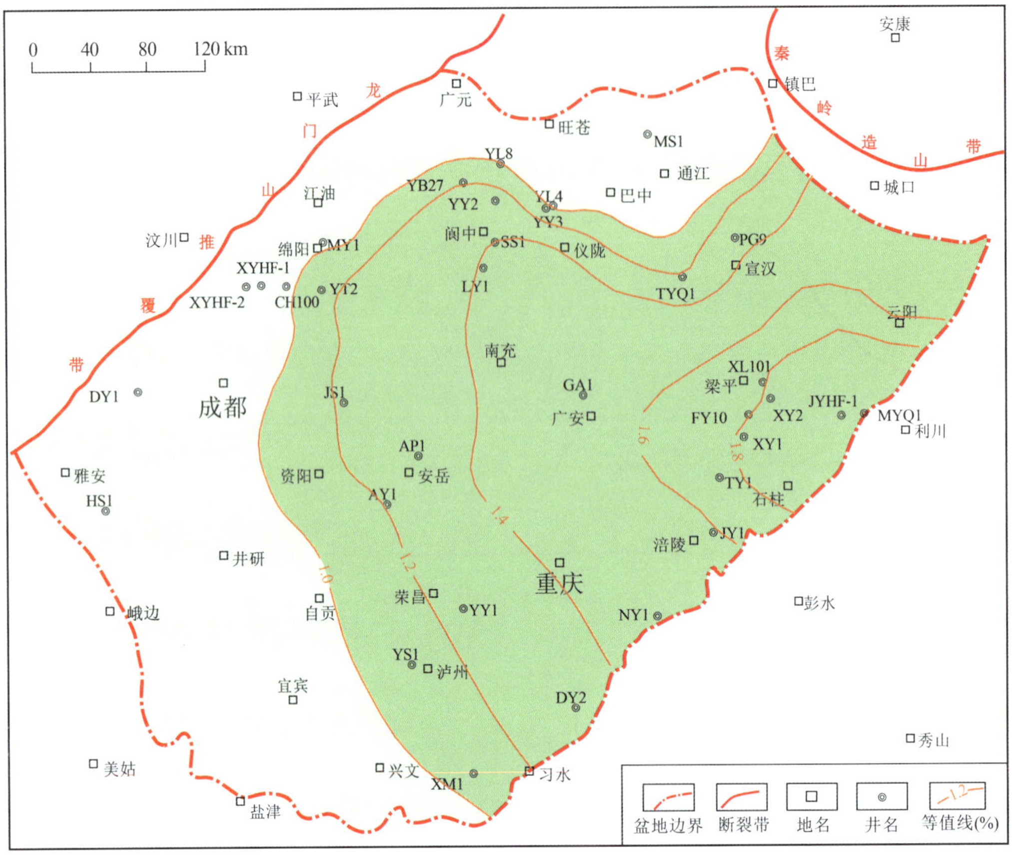

图 3-26　四川盆地下侏罗统自流井组东岳庙段有机质含量等值线图

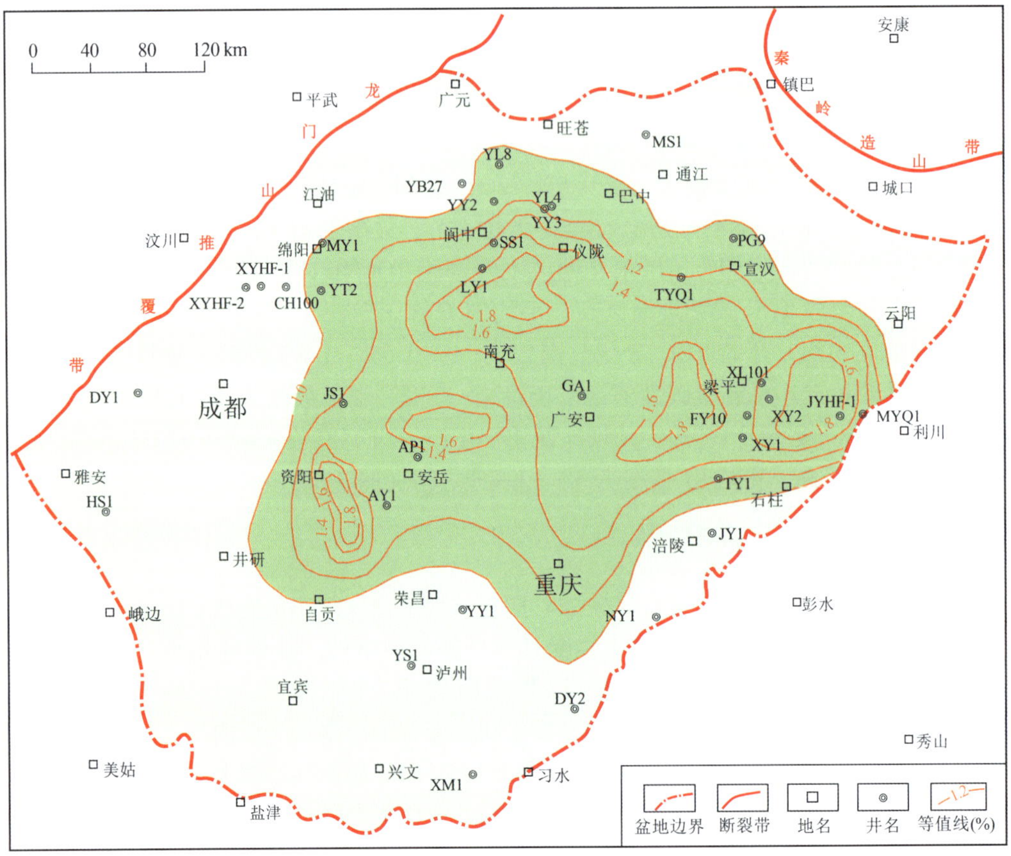

图 3-27　四川盆地下侏罗统自流井组大安寨段有机质含量等值线图

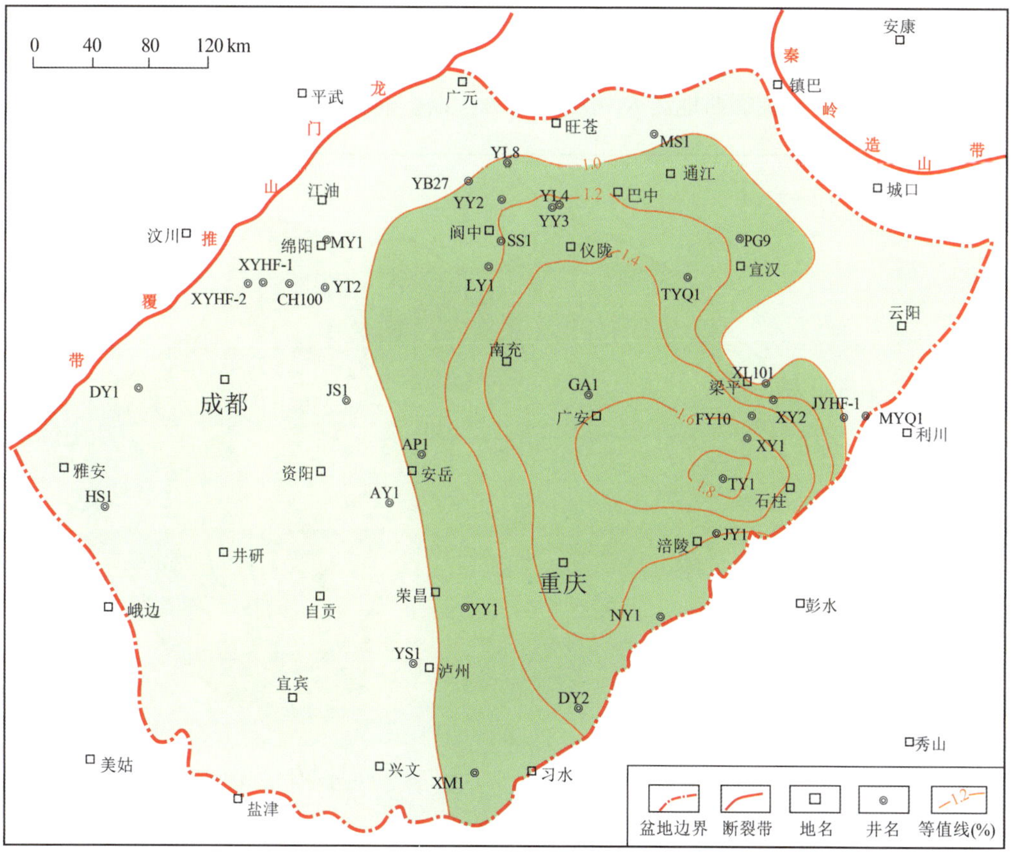

图 3-28 四川盆地中侏罗统千佛崖组（凉高山组）有机质含量等值线图

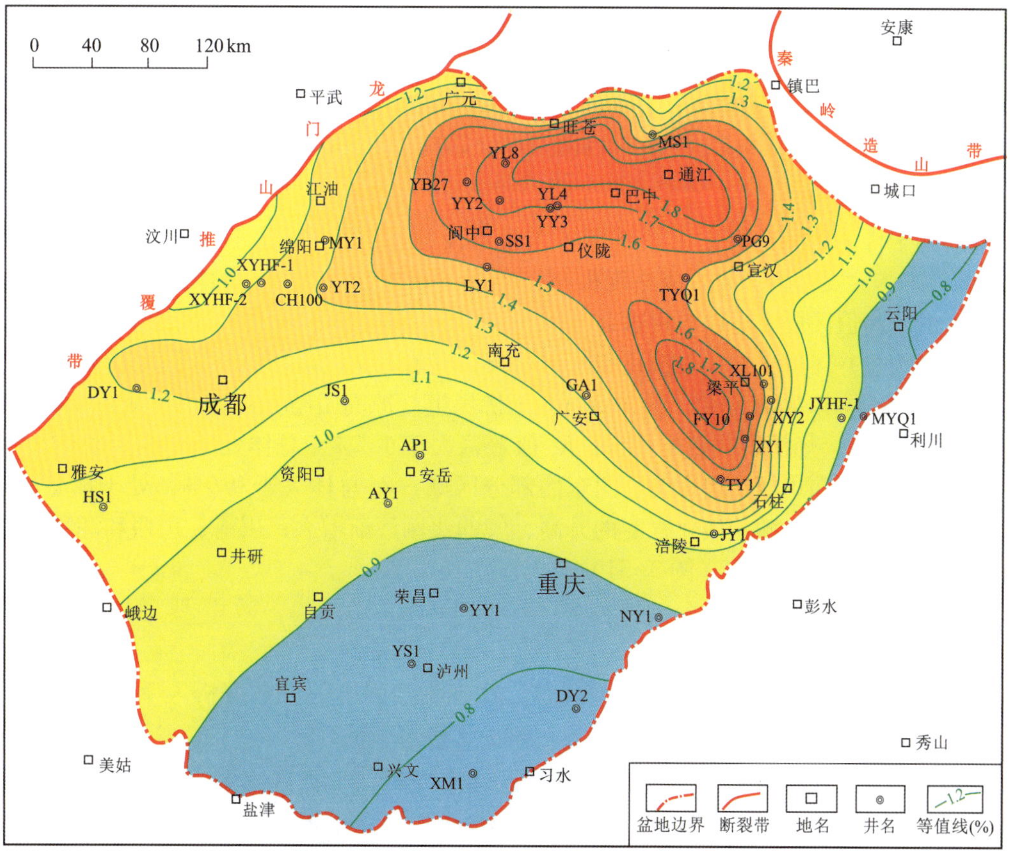

图 3-29 四川盆地下侏罗统自流井组东岳庙段泥页岩有机质 R_o 等值线图

普遍大于 1.5%，总体处于高成熟阶段，以天然气为主，伴生油。高值区周围川西、川东北、川东的广大区域，R_o 总体大于 0.9%，处于成熟-高成熟阶段，以生油为主并伴生气，随着演化程度的升高，气的比例逐渐增大。川南和湘鄂西地区 R_o 小于 0.9%，以生油为主。

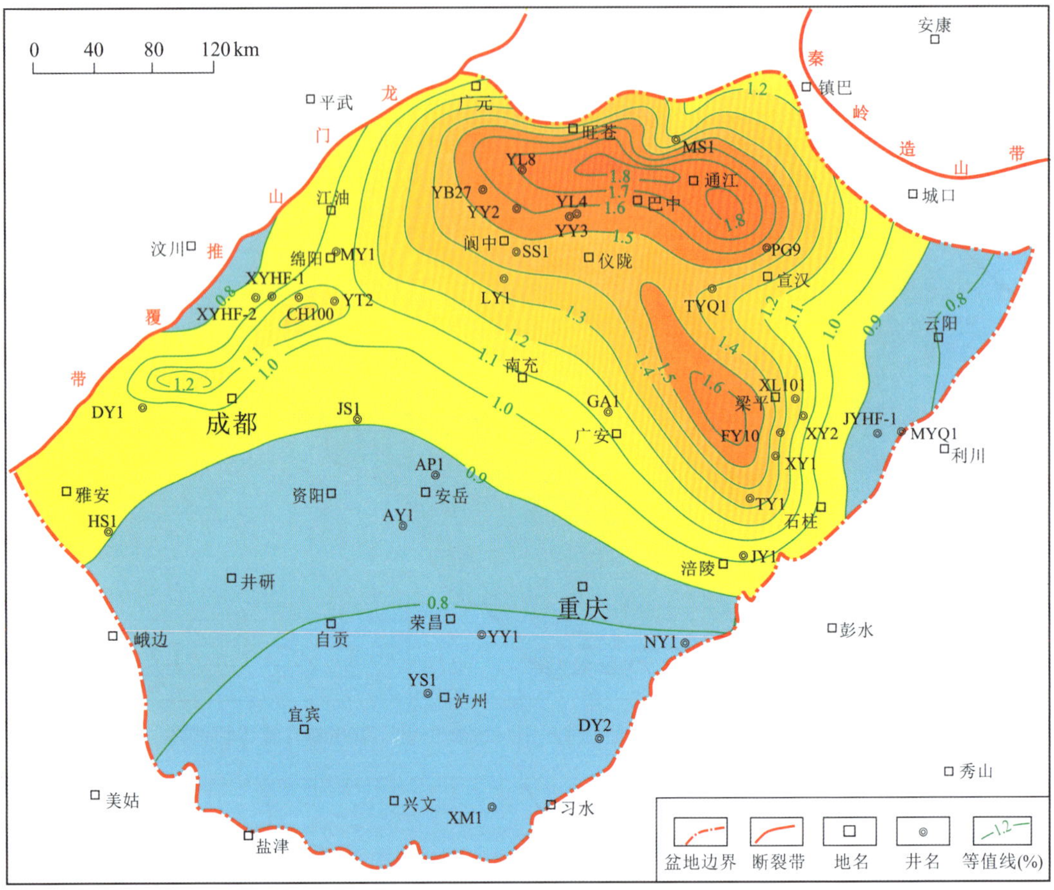

图 3-30　四川盆地下侏罗统自流井组大安寨段泥页岩有机质 R_o 等值线图

大安寨段和千佛崖组（凉高山组）继承了东岳庙段的热演化格局。四川盆地东北部元坝南-宣汉、涪陵-渠县一带大安寨段烃源岩成熟度最高，R_o 值普遍大于 1.5%；总体处于高成熟阶段，以生气为主并伴生油。高值区周围川西、川东北、川东的广大区域，R_o 总体大于 0.9%，处于成熟-高成熟阶段，以生油为主并伴生气，随着演化程度的升高，气的比例逐渐增大。川南、川西和湘鄂西的部分地区 R_o 小于 0.9%，以生油为主（图 3-30）。千佛崖组（凉高山组）在四川盆地东北部元坝东北-宣汉、复兴-梁平一带，烃源岩成熟度最高，R_o 值普遍大于 1.5%，总体处于高成熟阶段，以生气为主，伴生油。高值区周围川西、川东北、川东的部分区域，R_o 总体大于 0.9%，处于成熟-高成熟阶段，以生油为主并伴生气，随着演化程度的升高，气的比例逐渐增大；川南、川西和湘鄂西的大部分地区 R_o 小于 0.9%，以生油为主（图 3-31）。

（四）综合评价

依据表 3-8 评价标准，从页岩厚度、有机碳、R_o、生烃强度等参数分析入手，综合评价了东岳庙段、大安寨段和千佛崖组（凉高山组）富有机页岩生烃潜力。

东岳庙段富有机页岩Ⅰ类区、Ⅱ类区和Ⅲ类区均有发育，Ⅰ类区主要位于元坝南、复兴一带，Ⅱ类区位于Ⅰ类区周边，范围较大，Ⅲ类区主要发育于川西南滨湖-浅湖沉积相带。元坝地区东岳庙段北部以Ⅱ类区为主，南部以Ⅰ类区为主。涪陵东岳庙段中心大部分为Ⅰ类区，南部为Ⅱ类区（图 3-32）。

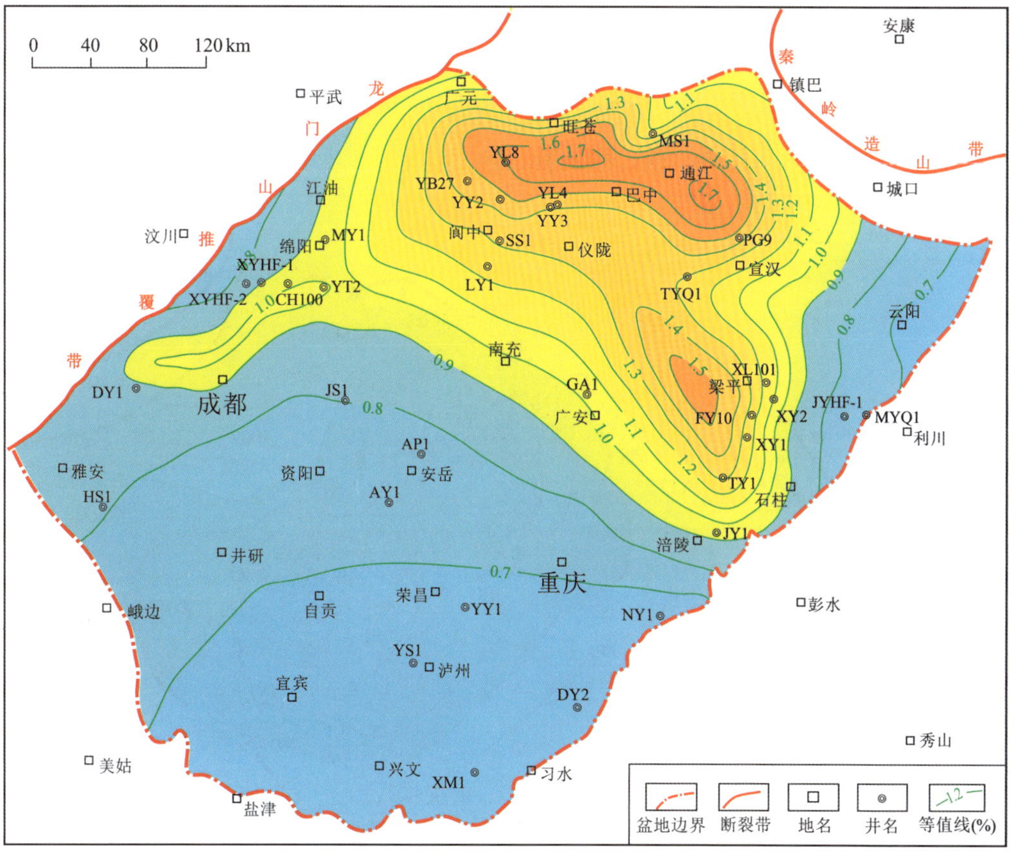

图 3-31　四川盆地中侏罗统千佛崖组（凉高山组）泥页岩有机质 R_o 等值线图

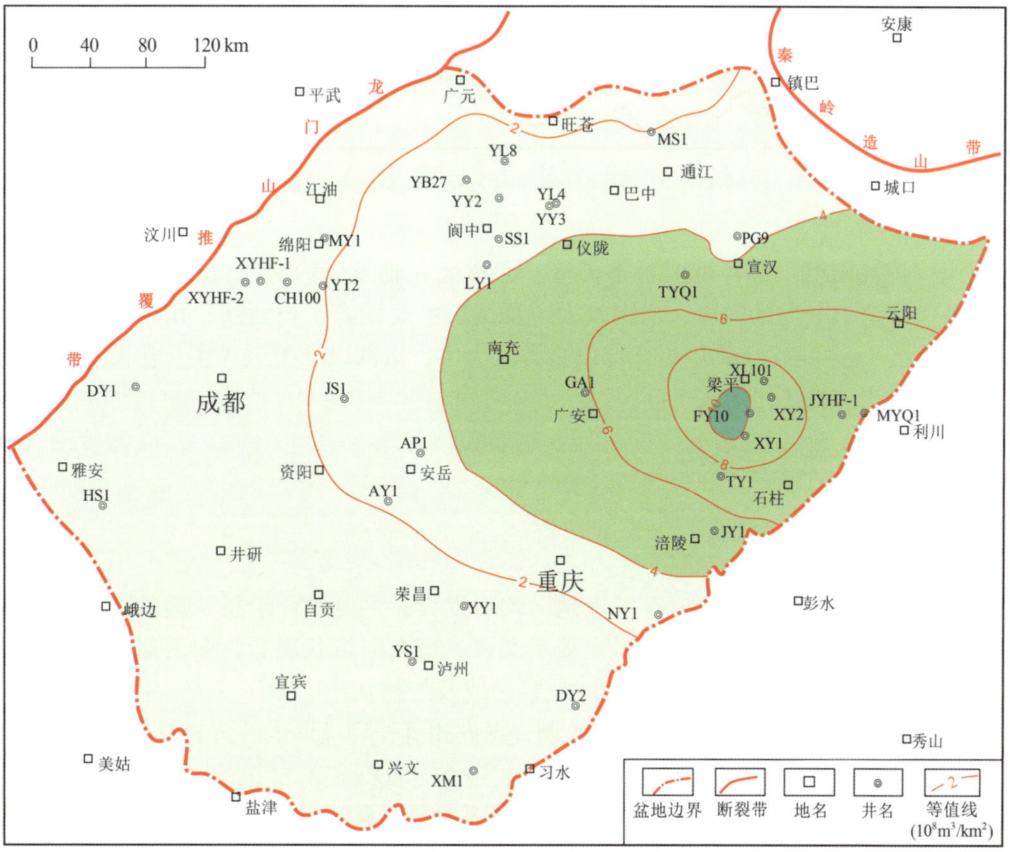

图 3-32　四川盆地下侏罗统自流井组东岳庙段页岩生烃潜力综合评价图

大安寨段富有机页岩Ⅰ类区、Ⅱ类区和Ⅲ类区均有发育，Ⅰ类区主要位于元坝-南充、涪陵-渠县一带，Ⅱ类区位于Ⅰ类区周边，范围较大，Ⅲ类区主要发育于川西南、川南与川东北滨湖-浅湖沉积相带。元坝地区大安寨段北部以Ⅱ类区为主，南部以Ⅰ类区为主。涪陵大安寨段总体为Ⅰ类区和Ⅱ类区（图3-33）。

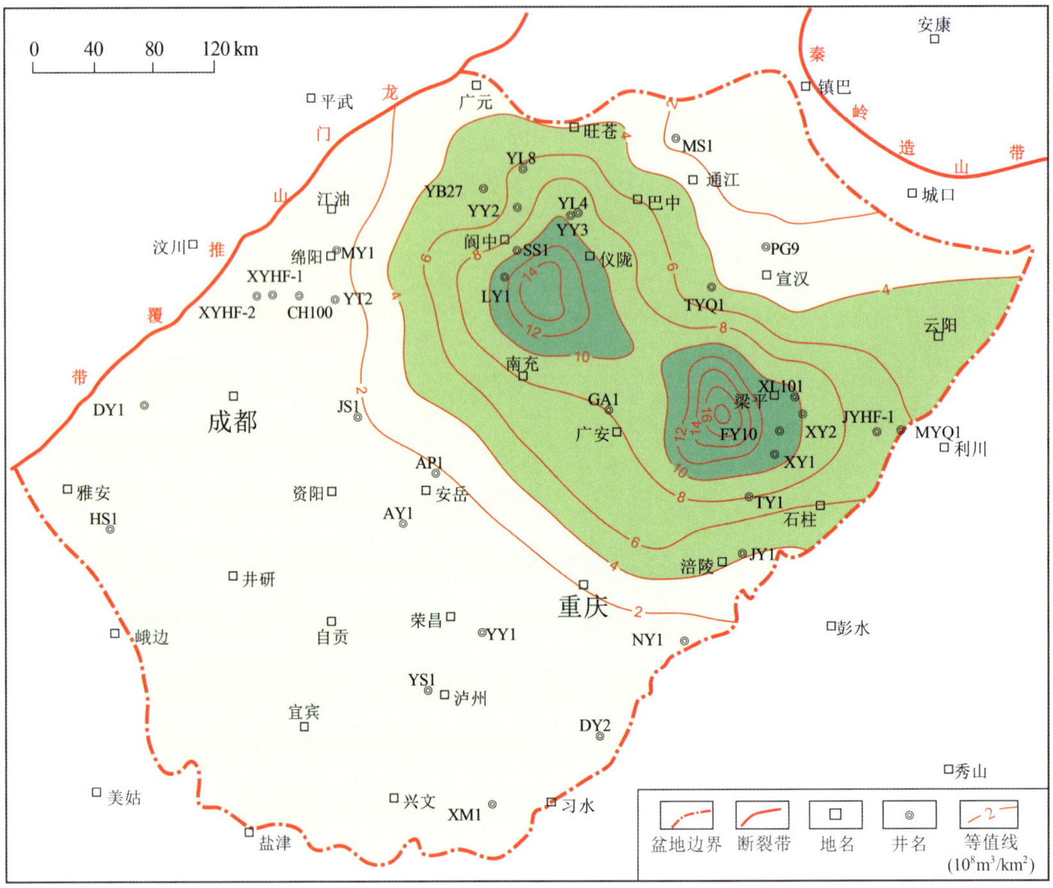

图3-33 四川盆地下侏罗统自流井组大安寨段页岩生烃潜力综合评价图

千佛崖组（凉高山组）富有机页岩Ⅰ类区、Ⅱ类区和Ⅲ类区均有发育，Ⅰ类区主要位于南充、泰来一带，Ⅱ类区位于Ⅰ类区周边，范围较大，Ⅲ类区主要发育于川西南、川南、川北与川东北滨湖-浅湖沉积相带。元坝地区千佛崖组北部以Ⅲ类区为主，南部以Ⅱ类区为主。涪陵凉高山组总体为Ⅱ类区，泰来地区为Ⅰ类区（图3-34）。

二、鄂尔多斯盆地上三叠统

（一）烃源岩展布

钻探证实长9段“李家畔”页岩在鄂南地区均有发育，主要发育于长9段的顶部。从平面分布来看，鄂尔多斯南部长9段富有机质页岩主要呈北西—南东向带状展布，向两侧变薄，厚度范围为5~20 m，厚度中心主要分布于永宁-下寺湾-甘泉一线及红柳沟-王盘山一线，中心富有机质页岩厚度达到10~20 m，其分布主要受沉积环境的控制，深湖相沉积环境形成的页岩具有厚度大、品质好的特点（图3-35）。

长7段“张家滩”页岩主要发育于长7_3段，底部的一套页岩是长7段与长8段的分界线。长7_3段沉积时期盆地快速沉降，湖盆发展进入全盛期，深湖区面积急剧扩大，最大湖泛期的半深湖-深湖区范围可以达到10×10^4 km^2以上，沉积了一套厚度大、有机质丰度高的暗色泥岩和页岩。

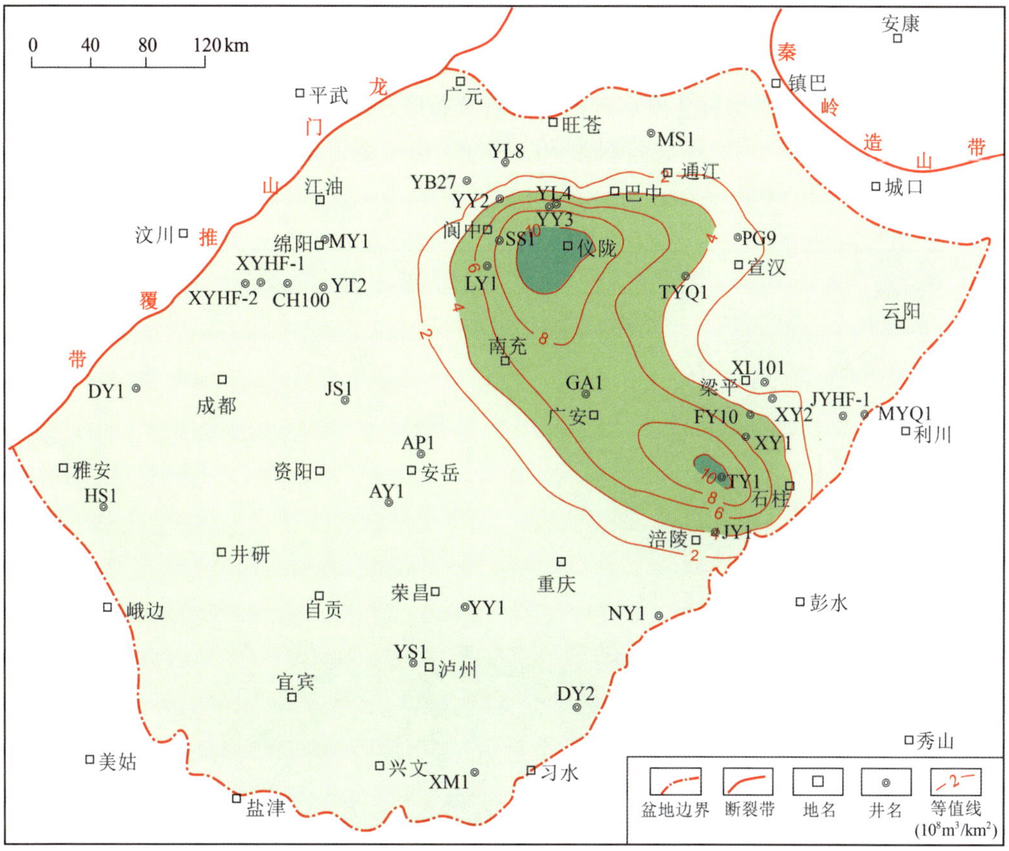

图 3-34　四川盆地中侏罗统千佛崖组（凉高山组）页岩生烃潜力综合评价图

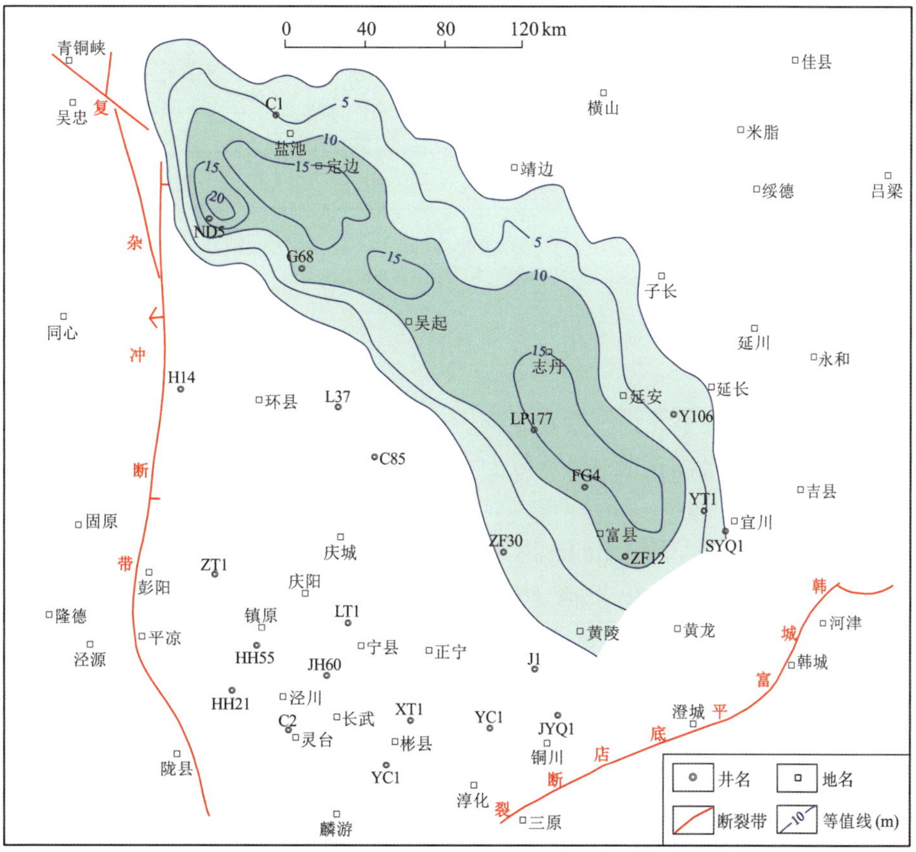

图 3-35　鄂尔多斯盆地上三叠统延长组长 9 段富有机质页岩厚度分布图

鄂尔多斯南部长 7 段富有机质页岩呈北西—南东向带状展布，向两侧变薄，往北定边-靖边-延安一线厚度减薄到 5 m 左右，往南在环县以西-镇原-长武-旬邑以南一线厚度减薄到 5 m 以下；长 7 段富有机质页岩分布范围明显比长 9 段富有机质页岩分布广，厚度大，厚度范围为 10~40 m，厚值区位于姬塬-华池-洛川-旬邑一带，厚度普遍为 30~40 m，中心部位厚度可达 50~65 m 以上。其分布受沉积环境的控制（图 3-36）。

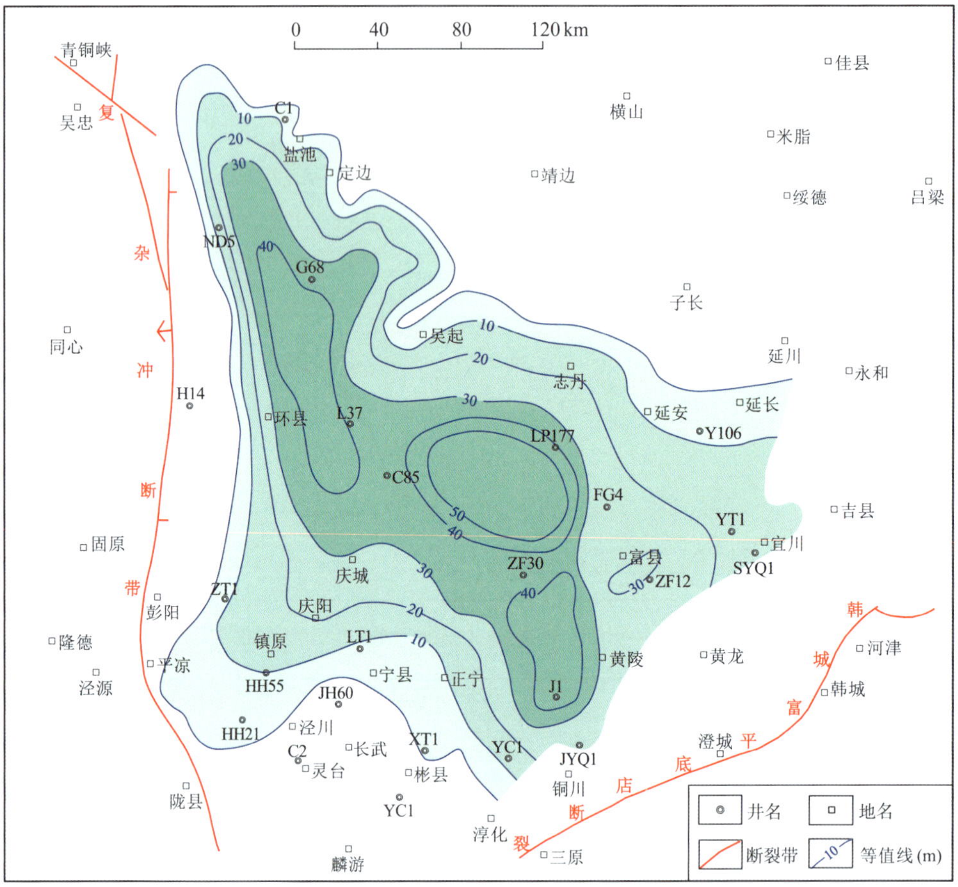

图 3-36　鄂尔多斯盆地上三叠统延长组长 7 段富有机质页岩厚度分布图

（二）总有机碳展布

长 9 段页岩有机碳等值线呈北西—南东走向，有机碳高值区主要位于盐池-定边-吴起-黄陵-太白一线，高值区有机碳值最高达到 4% 及以上，向南、向北两测方向有机碳值逐渐降低，品质变差（图 3-37）。

长 7 段页岩有机碳等值线总体呈北西—南东向展布，发育 2 个高值区，与沉积（微）相的展布相吻合。有机碳高值区主要位于姬源-耿湾、黄陵-太白及铜川-正宁一线，高值区平平均有机碳值达到 8%~9%，是一套优质的烃源岩（图 3-38）。

（三）有机质成熟度与油气结构

从鄂尔多斯盆地延长组长 9 富有机质页岩现今成熟度分布图（图 3-39）上可以看出，在鄂尔多斯盆地南部富县附近地区，烃源岩成熟度最高，R_o 普遍大于 1.0%；定边南地区有机质成熟度也较高，R_o 大于 1.0%；其他大部分地区的成熟度都大于 0.7%，正处于生烃阶段。

从整个盆地来看，在环县西、富县西等地区，长 7 段富有机质页岩成熟度较高，R_o 值达 1.0%；

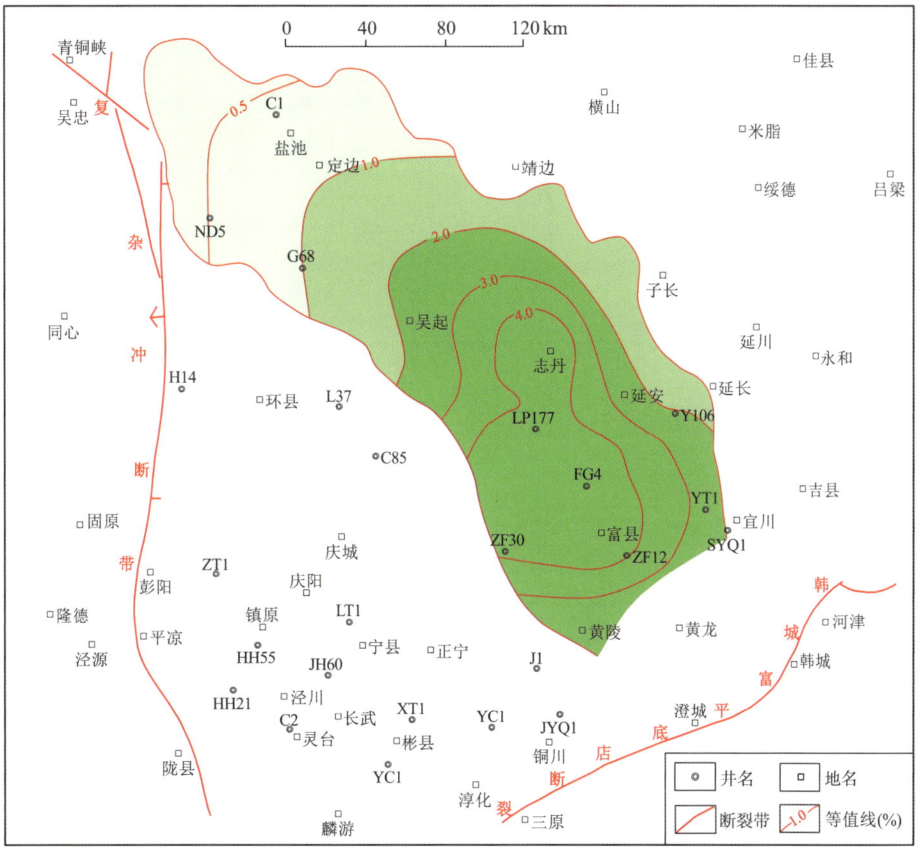

图 3-37　鄂尔多斯盆地上三叠统延长组长 9 段富有机质页岩 TOC 分布图

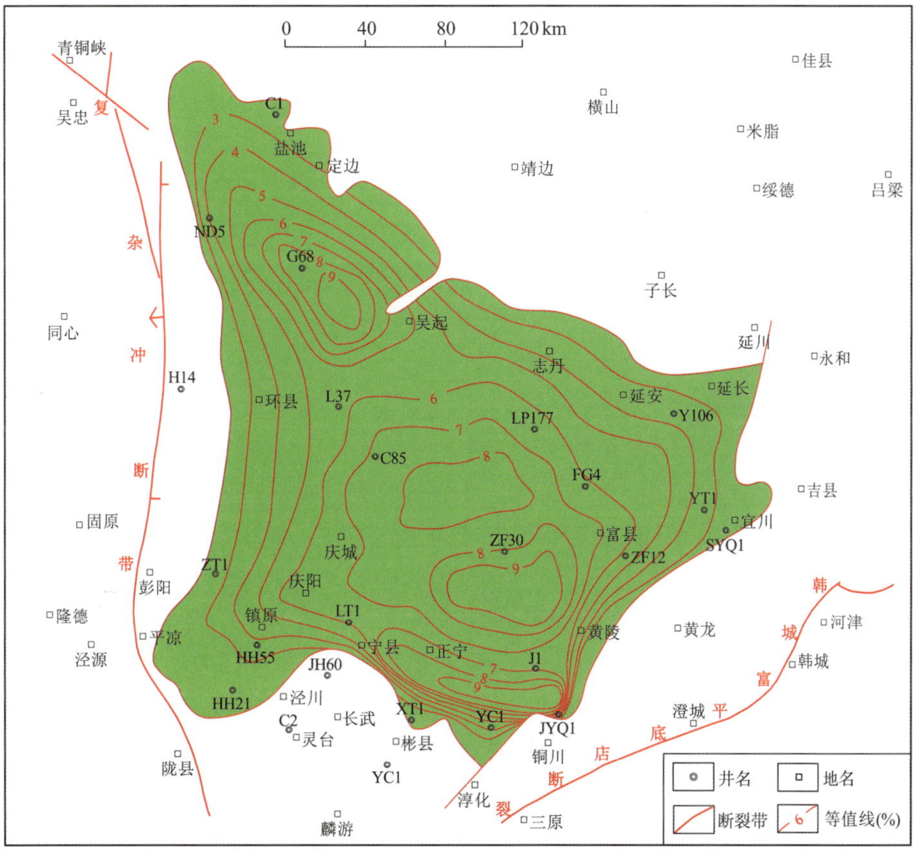

图 3-38　鄂尔多斯盆地上三叠统延长组长 7 段富有机质页岩 TOC 分布图

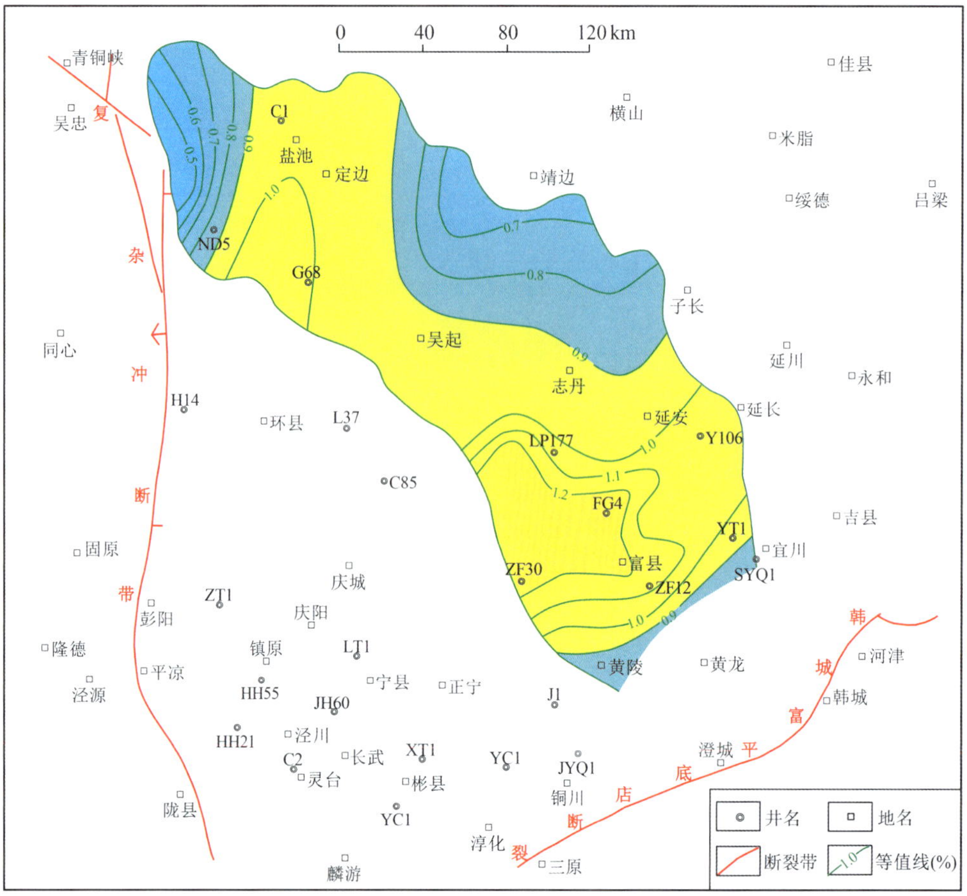

图 3-39 鄂尔多斯盆地上三叠统延长组长 9 段泥页岩有机质 R_o 等值线图

延安南、吴旗南、定边南、庆阳北、正宁北等地的烃源岩 R_o 值均大于 0.8%，处于有机质演化成熟阶段；除此之外，盆地其他大部分地区的有机质成熟度都大于 0.6%，正处于生烃阶段。中石化区块中的富县区块 R_o 大部分处在 0.9%～1.3%之间，由东向西成熟度增高；镇泾区块大部分处在 0.8%～1.0%，旬邑-宜君、彬长、麻黄山西区块大部分处在 0.7%～0.9%，有机质均处于热演化的成熟阶段（图 3-40）。

（四）综合评价

鄂尔多斯盆地上三叠统延长组长 9 段、长 7 段富有机页岩在鄂南地区广泛发育，且具有有机质丰度高、类型好、成熟度较高等特征，其“TOC”及氯仿沥青“A”均达到好烃源岩标准，以Ⅰ—$Ⅱ_1$型干酪根为主，生油能力强，镜质体反射率平均为 0.86%，T_{max} 平均为 451.7℃，均达到成熟阶段。本次从页岩厚度、有机碳、R_o 等参数分析入手，综合评价长 9 段和长 7 段富有机页岩生烃潜力在平面上的分布。

长 9 段富有机页岩主要发育Ⅱ类、Ⅲ类区，其中Ⅱ类主要发育于富县-安塞一线，呈北西—南东向展布；其他边缘如定边-延安北及宁东 4-吴旗南-富县南主要发育Ⅲ类区；富生烃有机质页岩分布主要受沉积环境和富有机质页岩厚度分布的控制（图 3-41）。长 7 段富有机页岩主要发育Ⅰ类、Ⅱ类、Ⅲ类区，其中Ⅰ类主要发育于富县西-环县东一线；Ⅱ类主要发育于姬源-华池-富县一线，呈北西-南东向广泛分布；Ⅲ类区主要发育于长 7 段富有机页岩的边缘地带；富生烃有机质页岩分布同样受沉积环境和富有机质页岩厚度分布的控制（图 3-42）。

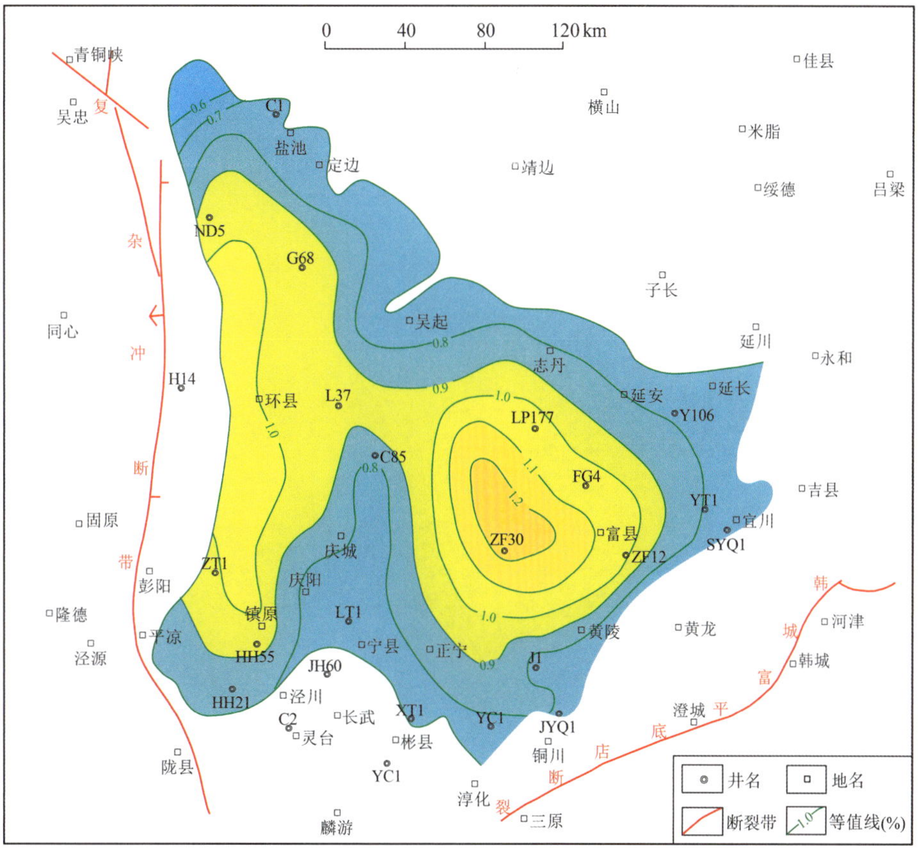

图 3-40　鄂尔多斯盆地上三叠统延长组长 7 段泥页岩有机质 R_o 等值线图

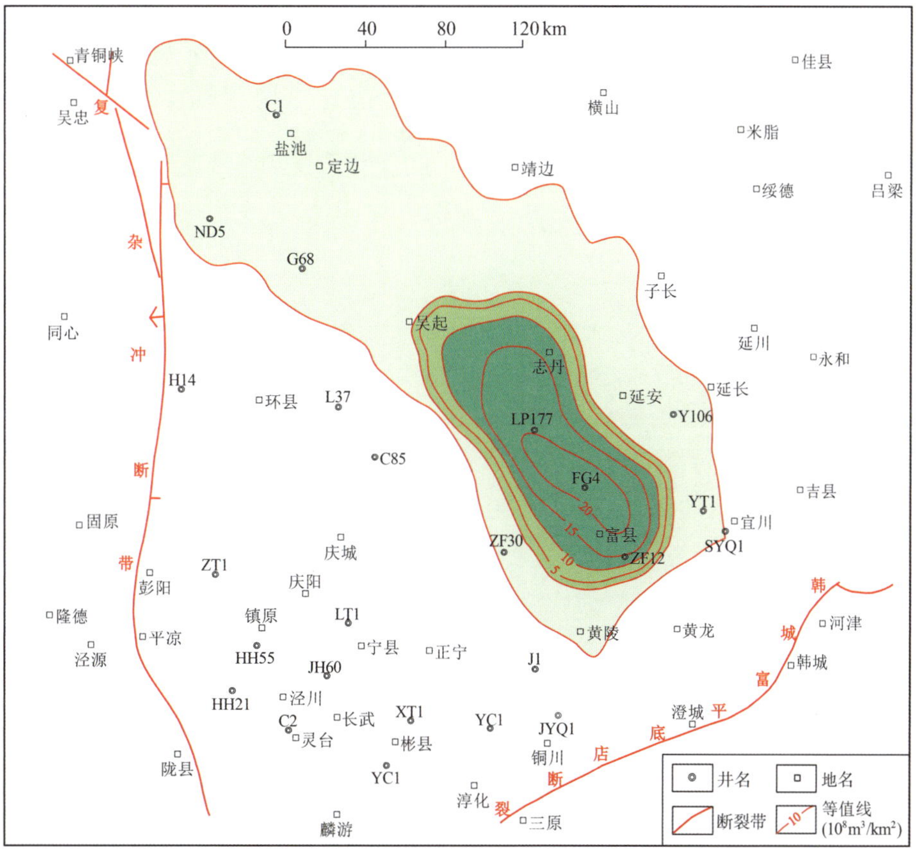

图 3-41　鄂尔多斯盆地上三叠统延长组长 9 段页岩生烃潜力综合评价图

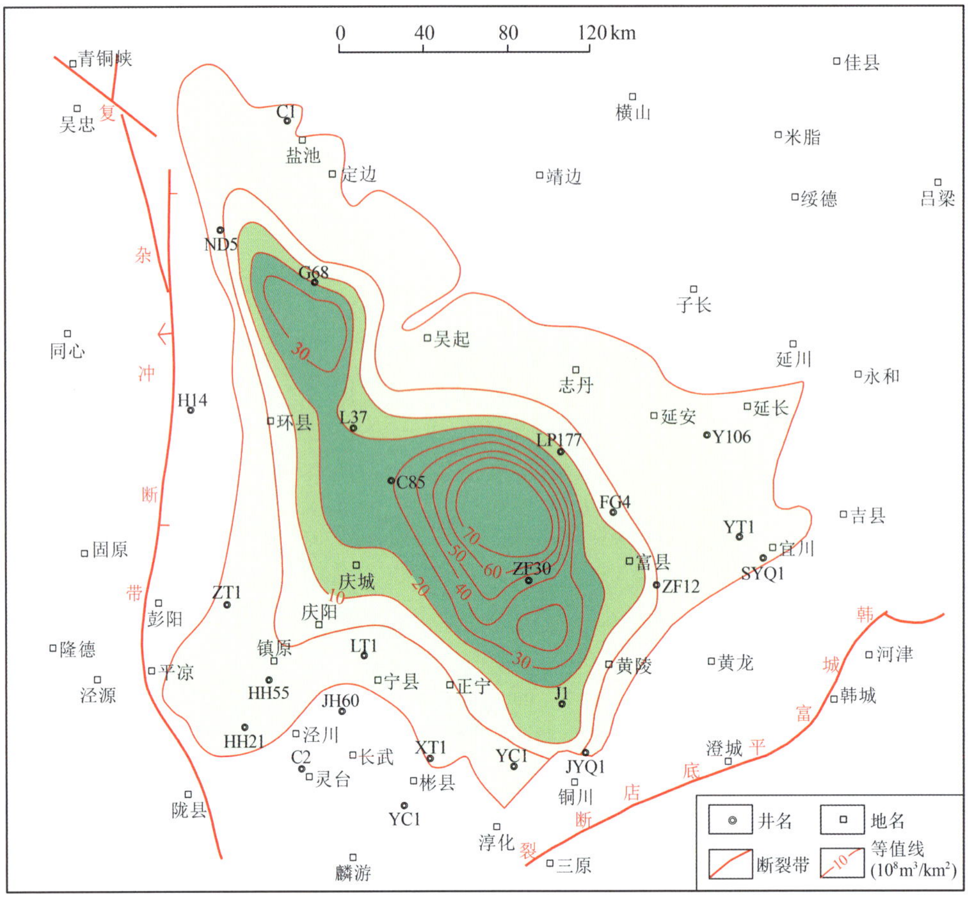

图 3-42　鄂尔多斯盆地上三叠统延长组长 7 段页岩生烃潜力综合评价图

第四章　典型陆相页岩储层特征

第一节　典型陆相页岩与夹层物性特征

一、四川盆地中下侏罗统

（一）页岩物性特征

四川盆地中下侏罗统自流井组页岩整体具有低孔、低渗特征。川东涪陵地区 FY1 井、FY4 井及 XL101 井东岳庙段（N=89）页岩岩芯样品测试结果显示，孔隙度主要分布在 1.21%～8.37%之间，平均值为 4.13%，其中孔隙度大于 4%的样品占比可达 50.57%（图 4-1a），渗透率主要分布在 0.0069×10^{-3}～3.8870×10^{-3} μm，平均值为 0.2349×10^{-3} μm；川北元坝地区 YL4 井、YL17 井、YL30 井大安寨段页岩（N=165）孔隙度主要分布在 0.95%～8.33%，平均为 4.36%，其中孔隙度大于 4%的样品占比可达 57.58%（图 4-1b），渗透率主要分布在 0.0008×10^{-3}～6.8030×10^{-3} μm，平均值为 0.4005×10^{-3} μm；元坝 YY3 井千佛崖组（N=39）页岩孔隙度分布在 1.80%～6.40%，平均值为 4.14%。

涪陵地区东岳庙段、元坝地区大安寨段页岩的孔隙度与渗透率之间均具有较好的正相关关系（图4-1c、d），反映四川盆地下侏罗统自流井组陆相页岩主要以孔隙型储层为主，具有较好的储集能力。

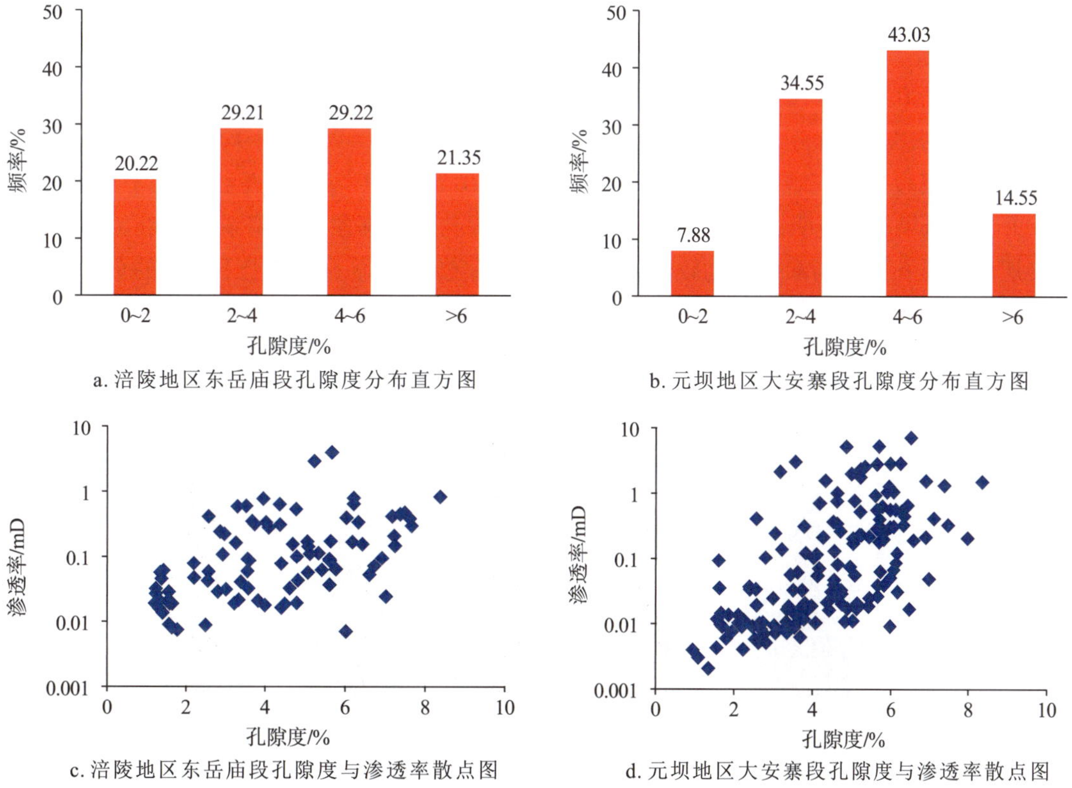

a. 涪陵地区东岳庙段孔隙度分布直方图
b. 元坝地区大安寨段孔隙度分布直方图
c. 涪陵地区东岳庙段孔隙度与渗透率散点图
d. 元坝地区大安寨段孔隙度与渗透率散点图

图 4-1　四川盆地下侏罗统自流井组页岩储层物性特征

从不同岩相页岩孔隙度的统计对比来看（图 4-2），黏土质页岩平均孔隙度为 4.40%（N=253）；（含）介壳灰质页岩平均孔隙度为 4.61%（N=90），（含）粉砂质页岩平均孔隙度为 2.18%（N=54），黏土质页岩、（含）介壳灰质页岩的平均孔隙度均明显高于（含）粉砂质页岩，反映出靠近湖泊中心、以悬浮沉积和化学沉积为主的页岩相更发育孔隙，而处于湖泊外环、受陆源砂质碎屑混入较多的页岩相孔隙发育条件较差。

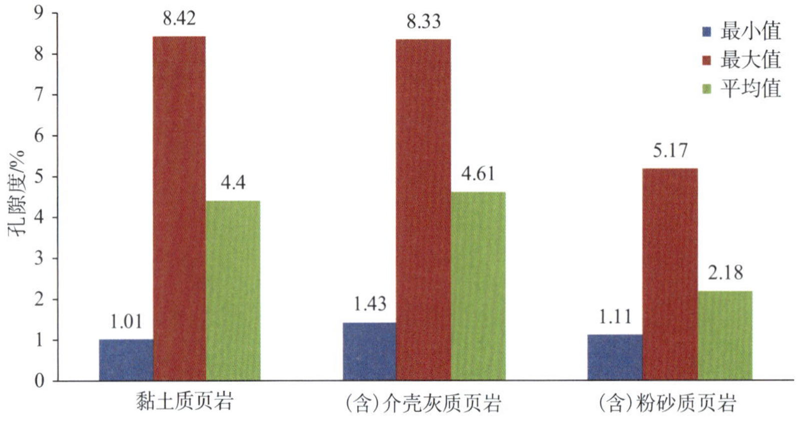

图 4-2　四川盆地下侏罗统自流井组不同类型页岩孔隙度特征

（二）夹层物性特征

四川盆地自流井组页岩层系发育介壳灰岩、粉（细）砂岩两种类型夹层，夹层作为页岩层系中重要组成部分，勘探和研究表明，自流井组中较厚的介壳灰岩和砂岩储层中都产出油气，但对于大套页岩中的米级夹层的油气储集能力，前期认识并不清楚。本次研究重点对川北元坝、川东涪陵两个重点地区开展分层段、分类型的夹层孔隙度（N=92）统计分析，结果表明：两个地区富有机质页岩层段中粉（细）砂岩、介壳灰岩夹层基质孔隙度平均值均小于 2%（图 4-3）。元坝地区东岳庙段粉砂岩夹层渗透率介于 0.0036×10^{-3}~2.7612×10^{-3} μm^2（N=24），平均值为 0.1946×10^{-3} μm^2；元坝地区大安寨段介壳灰岩渗透率介于 0.0018×10^{-3}~0.1473×10^{-3} μm^2（N=28），平均值为 0.0132×10^{-3} μm^2；而涪陵地区大安寨段介壳灰岩渗透率介于 0.0015×10^{-3}~0.232×10^{-3} μm^2（N=18），平均值为 0.0242×10^{-3} μm^2。统计结果对比表明，整体上自流井组东岳庙段与大安寨段页岩层系中的粉（细）砂岩、介壳灰岩夹层的基质孔隙度与渗透率均较低，对油气的储集性能明显不如其上下相邻的页岩。

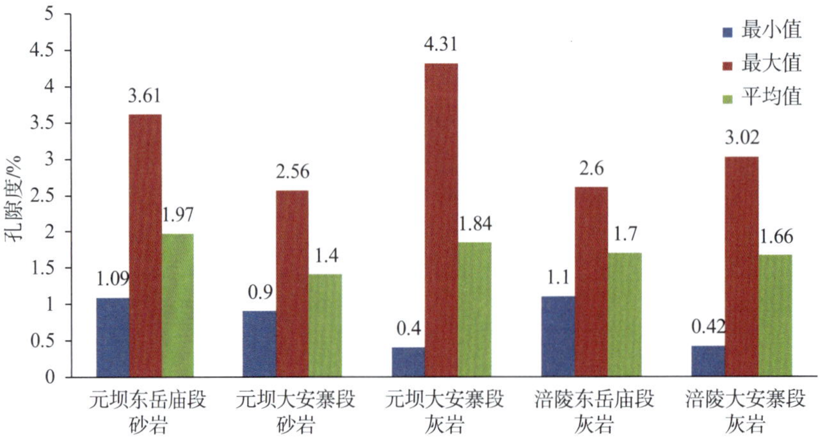

图 4-3　元坝地区和涪陵地区下侏罗统自流井组各层段夹层孔隙度特征

二、鄂尔多斯盆地上三叠统延长组

（一）页岩储层物性特征

选取本次研究钻探的 JYQ1、SYQ1 两口浅井，以及富县、镇泾、彬长及延安地区典型钻井页岩岩芯孔隙度样品 140 件，渗透率样品 71 件，测试结果显示：延长组长 7 段页岩孔隙度主要分布在 0. 1%~5. 8%，平均值为 2. 38%，孔隙度 1%~4%的样品占比 70%，孔隙度大于 4%的样品仅占 13. 6%；渗透率主要分布在 0. 000324×10^{-3}~1. 007×10^{-3} μm^2，平均值为 0. 066×10^{-3} μm^2（图 4-4a）。

长 7 段页岩孔隙度与渗透率之间相关关系表明（图 4-4b）：样品分布明显分为两组，一组的渗透率相对较好，且孔隙度与渗透率具有一定的相关关系，主要为石英、长石等粒间孔较发育的页岩，孔隙连通性相对较好；另一组的孔隙度与渗透率均较低，代表仅发育黏土矿物孔隙的纯泥岩。

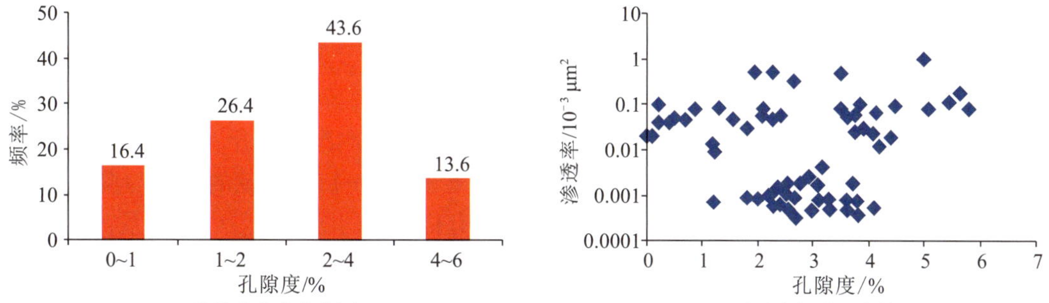

a. 孔隙度分布直方图　　b. 孔隙度与渗透率散点图

图 4-4　鄂尔多斯盆地上三叠统延长组长 7 段页岩储层物性特征

（二）夹层物性特征

鄂尔多斯盆地上三叠统延长组长 7 段陆相页岩层系中，发育粉砂岩、细砂岩和少量凝灰岩 3 种类型夹层，夹层是页岩层系的重要组成部分，近期在长 7 段上部砂岩集中发育段发现了庆城等大型致密油田，但对于厚层页岩中厘米—米级夹层的储集能力大小、页岩中含有砂质时储集物性如何变化等问题认识尚不清楚。选取 JYQ1、SYQ1 两口浅井以及富县、镇泾等地区的钻井进行夹层物性分析，孔隙度样品共计 50 件，渗透率样品共计 43 件。长 7 段粉砂岩、细砂岩夹层的孔隙度主要分布在 0. 10%~12. 22%，平均值为 6. 60%，有部分样品的孔隙度在 8%以上；基质渗透率主要分布在 0. 0004×10^{-3}~1. 8800×10^{-3} μm^2，平均值为 0. 1900×10^{-3} μm^2，孔隙度和渗透率呈较好的半对数正相关关系（图 4-5）。统计结果对比表明，长 7 段的页岩中夹层的物性明显优于页岩。

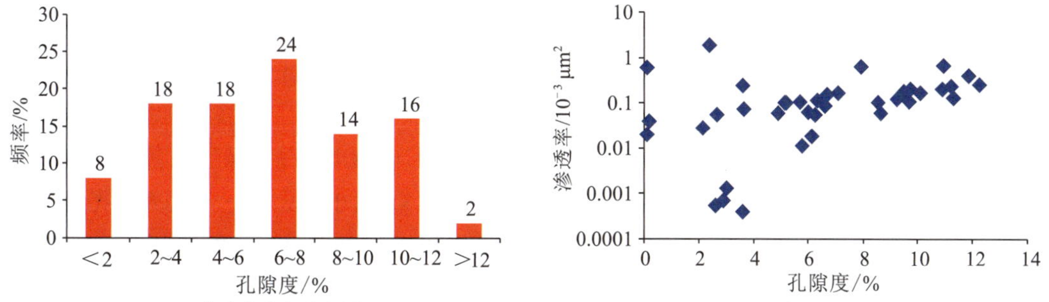

a. 孔隙度分布直方图　　b. 孔隙度与渗透率散点图

图 4-5　鄂尔多斯盆地上三叠统延长组长 7 段夹层物性特征

四川盆地和鄂尔多斯盆地的陆相页岩层系的储层物性存在明显的差异性，表现为四川盆地中下侏罗统页岩储集物性好于介壳灰岩与砂岩夹层，而鄂尔多斯盆地上三叠统延长组页岩中的砂岩夹层储集物性明显好于页岩。造成这种差异的主要原因有两点，一是沉积环境的不同造成页岩与夹层的原始沉积成分和结构的差异性，二是后期成岩演化过程中页岩与夹层孔隙演化规律的差异性。对不同的陆相盆地、不同地区、不同层系的陆相页岩及其夹层，都要开展针对性的研究，以把握页岩和夹层的沉积条件和成岩演化的独特性和差异性。

第二节　典型陆相页岩储层储集空间类型

一、四川盆地中下侏罗统

（一）页岩储集空间类型

国内外学者在研究过程中基于产状、结构、成因等因素提出了多种页岩储层储集空间的分类方案（Loucks et al.，2012；于炳松，2013；李贤庆等，2015；张慧等，2015），基本思路是在无机矿物质孔、有机质孔、微裂缝三类储集空间的基础上进行延伸及细分。本次研究开展了四川盆地元坝地区与涪陵地区自流井组东岳庙段、大安寨段大量页岩样品氩离子抛光-扫描电镜的观察与鉴定分析，基于无机矿物颗粒与孔隙、有机质与孔隙、无机矿物颗粒与有机质之间的接触与成因联系，最终将研究区自流井组页岩储层孔隙类型划分为3类8种，页岩孔隙类型主要以无机矿物质孔为主，其次为有机质孔，局部发育微裂缝（表4-1）。

1. 无机矿物质孔

陆相页岩储层无机矿物质孔的发育机制，从本质上讲与常规油气储层类似，主要有两种情况：一是早期粒间孔隙经历成岩压实、胶结作用后的残余孔隙；二是后期溶蚀改造作用（粒间及粒内均可发生）形成的溶蚀孔隙。此外，矿物成岩蚀变过程中也可产生一些孔隙。氩离子抛光-扫描电镜观察分析表明，自流井组页岩的无机矿物质孔的类型丰富，黏土矿物层间孔、粒（晶）间孔、粒内溶蚀孔等均有发育，其中黏土矿物层间孔最发育，其次为粒间孔，局部发育方解石粒内溶蚀孔。

（1）黏土矿物层间孔

页岩全岩矿物X衍射分析结果显示，自流井组东岳庙段和大安寨段陆相页岩黏土矿物平均含量均接近50%，黏土矿物组成主要以伊蒙混层、伊利石为主，其次为绿泥石和高岭石。氩离子抛光-扫描电镜观察分析显示，自流井组东岳庙段、大安寨段页岩普遍发育黏土矿物间线状微孔隙（图4-6a~d），孔隙主要发育于伊利石片层间、伊利石与云母片层间，线状孔隙长度及宽度大小不一，受有机碳含量及线状孔隙发育程度的控制，孔隙充填程度不一，可见全充填、部分充填及未充填孔隙。该类孔隙是早期黏土矿物间板状孔隙随着埋藏增加、在强压实作用下进一步萎缩成线形。另一部分为矿物蚀变过程中形成的孔隙，如长石向伊利石或绿泥石的蚀变，该类孔隙基本沿黏土矿物解理方向发育，形成狭缝形或线形孔隙，可延伸数微米。此外，部分长石颗粒与黏土矿物之间的边缘发育一些粒缘缝，孔隙形态与线状微孔隙类似，但其形成主要受成岩收缩作用控制为主。

（2）粒间孔

粒间孔主要是指石英、长石、碳酸盐岩矿物及黏土矿物（如伊利石、绿泥石等）颗粒排列堆积、成岩压实后颗粒之间残留的原生孔隙，是页岩储层主要的储集空间类型之一。氩离子抛光-扫描电镜观察分析显示，研究区自流井组页岩中粒间孔形态多呈三角形、多边形、长条形和不规则状等，孔径范围较大，纳米级、微米级孔隙均有发育（图4-6e、f）。粒间孔主要发育于黏土矿物与石英颗粒或长石间、黏土矿物晶片间及局部石英颗粒间，其发育形态及成因明显比黏土矿物间孔隙复杂，早期较大孔径的粒间孔隙多被沥青充填，仅残存部分相对较小的粒间孔隙，由黏土矿物与刚性颗粒间或黏土矿物杂乱堆积形成一定抗压支撑结构而保存下来。

表 4-1　四川盆地下侏罗统自流井组页岩储层的孔隙类型及其特征

孔隙类型		孔隙示意图	扫描电镜	孔（缝）隙形态	孔隙直径或缝宽范围	发育特征及成因
无机矿物质孔	黏土矿物层间孔	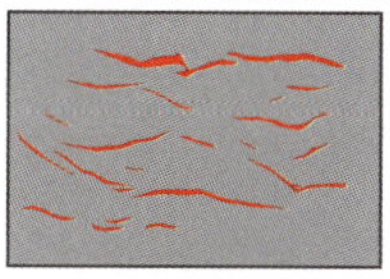	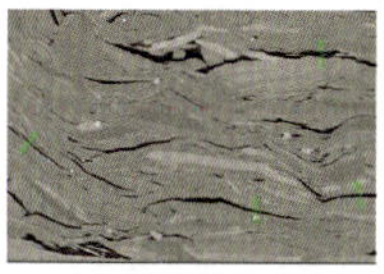	线状孔隙或缝形孔，三维空间呈片状	长度几百纳米—5微米，宽度几纳米—百纳米	多见于伊利石片层间、伊利石与矿物颗粒间，部分充填少量沥青，压实后残余孔隙
	粒间孔	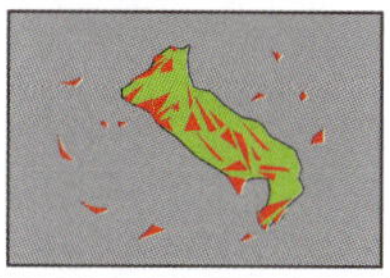	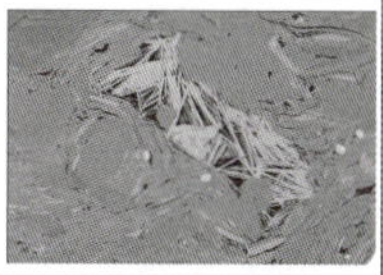	三角形、多边形、不规则形等	孔径为几十纳米级—几百米级	矿物颗粒杂乱堆积、成岩压实后残留原生孔隙，见于石英、长石及黏土矿物颗粒之间
	方解石粒内孔	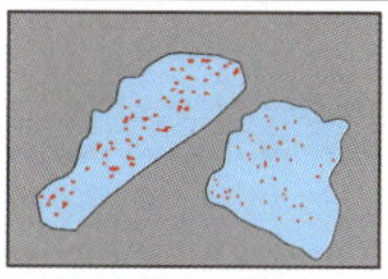		不规则形、多边形、针状等	孔径为几纳米—几百纳米	见于方解石晶粒或介壳方解石内部，溶蚀作用形成
有机质孔	固体沥青内有机质孔	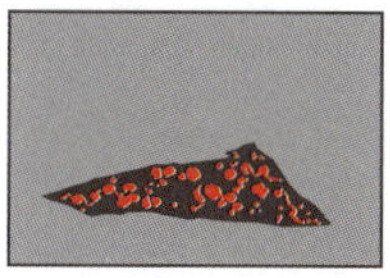		蜂窝状、椭圆形、星点状等	几纳米—几百纳米	液态油固化裂解生气、聚气形成或气体逸散后残留的孔隙，其有机质载体无固定形态
	镜质体内有机质孔	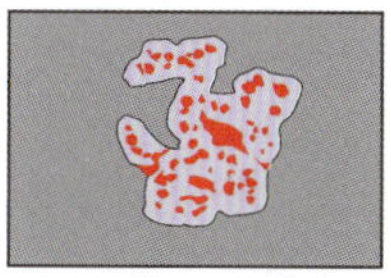	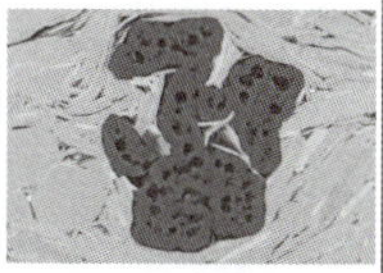	圆形、椭圆形、不规则形等	几十纳米—几百纳米	少量富氢镜质体菌化改造、结构镜质体腔体孔
微裂缝	有机质边缘缝	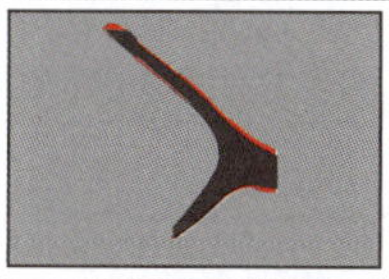	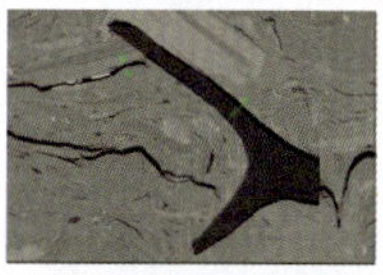	产状不规则	百纳米—几十微米	有机质生烃及腐殖化过程中，收缩形成
	构造微裂缝	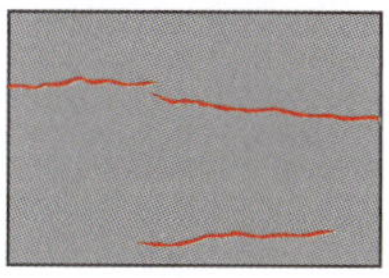	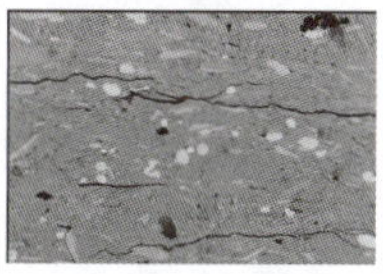	长条状、锯齿状	百纳米—微米	构造破裂作用下形成的具有一定方向性的张性微裂隙
	页理缝	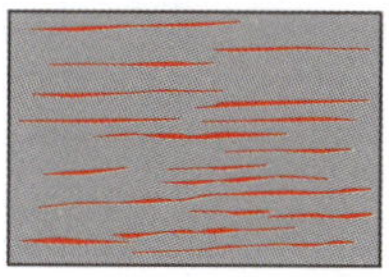		水平-近水平状	百微米—毫米	沉积成因，部分叠加后期成岩改造作用

（3）方解石溶蚀孔

该类孔隙在涪陵地区东岳庙段与元坝地区大安寨段昌有发育。氩离子抛光-扫描电镜观察显示，方解石主要以晶粒状结构为主，溶蚀孔的发育形态多样，主要表现为 3 种形式（图 4-7）：一是方解石粒缘溶蚀孔，形态不规则，见于涪陵地区东岳庙段；二是方解石粒内溶蚀孔，形态多样，孔隙内可见黏土矿物或溶蚀残余方解石晶粒，见于涪陵地区东岳庙段与元坝地区大安寨段；三是方解石粒内溶蚀针状孔，个体较小，可见暗色有机质充填或未充填的不均一现象，见于涪陵地区东岳庙段。分析方解石相关溶蚀孔的成因，可能与生烃过程中有机质排酸溶蚀有关，但对于第三类相对小的针孔状粒内孔，是否有部分为方解石的晶体组构孔，目前仍难以确定。

2. 有机质孔

有机质孔是页岩气储集的主要孔隙类型之一，对页岩气的富集至关重要。氩离子抛光-扫描电镜观察结果表明，研究区自流井组东岳庙段、大安寨段页岩中主要发育 3 类有机质，即原生有机质、次生有机质（固体沥青和矿物沥青基质），其中以固体沥青和原生有机质为主，且多同时发育，局部发

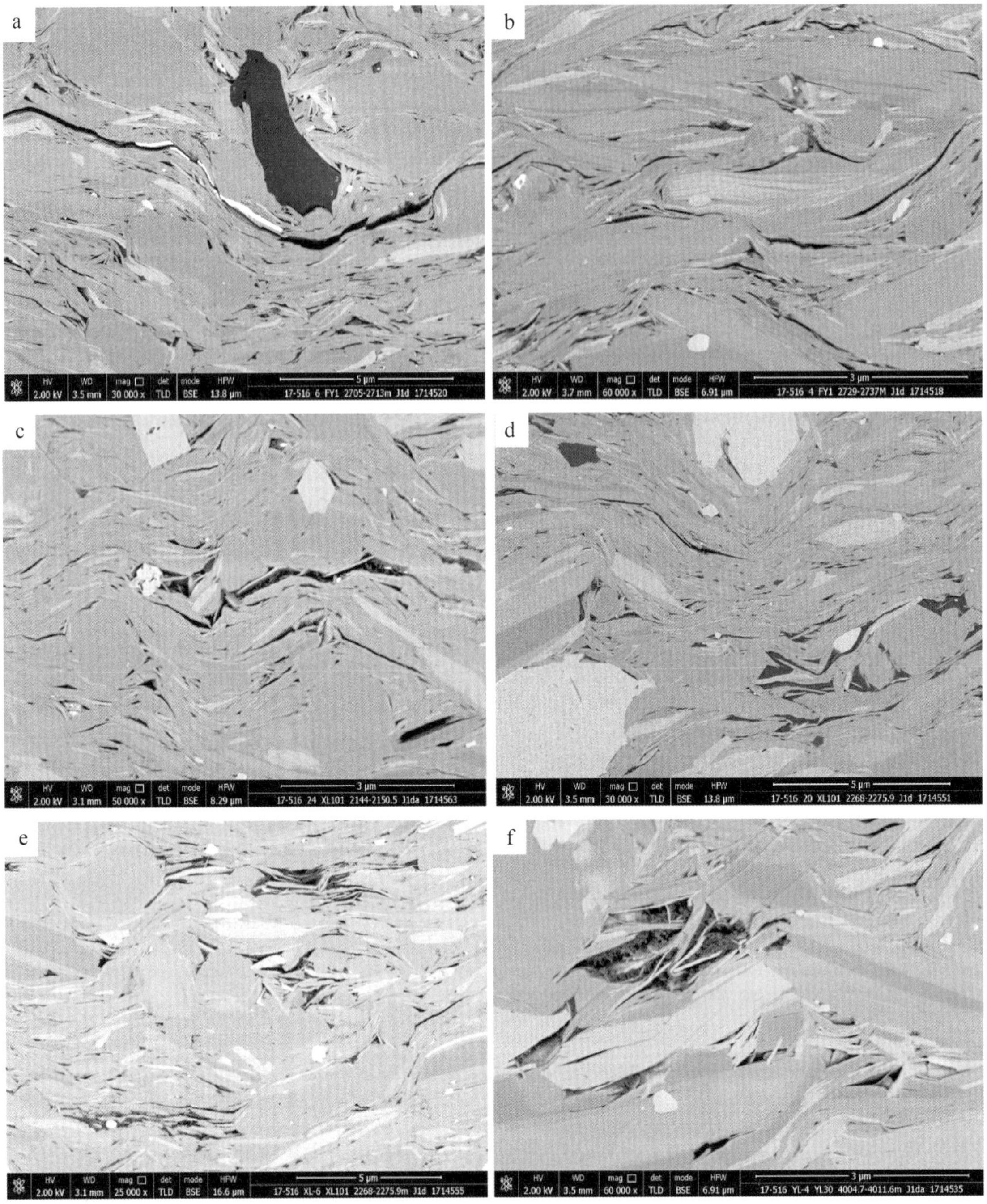

图 4-6　四川盆地下侏罗统自流井组页岩黏土矿物层间孔和粒间孔发育特征

a—黏土矿物层间孔，部分孔隙充填有机质，涪陵地区 FY1 井东岳庙段；b— 黏土矿物层间孔，局部充填少量有机质，涪陵地区 FY1 井东岳庙段；c—黏土矿物层间孔，部分孔隙中充填少量有机质，涪陵地区 XL101 井大安寨段；d—黏土矿物层间孔，孔隙中充填有机质，涪陵地区 XL101 井东岳庙段；e—无机矿物粒间孔隙，多呈三角形，个体较大的孔隙多被有机质半充填，涪陵地区 XL101 井东岳庙段；f—无机矿物粒间孔隙，三角形、不规则形均有，其中个体最大的微米级孔已被有机质全充填，元坝地区 YL30 井大安寨段

育矿物沥青基质。原生有机质一般有固定形态（条带状、块状），内部多均质且致密，孔隙不发育（图 4-8a、b），而固体沥青和矿物沥青基质一般无固定形态，内部普遍发育有机质孔。

（1）固体沥青内有机质孔

氩离子抛光-扫描电镜观察结果显示，这类有机质一般无固定形态，属于无定形体，其外边界形状受早期无机矿物颗粒间孔隙形态控制，是液态油运移充注-裂解-固化后的产物，即油后沥青，其

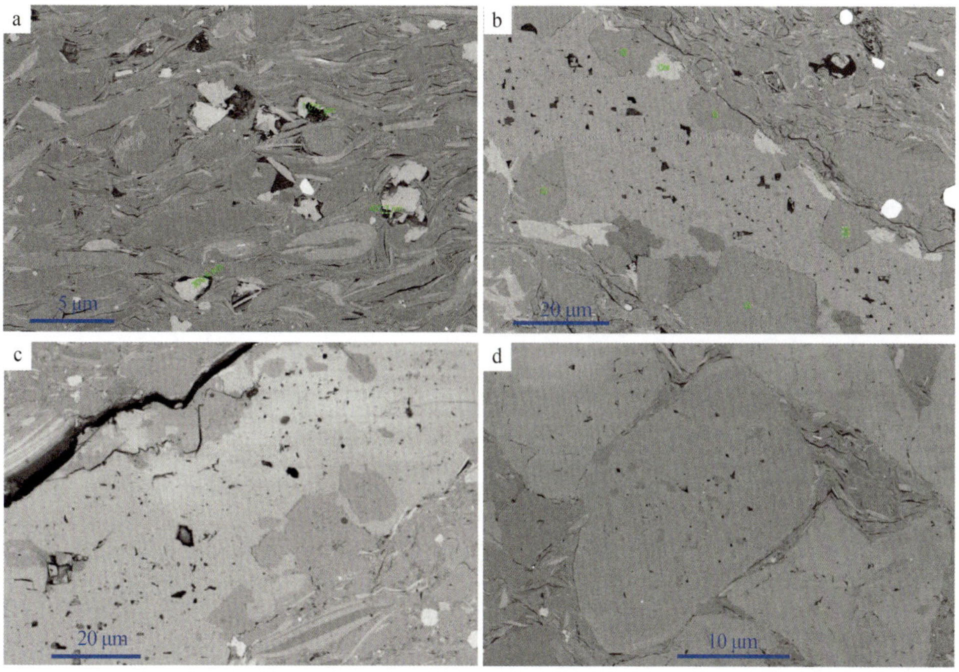

图 4-7　四川盆地下侏罗统自流井组页岩方解石溶蚀孔隙发育特征

a—方解石粒缘溶蚀孔，部分孔隙内含少量暗色有机质，涪陵地区 FY10 井东岳庙段；b—方解石介壳内溶蚀孔，部分孔隙内部充填有机质，元坝地区 YY2 井大安寨段；c—方解石介壳内溶蚀孔，充填或半充填暗色有机质，元坝地区 YL4 井大安寨段；d—方解石粒内针孔，涪陵地区 FY10 井东岳庙段

内部普遍发育并残留大量气孔（有机质孔），孔隙形态多样，蜂窝形（图 4-8c）、椭圆形（图 4-8d）、不规则形及狭缝形均有发育，孔径大小不一，几十纳米至几百纳米（孔径长轴）均有发育，个别样品可见微米级有机质孔与纳米级有机质孔共生（图 4-8e、f）。绝大多数样品中发育有机质孔的固体沥青与不发育有机质孔的原生有机质是共存的，反映有机质孔的发育程度与有机质的类型和组分有密切关系。

（2）镜质体内有机质孔

为了查明页岩中有孔有机质与无孔有机质组分上的差异，进一步开展了有机岩石学分析，自流井组东岳庙段与大安寨段页岩中显微组分包括镜质体、丝质体、固体沥青（图 4-9a、b）及微粒体，其中镜质体含量最高，一般大于 50%，显微镜下镜质体多为灰色-灰白色，呈条带状或块状，表面均一；固体沥青镜下呈钢灰色，具非均质结构，无固定形态，主要沿裂缝或矿物粒间呈充填式分布。将有机岩石学显微组分分析与扫描电镜有机质及其内部孔隙鉴定分析相结合，研究认为条带状或块状的有机质（原生有机质）主要为镜质体（图 4-9c、d），是由高等植物的木质纤维组织经腐殖化作用和凝胶化作用而形成，其中绝大多数镜质体内部不发育孔隙，但少数结构镜质体发育生物体腔孔（图 4-9e）、富氢镜质体局部经细菌改造作用仍可发育一定量的有机质孔隙（图 4-9f）。

3. 微裂缝

页岩中发育不同尺度的裂缝，野外露头、钻井岩芯、成像测井、地震剖面上可观察识别出较大尺度的裂缝，对页岩气储集、运移及逸散有一定的作用和影响，裂缝对页岩气的富集兼具建设性和破坏性的双重作用。四川盆地自流井组东岳庙段与大安寨段多口钻井岩芯观察表明，页岩中大尺度构造缝发育较少，以局部发育微裂缝为主。成因上可划分为构造微裂缝、页理缝和成岩缝等类型。在岩芯、薄片及氩离子抛光-扫描电镜下，可以观察到不同尺度的微裂缝，缝宽几百纳米—毫米级均有（图 4-10），其中岩芯上观察到的毫米级水平微裂缝，发育于富有机质纯页岩段，主要为沉积成因的页理缝；薄片中识别出的几十微米级的不规则微裂缝，普遍被方解石充填，主要为构造成

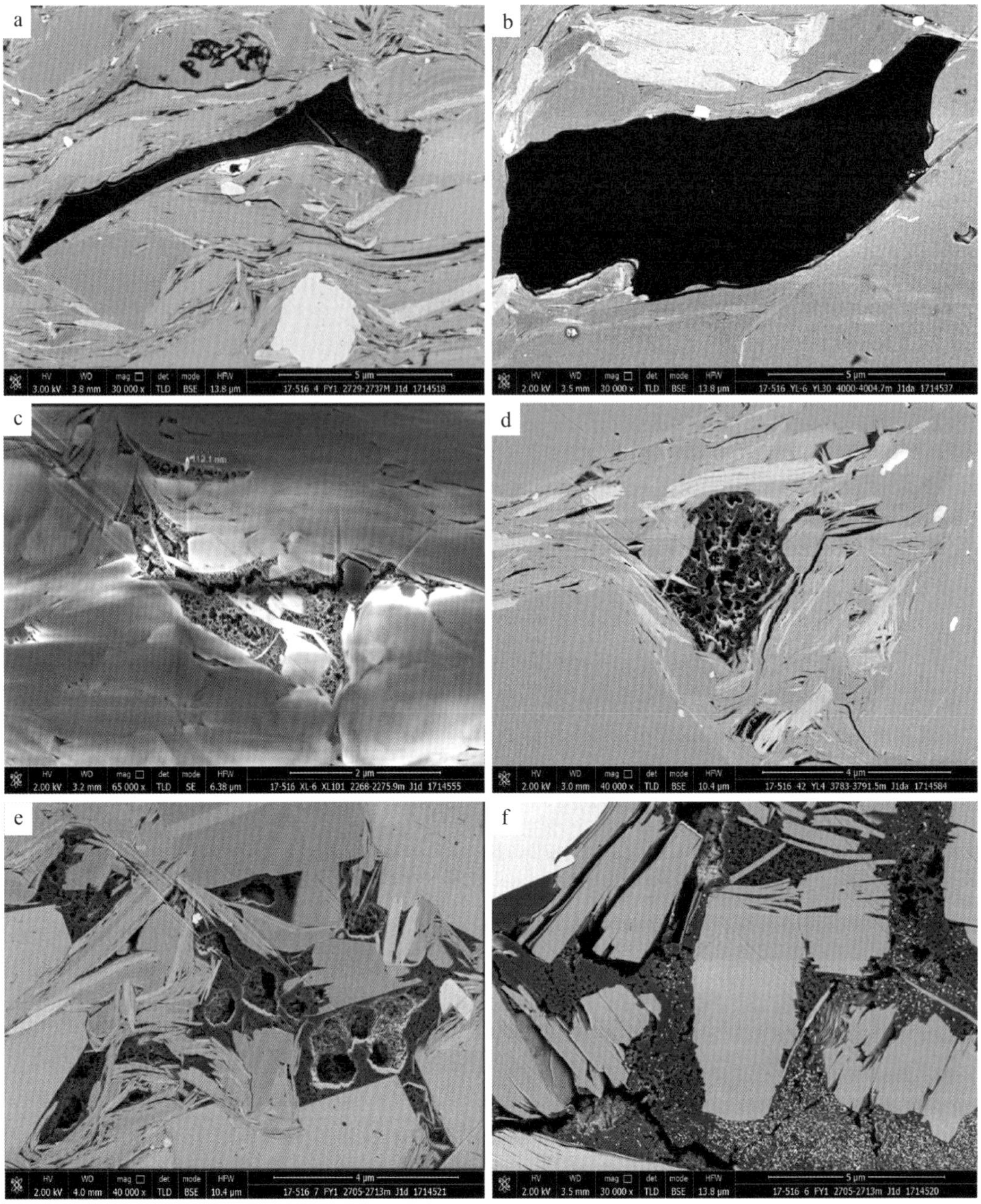

图 4-8　四川盆地下侏罗统自流井组不同类型有机质及其有机质孔发育特征

a—条带状原生有机质，内部均质且孔隙不发育，边缘发育微裂缝，涪陵地区 FY1 井东岳庙段；b—块状原生有机质，内部均质且孔隙不发育，元坝地区 YL30 井大安寨段；c—固体沥青内发育有机质孔隙，几十纳米为主，单孔形态不规则，整体呈蜂窝状，有机质内部见微裂缝，涪陵地区 XL101 井东岳庙段；d—固体沥青内有机质孔隙较发育，以近椭圆形为主，百纳米级为主，元坝地区 Y4 井大安寨段；e—固体沥青内发育有机质孔隙，几十纳米至几百纳米不等，其中百纳米级孔多为椭圆形，涪陵地区 FY1 井东岳庙段；f—矿物沥青基质，有机质包裹大量书页状高岭石和粉晶磷灰石晶体，纳米级有机质孔较发育，涪陵地区 FY1 井东岳庙段

因；而扫描电镜下几百纳米至几微米的微齿状、断续状微裂缝主要与成岩收缩或后期脱水作用相关。微裂缝除了可以作为页岩气储集空间外，更为重要的是可以沟通无机矿物质孔与有机质孔，从而形成在微观尺度、广泛分布的相互连通的页岩孔缝系统，有机质生气后可以向邻近的孔缝系统作短距离运移聚集，从而促进页岩气富集。此外，天然微裂缝的存在有利于开发过程中的压裂改造，从而提高页岩气产出能力。

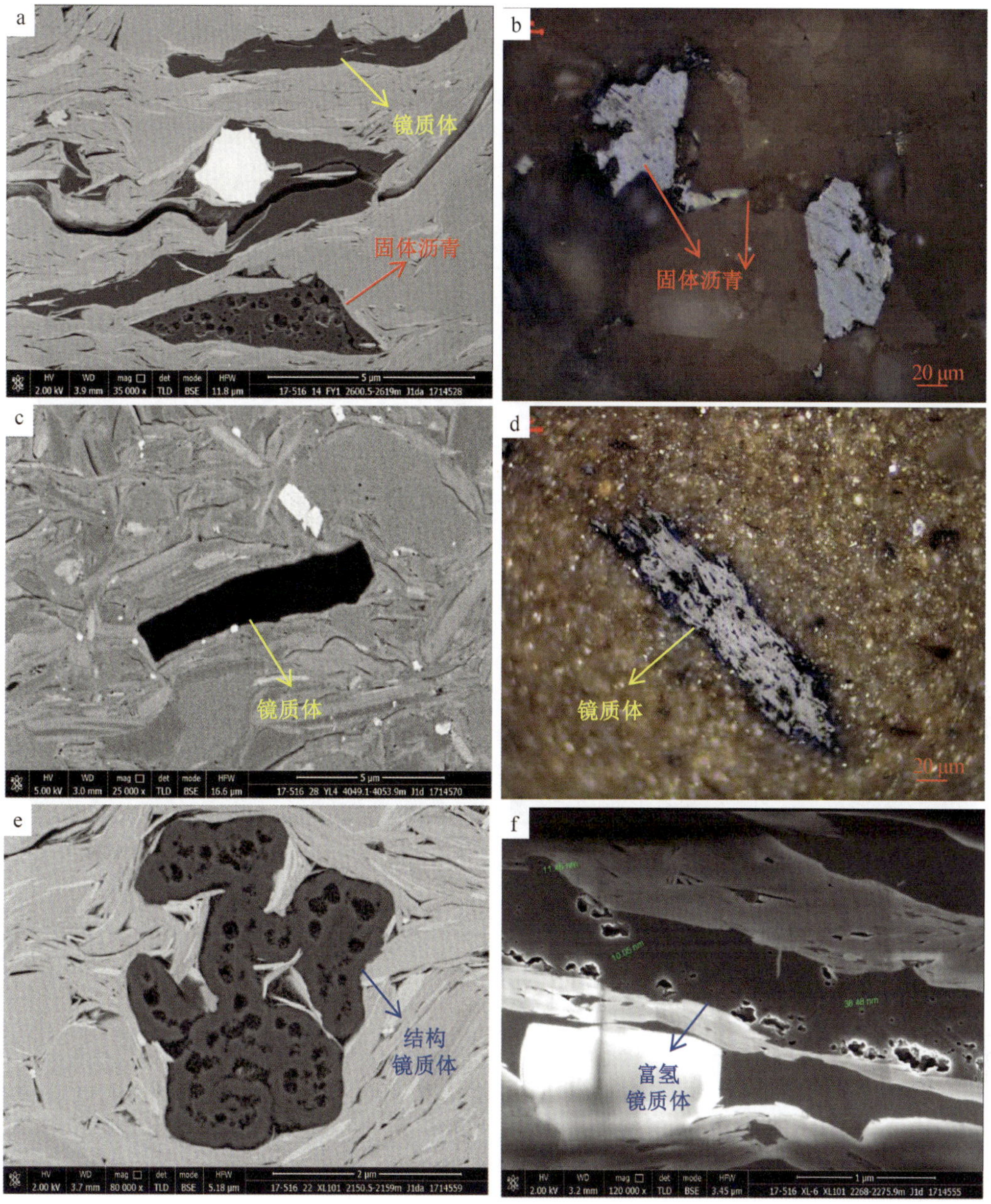

图 4-9 四川盆地下侏罗统自流井组页岩不同类型有机质显微特征

a—条带状镜质体内部均质无孔，固体沥青内有机质孔较发育，涪陵地区 FY1 井大安寨段；b—全岩光片下固体沥青，涪陵地区 XL101 井大安寨段；c—条带状镜质体内部均质无孔，元坝地区 YL4 井东岳庙段；d—全岩光片下镜质体，元坝地区 YL4 井东岳庙段；e—结构镜质体内部发育腔体孔，元坝地区 XL101 井大安寨段；f—富氢镜质体局部发育有机质孔，涪陵地区 XL101 井东岳庙段

（二）夹层储集空间类型

四川盆地自流井组页岩层系中主要发育灰岩与砂岩两类夹层，灰岩以介壳灰岩、泥质介壳灰岩为主，主要发育于涪陵地区大安寨段、东岳庙段和元坝地区大安寨段。岩石骨架由介壳组成，介壳呈密集、定向分布，主要成分为亮晶方解石，个别样品因重结晶作用强烈呈残余结构，原始结构难以分辨，部分粒内发生硅化作用。除了个别样品见零星粒内溶蚀孔隙、铸模孔及微裂缝（宽度 0.01～0.08 mm）外，整体孔隙发育较差，面孔率多数小于 1.0%（图 4-11a、c、d），表明其在埋藏过程中溶蚀作用不发育。

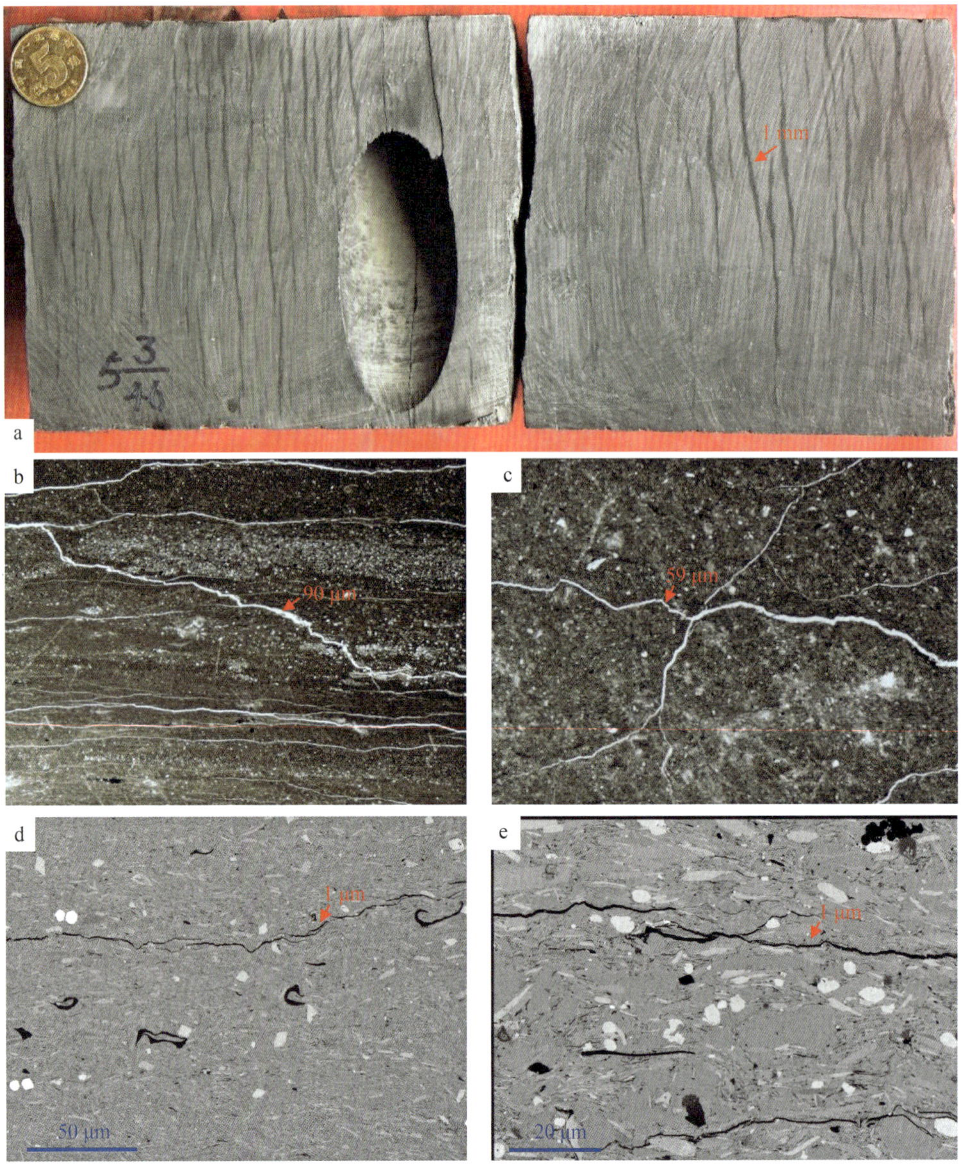

图 4-10　四川盆地下侏罗统自流井组页岩微裂缝发育特征

a—页理缝，涪陵地区 XL101 井东岳庙段，岩芯切面；b—构造微裂缝，方解石全充填，涪陵地区 FY5 井大安寨段，薄片；c—构造微裂缝，方解石全充填，元坝地区 YL176 井大安寨段，薄片；d—微裂缝，微齿状，涪陵地区 XL101 井东岳庙段，扫描电镜；e—微裂缝，不连续，涪陵地区 FY1 井东岳庙段，扫描电镜

砂岩类主要为粉细砂岩、泥质粉细砂岩，主要发育于元坝地区东岳庙段。镜下观察显示为粉砂-极细砂结构，分选中等，孔隙式胶结。岩石骨架主要由石英颗粒组成，有少许长石、岩屑、云母类等矿物。粒状石英表面偶见波状消光；长石多为柱状，少见双晶；岩屑多为石英岩岩屑、泥岩岩屑等；片状白云母杂乱分布。少许暗色有机质分布于局部粒间。粒间填隙物主要是隐晶状泥质，部分水云母化呈鳞片状，孔隙基本不发育（图 4-11b）。

二、鄂尔多斯盆地上三叠统延长组

（一）页岩储集空间类型

氩离子抛光-扫描电镜鉴定结果表明，鄂尔多斯盆地上三叠统延长组长 7 段页岩中主要发育 3 类

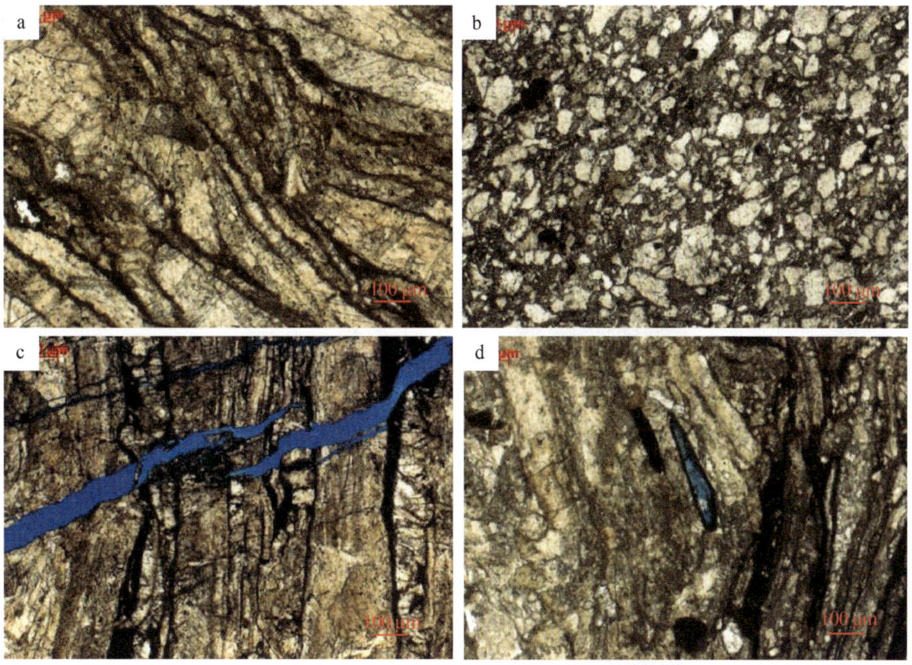

图 4-11　四川盆地下侏罗统自流井组夹层储集空间特征

a—介壳灰岩，元坝地区 YL30 井大安寨段；b—泥质极细-细砂岩，分选中等，孔隙式胶结，元坝地区 YL4 井东岳庙段；c—介壳灰岩，残余粒屑结构，不连续溶蚀裂缝，宽度 0.01～0.08 mm，涪陵地区 FY1 井大安寨段；d—泥质介壳灰岩，铸模孔，涪陵地区 FY1 井东岳庙段

8 种孔隙类型（表 4-2），无机矿物质孔包括粒间（溶）孔、晶间（溶）孔、粒内（溶）孔；根据排烃成因，将有机质孔分为出油孔、出气孔和收缩孔；微裂缝分为构造缝和成岩缝等。

1. 无机矿物质孔

（1）粒间（溶）孔

主要为石英、长石和黏土矿物等碎屑矿物颗粒在压实作用、胶结作用及溶蚀作用等改造作用下形成的孔隙，可分为原生粒间孔和次生粒间溶蚀孔，一般石英、长石等刚性矿物颗粒相互支撑条件下发育残余粒间孔，而刚性矿物颗粒与黏土矿物相接触，一般不发育粒间孔，但在局部黏土矿物颗粒杂乱堆积条件下可残余粒（晶）间孔，多为不规则状，粒间孔的孔隙直径可达 60 nm 至几十微米。

（2）晶间（溶）孔

晶间孔主要指矿物晶体生长堆积形成的微孔隙，孔径范围大多在 60～220 nm 之间。以黏土矿物晶间孔最为常见，包括晶体间的原生微孔、晶间溶蚀微孔和黏土矿物转化过程中脱水形成的晶间孔，如蒙脱石向伊利石转化时脱水形成的晶间孔；还有石英晶体、草莓状黄铁矿晶体之间也见有微-纳米孔隙。

（3）粒内（溶）孔

粒内微孔包括晶格缺陷造成的原生微孔和溶蚀造成的粒内溶蚀微孔。主要为不稳定矿物碳酸盐、长石、黏土矿物等发生溶蚀而形成溶蚀孔，也可见石英、云母矿物晶内（溶）孔，边缘不规则，粒内（溶）孔孔径范围为 60～220 nm。

2. 有机质孔

鄂尔多斯盆地上三叠统延长组长 7 段页岩中发育多种类型、形态多样的有机质相关孔隙（图 4-12），主要包括以下 3 种类型：

（1）出油孔

主要发育于相对低熟度（$0.5\%<R_o<0.9\%$）的生油窗内，是在原油生成且发生排烃运移时产生的气泡状孔隙，多孤立零星分布，孔径分布范围以 80～220 nm 为主。

表 4-2　鄂尔多斯盆地上三叠统延长组页岩储层孔隙类型及其特征

孔隙类型		孔隙示意图	扫描电镜	发育特征	孔径或缝宽	成因
无机矿物质孔	粒间（溶）孔	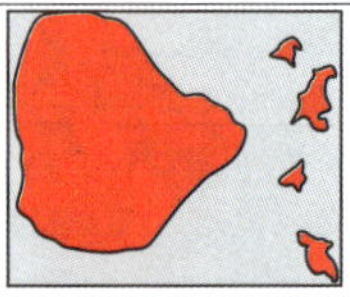	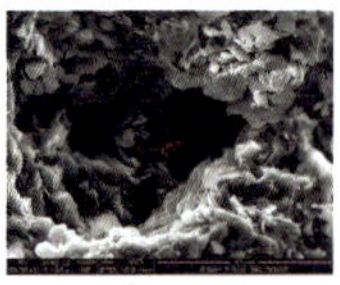	陆源碎屑颗粒及生物颗粒间，粘土矿物颗粒间	60 nm～30 μm，喉道为20～120 nm	堆积、矿相转化（溶蚀）
	晶间（溶）孔		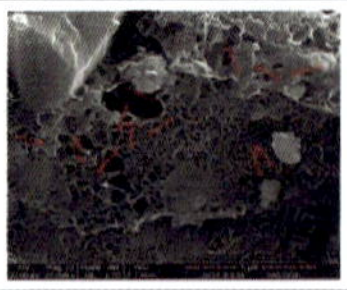	粘土矿物晶间、陆源颗粒晶间、自生矿物晶间	60～220 nm，喉道为20～120 nm	晶体结构、矿相转化
	粒内（溶）孔	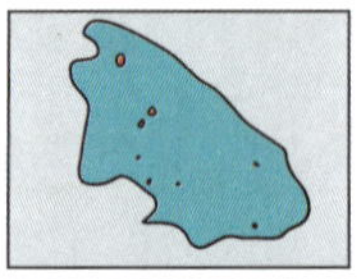		粘土矿物晶内、陆源颗粒晶内、自生矿物晶内	60～220 nm，喉道为20～120 nm	晶体结构、矿相转化、生长缺陷
有机质孔	出油孔	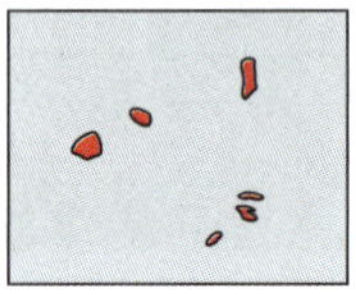		I和II型干酪根内部（沥青内部），多呈气泡状	80～220 nm，喉道为20～120 nm	生油阶段，油滴占据的孔隙
	出气孔	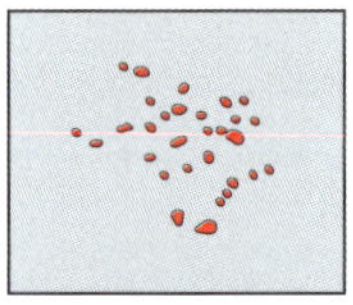	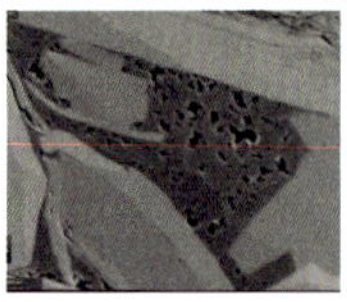	有机质内部，呈密集海绵状	50～220 nm，喉道为20～120 nm	生气阶段，气体占据的孔隙，可以构成“气孔群”
	有机质边缘收缩孔	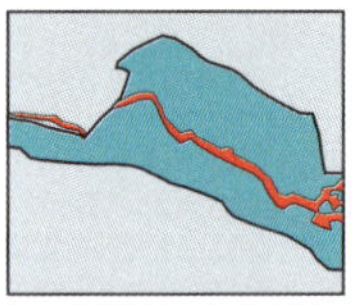	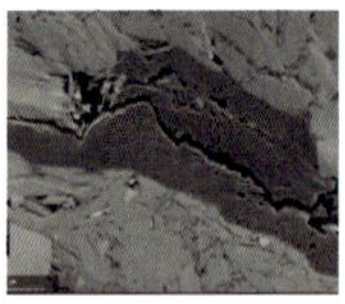	有机质与矿物结合边缘或内部	50 nm～1 μm	有机质热演化、生烃收缩形成
微裂缝	成岩缝	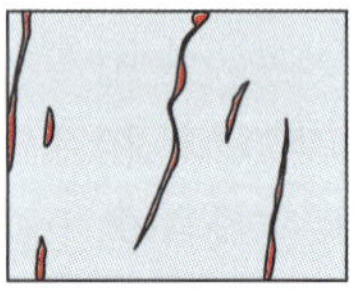	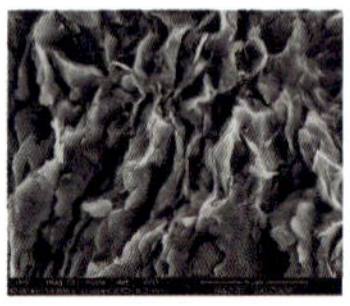	沿矿物颗粒边缘	几十纳米-微米	超压、收缩等成因
	构造缝	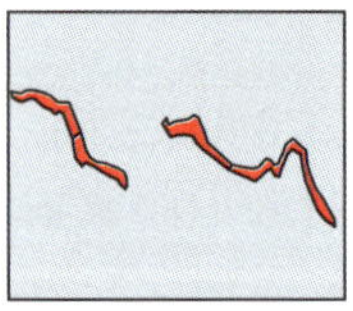	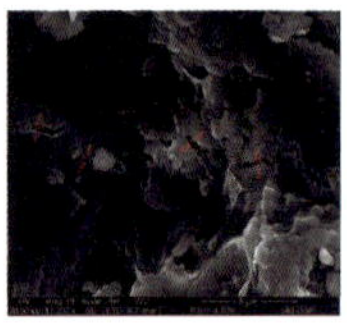	切割颗（晶）粒（充填、溶蚀等）	几百纳米-微米	构造活动

（2）出气孔

主要发育于成熟度较高（R_o>0.9%）的已进入生气窗，在原油裂解生气过程中形成的有机质孔。通常情况下页岩有机质含量高，有机质内气孔也会增多，多呈圆形、椭圆形及密集海绵状，孔径范围从几纳米至 220 nm 不等。

（3）收缩孔

主要发育于有机质内部及有机质与无机矿物结合的边缘部位，是有机质在热演化过程中因为排烃和体积缩小而形成，主要包括有机质边缘缝和粒内裂隙，孔缝范围以 50 nm~1 μm 为主。

整体上鄂尔多斯盆地延长组长 7 段页岩与四川盆地自流井组相比，有机质热演化程度要低得多，很多地区尚未达到生气窗，页岩中有机质孔隙发育程度低，对页岩总孔隙度的贡献有限。不同地区热演化程度差异对有机质孔的发育类型有一定的影响，如金锁关 JYQ1 井有机质成熟度（R_o）仅为

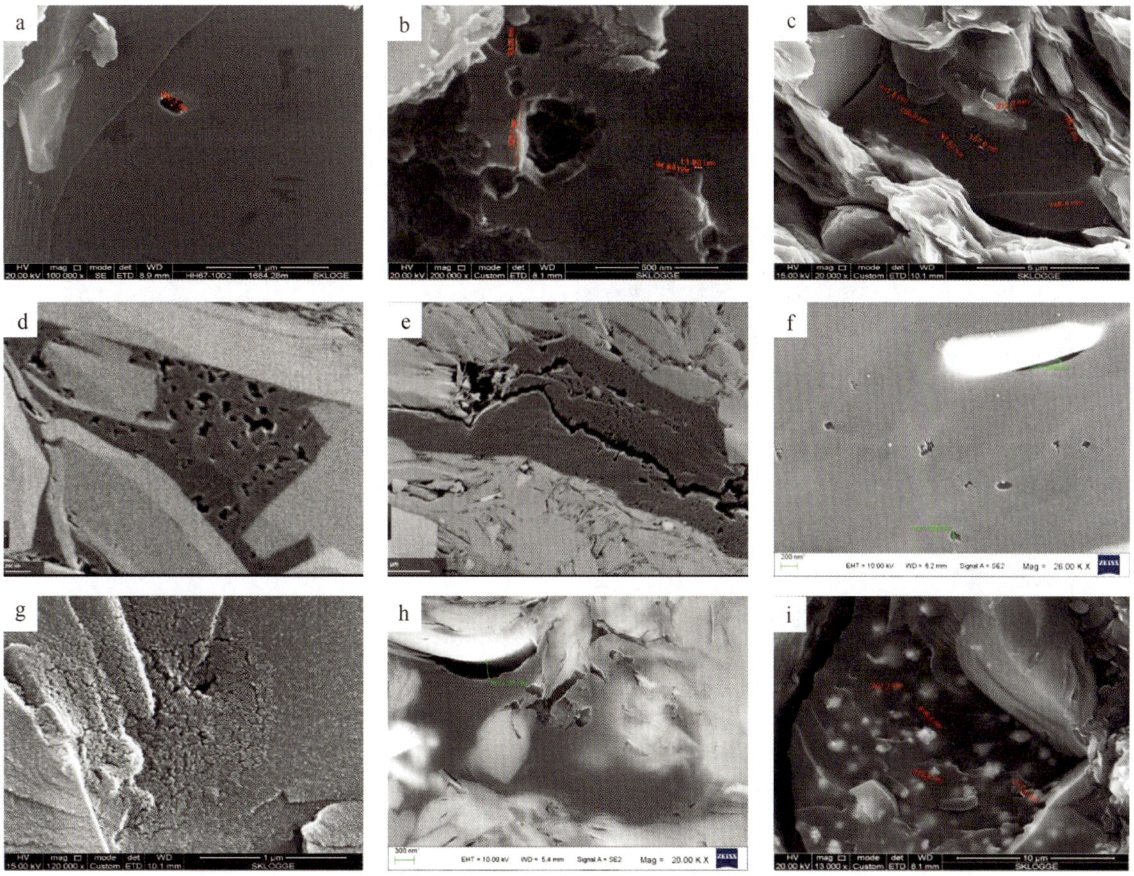

图 4-12　鄂尔多斯盆地上三叠统延长组长 7 段页岩有机质孔发育特征

a—有机质排烃出油孔，HH67 井；b—有机质气孔，XF6 井；c—有机质排烃裂隙，JH60 井；d—有机质内气孔，YY2 井；e—有机质粒内裂隙及粒缘缝，YY4 井；f—有机质发育稀疏气泡状孔隙，长条状闪锌矿与有机质之间发育粒缘缝，JYQ1 井；g—有机质收微孔，HH133 井；h—填隙状有机质发育粒缘缝及少量孔隙，片层状伊利石集合体发育层间缝，SYQ1 井；i—有机质与基质之间粒缘缝，XF6 井

0.73%，处于生油阶段，主要发育粒缘缝和少量气泡状出油孔；而在仕望河地区有机质成熟度相对较高，R_o 达到 1.1%，已进入生气窗，有机质内部可见密集海绵状出气孔。

3. 微裂缝

鄂尔多斯盆地中生代以来经历了多期构造事件，导致延长组页岩普遍发育构造裂缝，目前研究认为至少发育两期构造裂缝，裂缝走向以北西向和北东向为主，分别对应于燕山期和喜山期构造应力场。

野外露头、钻井岩性及成像测井资料综合分析来看，裂缝产状稳定，缝面平直光滑，常见擦痕，主要为剪切裂缝。从产状上来看，垂直缝及高角度斜交缝、水平缝均有发育，除部分裂缝被方解石、石英和沥青充填外，多数裂缝未充填，可作为有效的油气运聚空间。

岩石薄片及氩离子抛光-扫描电镜观察结果表明：长 7 段页岩中发育多种类型的纳米—微米级微裂缝，其中以构造微裂缝、成岩缝为主（图 4-13）。此外还可见沉积成因的水平纹层缝，石英、长石等矿物颗粒边缘收缩形成的粒缘缝，片状矿物（伊利石、云母等）晶间隙扩大形成的片理缝等。页岩层系中多种成因微裂缝与无机矿物质孔、有机质孔共同形成的孔缝系统，明显提升页岩储集油气的能力，尤其是在基质非常致密的条件下，微裂缝的储集和渗透能力值得重视。

（二）夹层储集空间类型

延长组长 7 段陆相页岩层系中，发育粉砂岩、细砂岩和少量凝灰岩 3 种夹层类型，采用铸体薄

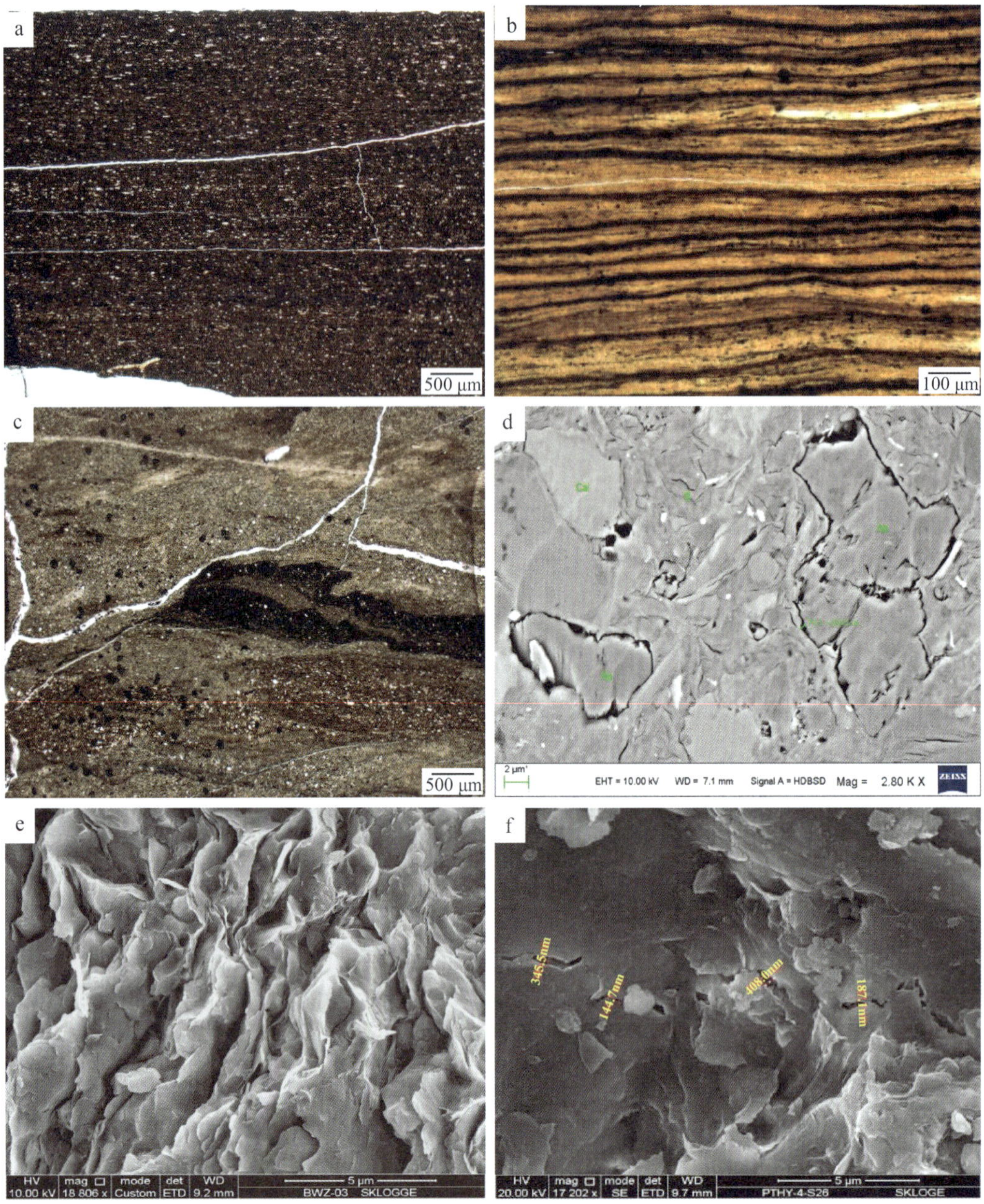

图 4-13 鄂尔多斯盆地上三叠统延长组长 7 段页岩微裂缝发育特征

a—发育多条水平裂缝，裂缝内未充填，缝宽 7~20 μm，发育 1 条垂直缝，裂缝内未充填，缝宽约 15 μm，JYQ1 井；b—发育数条水平裂缝，缝宽 10~15 μm，裂缝内硅质充填，JYQ1 井；c—发育数条裂缝，裂缝内硅质充填或未充填，裂缝宽 10~50 μm，JYQ 1 井；d—钠长石发育溶蚀孔及粒缘缝，伊利石集合体发育层间缝（长石颗粒蚀变而成），JYQ 1 井；e—黏土矿物呈片状，发育片理缝，霸王庄剖面；f—发育构造微裂缝，普陀河剖面

片、激光共聚焦显微镜图像及氩离子抛光-扫描电镜等不同的分析测试方法对夹层孔隙发育情况进行了综合分析（图 4-14）。铸体薄片与激光共聚焦显微镜图像显示粉砂岩与细砂岩发育长石溶孔、粒间孔及粒内孔，孔隙直径基本在 40 μm 以下，直径 4 μm 以上的孔隙占总孔隙的 70%以上，其中直径 4~10 μm 的孔隙可占总孔隙的 50%以上。氩离子抛光-扫描电镜细砂岩中也可观察到残余粒间孔、粒间溶孔和粒内溶孔，孔隙直径多为 5~100 μm 之间，其中碎屑颗粒粒间孔和溶蚀孔孔径多在 2 μm 以上；黏土矿物层间孔以纳米级孔隙为主；而凝灰岩中可见钠长石溶蚀孔，矿物颗粒边缘微裂缝发育，缝宽约 8 μm。

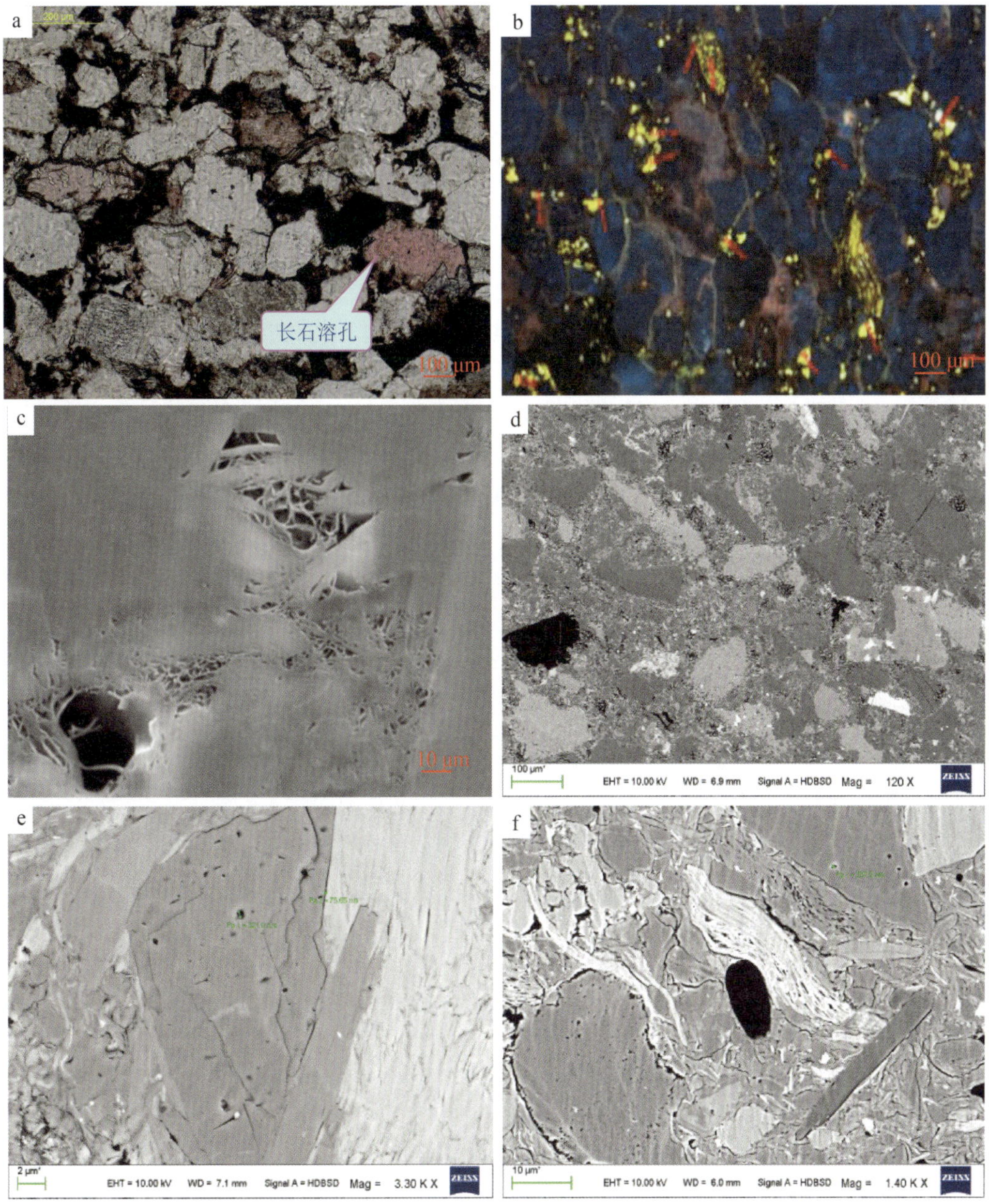

图 4-14 鄂尔多斯盆地上三叠统延长组长 7 段夹层孔隙发育特征

a—细砂岩长石溶孔，CH96 井；b—细砂岩粒间孔和粒内孔，CH96 井，激光共聚焦显微镜照片；c—细砂岩粒间孔，CH96 井；d—细砂岩，颗粒分选较好，磨圆度较好，见块状有机质，发育少量粒间孔，JYQ1 井；e—钠长石发育近四边形溶蚀孔、粒内裂隙和粒缘缝，SYQ1 井；f—凝灰岩中钠长石、片状白云母、绿泥石、石英相间分布，发育钠长石溶蚀孔，JYQ1 井

第三节 典型陆相页岩储层孔隙结构特征

一、四川盆地中下侏罗统

（一）孔径分布

目前，定量测定页岩孔隙大小的手段主要是流体注入法，包括低温氮气吸附法、二氧化碳吸附法

和高压压汞法，但每种方法都有它的优点和局限性。低温氮气吸附法探测下限为 2 nm，可以有效反映页岩中纳米孔隙的分布，适用于测试介孔范围；对于孔径小于 2 nm 的孔隙可以采用二氧化碳吸附法测试；高压压汞法探测范围虽为 3 nm~1 mm，当页岩孔隙十分微小时，液体汞不易进入纳米级的孔隙，且高压压汞法容易造成人工裂隙，高压汞孔径分析法可以反映页岩宏孔甚至微裂缝的信息，但不利于纳米级孔隙的定量测定。因此采用单一手段确定页岩基质的孔隙结构往往比较困难，结合各种现代仪器分析技术手段进行页岩孔隙分析是准确揭示页岩宽范围孔径分布的有效途径。为此，本次研究在实验测试过程中将压汞法和气体吸附法相结合，通过两种测定结果的衔接实现了全孔隙结构定量表征。

根据自流井组页岩氮气吸附实验测试分析得到的吸附-脱附回滞曲线（图 4-15），可以分为两种类型：①页岩孔隙氮气吸附量较大，该类等温吸附曲线的起始吸附量约为 1.75 cm^3/g，最大吸附量为 12.63 cm^3/g。②页岩孔隙氮气吸附量较小，该类等温吸附曲线的起始吸附量约为 0.95 cm^3/g，最大吸附量为 6.32 cm^3/g。对比样品的吸附量与 TOC 和黏土矿物含量可知，吸附量与页岩 TOC 含量无明显的关系，吸附量与页岩黏土矿物含量具有一定的相关性，表明样品的吸附脱附曲线主要反映黏土矿物孔隙的结构特征。两类页岩样品的吸附脱附曲线形态为典型的反 S 型，且吸附曲线具有三段式变化特征。第一段：相对压力 $P/Po<0.45$，曲线缓慢上升；第二段：相对压力 P/Po 介于 0.45~0.85 之间，曲线变化平缓；第三段：相对压力 $P/Po>0.85$，曲线急剧上升。当相对压力 P/Po 减小时氮气随即开始脱吸附即回滞曲线，当相对压力 P/Po 减小至 0.45 左右回滞曲线出现拐点，氮气脱吸附加速，回滞曲线迅速降低。根据国际纯粹与应用化学联合会（IUPAC）的分类方案，自流井组页岩滞后曲线不符合典型曲线的分类特征，表现为 H3 兼 H2 型的变化趋势，说明自流井组页岩储层孔隙形态较复杂。结合自流井组页岩孔隙类型推测，此回滞曲线主要与片状结构伊利石之间狭缝型孔隙及局部发育的微裂缝有关，同时也反映了储层中发育少量的“墨水瓶”状孔隙，这种孔隙可能与部分无机矿物粒间孔和有机质孔相关。

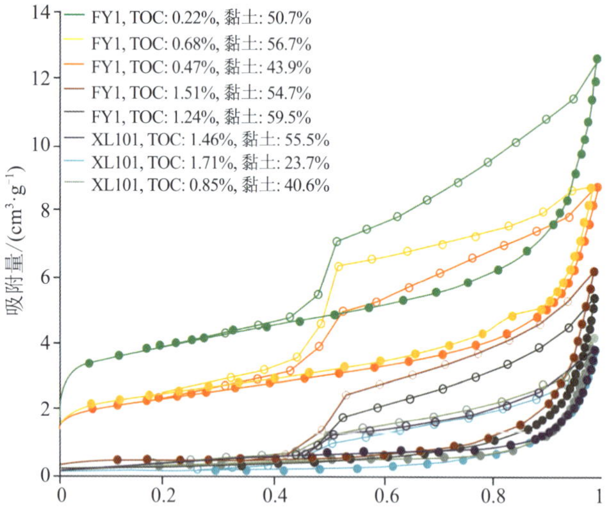

图 4-15　四川盆地自流井组页岩吸附-脱附曲线

选取川东涪陵地区及川北元坝地区自流井组 35 个页岩样品开展高压压汞-吸附联合测试分析（图 4-16），研究结果表明两个地区自流井组页岩孔隙均以介孔（2~50 nm）为主，且平均占比基本相当，均在 55%左右，主要差异是川东涪陵地区比川北元坝地区的微孔（<2 nm）占比更低，而大孔（>50 nm）占比更高（图 4-17），反映川东涪陵地区自流井组页岩孔隙连通性可能更好。

川东涪陵地区 XL101 井自流井组大安寨段页岩 FIB-SEM 三维分析结果表明：样品中整体有机质

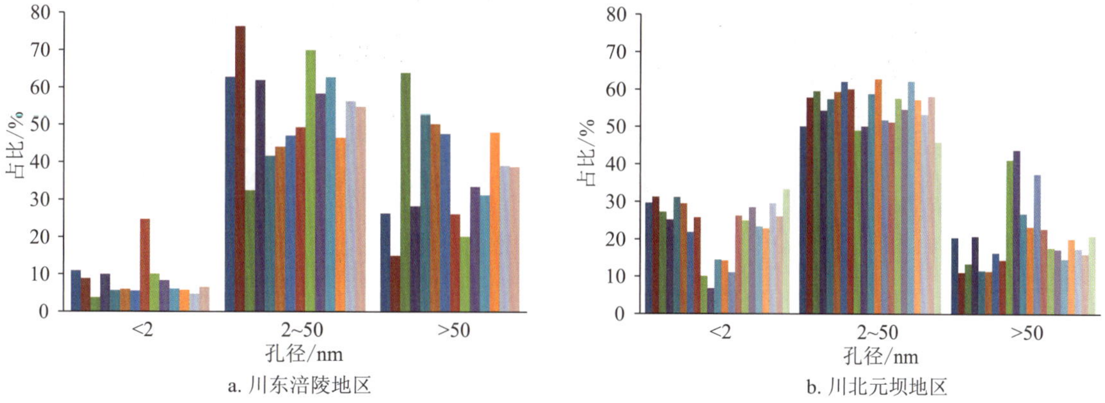

图 4-16　四川盆地下侏罗统自流井组页岩孔径分布特征

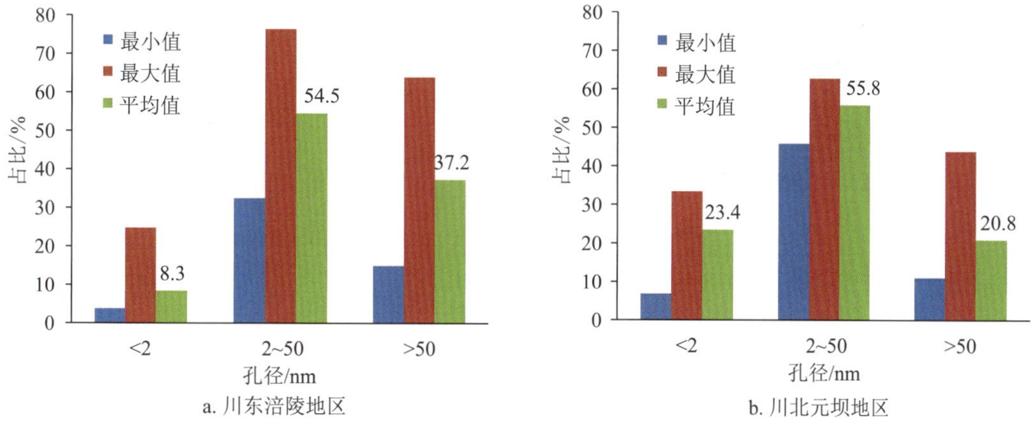

图 4-17　四川盆地下侏罗统自流井组页岩各类孔隙分布特征

含量较低，有机质主要为填充在泥质之间的细碎有机质，仅在局部有机质具有一定的连续性；页岩中孔隙主要为黏土矿物间的片状微孔隙，有机质内孔隙发育较差，孔隙的总体连通性差，仅在局部具有一定的孔隙连通性。计点法统计孔隙数量以孔径小于 30 nm 的孔隙为主，孔隙在 100~500 nm 之间的大孔对页岩孔体积贡献最大（图 4-18）。

（二）孔容与比表面积

川东涪陵地区与川北元坝地区自流井组页岩比表面积、总孔容统计对比结果表明，涪陵地区总比表面积分布范围为 0.69~13.73 m^2/g，平均值为 3.00 m^2/g，总孔容分布范围为 0.004~0.020 mL/g，平均为 0.009 mL/g。元坝地区总比表面积分布范围为 1.05~9.72 m^2/g，平均值为 5.00 m^2/g，总孔容分布范围为 0.007~0.017 mL/g，平均为 0.010 mL/g（图 4-19、图 4-20），整体而言，元坝地区总孔容与比表面积略好于涪陵地区，主要与元坝地区热演化程度高于涪陵地区，黏土矿物伊利石化程度更高、微孔更发育有关。自流井组陆相页岩与志留系五峰组—龙马溪组海相页岩相比，总孔容大致相当，但比表面积明显偏低，反映陆相页岩吸附能力较差。

二、鄂尔多斯盆地上三叠统延长组

（一）孔径分布

延长组页岩样品的吸附曲线整体呈反 S 型，吸附曲线前段上升缓慢，存在一个长平台，后段急剧

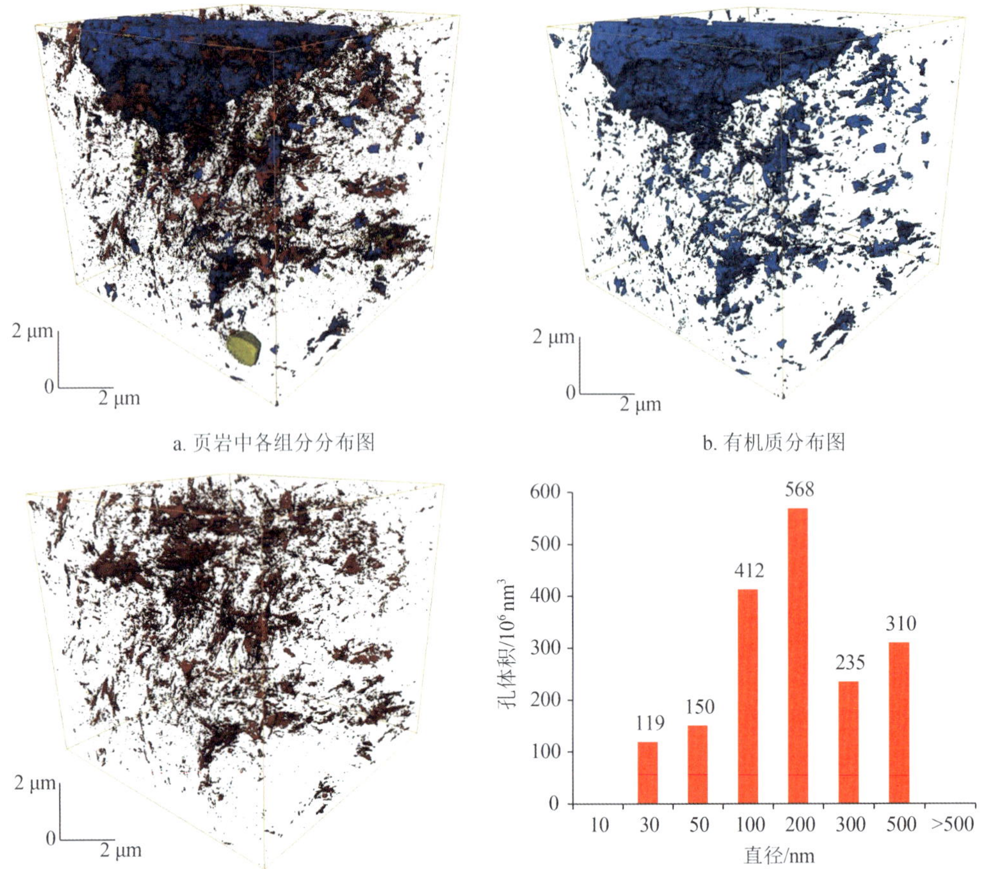

a. 页岩中各组分分布图　b. 有机质分布图　c. 孔隙分布图　d. 孔隙体积分布图

图 4-18　涪陵地区下侏罗统自流井组大安寨段页岩 FIB-SEM 分析图

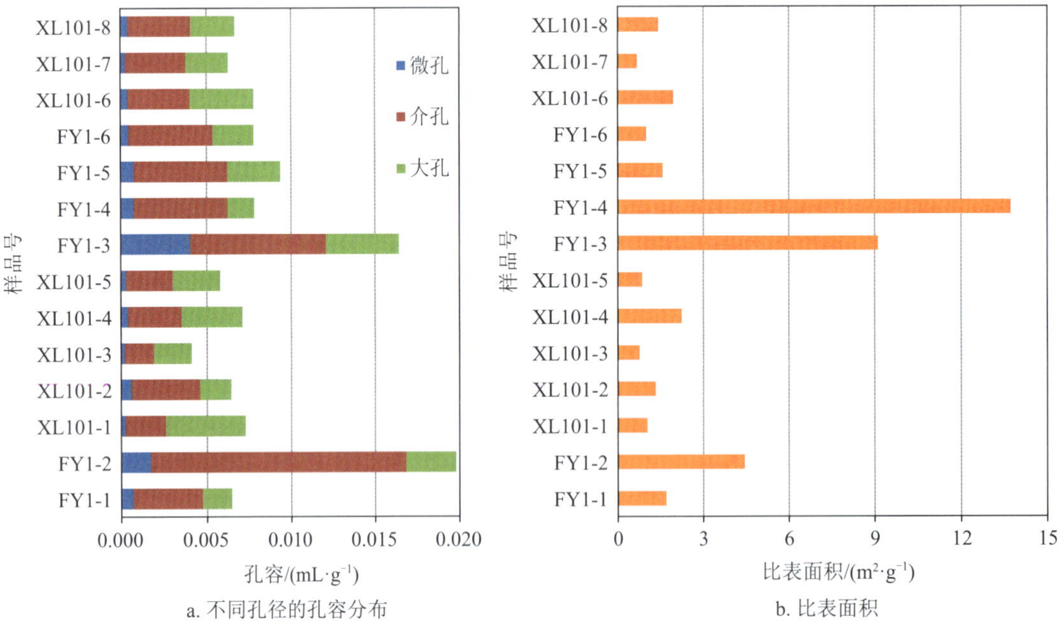

a. 不同孔径的孔容分布　b. 比表面积

图 4-19　涪陵地区下侏罗统自流井组页岩孔隙结构特征

上升。根据国际纯粹与应用化学联合会（IUPAC）的分类方案，延长组页岩吸附-脱附曲线滞后回环主要为两种类型：第一类（H3 兼 H2 型）板状孔隙：页岩中的伊利石含量高，相对压力 $P/P_0 \approx 0.45$

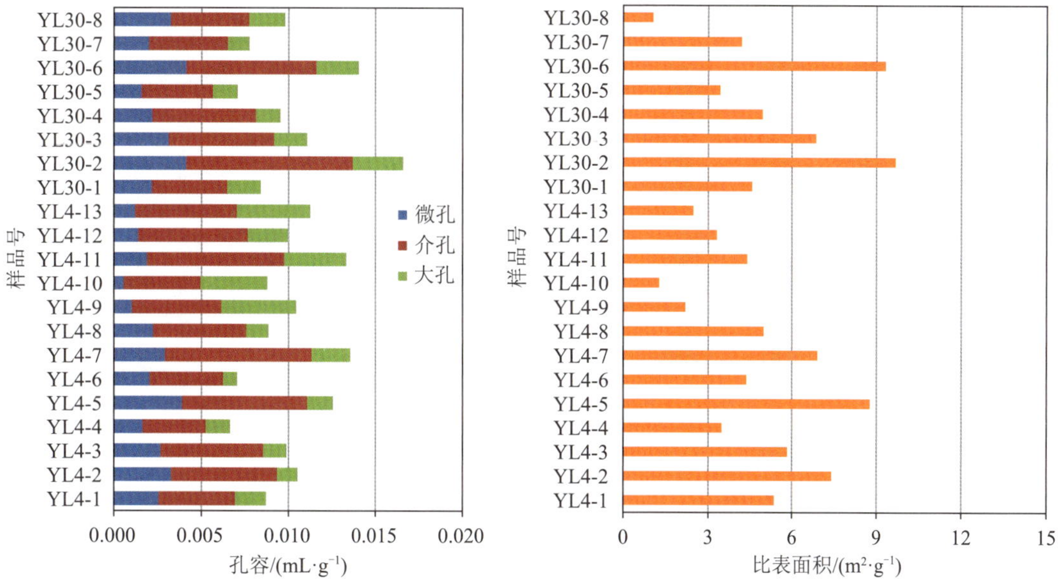

a. 不同孔径的孔容分布　　b. 比表面积

图 4-20　元坝地区下侏罗统自流井组页岩孔隙结构特征

时出现拐点，吸附曲线与脱附曲线明显分离，相对压力 0.45~0.8 范围内吸附曲线缓慢升高，相对压力 $P/P_o \approx 0.8$ 后等温吸附曲线陡然上升至最大吸附量，随后由最大吸附量快速脱吸至相对压力 $P/P_o \approx 0.85$，之后平稳脱吸至结束（图 4-21a）。第二类（H3 型）狭缝形、锲形孔隙：多为中等含量伊利石页岩和粉砂质泥岩，吸附曲线在相对压力 $P/P_o \approx 0.45$ 附近发生分离，形成迟滞回线，相对压力 0.45~0.8 范围内吸附曲线极缓慢升高，之后快速上升至最大吸附量，再由最大吸附量相对快速脱吸至相对压力 $P/P_o \approx 0.85$，之后极缓慢脱吸至结束（图 4-21b）。

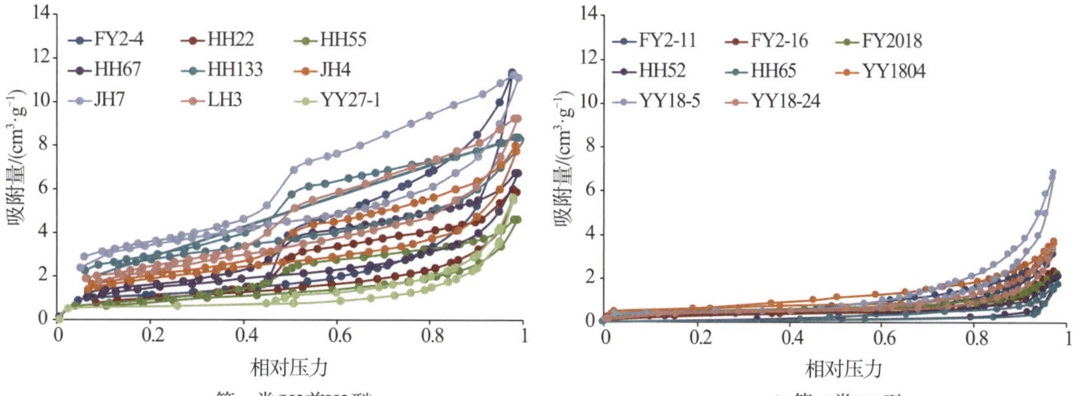

a. 第一类(H3兼H2型)　　b. 第二类(H3型)

图 4-21　鄂尔多斯盆地上三叠统延长组页岩吸附-脱附曲线特征

H3 兼 H2 型呈现出不同类型滞后回线叠加的特点，表明其孔隙形态的复杂性，其中板状形态的孔隙占据了一定比例，推测主要与片状伊利石晶间孔较发育有关（图 4-22a）。H3 型反映以狭缝形、锲形孔隙为主的特征（图 4-22b）。整体而言，第一类（H3 兼 H2 型）页岩的吸附能力明显好于第二类（H3 型）页岩。

延长组钻井和野外页岩样品中 696 个样品的统计结果表明：页岩储层孔隙类型以粒间（溶）孔为主，约占 45.4%，孔径范围 60 nm~21.8 μm；粒内（溶）孔约占 22.70%，孔径范围 60 nm~4.8 μm；晶间（溶）孔约占 18.10%，孔径范围 60 nm~7.3 μm；有机质收缩孔（缝）约占 5.10%，孔径范围 26~220 nm；微裂缝约占 5.10%，孔径范围 35 nm~2.3 μm；有机质孔仅占 3.50%，孔径范围 28 nm~3 μm。延长组长 7 段页岩中有机质孔发育相对较少，这主要与页岩有机质成熟度较低（R_o 主要分布在 0.4%~1.3%之间）、尚未进入大量生气阶段有关（图 4-23）。

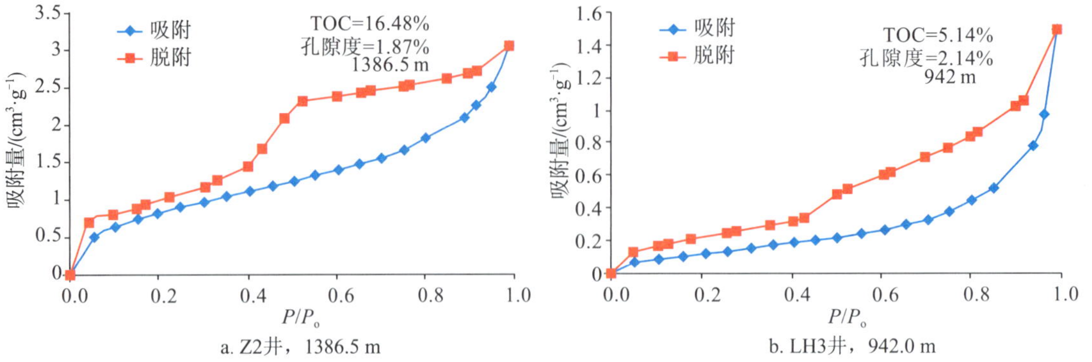

图 4-22　鄂尔多斯盆地上三叠统延长组两类页岩吸附-脱附特征对比

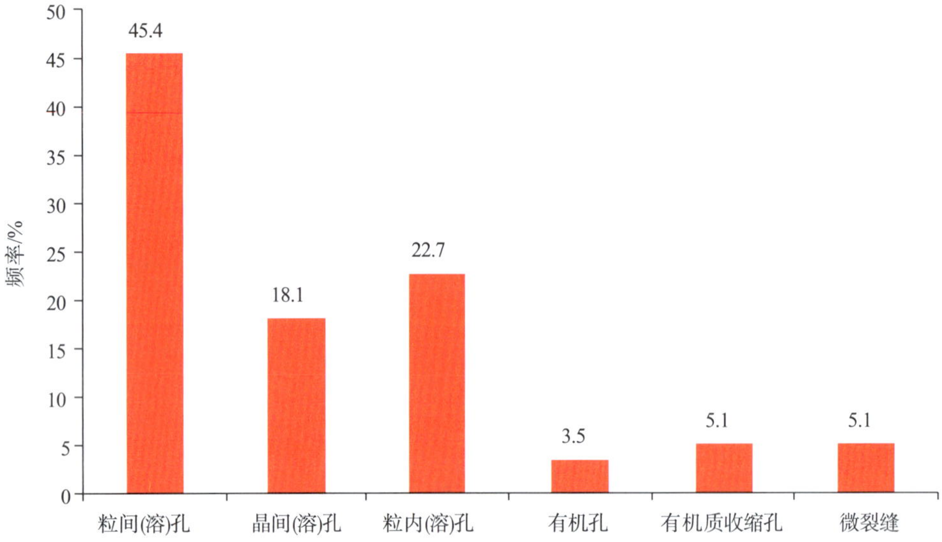

图 4-23　鄂尔多斯盆地上三叠统延长组长 7 段页岩孔隙类型分布

对两口浅井 JYQ1 和 SYQ1 井的岩芯样品的 CT 扫描显示，JYQ1 井长 7 段页岩孔隙度 1.08%，喉道数量 12815，喉道平均长度 8.059 μm，喉道平均半径 0.741 μm，渗透率 0.00417×10^{-3} μm；SYQ1 井长 7 段页岩孔隙度 0.17%，喉道数量 512，喉道平均长度 8.839 μm，喉道平均半径 0.746 μm，渗透率极低。JYQ1 井与 SYQ1 井相比，页岩孔喉发育明显要好。

（二）比表面积

延长组长 7 段、长 9 段页岩样品的比表面积主要分布在 0.02~12.02 m^2/g，平均为 3.17 m^2/g；孔体积主要分布在 0.003~0.012 mL/g 之间，平均为 0.009 mL/g。延长组的主要孔喉直径分布在 2.97~15.16 nm 之间，平均为 4.31 nm。根据低温氮气吸附实验分析，可知延长组页岩储层的孔径以中孔为主，其中富县地区页岩平均孔径为 7.25 nm，较其他地区略高；从比表面积来看，JYQ1 井页岩比表面积最高，分布在 0.41~15.79 m^2/g，平均 10.30 m^2/g，其次为 SYQ1 井，页岩比表面积分布在 0.60~16.98 m^2/g，平均 6.48 m^2/g（表 4-3）。

表 4-3 鄂尔多斯盆地不同地区上三叠统延长组页岩比表面积和孔径统计表

地区	层位	孔体积/($mL \cdot g^{-1}$)	比表面积/($m^2 \cdot g^{-1}$)	平均孔径/nm	样品数
镇泾	长 7	0.012	3.44	3.84	17
彬长	长 7	0.007	2.97	3.81	24
洛川	长 7	0.006	3.30	3.88	3
渭北	长 7	0.010	4.79	3.78	3
富县	长 7	0.010	1.56	7.25	9
正宁	长 7	0.003	1.46	3.69	3
JYQ1	长 7	/	10.30	/	11
SYQ1	长 7	/	6.48	/	12
彬长	长 9	0.004	1.52	3.72	1

第四节 典型页岩成岩作用与孔隙演化

与常规油气储层不同，陆相页岩既是烃源岩又是储集岩，又发育较多的夹层（碳酸盐岩、砂岩等），页岩与夹层的成岩作用既有关联性，又有差异性，并且相互影响，使陆相页岩的成岩作用与孔隙演化具有一定特殊性和复杂性。

一、四川盆地中上侏罗统

（一）成岩作用与无机孔演化

根据薄片、氩离子抛光-扫描电镜、X 射线衍射、阴极发光等手段，开展了四川盆地中下侏罗统陆相页岩层系的成岩作用研究，其在埋藏过程中经历了压实、胶结、交代、黏土矿物转化等成岩作用过程，成岩演化过程控制了页岩及其夹层的孔隙演化过程。

1. 黏土矿物对无机孔的影响

黏土矿物是页岩中最主要的矿物成分。四川盆地自流井组大安寨段和东岳庙段富有机质页岩中的黏土矿物主要为伊蒙混层、伊利石、高岭石和绿泥石（图 4-24，图 4-25），其中伊蒙混层、伊利石占绝对优势。通常情况下，随埋深变大，黏土矿物类型会发生转化，川北元坝地区和川东涪陵地区的大安寨段埋深相差 1000 m 以上，涪陵地区大安寨段埋深在 2600 m 左右，伊蒙混层平均含量为 51%，伊利石平均含量为 25%，高岭石平均含量为 9%，绿泥石平均含量为 18%，元坝地区大安寨段埋深在 3800 m 左右，伊蒙混层平均含量为 40.05%，伊利石平均含量为 23.05%，高岭石平均含量为 15.94%，绿泥石平均含量为 20.94%。对比结果表明元坝地区页岩中伊蒙混层含量显著降低，伊利石略有减少，绿泥石略有增加，高岭石明显增加。由此可见，随埋深加大，伊蒙混层含量普遍降低的趋势是很明显的，伊蒙混层转化成了高岭石和绿泥石，且转化深度在 2600~3800 m 之间。

通常来讲，不同类型黏土矿物的片状晶形成了复杂形态的纳米级微孔和介孔孔隙结构，而不同类型的黏土矿物在扫描电镜下的形态特征具有各自的特点，蒙脱石一般呈不规则细粒状或鳞片状，结晶程度差，轮廓不清楚；伊利石多为较大的弯曲薄片和丝状单晶，聚合后呈蜂窝状、丝缕状、絮团状、定向排列等状态；伊蒙混层多包裹于其他颗粒上或呈杂乱状充填于孔隙中，集蒙脱石和伊利石两者形态；绿泥石一般单晶形态多为针叶状和薄六角板状，单晶聚合呈花朵状、绒球状、蜂窝状和叠层等状态；高岭石多呈六角板状单晶，聚合体呈书页状或蠕虫状。选取元坝地区 YL4 井东岳庙段（3997~4011 m 段）开展黏土矿物含量及不同类型黏土矿物与孔隙度相关关系研究（图 4-26），结果显示不同类型黏土矿物之间的转化程度的差异对孔隙度发育的影响较小，其孔隙度主要与黏土矿物的总含量

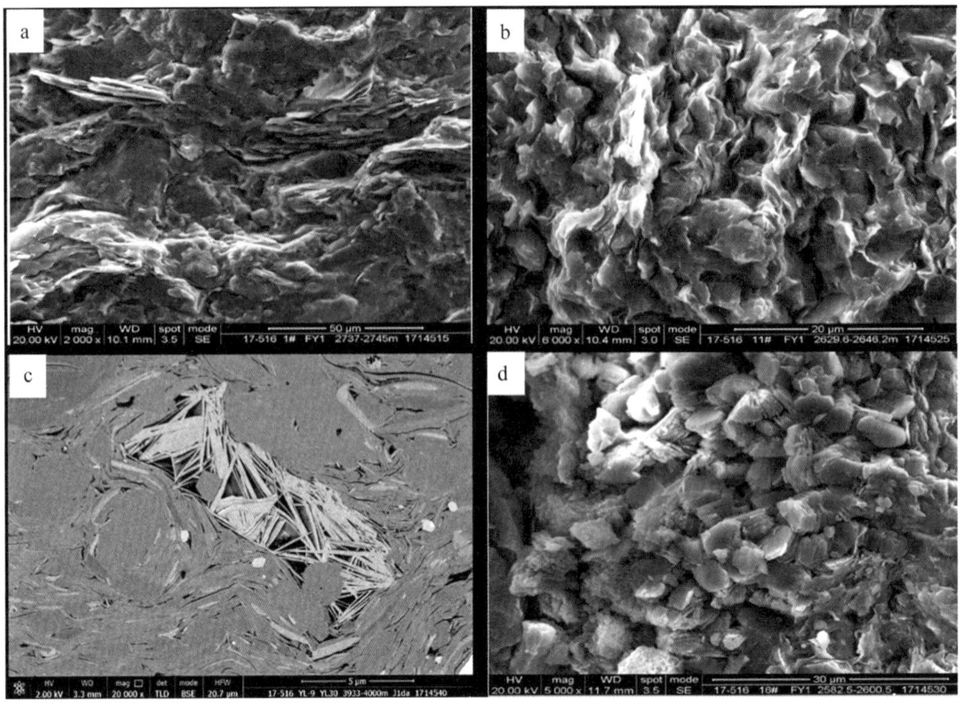

图 4-24　四川盆地下侏罗统自流井组页岩黏土矿物的成岩特征

a—石英夹片状伊利石，为矿物转化及重结晶成因伊利石，泥质粉砂岩，涪陵地区 FY1 井，东岳庙段；b—有序的伊蒙混层顺层排列，晶间孔发育，介壳页岩，涪陵地区 FY1 井，东岳庙段；c—绿泥石及晶片间孔隙，页岩，涪陵地区 FY1 井，大安寨段；d—书页状高岭石，介壳页岩，涪陵地区 FY1 井

（介于 30%~60%之间）具有较好的正相关关系，进一步计算页岩中伊利石与伊蒙混层的绝对含量发现其与孔隙度的正相关关系也较好，这主要是由于伊利石和伊蒙混层的含量较大造成的。

2. 石英对无机孔的影响

川北元坝地区东岳庙段、马鞍山段和大安寨段页岩的 X 射线衍射分析结果表明，石英含量为 15.30%~77.30%，平均值为 46.20%。其中东岳庙段石英含量 30.10%~77.30%，平均值 53.90%；马鞍山段石英含量 30.40%~50.20%，平均值为 39.40%；大安寨段石英含量 15.30%~66.20%，平均值为 37.10%。

通过扫描电镜和阴极发光发现页岩中的石英主要是陆源的（图 4-27），只有小部分是自生的。自流井组陆源石英的特征是：颗粒直径较大，介于 30~120 μm 之间，呈次圆状-次棱角状，部分呈棱角状，阴极发光不发光。在细砂岩夹层中，碎屑主要由石英组成，其次为岩屑、长石，少许白云母。

自生石英有两类：一类分布在黏土矿物之间；另一类交代介壳形成，即介壳硅化。黏土矿物间的石英较少见。扫描电镜下，黏土矿物中镶嵌着少量石英晶体，大小为数微米，自形形态较好（图 4-28）。在页岩的成岩演化过程中，有机质成熟产生的有机酸和 CO_2 可溶解长石，释放出一些 SiO_2，形成自生石英（钾长石+$2H^+$+H_2O=高岭石+ $4SiO_2$+$2K^+$；钠长石+$2H^+$+H_2O=高岭石+$4SiO_2$+$2Na^+$），在长石附近沉淀下来。此外，黏土矿物转化也会释放出一些 SiO_2。但由于长石溶解和黏土矿物转化发生在埋藏深度较大处，此时页岩孔隙度已经因压实而变得较小，孔隙水流动困难，因此形成的自生石英数量有限。

自生石英交代介壳（即硅化）的现象较常见。在偏光显微镜下，可以观察到瓣鳃类生物介壳边缘常常镶嵌着大小不一的石英晶体，石英晶粒由介壳边缘向内部有逐渐增大的趋势（图 4-29a）。这些镶嵌在介壳边缘的石英在阴极发光下不发光（图 4-29b）。自生石英晶形较好，呈多面体、柱锥状晶形，大小不一，直径介于 10~70 μm 之间。在扫描电镜和电子探针下，也可见生物介壳内有自生石

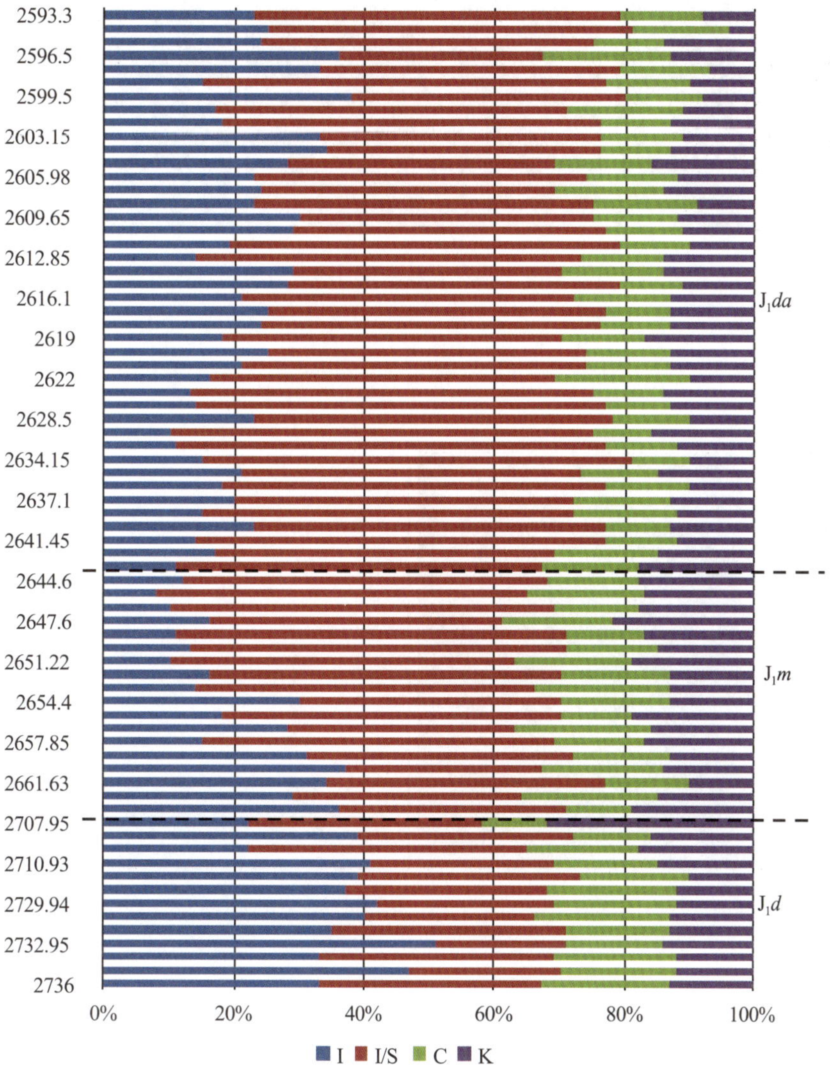

图 4-25　涪陵地区 FY1 井下侏罗统自流井组页岩黏土矿物组成

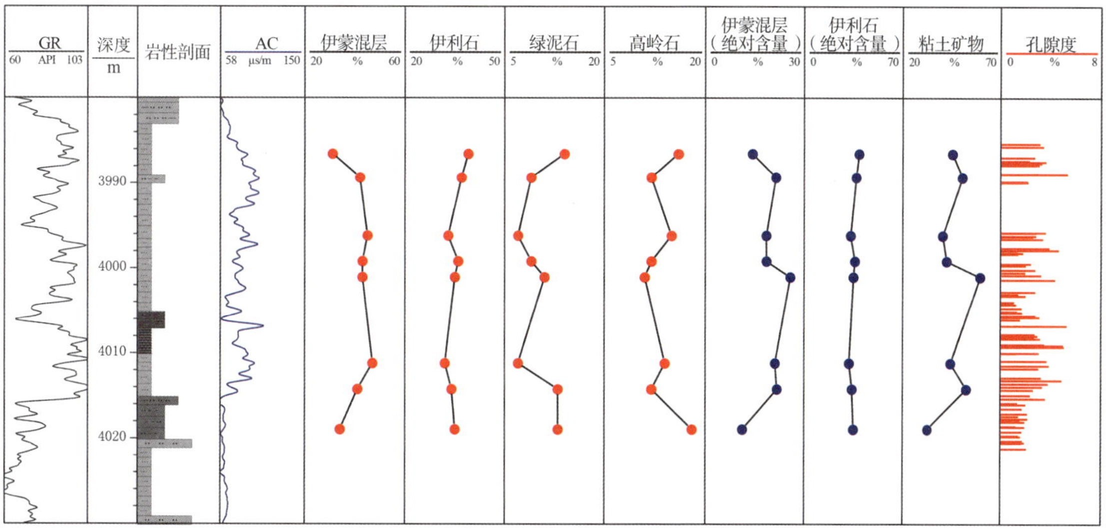

图 4-26　元坝地区 YL4 井下侏罗统自流井组东岳庙段黏土矿物含量与孔隙度的关系

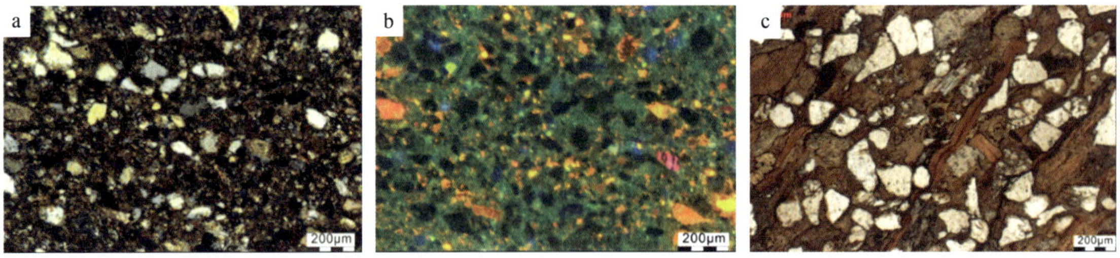

图 4-27　四川盆地下侏罗统自流井组页岩陆源石英偏光显微镜特征

a—陆源石英，呈次圆状-次棱角状，正交光，元坝地区 YL4 井，粉砂质泥岩，马鞍山段；b—陆源石英，阴极发光呈棕色，见陆源碳酸盐矿物，阴极发光呈橘红色，元坝地区 YL4 井，粉砂质泥岩，马鞍山段；c—陆源石英，见石英加大边，单偏光，涪陵地区 XL101 井，灰色细砂岩，东岳庙段

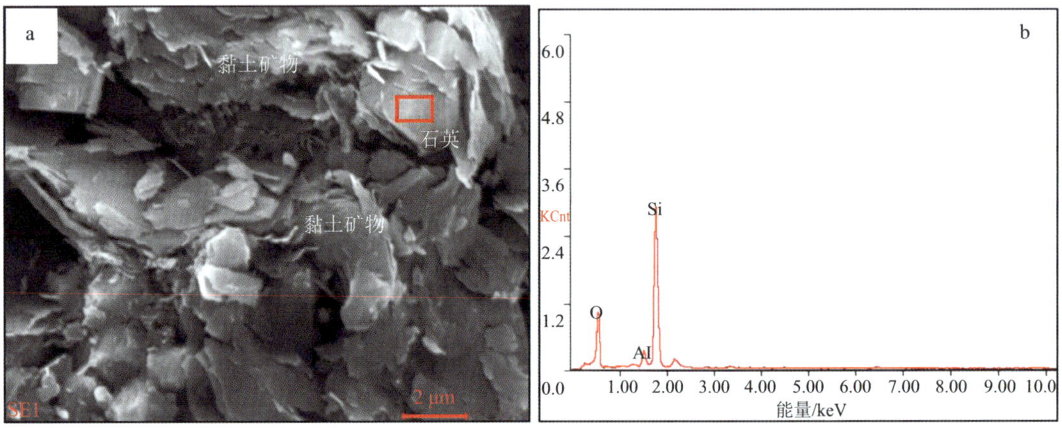

图 4-28　元坝地区 YL4 井下侏罗统自流井组大安寨段页岩中黏土矿物转化形成的自生石英

a—微米级自生石英镶嵌在黏土矿物中，扫描电镜；b—自生石英能谱图

英（图 4-29c、d；表 4-4）。介壳选择性硅化的原因是瓣鳃类生物死后其肉体腐烂分解造成微酸性环境，从而诱发硅化，因为石英的沉淀需要酸性孔隙水。由于硅化发生得较早，是在介壳埋藏后不久就发生了，硅化的 SiO_2 来自孔隙水中溶解的 SiO_2。介壳硅化的成因类似于硅化木的成因，就是树木埋藏后腐烂分解造成微酸性环境，从而诱发硅化。

页岩中的陆源石英与成岩演化过程中生成的石英，使得页岩储层的脆性增加，一方面使页岩更发育天然裂缝，另一方面使页岩储层更易于压裂。

表 4-4　四川盆地下侏罗统电子探针分析的介壳页岩中元素质量分数　　单位：%

测点	Na_2O	SrO	SiO_2	Al_2O_3	MgO	CaO	BaO	TiO_2	K_2O	MnO	矿物
1	0.02	0.28	98.78	0.14	0.02	1.14	0.02	0.02	0.01	0.02	石英
2	0.00	0.30	0.03	0.00	0.70	56.13	0.04	0.02	0.00	0.00	方解石
3	0.00	0.30	0.04	0.00	0.66	52.90	0.06	0.00	0.01	0.00	方解石
4	10.89	0.21	69.22	17.97	0.00	0.23	0.00	0.00	0.02	0.00	长石
5	0.02	0.25	96.53	0.06	0.00	1.86	0.00	0.00	0.01	0.01	石英
6	0.00	0.06	0.26	0.10	0.73	52.47	0.02	0.00	0.02	0.03	方解石

3. 碳酸盐矿物对无机孔的影响

页岩中的碳酸盐矿物有三类：陆源的、生物介壳和胶结物。陆源碳酸盐矿物是母岩区碳酸盐岩风

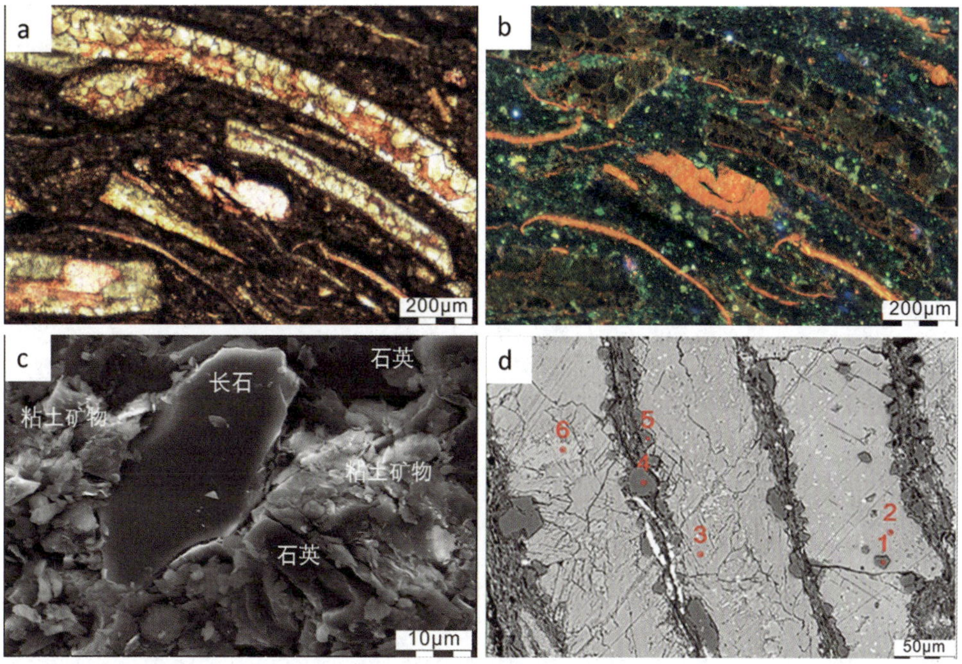

图 4-29　元坝地区 YL4 井下侏罗统自流井组大安寨段交代生物介壳的自生石英

a—介壳边缘发育自生石英，单偏光，介壳灰岩，元坝地区 YL4 井；b—自生石英，阴极发光下不发光，介壳灰岩，元坝地区 YL4 井；c—介壳页岩中长石溶蚀，溶孔中充填石英和黏土矿物，扫描电镜图像，元坝地区 YL4 井；d—长石溶解生成的硅质交代方解石介壳边缘形成石英，介壳页岩，电子探针图像，元坝地区 YL4 井

化破碎产生的。四川盆地周围碳酸盐岩地层非常发育，提供较丰富的陆源碳酸盐矿物，一般呈粉砂级，阴极发光呈橘红色（图 4-27b）；生物介壳较为常见，大安寨段岩芯观察可见介壳泥岩、介壳页岩和介壳灰岩中存在大量瓣鳃类介壳生物化石。茜素红溶液染色介壳、镜下呈红色，说明其主要成分为方解石（图 4-30），且介壳方解石普遍为无铁方解石，阴极发光下不发光。推测在沉积期，生物化学沉淀的文石构成了瓣鳃类生物壳；在同生期和成岩早期，生物介壳中的文石转化为晶粒无铁方解石，生物介壳形态保持不变。这一过程只发生晶格和晶形的变化，不发生化学成分的变化。

图 4-30　元坝地区 YL4 井下侏罗统自流井组大安寨段介壳的岩芯与镜下特征

a—介壳层与页岩互层，岩芯照片；b—生物介壳在压实作用下弯曲变形和破裂，单偏光

岩石薄片与阴极发光观察发现碳酸盐胶结物充填于介壳之间的孔隙和裂缝中，为铁方解石，阴极发光呈橘红色，其 FeO 含量为 0.5%~3.5%（图 4-31）；电子探针分析发现，介壳灰岩中铁方解石充填在介壳无铁方解石的裂缝中（图 4-32，图 4-33；表 4-5）。因此，铁方解石胶结物的沉淀时间是达到较深埋藏条件下介壳被压实破裂之后。从碳酸盐胶结物与孔隙之间的关系来看，其充填于介壳之间的孔隙和裂缝中导致大量孔隙丧失，不利于储层发育。

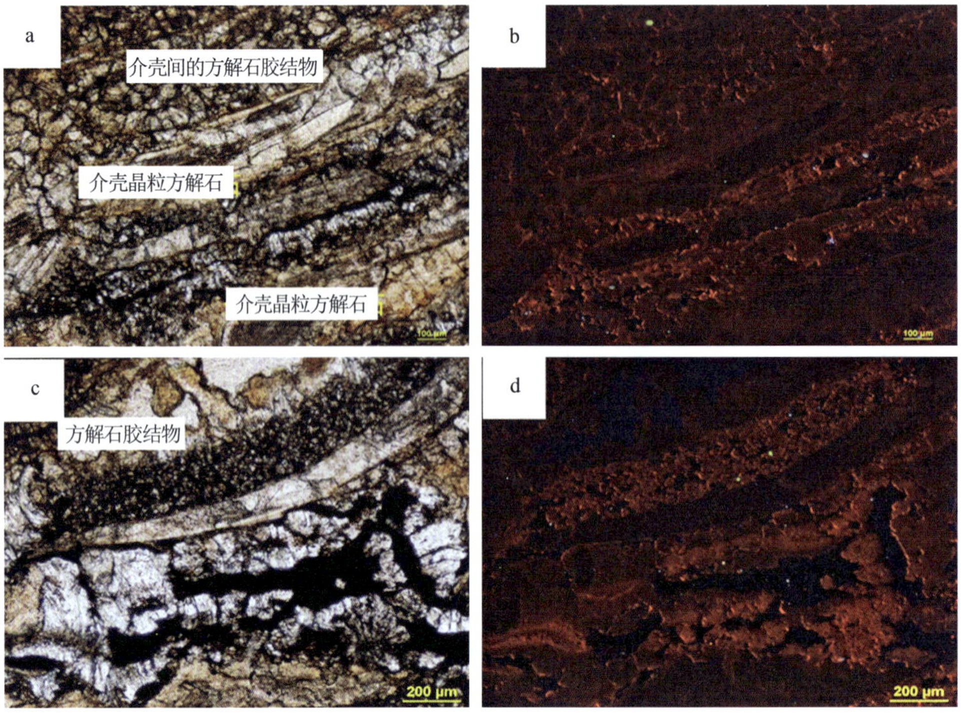

图 4-31　元坝地区 YB273 井下侏罗统自流井组大安寨段介壳灰岩中方解石胶结物

a—铁方解石胶结物充填介壳间，单偏光；b—阴极发光下介壳不发光，介壳附近铁方解石胶结物阴极发光为橙红色；c—生物介壳粒间孔被胶结物充填，单偏光；d—铁方解石胶结物阴极发光为橘红色，黑色为沥青

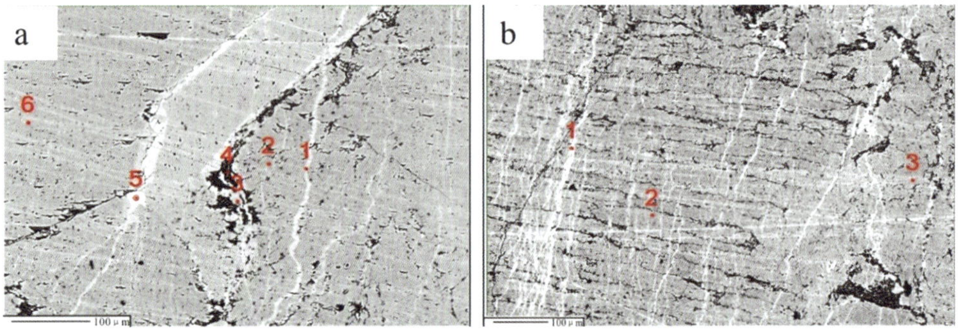

图 4-32　涪陵地区 XL101 井下侏罗统自流井组大安寨段介壳灰岩电子探针测点

a—介壳的成分均为无铁方解石，裂缝中充填铁方解石；b—介壳裂缝中充填铁方解石

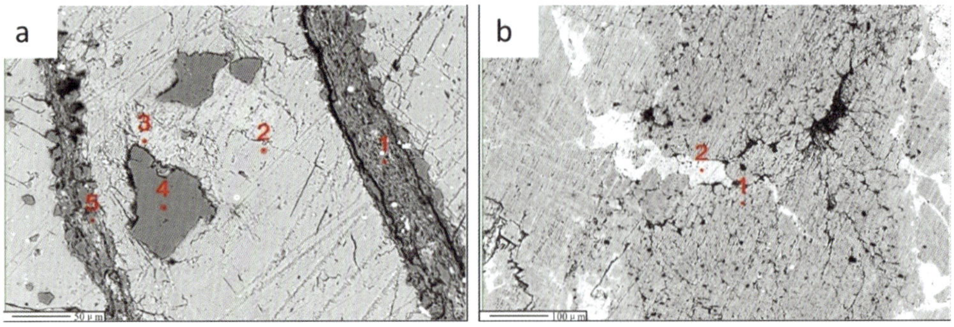

图 4-33　涪陵地区 FY1 井下侏罗统自流井组大安寨段电子探针测点

a—生物介壳部分发生硅化，石英晶体（暗色）周围有晶缘缝，介壳页岩；b—介壳裂缝充填铁方解石胶结物，介壳灰岩

表 4-5 四川盆地下侏罗统页岩中不同碳酸盐矿物的电子探针分析结果 单位:%

测点	SrO	SiO_2	Al_2O_3	MgO	CaO	FeO	MnO	矿物
图 4-32a-1	0.10	0.01	0.03	0.35	53.92	0.80	0.05	铁方解石
图 4-32a-2	0.16	0.26	0.15	0.25	53.72	0.00	0.00	无铁方解石
图 4-32a-3	0.05	1.10	0.88	0.49	51.07	1.18	0.05	铁方解石
图 4-32a-4	0.19	82.24	5.99	0.53	0.39	0.70	0.00	黏土矿物
图 4-32a-5	0.03	0.01	0.00	0.26	54.64	0.57	0.02	铁方解石
图 4-32a-6	0.08	0.00	0.00	0.19	54.69	0.02	0.02	无铁方解石
图 4-32b-1	0.13	0.02	0.00	0.39	52.53	0.89	0.06	铁方解石
图 4-32b-2	0.22	0.02	0.00	0.35	53.88	0.02	0.02	无铁方解石
图 4-32b-3	0.08	0.58	0.25	0.25	53.64	0.13	0.00	无铁方解石
图 4-33a-1	0.16	54.71	24.54	3.38	0.31	6.88	0.03	黏土矿物
图 4-33a-2	0.23	0.00	0.00	0.02	56.37	1.02	0.00	铁方解石
图 4-33a-3	0.07	0.09	0.01	0.57	54.44	1.83	0.08	铁方解石
图 4-33a-4	0.26	100.86	0.15	0.01	0.26	0.00	0.00	石英
图 4-33a-5	0.25	100.13	0.14	0.02	0.265	0.197	0.002	石英
图 4-33b-1	0.11	1.02	0.33	0.14	55.03	0.09	0.01	无铁方解石
图 4-33b-2	0.03	0.02	0.04	0.42	56.87	0.40	0.01	无铁方解石

由于碳酸盐矿物的化学不稳定性，页岩中的碳酸盐矿物如果发生后期溶蚀，可产生溶蚀孔隙，但在四川盆地自流井组含介壳页岩中尚未发现见到明显的后期溶蚀孔隙证据，需要进一步研究。

（二）成烃作用与有机质孔形成

有机质孔作为页岩孔隙系统的重要组成部分，形成于页岩的生烃演化过程中，有机质孔发育的多少对于评价页岩层段储气能力至关重要，因此对于有机质孔发育成因机制的研究，一直是页岩储层领域的热点问题，目前关于有机质孔成因的认识主要有以下 3 种：

1）有机质孔形成于干酪根生烃过程中。Jarvie 等认为有机质在埋藏和热成熟过程中，生成的气态烃类物质不断聚集，气体体积膨胀形成有机质孔；Löhr 等认为有机质孔为生烃残留孔，形状多呈蜂窝状、凹坑状，其大小和数量受页岩非均质性影响较大；Han 等在研究页岩孔隙的演化过程中指出，从未成熟到生油窗阶段，受压实作用影响，页岩孔隙度逐渐减小，而从生油窗到过成熟阶段，由于干酪根生烃形成了大量的有机质孔，页岩孔隙度逐渐增加。

2）有机质孔形成于沥青裂解过程中。Bernard 等在研究 Fort Worth 盆地 Barnett 页岩时发现，随着成熟度的增加，沥青在裂解生气过程中形成有机质孔；朱如凯等对鄂尔多斯盆地延长组长 7 段页岩进行热模拟实验过程中发现，温度较低时（325℃左右），主要发育有机质边缘收缩缝，温度超过 380℃时，有机质孔开始慢慢出现，温度达到 550℃时，开始发生沥青裂解，有机质孔明显增加。

3）有机质孔形成于干酪根转化成前油沥青的过程中，即有机质生烃消耗成因。Ko 等在对低熟的 Boquillas（与 Eagle Ford 同期沉积）页岩进行热模拟实验过程中发现，有机质孔可以形成于干酪根转化成前油沥青的过程中，也可形成于有机质热解生气的过程中，二者形成的有机质孔形貌和规模差别较大，但以后者为主。

通过扫描电镜观察四川盆地自流井组页岩中有机质孔的特征，发现呈条带状或块状的陆源有机质（主要为镜质体）内部基本不发育孔隙，这类有机质是由高等植物的木质纤维组织经腐殖化作用和凝胶化作用而形成的显微组分。有机质孔主要发育于无固定形态的固体沥青中，反映出不同的有机显微组分及类型在成烃过程中对于孔隙形成的贡献存在差异。Chalmers et al.（2007）在研究加拿大不列颠哥伦比亚下白垩统和Cao et al.（2015）在研究四川盆地龙马溪组和大隆组高过成熟的页岩孔隙结构时发现：Ⅰ、Ⅱ型干酪根比Ⅲ型干酪根更容易形成有机质孔，这与Ⅰ、Ⅱ型干酪根生成石油的能力远大于Ⅲ型干酪根相关；袁野等（2014）在研究鄂尔多斯盆地山西组以Ⅲ型干酪根为主的页岩孔隙时指出，Ⅲ型干酪根有机质孔整体上不发育。四川盆地自流井组页岩中$Ⅱ_1$、$Ⅱ_2$与Ⅲ型均有，这是有机质孔发育程度差异较大的主要内因。有机质成熟度对有机质孔的形成影响也较大，是影响有机孔发育的主要外因，低成熟度的北美New Albany和Antrim页岩及我国北方中生界陆相页岩有机质孔发育普遍较差，呈小孔径、凹坑状，孤立分布，随成熟度的升高，有机质孔的发育规模和大小均呈现出增大的趋势。

（三）成岩世代关系

页岩中发生的成岩作用包括压实、黄铁矿沉淀、黏土矿物转化、自生石英形成。压实作用自始至终都在发生，但在1000 m以浅，压实作用更显著，压实梯度较大；在1000 m以深，压实作用变慢，压实梯度变小。压实过程中，页岩孔隙水不断被排出；莓状黄铁矿和晶粒黄铁矿都是在沉积后不久、沉积物保持松软时在强还原的成岩环境中形成的，因为片状黏土矿物包绕在其周围而被压弯，说明是在页岩未硬化之前形成的。而且，只有在弱压实程度、高孔隙度条件下，大量离子能自由扩散，形成黄铁矿，其中莓状黄铁矿形成可能与微生物有关。随着埋藏深度加大和温度、压实升高，黏土矿物也发生转化，主要是伊蒙混层矿物逐渐减少，转化为高岭石、绿泥石、伊利石，元坝和涪陵两个地区的对比分析表明，在埋深2600~3800 m之间经历了明显的转化过程。自生石英伴随着黏土矿物转化而形成，与黏土矿物伴生，其二氧化硅主要是长石溶解和黏土矿物转化过程中释放出来的。因此，页岩的成岩序列为：黄铁矿沉淀早于自生石英形成；自生石英形成伴随着黏土矿物转化；黏土矿物转化应在埋藏较深、温度和压力显著升高后发生；压实则贯穿整个成岩过程，但早期快速压实，晚期缓慢压实。

介壳灰岩夹层发生的成岩作用包括：压实、压溶、重结晶、硅化、破裂和方解石胶结。介壳灰岩压实总体较弱，且发生在尚未固结成岩的早期，表现为介壳的破裂作用形成的，裂缝被方解石充填后岩石固结。此后，发生压溶形成缝合线。介壳原始成分为文石，后期经过重结晶转化为方解石。方解石普遍不含铁，说明重结晶较早，因为在成岩早期孔隙水含氧、无Fe^{2+}，或Fe^{2+}被黄铁矿优先利用，因为黄铁矿的溶解度比方解石的低。总之，重结晶作用与黄铁矿沉淀同时或更早。介壳硅化发生在埋藏后不久，是瓣鳃类生物肉体腐烂、分解过程中发生的。方解石胶结物充填介壳间的孔隙和介壳破裂形成的裂缝，均为铁方解石，普遍含Fe^{2+}和Mn^{2+}，阴极发光呈橘红色，说明形成于还原环境，是在达到一定的埋藏深度之后形成的。在未埋藏之前，水底是氧化的，瓣鳃类生物是底栖的，沉积环境中要有丰富的氧气。充填裂缝的方解石与充填孔隙的方解石发光颜色相同，说明是同源、同期的。裂缝是在埋藏较深后压实形成的，因此铁方解石形成于较大埋深处，比页岩中的黄铁矿沉淀要晚，此时孔隙水中没有H_2S和S^-离子，否则会优先形成黄铁矿，从而消耗水中的铁离子，使铁离子不能进入方解石晶格。充填孔隙的方解石胶结物在排烃之前形成，因为方解石胶结物充填残留的孔隙中充满了沥青（图4-31）。综上所述，介壳灰岩的成岩序列：介壳重结晶-硅化-压实破裂-铁方解石沉淀。

（四）成岩-孔隙演化模式

四川盆地中下侏罗统页岩黏土矿物组合多为I+I/S+C+K型，其中I/S在15%左右，黏土矿物组合特征及有序I/S矿物的大量出现，表明页岩已进入中成岩阶段；页岩镜质体反射率（R_o）主体值介于1.00%~1.80%之间，有机质处于成熟至高成熟阶段，已进入中成岩B期阶段。

根据典型井埋藏史-热史恢复、成岩作用类型与世代关系以及页岩层系储层的孔隙研究，建立了成岩-孔隙演化模式（图4-34）。

①在同生期成岩阶段沉积物沉积后尚未脱离上覆水体，该时期的成岩作用受控于水体氧化-还原

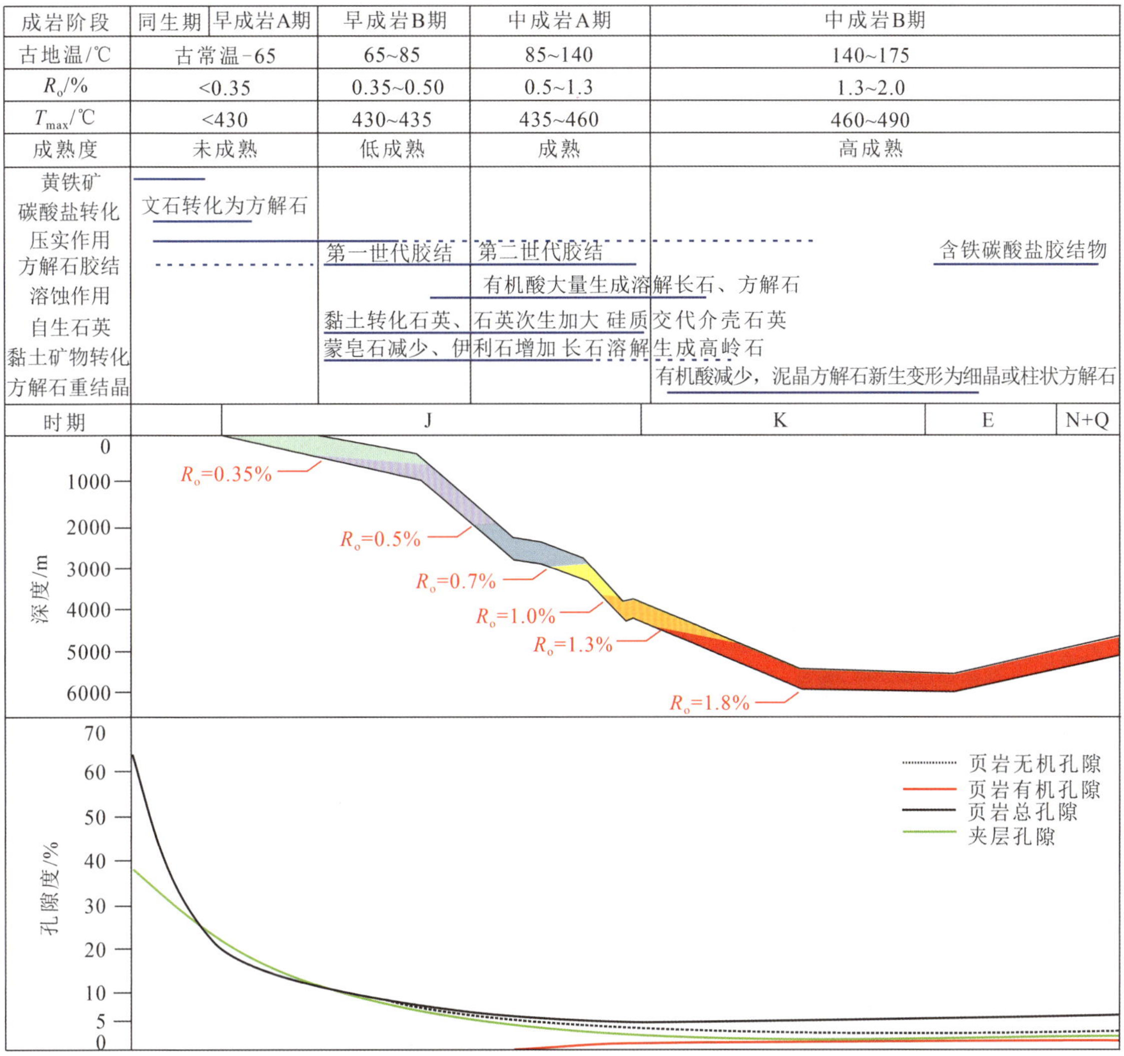

图 4-34　四川盆地下侏罗统自流井组页岩层系成岩-孔隙演化模式

条件。瓣鳃类生物介壳的发育，反映水底并不缺氧。此时沉积物疏松，原生孔隙发育，沉积物孔隙度可达 60%~80%。②早成岩阶段 A 期发生的成岩作用包括压实、黄铁矿沉淀、介壳重结晶、介壳硅化。随着埋藏深度逐渐加大，机械压实作用成为这一阶段最主要的成岩作用。压实作用使松散的沉积物变为弱固结-半固结状态，是该阶段原生孔隙度降低最主要的原因，孔隙类型主要为原生的粒间孔隙。③早成岩阶段 B 期发生的成岩作用主要是压实、介壳压裂、铁方解石沉淀、黏土矿物转化。埋藏深度进一步增加，压实作用强度增加，岩石处于半固结-固结状态。压实使页岩孔隙度下降到 10%左右。同时由于上覆地层重量变大，部分介壳被压裂，铁方解石开始沉淀，充填孔隙和裂缝。蒙脱石矿物开始向伊蒙混层转化。④中成岩阶段 A 期发生的成岩作用主要是生烃、黏土矿物转化、黏土间自生石英形成。该阶段因为页岩已经固结，压实作用几乎停止，孔隙度降至很低。有机质生烃和黏土矿物之间的相互转化是主要的成岩作用。有机质处于成熟阶段，油气大量生成。石油进入了孔隙中，包括介壳灰岩中胶结残留的孔隙。该阶段黏土矿物进一步转化，伊蒙混层向高岭石、绿泥石等转化。有机酸大量生成，使孔隙水呈酸性。有机酸溶解长石颗粒，同时酸性条件也有利于黏土间自生石英的形成，是黏土间自生石英形成的主要阶段。⑤进入中成岩阶段 B 期，埋藏深度大于 4000 m，由于页岩压实作用很强，严重限制了孔隙水流动，成岩演化已不活跃，无机孔趋于稳定。与此同时，有机质成熟度（R_o）介于 1.3%~2.0%之间，有机质已处于高成熟阶段，随着 R_o 的升高，原油裂解生气增强，有机质孔发育逐渐增多，对于页岩总孔隙度具有一定的贡献。

二、鄂尔多斯盆地上三叠统延长组

（一）成岩作用与无机孔演化

通过岩石薄片、氩离子抛光-扫描电镜、CT图像扫描、X射线衍射、电子探针及有机地球化学等分析测试手段开展了鄂尔多斯盆地延长组页岩层系成岩作用研究。结果表明，其埋藏过程中发生的成岩作用主要有压实、胶结、溶蚀、黏土转化及有机质生烃作用等，成岩演化与生烃演化共同控制了页岩层系储层孔隙的形成与演化。

1. 黏土矿物对无机孔的影响

鄂尔多斯盆地延长组页岩黏土矿物包括蒙脱石、伊利石、绿泥石、高岭石和伊蒙混层等多种类型，整体以伊利石为主，绿泥石含量次之，但不同地区各类黏土矿物含量存在差异（图4-35），反映不同地区由于页岩热演化程度的不同，导致不同类型黏土矿物之间的转化作用和程度有差异。

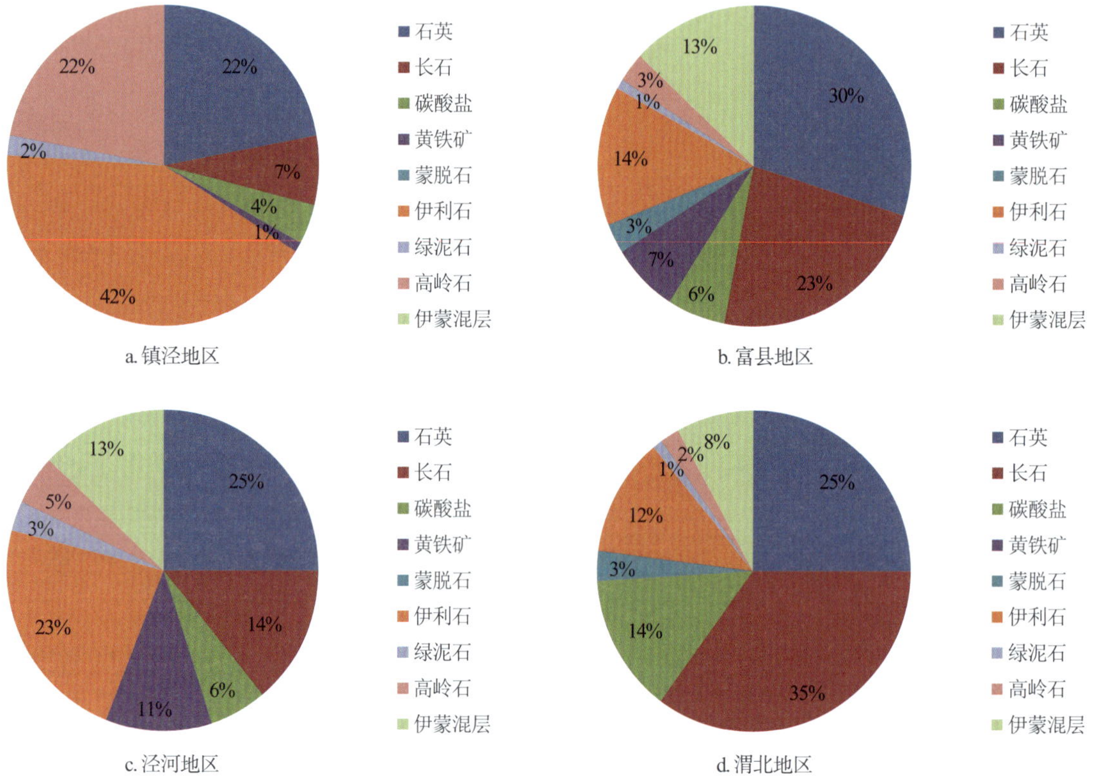

图4-35 鄂尔多斯盆地上三叠统延长组长7段页岩矿物成分含量饼图

通过扫描电镜观察发现，延长组长7段页岩中主要发生两类重要的黏土矿物转化作用：一是蒙脱石向伊利石的转化；二是高岭石向绿泥石的转化。蒙脱石向伊利石的转化过程中K^+存在是首要条件，可以通过两种方式获得K^+，一种方式是K^+来源于泥岩中的钾长石，另一种方式是K^+来源于孔隙流体。反应方程式为：

$Al_2Si_4O_{10}[OH]_2 \cdot nH_2O$（蒙脱石）$+KAlSi_3O_8$（钾长石）$\rightarrow KAl_3Si_3O_{10}[OH]_2$（伊利石）$+4SiO_2$（石英）$+nH_2O$

$2K^+ + 3Al_2Si_4O_{10}[OH]_2 \cdot nH_2O$（蒙脱石）$\rightarrow 2KAl_3Si_3O_{10}[OH]_2$（伊利石）$+6SiO_2$（石英）$+2H^+ + 3nH_2O$

蒙脱石向伊利石的转化是长7段页岩中最重要的黏土矿物转化。成岩过程中，随着温度和压力的增加，孔隙水逐渐转变为偏碱性时，蒙脱石在碱性富K^+条件下转化为伊利石，扫描电镜下可见晶体形态呈丝发状（图4-36a），说明已经经历了相对较高的转好程度。

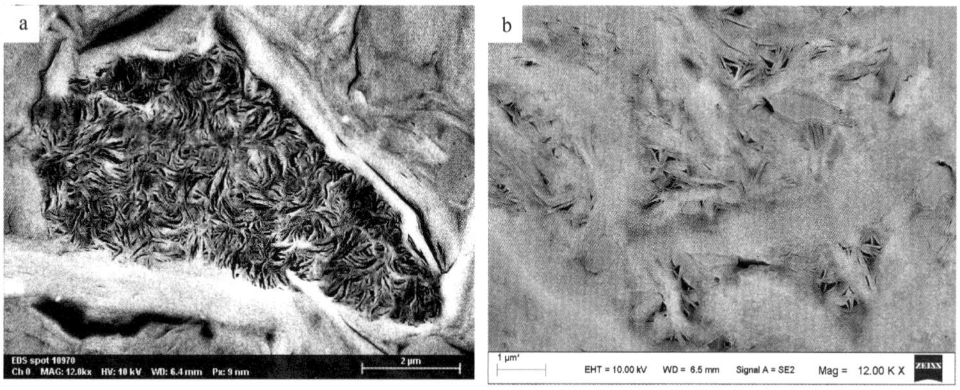

图4-36 鄂尔多斯盆地SYQ1井上三叠统延长组长7段页岩黏土矿物转化特征

a—蒙脱石向伊利石转化形成晶间孔；b—绿泥石集合体发育层间孔隙

长7段页岩部分页岩样品中可见高岭石向绿泥石转化的现象，形态上一定程度上继承了高岭石的特征（图4-36b），反映成岩作用过程中，流体介质由酸性转为碱性，在富Mg^{2+}、Fe^{2+}条件下发生了向绿泥石的转化。反应方程式为：

$$3.5Fe^{2+}+3.5Mg^{2+}+9H_2O+3Al_2Si_2O_5[OH]_4(\text{高岭石})\rightarrow Fe_{3.5}Mg_{3.5}Al_6Si_6O_{20}[OH]_{10}(\text{绿泥石})+14H^+$$

进一步选取SYQ1、JYQ1两口新钻探浅井的岩芯样品，系统地开展X射线衍射、有机碳含量（TOC）、孔隙度等测试分析，SYQ1井（$N=63$）页岩黏土矿物平均含量43.94%，石英平均含量34.23%，方解石平均含量5.47%，白云石平均含量0.83%；而JYQ1井（$N=95$）页岩黏土矿物平均含量47.97%，石英平均含量34.57%，方解石平均含量5.75%，白云石平均含量2.81%；总体上，两口井页岩全岩矿物组成均以黏土矿物、石英为主，各类矿物平均含量基本相当。

从SYQ1井矿物组成、TOC含量与孔隙度的综合分析来看（图4-37），整体上TOC含量（<2%）较低、且稳定的页岩段（井深32～40 m），黏土矿物含量也较稳定，孔隙度值也较稳定；而相对高TOC（2%～4%）的页岩段，孔隙度变化存在差异，如井深42～44 m页岩段，表现为TOC含量升高，黏土矿物含量升高，石英含量降低，孔隙度也有所增大趋势；同样为相对高TOC（2%～4%）的46～48 m页岩层段，黏土矿物含量增高并不明显，孔隙度值也呈较稳定的低值。两个页岩层段的差异，反映页岩中黏土矿物含量对孔隙度具有一定的控制作用，而TOC含量对孔隙度的影响较小，这主要与SYQ1井有机质成熟度（R_o）仅为1.1%、尚处于生油高峰阶段、有机质孔尚未大量形成有关。

从JYQ1井矿物组成、TOC含量与孔隙度的综合分析来看（图4-38），整体上TOC含量相对稳定，黏土矿物也相对稳定（低值及跳跃数据主要为砂岩、凝灰岩夹层）。从扫描电镜孔隙观察来看，也主要以黏土矿物层间孔为主，其页岩有机质成熟度（R_o）仅为0.73，尚处于生油阶段，扫描电镜下基本不发育有机质孔，因此，页岩孔隙度大小主要与黏土矿物含量密切相关。JYQ1井长7段页岩层系中粉砂岩、凝灰岩夹层孔隙度明显高于页岩，可作为较好的储层。

通过对两口浅井综合解剖分析发现，总体上长7段页岩黏土矿物含量与孔隙度之间具有一定的相关性，尤其是对于同一口井的同一层段而言，压实作用、有机质成熟度基本相同，在整体有机质孔对页岩储集性能贡献较小的情况下，黏土矿物含量的高低在很大程度上决定了无机孔和总孔隙度的大小。

2. 长英质和碳酸盐矿物对无机孔的影响

长7段页岩中长英质矿物、碳酸盐矿物含量与孔隙度相关关系表明，长英质、碳酸盐矿物与孔隙度无明显的相关性（图4-39），这主要是由于长7段页岩中有机孔不发育、无机孔主要以黏土矿物层间孔为主、与长英质和碳酸盐矿物相关的孔隙发育少。

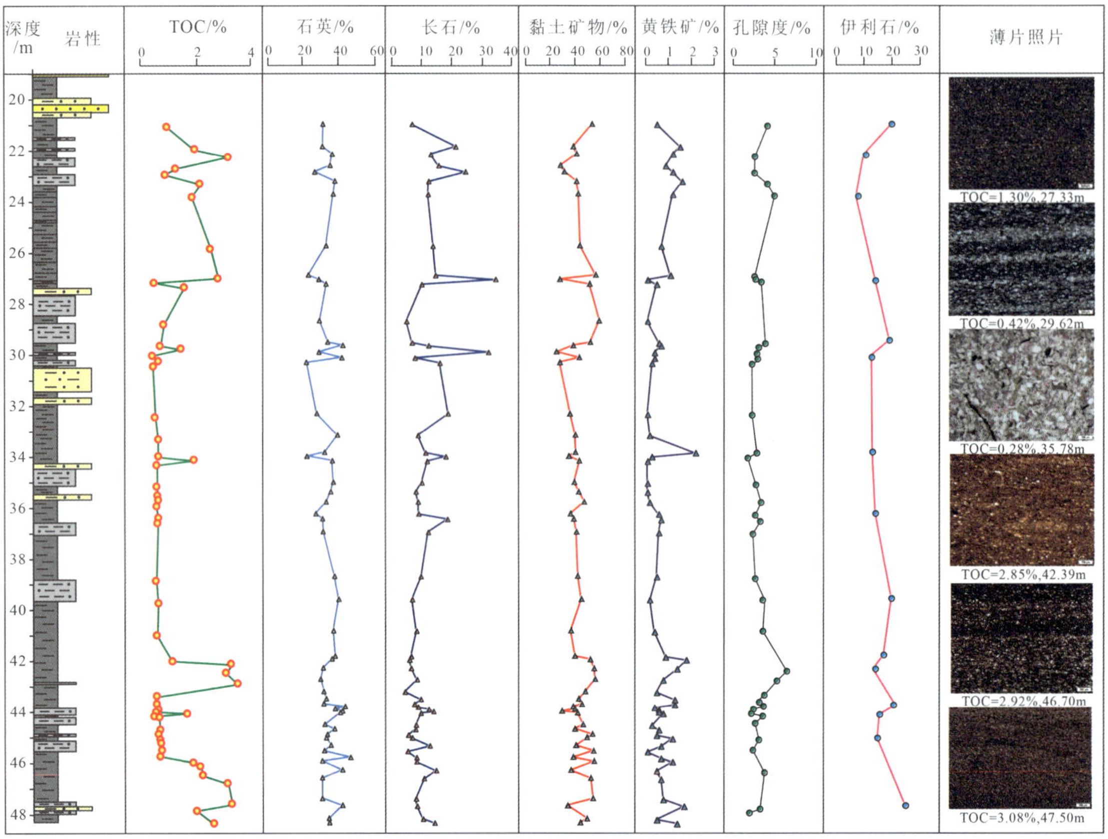

图 4-37　鄂尔多斯盆地 SYQ1 井上三叠统延长组长 7 段页岩矿物含量与孔隙度变化剖面图

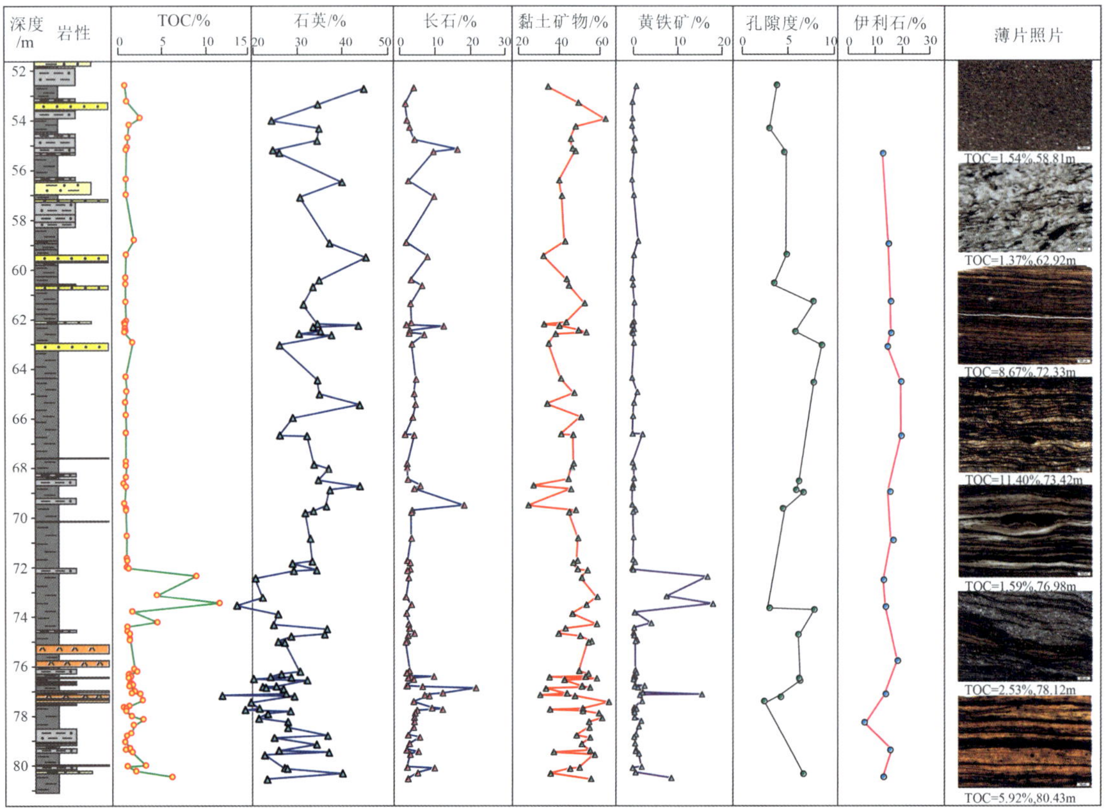

图 4-38　鄂尔多斯盆地 JYQ1 井上三叠统延长组长 7 段页岩矿物含量与孔隙度变化剖面图

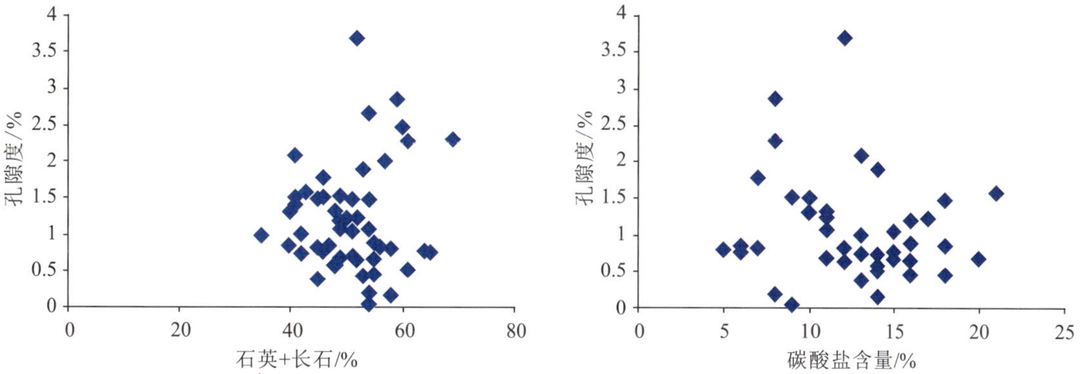

a. 长英质矿物含量与孔隙度　　b. 碳酸盐含量与孔隙度

图 4-39　鄂尔多斯盆地上三叠统延长组长 7 段页岩无机矿物与孔隙度散点图

（二）成烃作用与有机质孔形成

长 7 段页岩中有机质孔的发育程度主要受控于固体有机质类型、迁移有机质（固体沥青）丰度和有机质成熟度，迁移有机质（固体沥青）丰度越大，有机质成熟度越高，有机质孔越发育。长 7 段页岩 TOC 集中分布在 0.8%~22%之间，干酪根类型以Ⅰ和$Ⅱ_1$型为主，页岩的生烃基础条件十分优越，但热演化程度较低，R_o为 0.5%~1.3%，长 7 段页岩主体还处于生油高峰阶段，尚未进入大量生气阶段，这是造成长 7 段页岩中有机质孔隙不发育的主要因素。长 7 段页岩在生烃过程中会释放出 H_2S、CO_2、NH_3、CH_4 等，会影响到页岩及夹层的无机成岩作用和孔隙演化过程。

生烃作用被证实与超压相关，利用平衡深度法计算获得过剩压力的大小可反映页岩的孔隙发育情况，孔隙度与过剩压力呈正相关关系（表 4-6；图 4-40），证明生排烃过程可对页岩孔隙产生一定的保护作用。

表 4-6　鄂尔多斯盆地上三叠统延长组长 7 段页岩过剩压力与孔隙度参数表

样品号	深度/m	TOC/%	伊利石/%	过剩压力/MPa	孔隙度/%
1	1419	9.42	56.00	3.44	0.70
2	1450	8.76	46.64	13.01	2.26
3	1452	7.84	46.64	13.22	4.98
4	1453	7.03	46.64	11.68	2.31
5	1436	8.95	53.00	9.15	1.93
6	1437	7.14	53.00	11.31	2.26
7	1439	6.83	53.00	11.68	2.40
8	1537	7.91	44.71	7.35	0.99
9	1584	8.21	38.00	8.14	1.87

（三）成岩世代关系

前人通过岩石薄片、阴极发光、氩离子抛光-扫描电镜等分析测试及典型井埋藏史-热史恢复，总结鄂尔多斯盆地南部延长组页岩层系的成岩演化序列（图 4-41）：①同生成岩阶段：沉积物处于疏松状态，饱含自由水，由于水中富含 Fe^{2+}、Mg^{2+}、Ca^{2+}等金属阳离子，在缺氧情况下，形成微晶菱铁矿、黄铁矿晶体及泥晶方解石。②早成岩阶段 A 期：随着埋藏深度不断加大，在压实作用下，孔隙

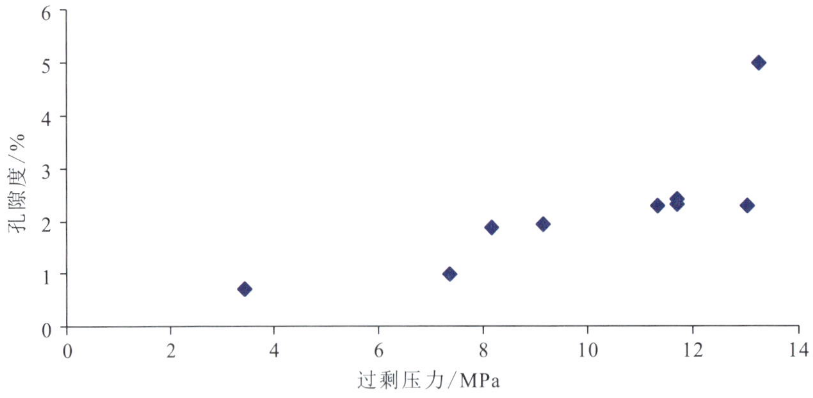

图 4-40 鄂尔多斯盆地长 7 段页岩储层过剩压力与孔隙度散点图

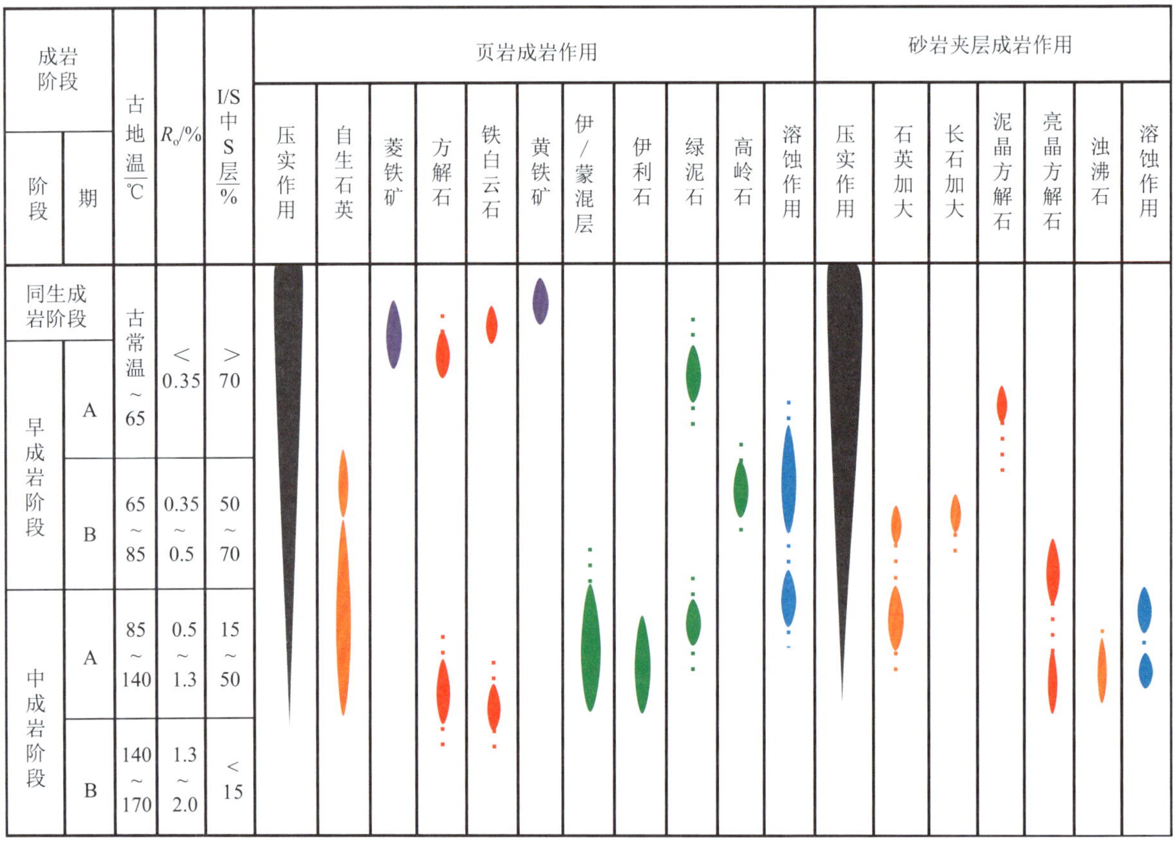

图 4-41 鄂尔多斯盆地上三叠统延长组页岩层系成岩演化序列图
（据李向军，2017；罗晓容，2017）

中自由水不断排出，孔隙快速减小，在富 Fe^{2+}、Mg^{2+}成岩环境中，开始发育绿泥石胶结物，可沿碎屑颗粒表面形成绿泥石膜。③早成岩阶段 B 期：埋藏深度进一步加大，温度和压力升高，压实作用更强烈，孔隙急剧减小，岩石基本固结。该阶段温度在 60~85℃之间，蒙脱石逐渐向伊利石转化，从而形成中间产物伊/蒙混层。有机质开始生烃排酸，有机酸进入孔隙，导致长石、碳酸盐等不稳定矿物发生溶蚀作用而形成部分溶蚀孔隙，随着长石的不断溶蚀，孔隙流体中 K^{+}、Ca^{2+}、Al^{3+}、Si^{4+}等离子含量不断增加，形成自生石英和高岭石胶结物并充填粒间孔隙和长石溶蚀孔。④中成岩阶段 A 期：地层温度进一步升高，大量的蒙脱石向伊利石转化，之后有机质进入大量生油阶段，形成大量羧酸使得成岩流体呈弱酸性，但由于该阶段仍处于强压实作用和胶结作用下，水-岩反应并不强烈，仅部分碳酸盐矿物可发生溶蚀，局部形成溶蚀孔隙，随着酸性物质在溶蚀作用下的不断消耗，成岩环境由酸性转变为弱碱性，少量毛发状自生伊利石、不定形的微晶石英、亮晶方解石和铁白云石发生胶结作用并充填部分残余粒间孔隙和次生溶蚀孔隙，碎屑石英颗粒发生微弱的碱性溶蚀，形成少量的石英溶蚀孔隙（李向军，2017）。

对于延长组页岩中砂岩夹层而言，溶蚀作用是改善其储集性能的最重要的成岩作用，可识辨 2 期明显的烃类充注、两次溶蚀作用；成岩序列反映成岩介质环境呈现碱性～偏碱性向酸性～偏酸性的变化过程（罗晓容，2017）。

（四）成岩-孔隙演化模式

相关研究认为地层孔隙度受埋藏深度和埋藏时间的双重影响（刘震等，2012），与四川盆地自流井组相比，鄂尔多斯盆地延长组页岩最大古埋藏深度相对较浅，有机质成熟度相对较低，R_o 主体介于 0.5%～1.3%之间，处于成熟阶段，成岩阶段上主体达到中成岩 A 期。

根据典型钻井的埋藏史-热史恢复、成岩作用与演化序列及储层孔隙研究，建立了延长组长 7 段页岩层系成岩-孔隙演化模式（图 4-42）。总体上可以大致分为 3 个阶段：①同生期-早成岩阶段 A 期：埋藏深度小于 1000 m，R_o 小于 0.35%，压实作用是该阶段影响孔隙变化最主要的因素，沉积物中孔隙水不断排出，孔隙度由 60%～80%快速降低至 25%左右，此外，该阶段还发生黄铁矿沉淀、绿泥石等胶结作用，对孔隙度降低也有一定影响；②早成岩阶段 B 期：埋藏深度大致在 1000～2000 m 之间，压实作用持续增强，页岩孔隙度下降到 10%左右，孔隙水的排出越来越困难；R_o 介于 0.35%～0.5%之间，有机质生烃作用增强，进入生油阶段，产生大量有机酸，使得部分长石与方解石发生溶解作用，形成次生溶蚀孔隙，蒙脱石矿物开始向伊蒙混层转化；③进入中成岩阶段 A 期，埋藏深度大致介于 2000～3000 m 之间，压实作用基本停止，孔隙度很低，黏土矿物转化作用进一步增强，随着蒙脱石大量向伊利石转化，大量的自生石英沉淀并充填孔隙，随着成岩环境由酸性转向碱性，方解石发生胶结而充填孔隙；在无机孔隙不断减小的同时，随着热演化程度的不断升高而进入大量生烃阶段（R_o 介于 0.5%～1.3%之间），原油裂解生气程度不断增强，有机质孔逐渐增多，对总孔隙度具有一定的贡献。

三、不同盆地页岩及夹层孔隙演化特征及其差异性

以四川盆地涪陵与元坝地区自流井组、鄂尔多斯南部延长组及松辽盆地梨树断陷营城组埋藏史、生烃史及成岩演化史为基础，结合三大盆地目的层段页岩与夹层储层物性、页岩无机孔隙与有机质孔隙发育特征研究，开展了三大盆地重点地区陆相页岩层系孔隙演化特征的对比分析，建立了页岩与夹层成岩-生烃-孔隙演化特征的综合对比模式（图 4-43）。

鄂尔多斯盆地南部延长组页岩层系总体表现为砂岩等夹层储层明显好于页岩。由于页岩的热演化程度低，主要处于生油期，有机质孔不发育，对总孔隙贡献小，页岩储层条件差；而砂岩夹层的压实和胶结作用没有四川盆地中下侏罗统强烈，砂岩夹层保持了一定的原生孔隙，并经历了一定的溶蚀改造和裂缝破裂作用，砂岩夹层具有较好的储集条件（图 4-43a）。

四川盆地涪陵地区与元坝地区自流井组页岩层系总体表现为页岩储层条件明显优于夹层。埋藏成岩过程中，随着热演化程度的不断升高，尤其是进入高成熟阶段（R_o>1.3%）以后，页岩中生成了较多的有机质孔，对页岩总孔隙度具有一定的贡献，页岩具有较好的储集条件，而砂岩和介壳灰岩在成岩过程被强烈胶结而致密化，且后期无溶蚀改造条件，夹层的储集条件差（图 4-43b）。

松辽盆地梨树断陷营城组页岩层系总体表现为页岩储层好于砂岩夹层。与四川盆地涪陵与元坝地区自流井组相比，其热演化程度更高，更有利于有机质孔的发育，对总孔隙度贡献相对较大。由于砂岩夹层的粒度细、成岩演化程度高而致密化，砂岩夹层尽管具有一定的储层条件，但总体不及页岩的储层条件（图 4-43c）。

整体上三大盆地陆相页岩均表现为黏土矿物含量高、抗压实能力差、压实作用强烈、无机孔隙快速减少等特点，差异主要体现在三大盆地页岩有机质成熟度和有机孔发育程度等方面。鄂尔多斯盆地南部处于成熟阶段，主要以生油为主，有机孔不发育，页岩储层条件差；四川盆地涪陵地区与元坝地

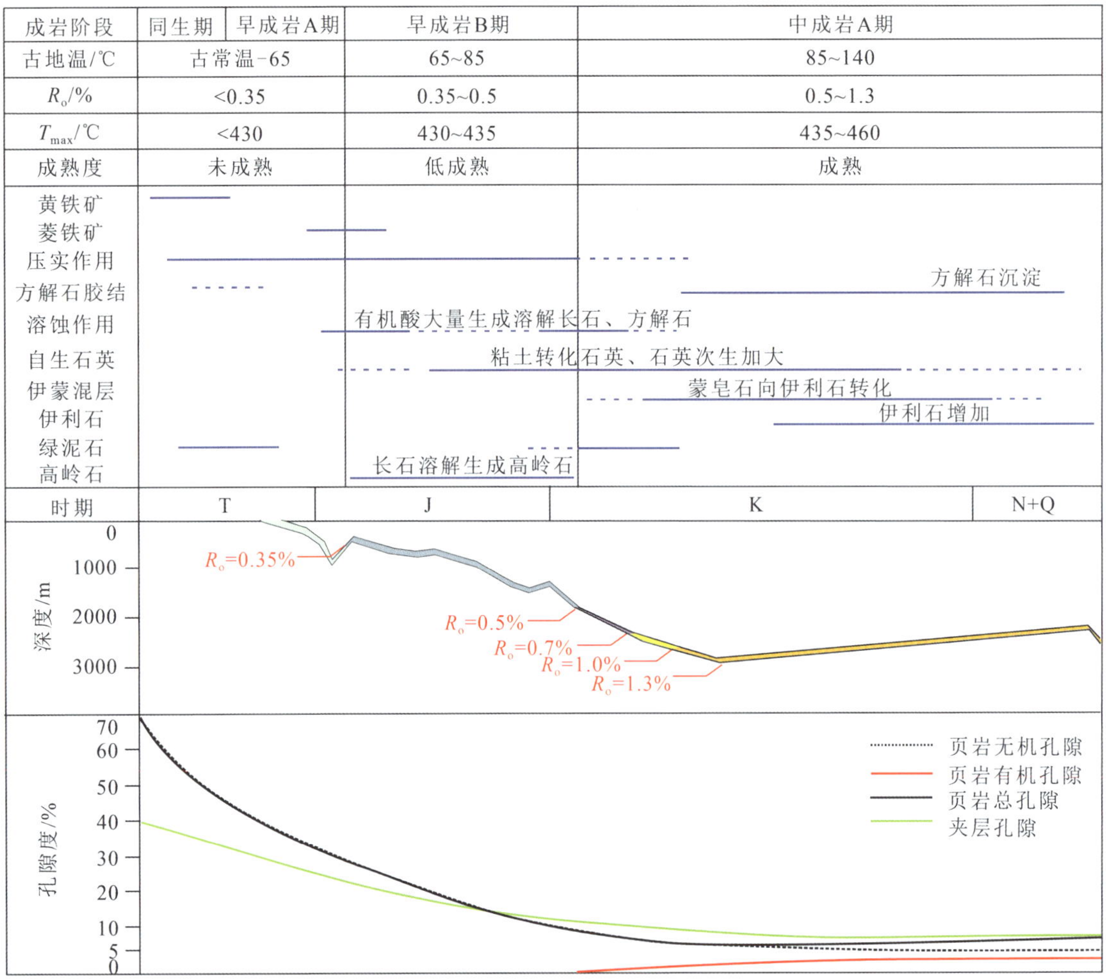

图 4-42 鄂尔多斯盆地上三叠统延长组长 7 段页岩层系成岩-孔隙演化模式

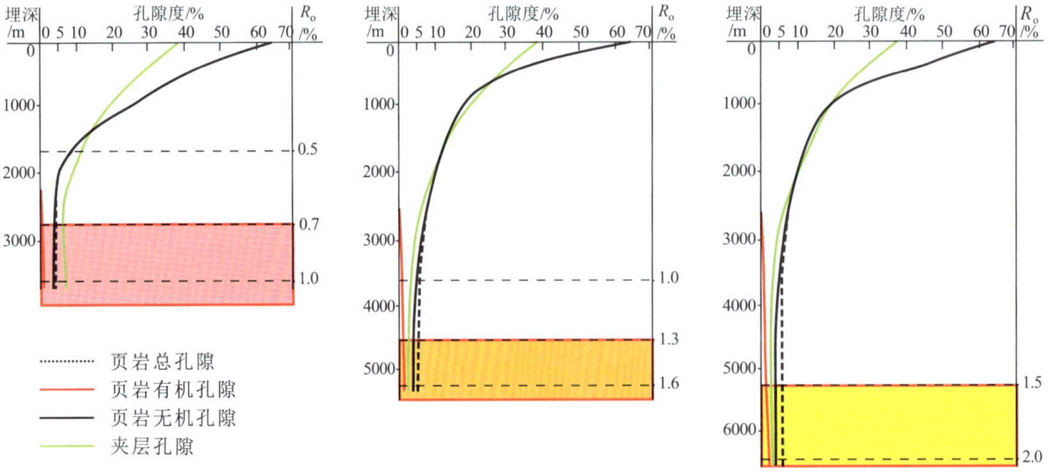

a. 鄂尔多斯盆地南部延长组　b. 四川盆地自流井组　c. 松辽盆地梨树断陷营城组

图 4-43 不同盆地重点地区陆相页岩及夹层压实-生烃-孔隙演化模式示意图

区自流井组处于高成熟阶段早期，油气共存，页岩中既有无机孔也有有机孔，页岩储层条件较好；而松辽盆地梨树断陷营城组页岩已进入高成熟阶段晚期-过成熟阶段，更有利于页岩气和有机质孔的生成，页岩储层条件好。

第五章　陆相页岩气赋存机理与富集规律

第一节　陆相页岩气源-储耦合机理

前期研究团队在研究四川盆地及周缘五峰组—龙马溪组海相页岩气过程中，针对页岩气源、储共存于页岩之中的特性，提出了源-储耦合机理新认识，包括空间上不同尺度（米级层段、厘米级纹层、微米-纳米尺度有机质与孔隙）、时间演化上不同作用（生油作用、生气作用、成岩作用、有机孔与无机孔演化作用）的源-储耦合特征，提出了源-储耦合评价页岩气“甜点”的技术方法，实现了单井、连井、水平井的甜点评价对比和平面上的甜点评价预测。与海相页岩相比，陆相页岩的相变更快，页岩的矿物类型、有机质类型和丰度变化更快速，夹层的频繁间互导致页岩气甜点层评价难度增大，为此，需要针对陆相页岩的地质特点开展适应性的源-储耦合特征分析与评价方法研究。

一、有机质与无机矿物之间的关系

页岩中除了各类无机矿物外，还富含有机质，且内部发现了对天然气储集有重要贡献的有机质孔隙，反映出泥页岩沉积后，随着埋藏不断加深，在各类无机矿物经历成岩作用的过程中，有机质随着温度的不断增加，也在经历热演化生烃作用，有机质及有机质孔的形成演化过程与无机矿物成岩作用及无机孔的形成过程密不可分。目前从四川盆地自流井组东岳庙段和大安寨段页岩样品的氩离子抛光-扫描电镜鉴定结果来看，有机质与无机矿物颗粒之间存在两种赋存形式：一是有机质颗粒与无机矿物颗粒互为支撑的共存结构，这类有机质表现为有固定形态，如条带状、块状（图5-1a、b）有机质等，绝大多数有机质内部为致密均质状，其与各类无机矿物颗粒之间为稳定的相互支撑结构，结合有机岩石学分析，认为其主要为镜质体或丝质体，其母质主要为高等植物碎片。二是有机质赋存于无机矿物颗粒间，其形态明显受无机矿物颗粒及其形成的相关孔隙控制（图5-1c、d），如粒间孔、粒内孔等均可见该类有机质（固体沥青）赋存，表现为无固定形态，有机质个体大小不一，内部不同程度地发育有机质孔隙。

二、无机矿物与有机质孔之间的关系

页岩中有机质进入生油高峰期时，生成的液态石油首先就近储存于页岩自身的无机矿物孔隙中，随着热演化程度的不断提高，石油发生裂解，生成天然气（形成气孔），并稠化、固结为固体沥青。扫描电镜下观察来看，不同类型无机矿物质孔中均可以赋存固体沥青，且内部发育有机质孔，只有有机质与有机质孔具有在微米-纳米尺度上、严格意义上的源-储一体的关系。无机矿物与有机质孔之间的关系，是通过无机矿物与有机质之间的关系来体现的，主要可以分为三种类型：①受较大的石英颗粒（碎屑石英）形成的稳定格架支撑的粒间孔中，相对大个体的固体沥青得到了有效保存，且通常情况下大个体固体沥青内发育的有机质孔也较多、较大（图5-2a）。②黏土矿物层间孔中保存的中小个体的条形固体沥青，内部较发育几十纳米—百纳米级有机质孔（图5-2b）。尽管黏土矿物的抗压实能力弱，但黏土矿物与有机质及少量小个体自生石英颗粒共同形成的支撑格架，一定程度上对有机质及其内部孔隙仍起到了保护作用。③少量方解石粒内孔中充填固体沥青，大小几百纳米不等，且内部发育以几十纳米为主的有机质孔（图5-2c、d）。方解石粒内孔中有机质及其有机质孔的发现，充分反映出油气在页岩内部生成后发生了近距离运移进入无机孔的过程。

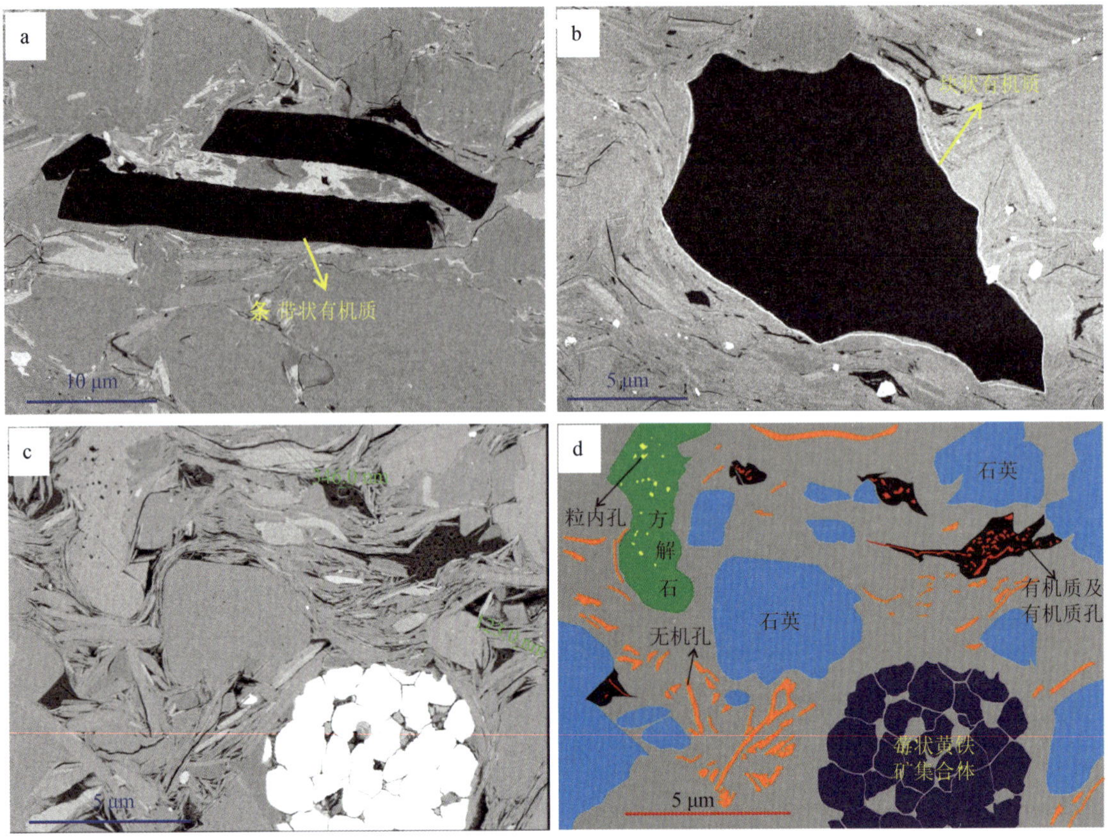

图 5-1　四川盆地下侏罗统不同类型有机质与无机矿物之间的关系

a—条带状有机质，黑色有机质与石英颗粒、黏土矿物互为支撑结构，元坝地区 YL30 井，大安寨段；b—块状有机质，黑色有机质与黏土矿物、石英颗粒相互支撑，元坝地区 YL4 井，东岳庙段；c—无机矿物粒间孔隙充填沥青，内部有机质孔较发育，涪陵地区 FY1 井，东岳庙段；d—图 c 中各类主要矿物及孔隙示意图

三、有机质与微裂缝之间的关系

前文已指出四川盆地自流井组东岳庙段与大安寨段页岩扫描电镜下发现两种类型的有机质，其中一类个体相对较大，以条带状、枝状、块状等固定形态的有机质（镜质体为主），尽管内部孔隙总体不发育，但有相当一部分有机质边缘发育微裂缝（图 5-3a、b），甚至个别有机质内部也有微裂缝的发育（图 5-3c、d）。有机质内部形成的微裂缝，可能与该有机质生烃演化过程中局部产生超压所致；而相对较多的有机质边缘缝主要与有机质生烃转化过程中体积收缩有关，国内有学者（董春梅，2015；马中良等，2017）在页岩热模拟实验研究中也发现有机质边缘收缩缝的形成。自流井组东岳庙段与大安寨段页岩中有机质与其边缘收缩微裂缝在页岩内部形成源-储相邻的相关关系，这些有机质边缘缝的发育，在提高页岩渗透性能的同时，也是有效的页岩气储集空间。

四、源-储耦合机理

页岩源-储一体的特性（既是烃源岩，又是储集岩）是其能够形成、赋存、富集和高产页岩气的核心。不同类型页岩中的源、储特征存在明显差异，导致页岩中源和储在静态空间配置及动态时间演化上的耦合特征的多样性和复杂性。四川盆地及周缘五峰组—龙马溪组海相富有机质页岩段的研究表明，有机质孔的大量发育对页岩储集性能及页岩气的富集高产具有重要贡献，宏观上页岩中随着 TOC 增大，孔隙度也增大，体现了良好的源-储密切相关、良好配置的特性。与五峰组—龙马溪组相比，自流井组陆相页岩中不同程度地发育多类型夹层（介壳灰岩类、粉细砂岩类），由于陆源碎屑、

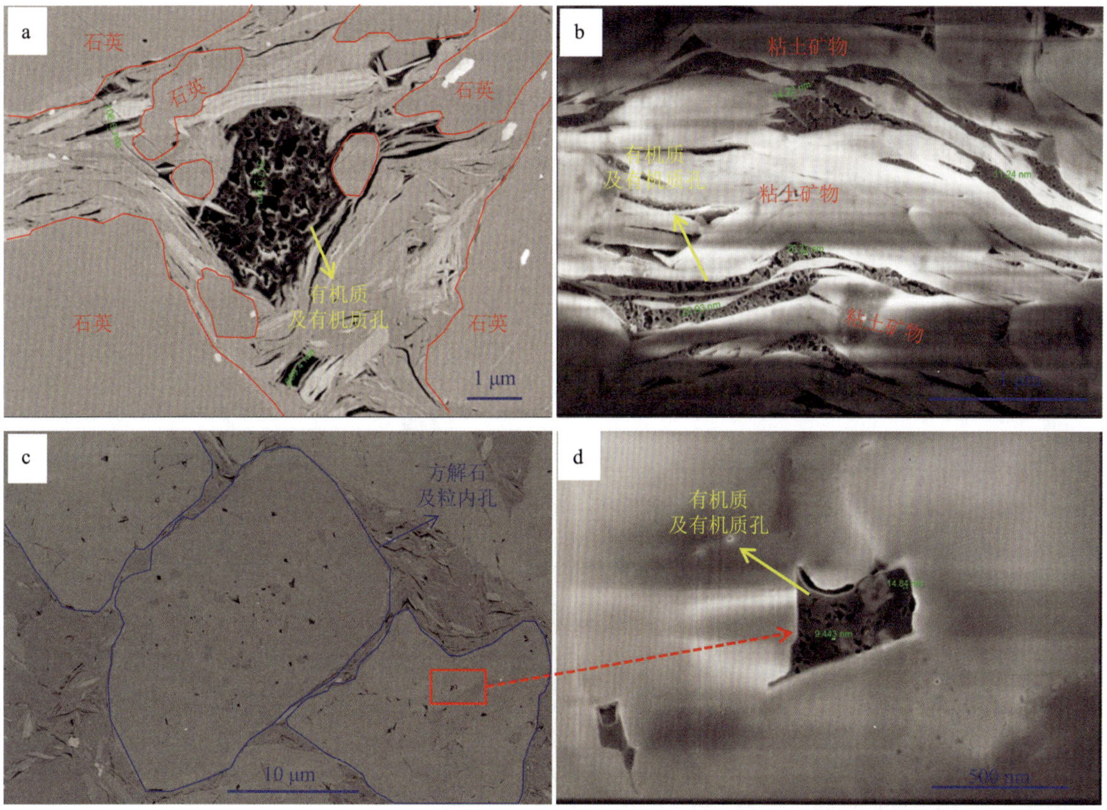

图 5-2　四川盆地下侏罗统不同类型无机矿物孔中有机质及其内部有机质孔隙特征

a—沥青内有机质孔较发育，孔径几十至几百纳米不等，元坝地区 YL4 井，大安寨段；b—黏土矿物片层间沥青内有机质孔较发育，孔径几十纳米为主，涪陵地区 FY10 井，东岳庙段；c—方解石粒内孔较发育，呈不规则形，大小不一，涪陵地区 FY10 井，东岳庙段；d—图 c 局部放大，方解石粒内孔充填有机质，且发育有机质孔

生物介壳等的输入，导致页岩宏观岩相组合（不同类型页岩与夹层）、页岩中矿物成分、岩相类型的多样性和复杂性。不同岩相组合类型在体现沉积环境差异的同时，也导致了页岩中成烃生物发育的差异性，最终体现在不同层段中有机质类型、丰度变化多样，反映出页岩内部有机显微组分、生油和生气能力、有机质孔发育及富集油气能力的差异。

宏观上从陆相页岩“源”的关键评价参数有机碳含量（TOC）与“储”的关键评价参数孔隙度之间的数据统计分析来看，两者之间的相关性具有一定复杂性，呈现多样性而没有统一的规律。从目前已有钻井剖面页岩层系中 TOC 与孔隙度的关系来看，可以识别出三种源-储配置关系：①源-储较高相关型：页岩岩相相对均一，压实程度和无机矿物质孔发育程度基本相当，TOC 较高，有机质类型好，固定沥青和有机质孔相对较发育，源对储的贡献相对较大，源与储表现出较好的正相关关系；②源-储中等相关型：纵向上岩相及其组合类型发生变化，局部页岩段的抗压实程度及有机质类型发生变化，TOC 相对低，但整体上随着 TOC 增大有机质孔有所增多，源对储具有一定的贡献；③源-储弱相关型：页岩中仅发育高等植物（镜质体及丝质体），局部发育极少量固体沥青，其中少量结构镜质体内部发育腔体孔，个别富氢镜质体菌化形成少量有机质孔，少量有机质边缘发育微裂缝，总体上源对储的贡献较小（图 5-4）。

陆相页岩层系整体具有三大共性特点：一是陆相页岩层系中介壳灰岩类、粉细砂岩类夹层基质储集性能均较差，平均孔隙度均小于 2%，铸体薄片镜下除个别存在少量微裂缝外，绝大多数孔隙不发育，反映出夹层致密，储集性能明显不及页岩，对于油气储集能力的直接贡献相对有限，但从空间上来讲，由于夹层厚度较薄，横向上大范围连续分布可能性较少，多以透镜状不连续分布为主；二是整体黏土矿物含量高、抗压实能力差，以发育黏土矿物晶间孔和部分颗粒边缘缝为主，黏土矿物相关孔

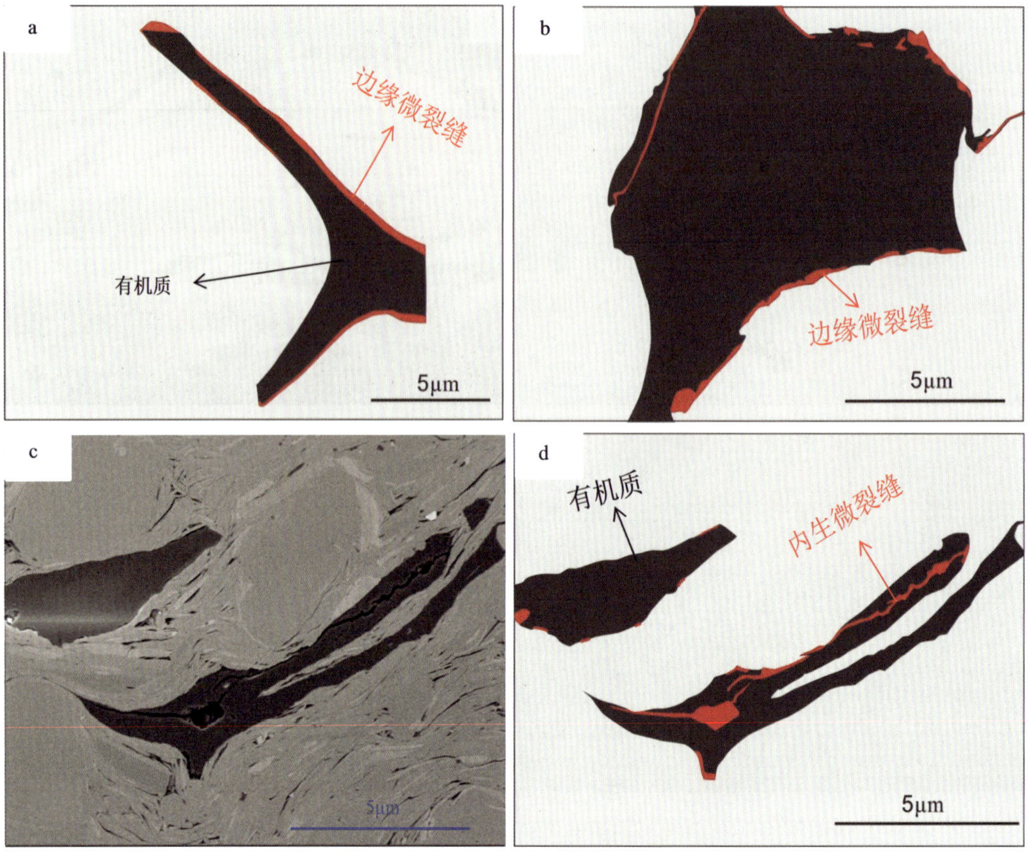

图 5-3 四川盆地下侏罗统有机质与微裂缝的配置关系

a—枝状有机质，边缘缝较发育，元坝地区 YL4 井，大安寨段；b—块状有机质，发育断续状边缘缝，涪陵地区 FY10 井，大安寨段；c—条带状有机质，内部发育微裂缝，涪陵地区 FY1 井，大安寨段；d—图 c 有机质及微裂缝标定

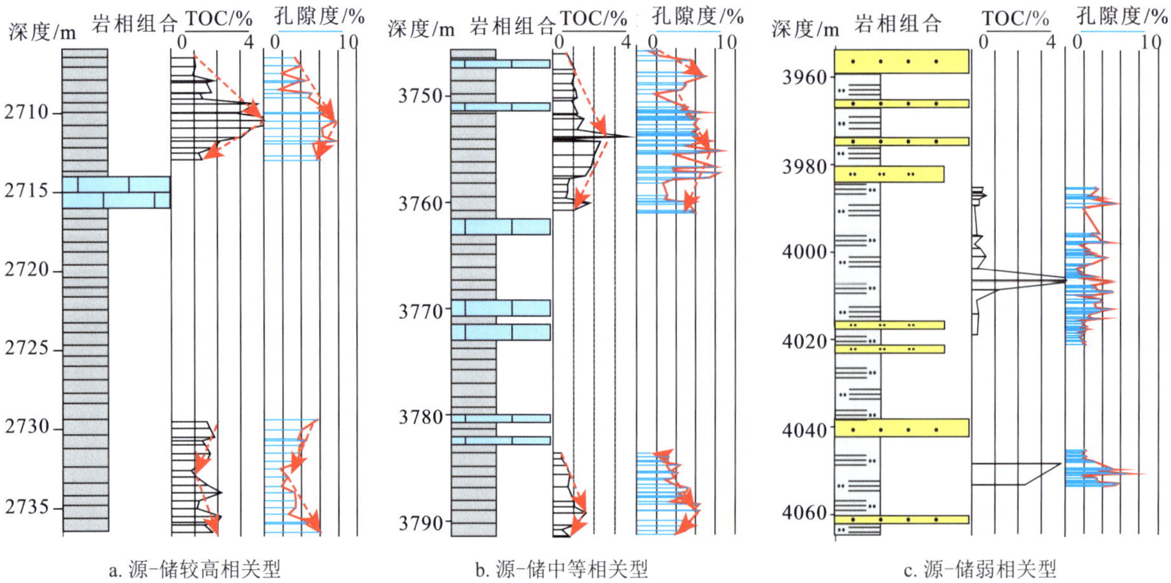

图 5-4 陆相页岩三种典型的源（TOC）与储（孔隙度）宏观配置关系

隙是孔隙度的主要贡献者；三是从有机质组成来看，整体以镜质体、丝质体为主，其次为固体沥青（不同地区及层段含量有差异），有机显微组分类型是决定有机质孔发育与否的关键，而有机质孔发育的多少是判断页岩中“源”对“储”是否有贡献、源-储耦合关系的核心。

为了进一步探讨陆相页岩层系中源-储微观耦合机理，本项研究在开展不同类型页岩、介壳灰岩、粉细砂岩物性特征分析的基础上，以识别与划分出的不同的岩相组合类型为框架，将不同岩相组合中页岩源（有机碳含量测试、有机岩石学、干酪根碳同位素）、储（矿物类型、孔隙大小、形态及类型）特征进行综合分析，在对各类主要的无机矿物、孔隙和裂缝进行刻画的基础上，重点对不同类型有机质的形貌、相对大小、内部有机质孔是否发育、是否发育边缘缝等特征进行了表征，并在空间上进行组合与匹配，建立了不同类型岩相组合相对应的源-储耦合模式（图 5-5）。

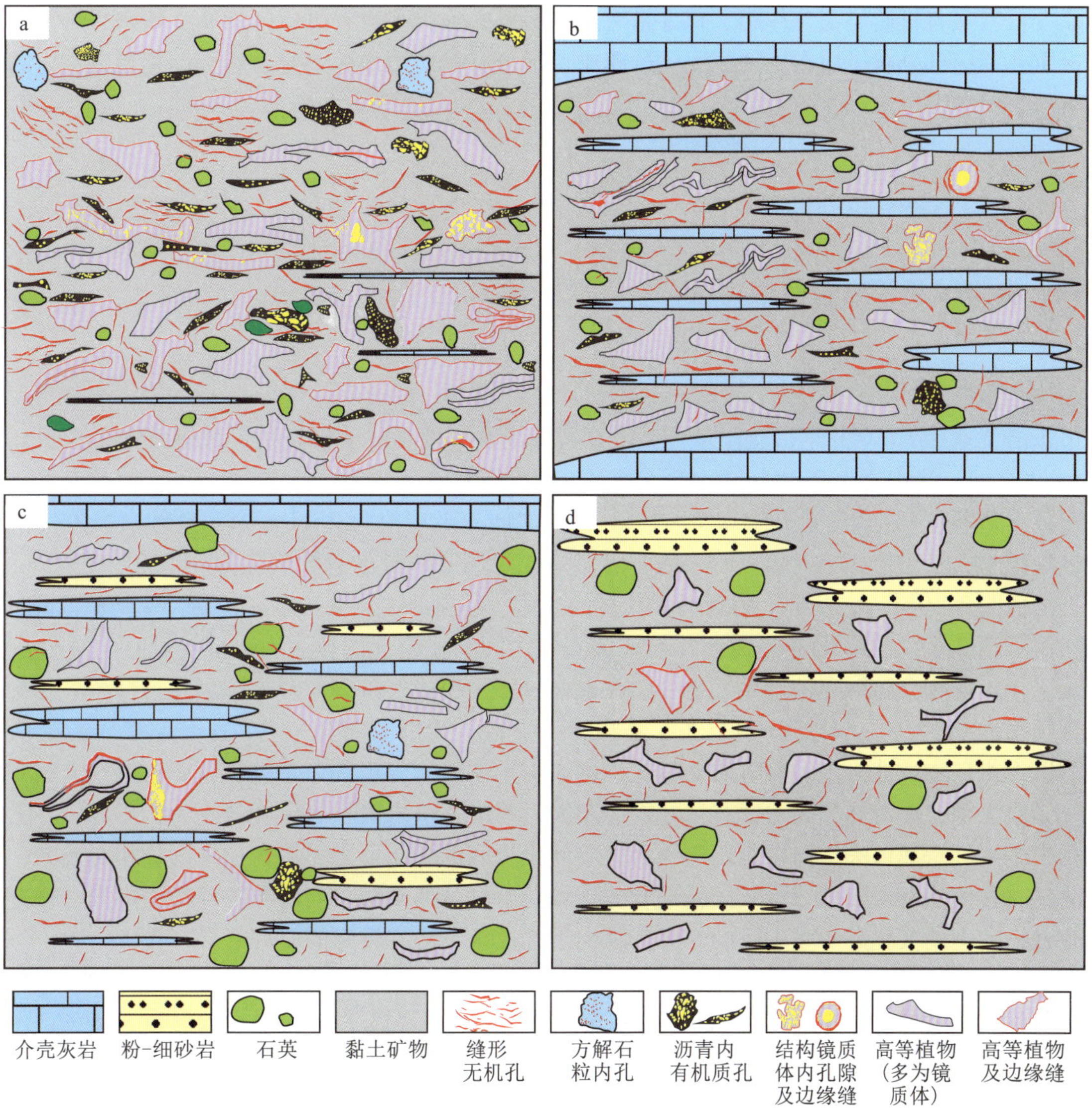

图 5-5　陆相页岩层系中不同类型源储关系示意图

a—页岩组合源-储较高相关型；b—页岩夹灰岩组合源-储中等相关型；c—页岩夹灰岩、砂岩组合源-储中等相关型；d—页岩夹砂岩组合源-储弱相关型

纯页岩型（或局部夹少量薄层介壳灰岩）组合，主要发育于静水、深水沉积环境，成烃生物相对繁盛，有机质丰度高，有机质类型好（Ⅱ型）。生油高峰期时生成的液态原油短距离运移至无机孔中保存，进入过成熟阶段后开始不断地裂解、固化生气，内部形成较多的富气有机质孔隙，加之页岩

主要由无机矿物组成且含量基本一致，抗压实能力相当，无机孔隙发育程度相当，源（有机质孔）对储贡献相对较大，有利于形成源储相关型较高的耦合关系（图5-5a）；页岩夹介壳灰岩型组合，主要发育于远离湖盆边缘，且较靠近生物介壳滩的相对静水、较深水沉积环境，与纯页岩型相比，水体略浅。由于风暴频繁且强度大，介壳灰岩层增多且加厚，影响成烃生物生存，有机质丰度略低。尽管有机质孔对于总孔隙度的贡献有所减小，但在微观尺度下仍能形成源-储一体的耦合关系（图5-5b）；页岩夹粉砂岩、介壳灰岩互层型组合，主要发育于沉积物供给同时受到湖盆边缘碎屑物源和生物介壳滩影响的混积过渡相区，由于局部层段砂质沉积物混入，水体变浑浊，影响低等成烃生物的富集与保存，有机质类型差，生油潜力低，后期有机质孔发育较差。整体而言，该类岩相组合中源（有机质孔）对储仍具有一定的贡献（图5-5c）；页岩夹粉-细砂岩型组合，主要发育于靠近湖盆边缘碎屑物源区的浅水沉积环境，整体上有机质丰度较低，成烃生物以高等植物为主，有机质类型为Ⅲ型，除少量富氢有机质经菌化作用发育少量有机质孔外，绝大多数有机质以均质、致密为特征，不发育有机质孔，但部分有机质在生气、固化过程中可形成有机质边缘缝，对天然气储集具有一定的贡献（图5-5d）。

第二节　页岩气赋存机理

一、典型陆相页岩含气性特征

（一）四川盆地中下侏罗统

川东涪陵地区FY10井东岳庙段东一亚段页岩现场含气量测试结果表明，解析气含量介于0.24~1.07 m^3/t之间，平均值为0.48 m^3/t，损失气含量介于0.10~0.43 m^3/t之间，平均值为0.21 m^3/t，总含气量（解析气+残余气）介于0.36~1.61 m^3/t之间，平均值为0.74 m^3/t，整体上损失气量明显比解析气量小，平均值相差1倍；而东岳庙段东一亚段测井解释的总含气量介于0.91~4.63 m^3/t之间，平均值为2.10 m^3/t，基本上为现场含气量的3倍，其顶部优质页岩段（2784.5~2791.0 m）含气量平均值可达2.67 m^3/t。分析造成测井与现场测试之间明显差异的原因，可能与陆相页岩气总含量较低、以无机矿物孔隙赋存的游离气为主、在取样过程中损失气量较大有关。测井解释游离气含量可占总含气量的65.92%，反映FY10井东岳庙段东一亚段页岩以游离气为主，这与储层研究中认为页岩孔隙以无机矿物质孔为主、有机质孔相对少的认识相吻合，分析认为无机矿物质孔储气方式应与常规油气储层类似，以游离气为主，在钻井提芯出筒过程中，页岩由超压环境转变为常压环境，无机矿物质孔中游离气快速散失，与以有机质孔为主要储集空间的海相页岩相比，损失气量相对较大，导致现场测试时含气量相对较低。但从结果来看，现场总含气量测试结果与测井解释的吸附气含量基本一致，并且纵向上的变化趋势是一致的，对于纵向上选层评价具有较好的应用效果（图5-6）。

FY10井东岳庙段由于在目的井段全取芯而对气测值有所压制的情况下，仍具有良好的气测显示，其中顶部优质页岩段（2784.5~2791.0 m）的全烃值为2.75%~13.54%，平均值可达5.98%。出筒岩芯浸水实验全井段测试均不同程度见气泡显示，东一亚段由下向上气泡密度明显增加，其中顶部优质页岩段气泡呈线性溢出，能量较强、持续性好（图5-7），表明东岳庙段东一亚段优质页岩具有较好的含气性。

川北元坝地区YY2井大安寨段大二亚段上部优质页岩段气测显示十分活跃，录井显示气测值介于0.64%~10.17%之间。测井解释上部优质页岩含气量为0.85~6.19 m^3/t，平均值约为2.51 m^3/t（图5-8）；测井解释下部优质页岩含气量为0.82~3.21 m^3/t，平均值约为2.05 m^3/t（图5-9）。YY2井大安寨段出筒页岩岩芯表面可见丰富气泡，浸水实验可观察较密集气泡线性溢出，同样显示出良好的含气性（图5-10）。

川东涪陵地区东岳庙段5个页岩样品进行等温吸附实验表明，页岩最大吸附气量达到1.31~

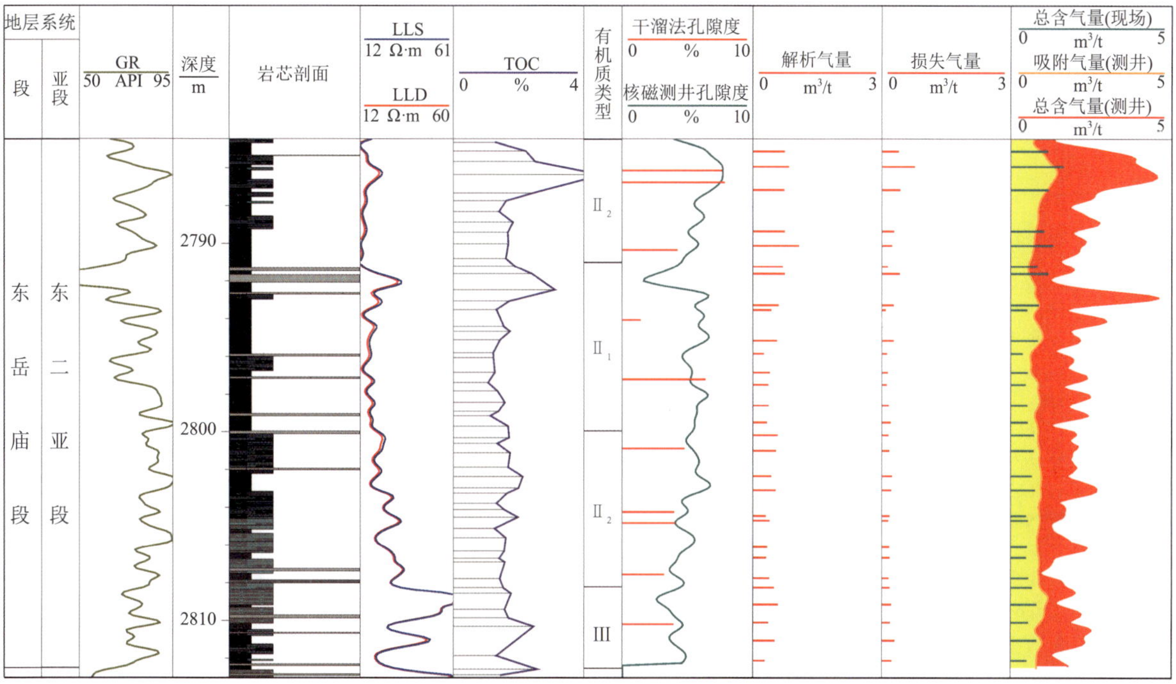

图 5-6　川东涪陵地区 FY10 井下侏罗统自流井组东岳庙段页岩含气性柱状图

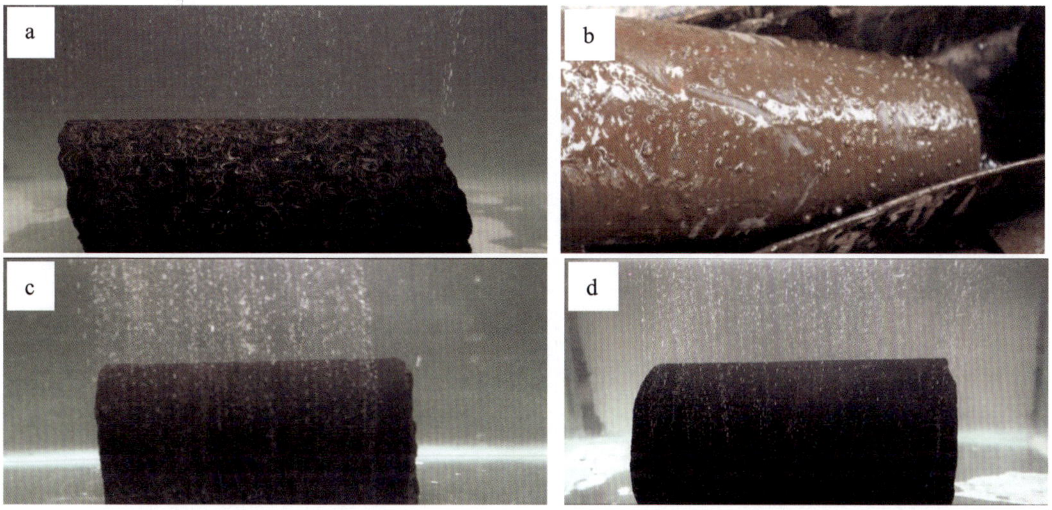

图 5-7　川东涪陵地区 FY10 井下侏罗统自流井组东岳庙段页岩岩芯出筒与浸水实验测试效果图

a—灰黑色含介壳页岩，连续气泡；b—黑色页岩，岩芯表面泥浆有气泡逸出；

c—黑色页岩，连续强烈气泡；d—黑色页岩，连续较强烈气泡

1.75 m^3/t，平均含量达到 1.58 m^3/t（图 5-11a）；川北元坝地区大安寨段 6 个页岩样品中最大吸附气量达到 1.37~2.30 m^3/t，平均含量达到 1.86 m^3/t（图 5-11b）。总体来看，两个地区页岩吸附能力一般，这与前面研究认为页岩比表面积较小、吸附能力较差、以游离气为主的认识具有较好的吻合性。

（二）鄂尔多斯盆地上三叠统延长组

鄂尔多斯盆地麻黄山、下寺湾、富县、洛川、彬长和渭北等多个地区延长组长 7 段与长 9 段暗色页岩层段在录井中均获得良好的气测显示（表 5-1），反映出页岩层段具有较好的含油气性。

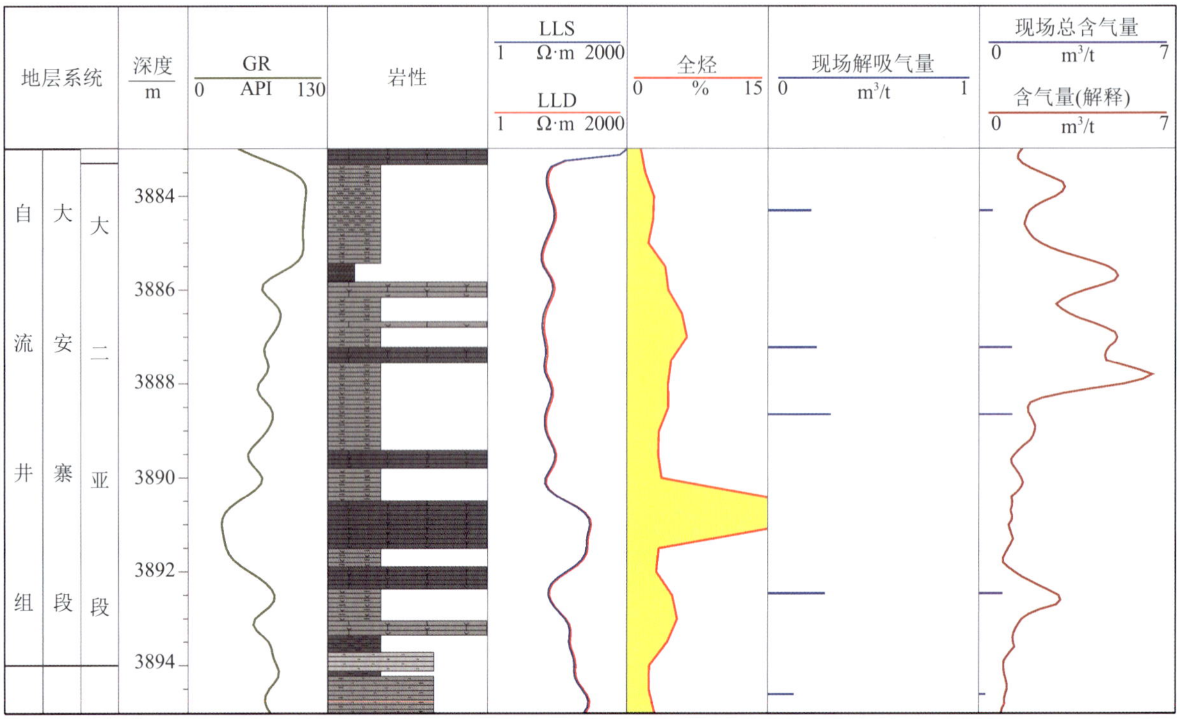

图 5-8 川北元坝地区 YY2 井下侏罗统自流井组大安寨段大二亚段上部页岩含气性柱状图

表 5-1 鄂尔多斯盆地上三叠统延长组页岩录井气测显示统计表

地区	井号	地层	井段/m	岩性	录井评价
麻黄山	ND38 井	长 7	2737～2738.5	灰黑色页岩	页岩含气
		长 9	2849～2850	灰黑色碳质泥岩	页岩气
	ND39 井	长 7	2605.50～2648	灰黑色页岩	页岩含气
			2675～2727	灰黑色页岩	页岩气
下寺湾	LP177 井	长 7	1470～1501	灰黑色页岩	页岩气
			1495～1512	灰黑色页岩	页岩气
富县	XF2 井	长 7	848～855	灰黑色碳质泥岩	页岩气
			858～865	灰黑色碳质泥岩	页岩气
			862.5～867	深灰色碳质泥岩	页岩气
	ZF18 井	长 7	924～945	深灰色页岩、粉砂质泥岩	页岩气
	ZF22 井	长 8	924～996	深灰色页岩	页岩气
	ZF32 井	长 7	828～861	深灰色页岩、细砂岩	页岩气
	ZF53 井	长 7	740～753	深灰色页岩、细砂岩	页岩气
洛川	LH5 井	长 7	855～865	灰黑色页岩	页岩气
		长 9	965～972	灰黑色页岩	页岩气
		长 9	990～992	灰黑色页岩	页岩气
彬长	JH4 井	长 7	1463～1467.5	黑色油页岩	页岩气
渭北	WB9 井	长 7	862～867	灰黑色页岩	页岩气
		长 7	909.50～933.5	灰黑色油页岩	页岩气
	WB10 井	长 7	838～839.50	灰色细砂岩夹黑色页岩	页岩气

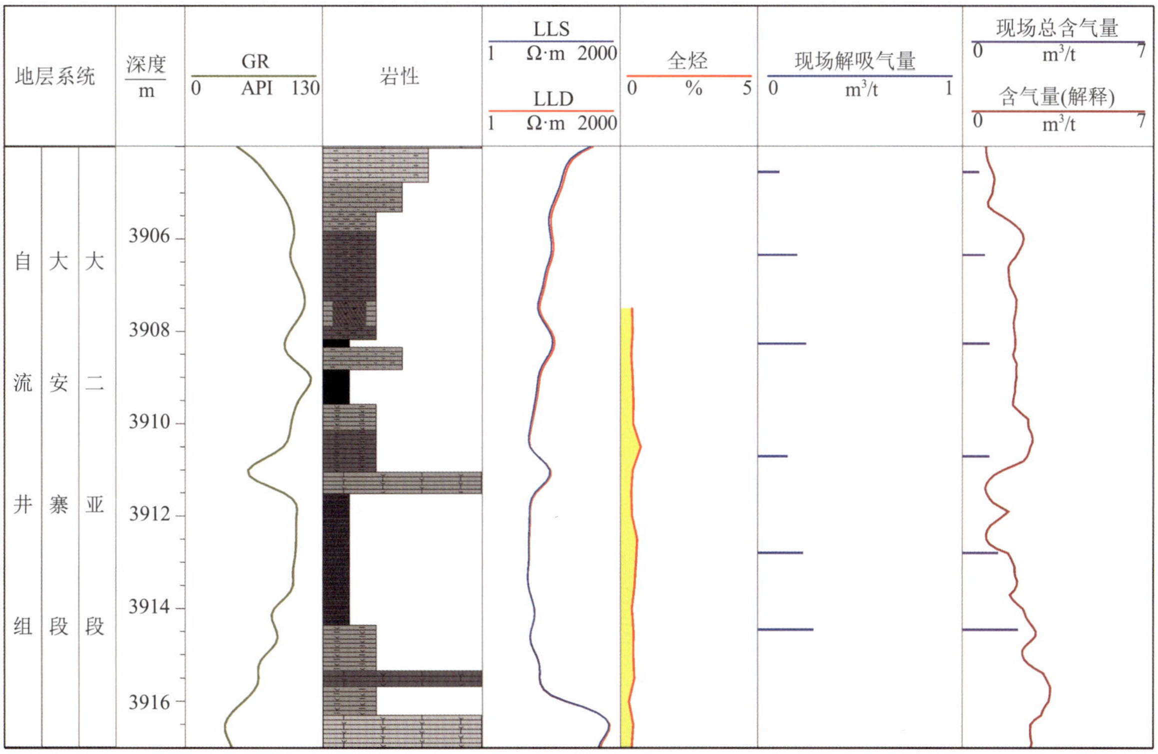

图 5-9　川北元坝地区 YY2 井下侏罗统自流井组大安寨段大二亚段下部页岩含气性柱状图

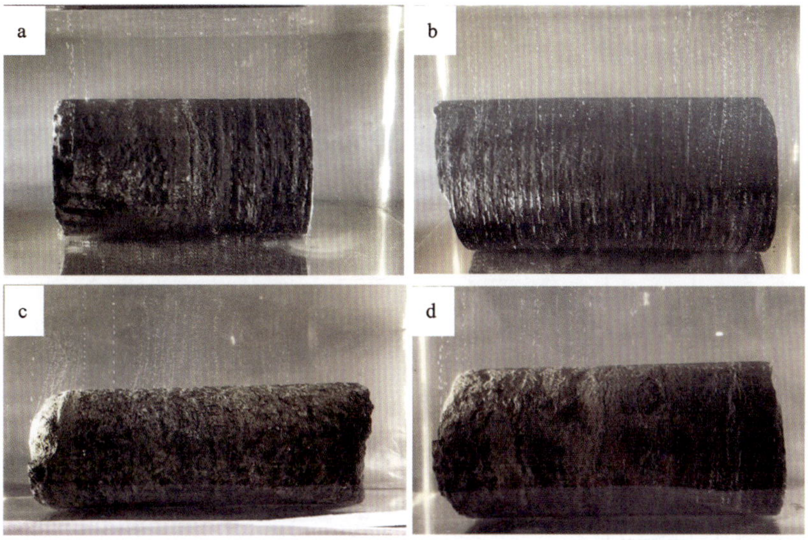

图 5-10　川北元坝地区 YY2 井下侏罗统自流井组大安寨段页岩浸水实验测试效果图

a—深灰色泥质介壳灰岩，连续气泡；b—灰黑色页岩，连续较强烈气泡；c—深灰色泥质介壳灰岩，连续气泡；d—深灰色含介壳页岩夹介壳灰岩，局部连续气泡

彬县-长武地区 JH4 井 1447. 5～1463 m 井段长 7 段页岩气测全烃异常可达 15%～20%（图 5-12）。该井段于 2009 年 12 月经 DST 测试获低产气流，累获天然气 1040 m^3。

富县地区 ZF53 井在 740～763 m 钻至长 7 段页岩，气测全烃高达 60%～70%（图 5-13）。该井段于 2010 年 7 月试井获低产气流，表明富县地区延长组长 7 段页岩具有较好的含气性。

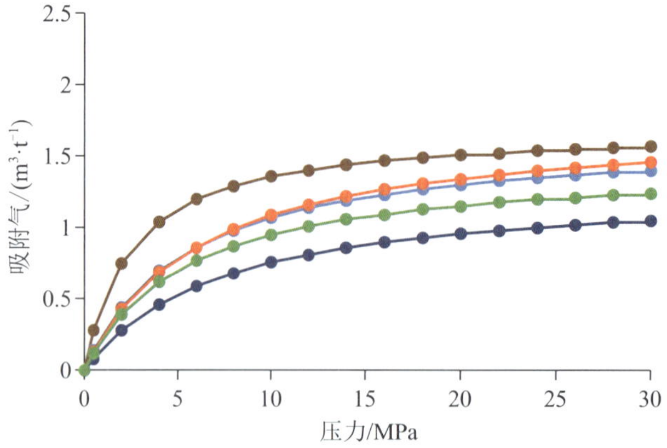

a. 涪陵地区东岳庙段

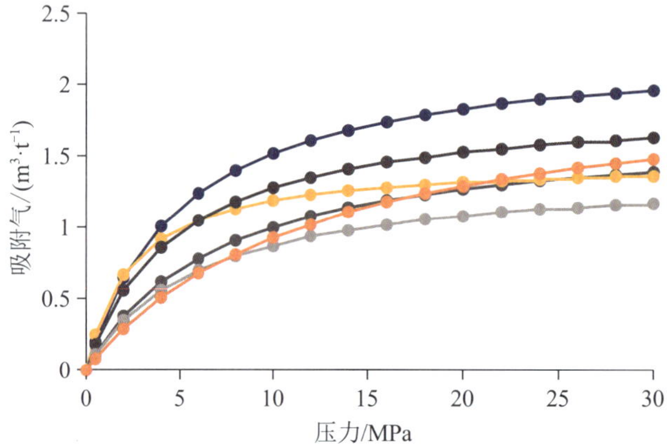

b. 元坝地区大安寨段

图 5-11　四川盆地下侏罗统自流井组页岩等温吸附曲线

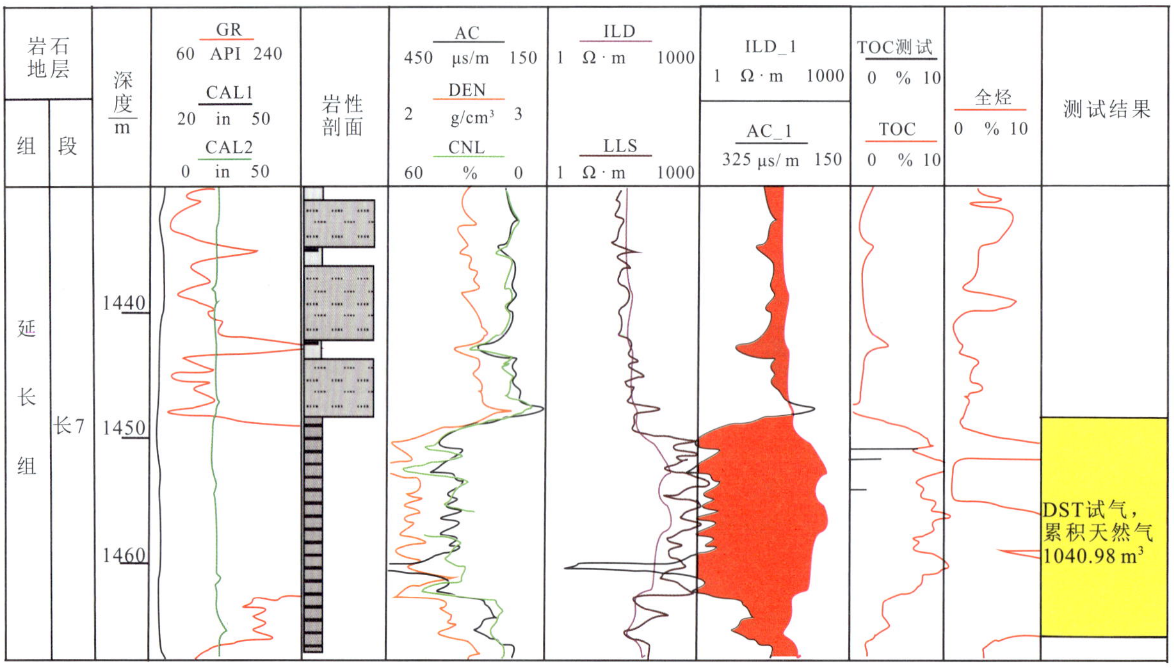

图 5-12　鄂尔多斯盆地彬县-长武地区 JH4 井上三叠统延长组长 7 段页岩含气性剖面图

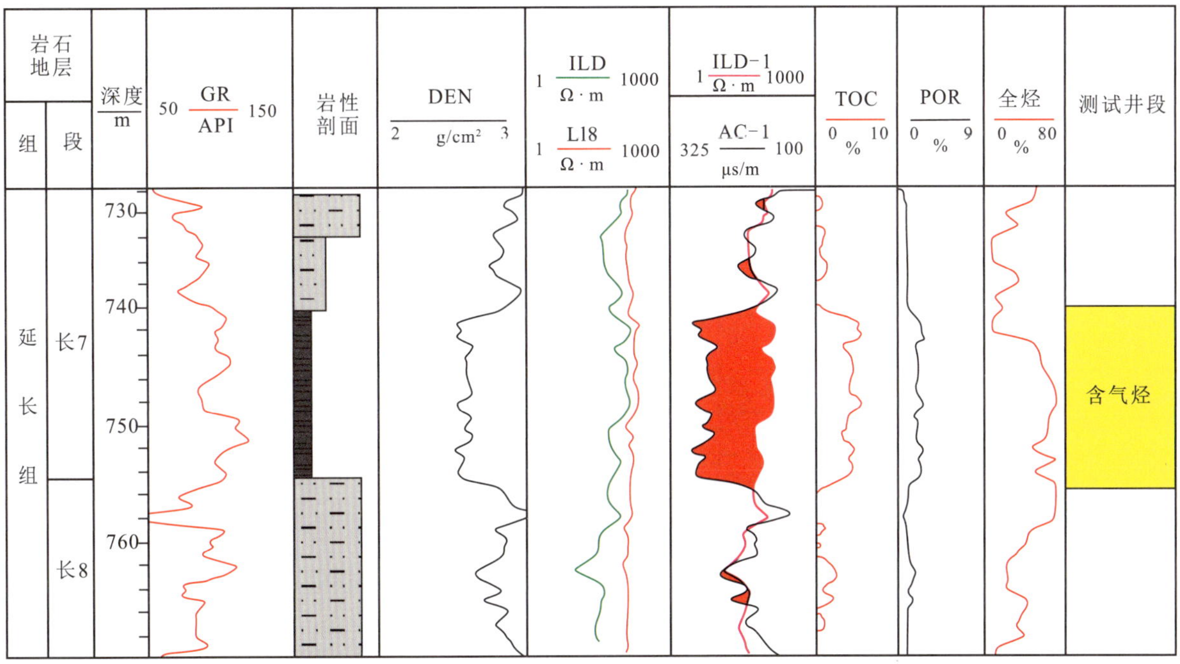

图 5-13 鄂尔多斯盆地富县地区 ZF53 井上三叠统延长组长 7 段页岩含气性剖面图

2015 年，成都理工大学与四川煤田地质局对鄂尔多斯盆地南部某井延长组长 7 段页岩进行了现场解析，10 个样品的含气量在 0.25～1.51 mL/g 之间，平均 0.93 mL/g，说明长 7 段页岩具有一定的含气性，但与四川盆地中下侏罗统相比更低（表 5-2）。

采集延长组长 7 段野外露头和钻井岩芯共 14 个页岩样品开展等温吸附实验测试，其中，野外露头样品 1 个，钻井岩芯样品 13 个，获得最大吸附气量介于 0.8～4.8 m^3/t 之间，平均值为 2.0 m^3/t（表 5-3）。

表 5-2 鄂尔多斯盆地南部上三叠统延长组页岩现场含气量测试数据表

序号	深度/m	有机碳/%	总质量/g	解吸量/mL	破碎质量/g	破碎量/g	含气量/($mL \cdot g^{-1}$)
1	1297.40	1.306	827	210	567	0	0.25
2	1298.01	2.582	1003	310	470	37	0.39
3	1300.76	2.416	708	155	475	50	0.33
4	1308.16	4.593	709	539	410	41	0.86
5	1309.14	6.170	909	667	435	50	0.85
6	1328.71	5.026	871	977	418	18	1.17
7	1336.15	11.720	801	973	411	96	1.45
8	1337.24	10.430	865	502	405	169	1.00
9	1337.99	6.059	858	941	416	155	1.47
10	1345.38	7.101	837	1032	422	119	1.51

不同测试条件下延长组页岩最大吸附量测试结果表明：在干燥无灰基条件下（无水、无灰状态的煤为基准）测试 3 个页岩样品最大吸附量在 9～15 m^3/t 之间，相同样品在空气干燥基（与空气湿度达到平衡状态的煤为基准）测试条件最大吸附量在 1～5 m^3/t 之间，相差 3～9 倍（图 5-14a）；而在干燥基（无水状态的煤为基准）条件下测试的 5 个样品，除 JH6 井最大吸附量可达 6 m^3/t 外，其余

4 个页岩样品最大吸附量仅为 1~3 m^3/t（图 5-14b），反映出不同的测试条件对于页岩吸附量的影响较大。

表 5-3　鄂尔多斯盆地上三叠统延长组长 7 段页岩等温吸附含气量数据表

序号	样品编号	井号	层位	兰氏体积/(m^3t^{-1})	兰氏压力/MPa	吸附量/(m^3t^{-1})
1	YHY-2-Z40	延河剖面	长 7	2.60	1.85	2.015
2	HH55-1004	HH55	长 7	1.87	0.95	1.770
3	HH65-1006	HH65	长 7	7.15	1.89	6.52
4	HH66-1006	HH66	长 7	1.40	0.41	1.369
5	HH67-1005	HH67	长 7	1.62	1.38	1.477
6	11X-119	LH3	长 7	2.69	15.98	1.140
7	11X-120	LH 6	长 7	1.37	9.93	0.793
8	11X-121	LH 4	长 7	7.13	14.07	3.529
9	11X-122	Z2	长 7	9.65	10.66	4.777
10	10X-035	XF2	长 7	1.05	6.60	0.58
11	XF6-1	XF6	长 7	3.385	4.754	2.05
12	10X-036	ZF26	长 7	3.96	19.23	1.19
13	10X-037	ZF 29	长 7	0.98	5.19	0.595
14	10X-038	ZF 32	长 7	1.00	16.53	0.300

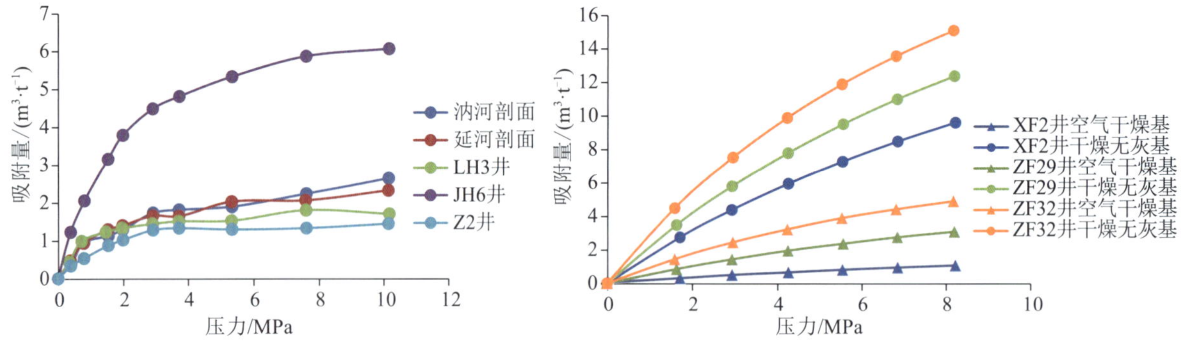

a. 测试条件为干燥基　　b. 测试条件为空气干燥基与干燥无灰基

图 5-14　鄂尔多斯盆地上三叠统延长组页岩等温吸附曲线

对延长组页岩样品进行不同温度、压力条件下甲烷吸附量的实验测试对比分析发现，在温度不变的情况下，延长组页岩随着压力的升高，甲烷吸附量逐渐升高，约在 16 MPa 时趋于稳定，达到最大吸附量；不同温度条件下页岩对甲烷的最大达吸附量有一定规律性，表现为在 30℃时实测得到的甲烷最大吸附量为 2.5 cm^3/g，在 45℃时甲烷的最大吸附量为 1.6 cm^3/g，而在 60℃时甲烷最大吸附量仅为 1.05 cm^3/g，反映随着温度的升高，页岩对甲烷的吸附能力变弱（图 5-15）。

二、陆相页岩含气性主控因素

与常规天然气相比，页岩气的赋存状态多种多样，一是以吸附气的形式吸附在有机质、有机质孔隙和黏土颗粒表面，页岩中较大的比表面积能为吸附气提供较大的赋存空间；二是以游离气的形式储集于页岩内部较大的粒间孔、晶间孔或层理缝、节理缝及构造裂缝中，类似于常规天然气；此外，还有很少一部分气体以溶解气的形式存在于干酪根、沥青等有机质或残留水及液态油中（Montgomery et al.，2005；王飞宇等，2011；王香增等，2015；戴方尧，2018）。在埋藏条件下，随着温度、压力等条件的变化，页岩气的赋存状态也会发生变化，因此对页岩气赋存机理的研究仍处于探索阶段。基于

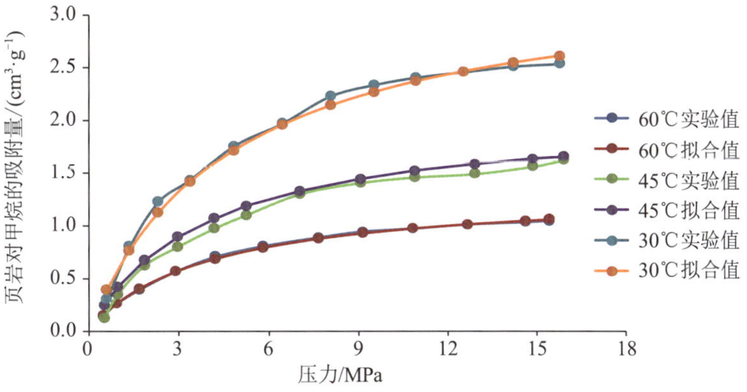

图 5-15 鄂尔多斯盆地上三叠统延长组页岩不同温度下甲烷吸附等温曲线

目前国内外及本次对陆相页岩气的研究，认为烃源条件（有机碳含量、有机质类型、热演化程度）、矿物组成、储层条件（孔隙类型和孔隙结构）等是控制陆相页岩含气性的主要因素。

（一）源岩条件对页岩含气性的控制作用

1. 有机碳含量（TOC）

目前全球主要的页岩气田都显示页岩的有机碳含量是影响页岩含气性的主要因素之一。页岩的有机碳含量越高，则页岩气的生成能力和储集能力就越强。加拿大东北部侏罗系 Gordondale 地层和 Barnett 页岩的研究发现（Ross et al.，2006；Hickey er al.，2007），有机碳含量较高的钙质或硅质页岩的干酪根中微孔隙发育，且表面具亲油性，对气态烃有较强的吸附能力，对吸附态页岩气具有更高的存储能力；Lu et al.（1995）和 Hill et al.（2002）通过实验研究可知有机碳含量与甲烷吸附能力之间存在良好的正相关关系；Ross et al.（2007）和 Chalners et al.（2008）研究了加拿大 Gordondale 页岩得到了和上述实验结果相同的结论，即有机碳含量越高，页岩吸附气体的能力就越强。四川盆地中下侏罗统自流井组页岩研究结果表明，有机碳含量与吸附气含量、游离气含量均具有较好的正相关关系（图 5-16）。由此说明，四川盆地陆相页岩中的有机质是吸附气的重要载体，同时有机质孔对于赋存游离气具有一定的贡献。

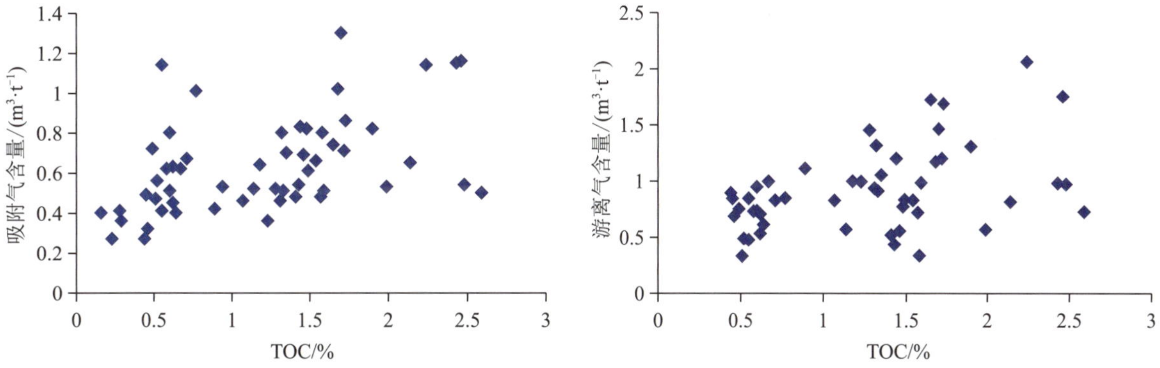

a. TOC与吸附气散点图　　b. TOC与游离气散点图

图 5-16 四川盆地下侏罗统自流井组东岳庙段页岩 TOC 与含气量关系

2. 有机质类型

有机质类型的差异主要体现在有机质显微组分类型及含量上的不同，前人针对不同干酪根类型吸附甲烷的能力开展过一些研究，如 Chalmers et al.（2009）发现由于具有较大的微孔体积的Ⅲ型干酪根比Ⅰ型和Ⅱ型干酪根具有更大的吸附甲烷的能力；Zhang et al.（2012）选用古近-新近纪的 Green

River 页岩（Ⅰ型）、泥盆纪的 Woodford 页岩（Ⅱ型）和晚白垩世的 Cameo 煤岩（Ⅲ型）分别代表三种不同类型的有机质，研究发现其吸附能力由大到小依次为：Ⅲ型>Ⅱ型>Ⅰ型，认为Ⅲ型干酪根由于含有更多的芳香结构，故具有更强的甲烷结合的能力。而 Bustin（1998）研究了美国、加拿大和澳大利亚的煤后发现其吸附能力随惰质组（Ⅲ型的主要显微组分）含量的增加而减小，随镜质组含量的增加而增加；可见不同学者对于不同类型有机质及显微组分的吸附能力的认识仍存在一定的差异。

四川盆地自流井组东岳庙段页岩干酪根碳同位素与页岩吸附气含量相关关系研究表明（图 5-17）：整体上随着干酪根碳同位素变重，页岩吸附能力有逐渐降低趋势，进一步从有机质类型角度来看，页岩的吸附能力具有$Ⅱ_1$型>$Ⅱ_2$>Ⅲ型的特征，结合不同类型页岩有机显微组分及氩离子抛光-扫描电镜有机质形态及有机质孔研究认为，在有机碳含量基本相当的情况下，页岩中发育有机质孔的固体沥青含量明显受有机质类型控制，页岩中固体沥青个体相对小，且内部发育微小孔隙，随着有机质类型的变好，固体沥青含量增多，数量增多，更有利于提高页岩比表面积及吸附能力，而镜质体、丝质体个体较大，且内部基本无孔隙发育，吸附能力相对弱。

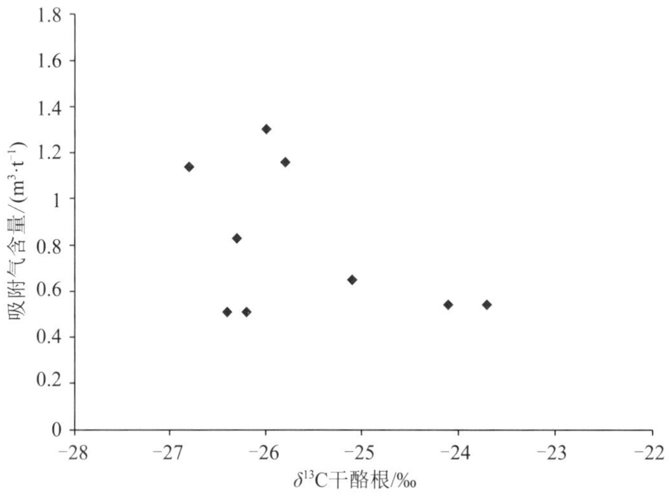

图 5-17　四川盆地下侏罗统自流井组东岳庙段页岩干酪根碳同位素与吸附气含量关系图

3. 有机质成熟度

有机质成熟度并不直接对页岩气的赋存发挥作用，而是通过控制页岩的孔隙结构和比表面积进而对页岩气的吸附能力产生间接影响。随着页岩热演化程度的升高，干酪根中的脂族链部分逐渐转化为烃类，可形成大量的有机质孔隙，同时黏土矿物转化也会形成大量的黏土矿物孔隙，因而能够明显地增加页岩的比表面积。Curtis 认为只有当成熟度达到一定的界限值时干酪根中才能形成大量的纳米孔隙，而当成熟度低于界限值时纳米级孔隙不发育或发育很少。鄂尔多斯盆地南部上三叠统延长组长 7 段与长 9 段页岩有机质类型较好，主要以$Ⅱ_1$、$Ⅱ_2$型为主，不但可以大量生油，同时也可以生气，具备较好的生油气条件。但上三叠统延长组有机质成熟度较低，R_o值在 0.7%~1.35%之间，长 7 段与长 9 段绝大部分页岩样品的有机质成熟度（R_o）与吸附气含量具有较好的正相关关系（图 5-18），即随着R_o值增高，吸附气含量增高，这主要是由于随着有机质成熟度的不断升高，页岩中生成的原油裂解生气量越来越多，与此同时有机质孔隙发育越来越多，孔隙体积增加，总含气量增加，吸附气量必然随之增加。

（二）矿物组成对页岩含气性的控制作用

1. 黏土矿物

与海相页岩相比，陆相泥页岩黏土矿物含量普遍较高。黏土矿物具有较大的比表面积，对气体有较强的吸附能力（Lu et al.，1995；Ross et al.，2008）。不同类型的黏土矿物在化学成分、晶体结

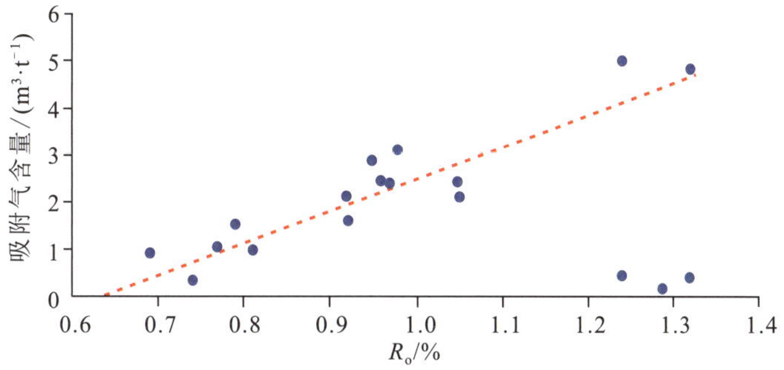

图 5-18　鄂尔多斯盆地上三叠统延长组页岩 R_o 与吸附气含量关系图

构、颗粒大小和岩石物理性质等方面变化较大，晶间孔隙、层间及颗粒之间孔隙的大小、形态及表面积均存在差异，具有不同的吸附能力。前人研究认为黏土矿物吸附能力的大小次序为：蒙脱石>伊蒙混层>高岭石>绿泥石>伊利石。四川盆地自流井组东岳庙段陆相页岩黏土矿物含量高，平均约 50%，主要以伊蒙混层和伊利石为主。随着页岩中黏土矿物含量的增高，吸附气含量具有一定的增高趋势，表明黏土矿物具有较强的吸附能力（图 5-19a）；黏土矿物含量与游离气含量也具有一定的正相关关系；同时黏土矿物层间孔是主要的孔隙类型，对孔隙度的贡献最大，黏土矿物层间孔可以储集游离气，黏土矿物含量与游离气含量呈正相关关系（图 5-19b）。

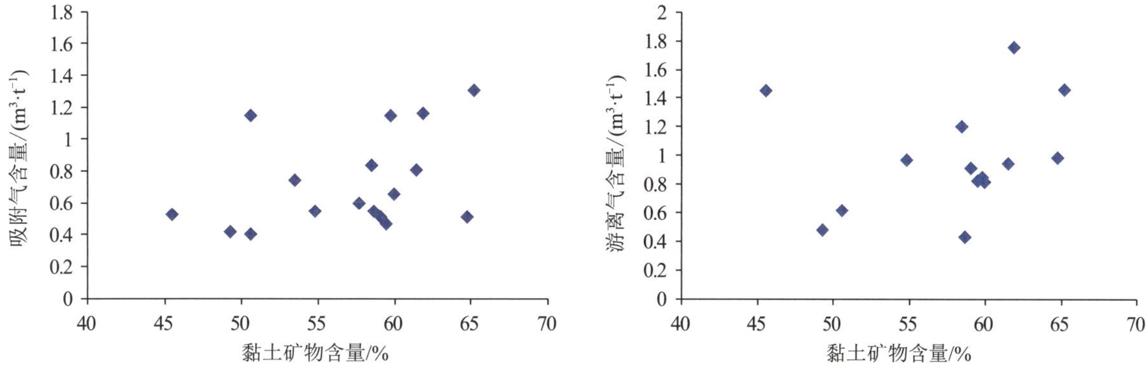

a. 黏土矿物含量与吸附气含量　　b. 黏土矿物含量与游离气含量

图 5-19　四川盆地下侏罗统自流井组东岳庙段页岩黏土矿物含量与含气量关系图

2. 脆性矿物

由于不同地区及层段页岩沉积环境的差异性，页岩的矿物成分复杂，除伊利石、蒙脱石、高岭石等黏土矿物以外，还常含有石英、方解石、长石、云母等碎屑矿物和自生矿物，其成分的变化影响了页岩对气体的吸附能力。四川盆地涪陵地区自流井组东岳庙段页岩中脆性矿物主要以石英、碳酸盐矿物为主。石英含量主要在 20%~40%之间，从岩石薄片与扫描电镜分析来看，主要为黏土矿物转化过程中形成的自生石英，石英含量与吸附气含量具有明显的负相关关系（图 5-20a），反映出石英矿物不利于陆相页岩吸附气的富集；当碳酸盐含量小于 20%时，碳酸盐含量与吸附气含量之间没有明显关系，但当碳酸盐含量大于 20%时，随碳酸盐含量增加吸附气含量有微弱的降低趋势（图 5-20b）。总体来看，石英、碳酸盐等脆性矿物对于吸附气含量贡献不大。

（三）储层条件对页岩含气性的控制作用

1. 储层物性

孔隙是游离气的主要储集空间，储层孔隙总体积（孔隙度）越大，可容纳的游离气量越大，页

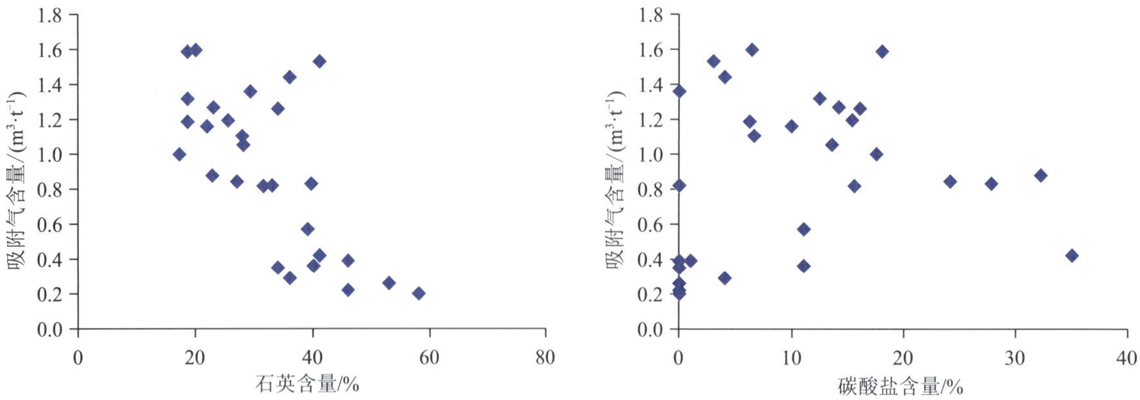

a. 石英含量与吸附气含量　　b. 碳酸盐含量与吸附气含量

图 5-20　四川盆地下侏罗统自流井组东岳庙段页岩脆性矿物含量与吸附气含量关系图

岩含气性越高。四川盆地自流井组东岳庙段页岩孔隙度与游离气含量之间具有一定的正相关关系，即随着孔隙度增大，游离气含量具有增高趋势（图 5-21），反映页岩孔隙度对于含气量（尤其是游离气含量）具有明显的控制作用。四川盆地中下侏罗统陆相页岩以发育大量的黏土矿物层间孔为主，黏土矿物层间孔对于页岩总孔隙度贡献最大，因此黏土矿物含量与含气量之间存在正相关关系。

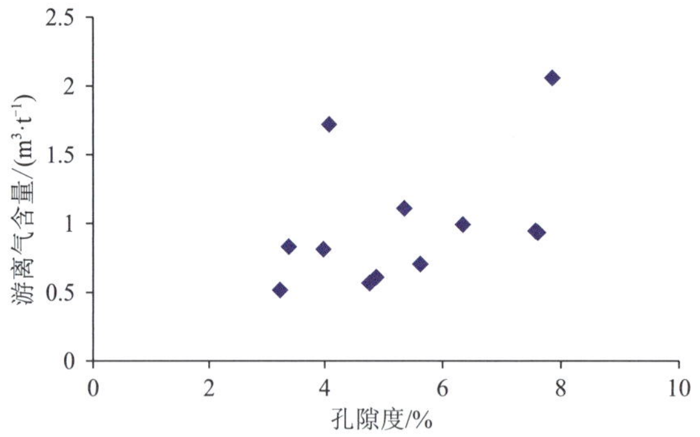

图 5-21　四川盆地下侏罗统自流井组东岳庙段页岩孔隙度与游离气含量关系图

2. 孔隙结构

页岩的微观孔隙结构对吸附气含量也具有一定的影响。一般认为，具有更大比表面积和微孔体积的固体可以为气体的吸附提供更多的吸附位，其吸附能力更大。Chalmers et al.（2009）认为具有大的比表面积的页岩具有更高的吸附能力。Chalmers et al.（2007）研究了 British Columbia 东部早白垩世 Fort St John 群泥页岩后发现有机碳含量和微孔体积及甲烷吸附能力之间具有很好的正相关性，这与 Ross et al.（2009）的认识一致，他们都认为这可能说明与有机质有关的微孔是页岩气主要的赋存空间。而对于那些吸附能力与微孔体积的相关性较差的泥页岩，Ross et al.（2008，2009）等认为原因是大量的甲烷以溶解态赋存于基质沥青中。

四川盆地中下侏罗统自流井组东岳庙段页岩储层以黏土矿物层间孔为主，尤其是片状伊利石晶间孔发育最多，孔隙多呈狭缝型，以此为依据，本次以东岳庙段实测温压条件为边界条件（温度为63℃和压力为 31.34 MPa），采用分子动力学模拟固-气-液共存时伊利石狭缝型晶间孔内天然气赋存状态随含水饱和度的变化特征（图 5-22）。对于孔径为 10 nm 的伊利石狭缝型孔隙，在完全干燥的情况下（含水饱和度为 0%）既存在吸附态甲烷也存在游离态甲烷，且颗粒表面吸附的甲烷分子密度较高。随着含水饱和度的增加（含水饱和度分别为 30%、60%和 90%），颗粒表面吸附态甲烷密度和孔隙中游离态甲烷密度降低，但是游离态甲烷所占的比例有所增加，说明含水量对黏土矿物孔中页岩气的赋存状态和含量具有重要的影响。

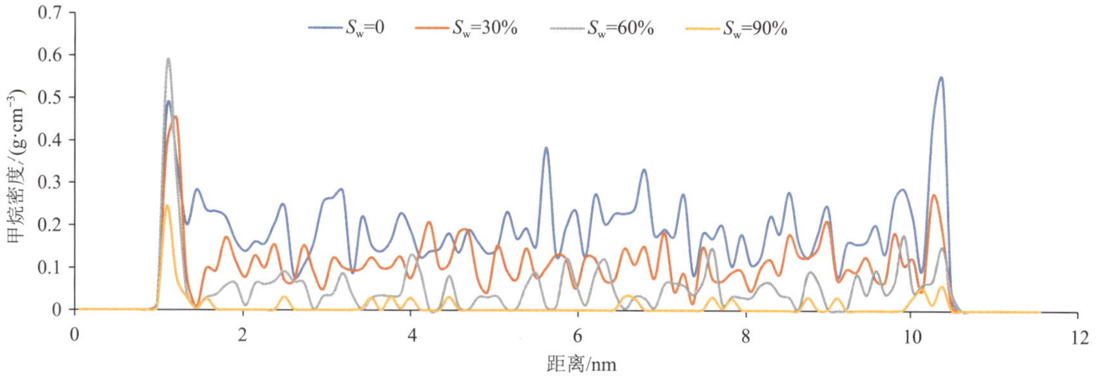

图 5-22　伊利石狭缝型孔隙内甲烷赋存状态随含水饱和度变化图

（四）陆相页岩气赋存机理

目前的研究发现，陆相页岩中含气性与各类无机矿物含量、有机质含量（TOC）、孔隙度等相关关系均较弱，规律性并不明显。为探究陆相页岩层系中页岩气赋存机理，本次以四川盆地自流井组页岩夹介壳灰岩岩相组合类型为例，进行宏观结合微观、静态结合成岩-成烃演化动态过程的研究，建立陆相页岩层系的页岩气赋存模式（图 5-23），包括页岩内部、夹层内部，页岩与夹层之间的页岩气赋存状态。

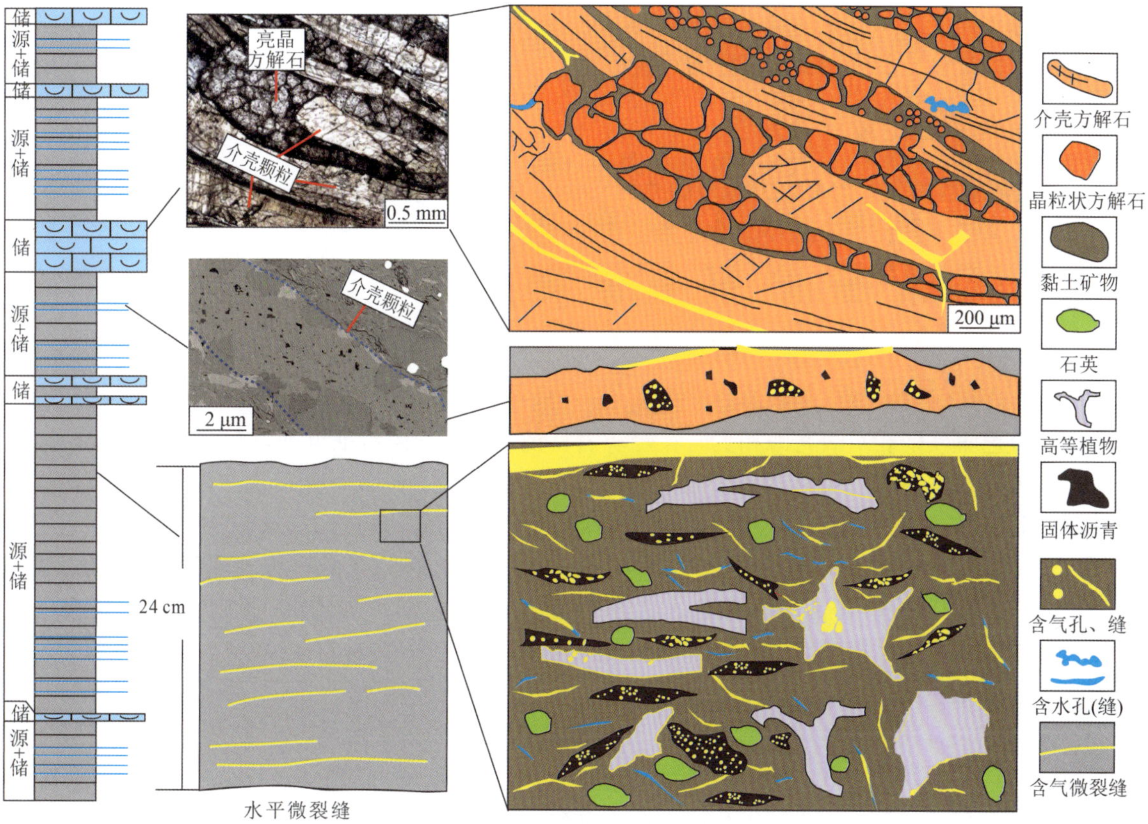

图 5-23　陆相页岩及夹层宏-微观尺度下页岩气赋存方式示意图

在页岩内部，主要发育两种类型有机质，个体相对大的、有固定形态的有机质（镜质体）的有机质孔不发育，个体相对小的、无固定形态的有机质（固体沥青）的有机质孔发育，两种有机质均可生成天然气，但后者生气能力更强。有机质孔是源-储一体的，源-储耦合关系最佳；矿物粒间孔、黏土晶间孔、粒内孔具有一定的储气能力，但与成烃物质之间呈有一定距离的相邻甚至相隔关系；粒缘缝、纹层缝等各类微裂缝既具有一定的储气能力，也是页岩气的渗流通道，有利于沟通烃源物质，实现烃源物质与裂缝之间的较长距离的源-储耦合，因此，微裂缝对于陆相页岩气的储集和富集高产都具有一定的意义。有机质生成的页岩气优先在有机孔中赋存，有机孔中是不含水的；在超压作用下页岩气向邻近的、一定范围内的、相互连通的无机矿物质孔、裂缝中运移聚集，尤其是在裂缝的沟通之下形成相对连通的、统一的富气体，而对于相对孤立的无机孔隙则可能含有束缚水。

在夹层内部，原始成烃生物极少，基本不具备原始生烃能力，夹层中主要见到无机孔和微裂缝，只是在少量的早期迁移有机质中见到有机质孔，因此，夹层内部的源-储耦合主要是相邻的页岩作为烃源岩与夹层内部无机孔隙之间的厘米—米级较远距离的源-储耦合关系，页岩中生成的天然气经过裂缝运移至夹层中储集，在运移动力较强的条件下夹层的天然气饱和度较高。

页岩与夹层之间一般对应于岩性和力学转换面，因此在界面附近常发育层理缝，页岩中生成的烃类经层理缝运移于夹层之间的层理缝中，并且经由层理缝进入到夹层中去，因此，页岩与夹层之间的层理缝可以赋存页岩气并有利于页岩气的产出。

第三节　源-储耦合“甜点层”评价

基于五峰组-龙马溪组海相页岩的源-储一体的特点，胡宗全等（2017）以有机碳（TOC）为“源”的关键指标，以孔隙度（Φ）为“储”的关键指标，提出了源-储耦合系数的概念及定量计算公式，实现了海相页岩气源-储耦合的定量评价。针对四川盆地自流井组页岩层段，本次研究在页岩源、储特征深入研究的基础上，结合陆相页岩的实际特点，进一步探索陆相页岩源-储耦合评价方法，并进行不同地区典型陆相页岩气井的评价应用。

一、源-储耦合定量评价方法

源-储耦合系数的定义为页岩中源与储共同发生作用的程度。其核心在于突出页岩源与储配置的优劣，突出两者的相互影响和综合作用对页岩气富集的控制。基于海相五峰组—龙马溪组页岩建立的源储耦合系数定量计算公式为：源-储耦合系数$=\mathrm{TOC}\times\Phi\times10000$；其中，TOC 为有机碳含量（%），$\Phi$ 为孔隙度（%）。

（一）评价依据

前述研究已证实陆相页岩与海相页岩在烃源岩特征、储层孔隙特征方面均存在明显差异。在烃源特征方面：五峰组—龙马溪组海相富有机质页岩的有机质类型主要以Ⅰ型为主，而中下侏罗统陆相页岩$Ⅱ_1$型、$Ⅱ_2$型及Ⅲ型均有，有机质类型具多样性，且在富有机质页岩层段纵向上、横向上这种多样性的变化特征普遍存在，不同类型有机质的生烃能力存在显著差异，一般表现为Ⅰ型>$Ⅱ_1$型>$Ⅱ_2$型>Ⅲ型。在储层孔隙特征方面：五峰组—龙马溪组海相富有机质页岩储层孔隙以发育大量有机质孔为特点，而中下侏罗统陆相富有机质页岩储层孔隙主体以无机孔为主，有机质孔发育相对较少。无论是海相页岩还是陆相页岩，有机质孔的发育程度都是页岩气富集的关键。有机质孔发育程度与有机质类型优劣密切相关，沥青质体即油后沥青，是有机质孔发育的主要载体，不同的有机质类型之间比较，有机质孔应主要发育于$Ⅱ_1$型、$Ⅱ_2$型干酪根页岩中，而Ⅲ型干酪根页岩由于直接生气而生油潜力很小，因此有机质孔发育较小，仅在部分原始有机质体中发育少量有机质孔。因此，有必要将有机质类型的差异引入陆相页岩气源-储耦合评价参数之中。

（二）原始氢指数比的提出

国内学者针对不同有机质类型页岩生烃模拟实验研究，多集中在讨论不同类型有机质在不同热演化阶段生烃、排烃、滞留烃及总烃的变化规律，且每种类型往往样品数量较少，难以代表某一种有机质类型单位 TOC 生成页岩总烃的量，各项生烃、排烃、滞留烃指标，由于实验条件的差异，也较难以进行对比分析。氢指数（I_H）是评价烃源岩生烃潜力的重要指标，也是判别有机质类型的方法之一。

不同有机质类型的原始氢指数，即从未成熟烃源岩中测试得到的氢指数（I_{Ho}）能够反映不同类型页岩的原始生烃潜力，对于同一口井目的层的多种有机质类型的页岩段而言，有机质成熟度基本相同，经历的生、排、滞过程基本一致，因此，采用原始氢指数可以体现不同类型有机质页岩生烃潜力的差异。郭秋麟等（2019）基于西加拿大沉积盆地、威利斯顿盆地、松辽盆地、鄂尔多斯盆地、渤海湾盆地、四川盆地和准噶尔盆地等 1249 组岩石热解数据及 TOC 数据，拟合得出Ⅰ型、$Ⅱ_1$ 型、$Ⅱ_2$ 和Ⅲ型 4 种有机质类型烃源岩 I_{Ho} 模型的关键参数值，并给出了不同类型干酪根原始氢指数（I_{Ho}）的主要参数值（表 5-4）。基于目前四川盆地元坝、涪陵地区中下侏罗统陆相页岩有机质类型以 $Ⅱ_2$ 型为主，故以 $Ⅱ_2$ 型原始氢指数为标准，计算不同有机质类型页岩原始氢指数比，即原始氢指数比（I）= 各类型页岩原始氢指数/$Ⅱ_2$ 型原始氢指数。

表 5-4　不同类型干酪根原始氢指数参数特征

类型	I_{Ho} 主要值范围/(mg·g^{-1})	I_{Ho} 主要参数值/(mg·g^{-1})	原始氢指数比
Ⅰ	600～1000	800	2.67
$Ⅱ_1$	400～650	550	1.83
$Ⅱ_2$	100～400	300	1.00
Ⅲ	160	160	0.53

注：原始氢指数范围及主要参数值引自郭秋麟等（2019）；原始氢指数比 = 各类型页岩原始氢指数/$Ⅱ_2$ 型原始氢指数。

（三）源-储耦合系数定量计算方法及评价标准

基于陆相页岩有机质类型多样的特点，在海相页岩源-储耦合系数计算公式中加入原始氢指数比（I），通过 TOC、I 及 Φ 3 个参数的乘积来体现源与储相互作用的综合响应，更加强调和突出了有机质类型优劣对于页岩气富集的重要性，即陆相页岩源-储耦合系数 = TOC×I×Φ×10000；其中，TOC 为有机碳含量（%），I 为原始氢指数比，Φ 为孔隙度（%）。从本质上来讲，海相五峰组—龙马溪组页岩多为单一有机质类型，相当于原始氢指数比可以取一个定值，因此，陆相源-储系数的计算方法实际上是对海相页岩源-储系数计算方法的继承与延伸。

通过对涪陵地区典型井 FY10 井自流井组东岳庙段陆相页岩气源-储耦合系数的统计分析，在源-储耦合系数的累积曲线上，其源-储耦合系数<5、5～10、10～15、>15 的页岩样本占比依次分别 40%、20%、20%、20%（图 5-24），将<5、5～10、10～15、>15 依次作为Ⅳ类、Ⅲ类、Ⅱ类及Ⅰ类的陆相源-储耦合系数标准。

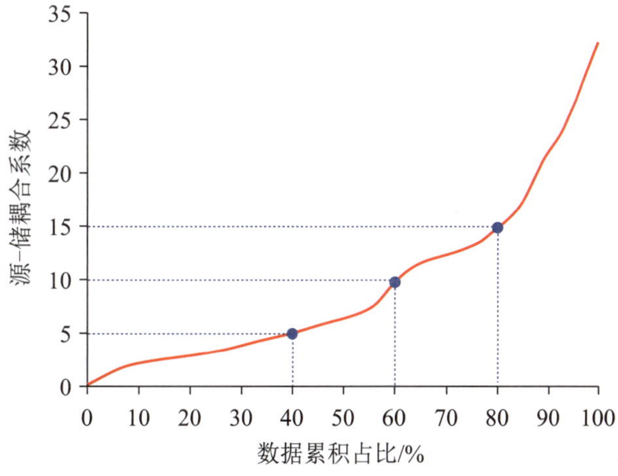

图 5-24　陆相页岩气源-储耦合系数标准划分

二、源-储耦合评价应用

（一）川东涪陵地区

川东涪陵地区自流井组富有机质页岩主要发育于东岳庙段东一亚段，岩性主要为灰黑色黏土质页岩、纹层状介壳灰质页岩，局部夹少量灰色薄层介壳灰岩；页岩黏土矿物含量分布范围为26.5%~71.8%，平均为56.18%；石英含量分布范围为14.4%~52.7%，平均为26.8%；碳酸盐矿物含量分布范围为0~45.3%，平均为11.5%。页岩有机碳含量（TOC）介于1.31%~4.04%之间，平均值大于1.5%，有机质类型多样，$Ⅱ_1$、$Ⅱ_2$、Ⅲ型均有，镜质体反射率（R_o）介于1.26%~2.12%之间，平均值1.64%，已进入高成熟演化阶段。富有机质页岩孔隙度介于1.21%~8.37%之间，平均值为4.13%，储集性能好。

采用陆相页岩气源-储耦合系数及评价标准，对涪陵地区FY10井自流井组东岳庙段进行单井评价（图5-25）。结果表明东岳庙段下部的东一亚段源-储耦合条件最好，源-储耦合Ⅰ类层段主要发育于东一亚段上部，是页岩气富集的最佳甜点层段；东一亚段中下部较好，为源-储耦合Ⅱ类层段；而东二亚段、东三亚段整体源-储耦合条件变差，东二亚段上部-东三亚段下部以源-储耦合Ⅲ类层段为主，但局部较薄层段仍发育源-储耦合Ⅱ类层段，具有一定的潜力，而东三亚段中上部整体为源-储耦合Ⅳ类层段。

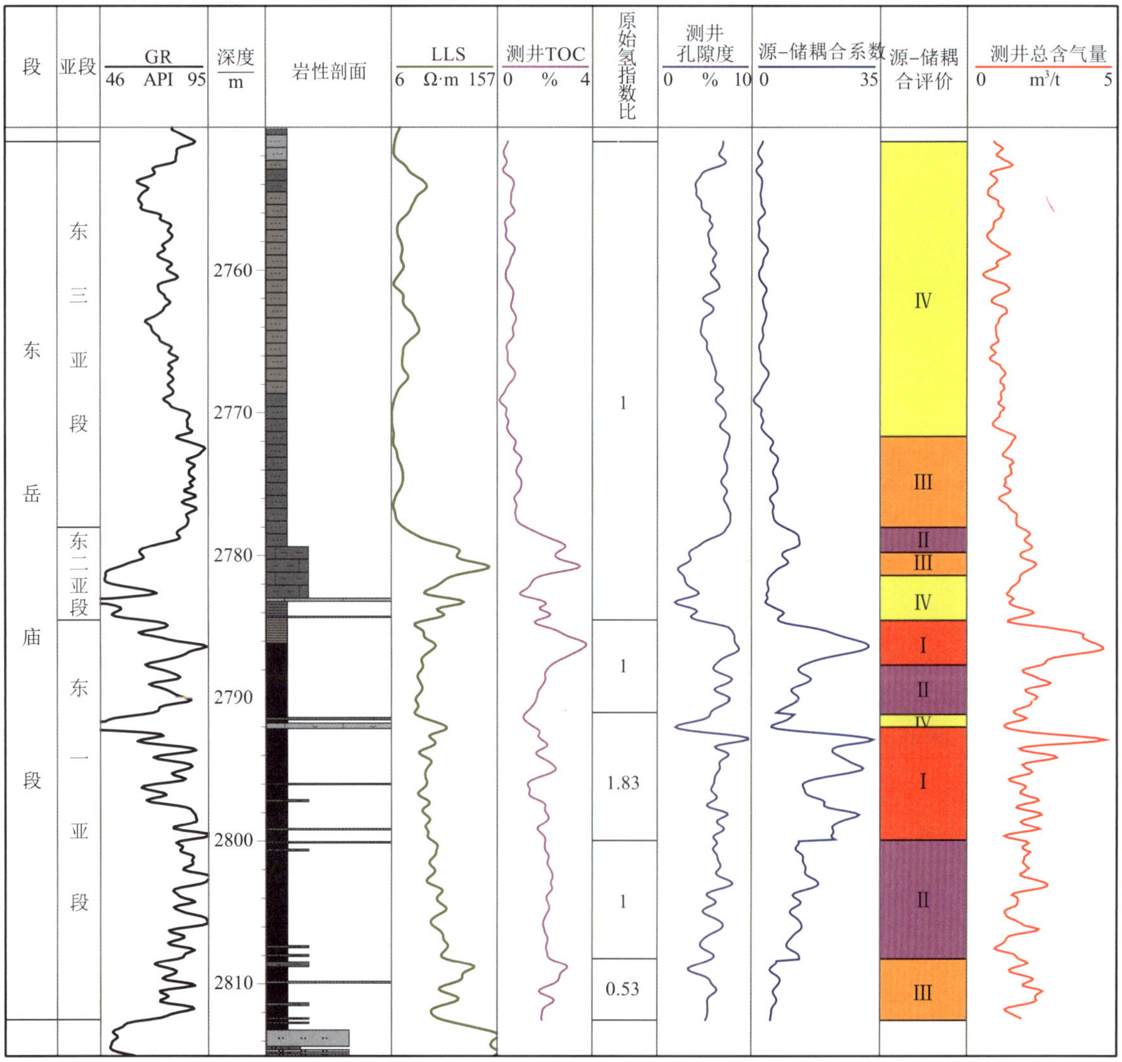

图5-25 川东涪陵地区FY10井下侏罗统自流井组东岳庙段源-储耦合“甜点层”评价图

（二）川北元坝地区

川北元坝地区自流井组富有机质页岩主要发育于大安寨段大二亚段，纵向上岩性组合较川东涪陵地区东岳庙段更为复杂，其中富有机质页岩岩性主要为灰黑色黏土质页岩、纹层状介壳灰质页岩，纵向上不同层段介壳灰岩、砂岩夹层均有，且夹层发育密度和厚度的差异性较大。页岩黏土矿物含量分布范围为21.5%～68.3%，平均为48.3%；石英含量分布范围为17.1%～60.3%，平均为35.7%；碳酸盐矿物含量分布范围为0～48.8%，平均为12.6%。页岩有机碳含量（TOC）介于0.5%～3.64%之间，平均值大于1.0%，有机质类型多样，$Ⅱ_1$、$Ⅱ_2$、Ⅲ型均有，镜质体反射率（R_o）介于1.44%～1.83%之间，平均值1.67%，已进入高成熟演化阶段。富有机质页岩孔隙度介于0.95%～8.33%之间，平均值为4.36%，储集性能好。采用陆相页岩气源-储耦合系数及评价标准，对元坝地区典型井YY2井进行单井评价（图5-26）。结果表明自流井组大安寨段大二亚段上部源-储耦合条件较好，以发育源-储耦合Ⅰ类层段为主，测井解释含气量也最高，地质评价为页岩气富集的最佳“甜点层”段，但其内部发育介壳灰岩薄层，目前工程技术条件下压裂的难度较大。Ⅰ类层段上、下相邻层段以Ⅱ类及Ⅲ类为主。其次为大二亚段下部主要以发育源-储耦合Ⅲ类层段为主，与上部源储耦合好的层段相比，该段具有页岩发育连续性好、夹层少、页理缝较发育的优势，相对有利于压裂，具有较好的勘探开发潜力；而大二亚段中部整体为源-储耦合Ⅲ类层段，页岩烃源、储集条件均变差，且发育较多的介壳灰岩及粉砂岩层段，勘探开发潜力相对较差。

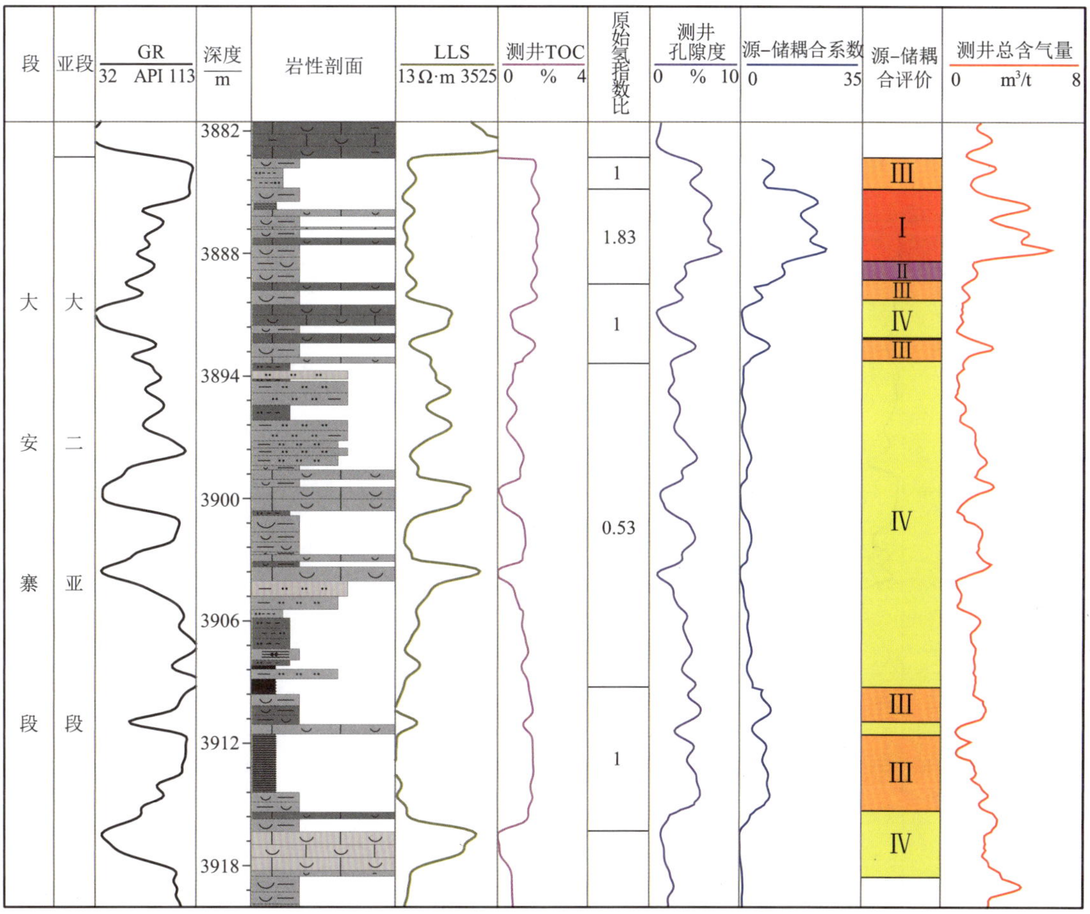

图5-26　川北元坝地区YY2井下侏罗统自流井组大安寨段源-储耦合“甜点层”评价图

（三）鄂南彬长地区

基于鄂尔多斯盆地延长组陆相页岩有机质类型以$Ⅱ_1$型为主，因此以$Ⅱ_1$型原始氢指数为标准，计算不同有机质类型页岩原始氢指数比，即原始氢指数比（I）= 各类型页岩原始氢指数/Ⅱ$_1$ 型原始氢指数（表 5-5）。与四川盆地侏罗系不同，鄂尔多斯盆地长 7 段具有页岩 TOC 含量高、孔隙度低，而砂岩夹层、凝灰岩夹层孔隙度高的特点，夹层物性和储集性能明显好于页岩。针对这种地质特征，为了有效评价夹层源-储耦合条件，将页岩与其中的夹层作为一个源-储耦合系统来考虑，将长 7 段页岩的平均 TOC 与夹层的孔隙度用来计算夹层的源-储耦合系数。由于长 7 段 TOC 含量较高，其计算出来的源-储耦合系数与四川盆地差异较大，基于累积曲线，将<50、50~100、100~150、>150 依次作为Ⅳ类、Ⅲ类、Ⅱ类及Ⅰ类的页岩气源-储耦合评价系数的划分标准。

表 5-5 鄂尔多斯盆地上三叠统延长组不同类型干酪根原始氢指数参数特征

类型	I_{Ho}主要值范围/(mg·g^{-1})	I_{Ho}主要参数值/(mg·g^{-1})	原始氢指数比
Ⅰ	600~1000	800	1.45
Ⅱ$_1$	400~650	550	1.00
Ⅱ$_2$	100~400	300	0.55
Ⅲ	160	160	0.29

采用陆相页岩气源-储耦合系数及评价标准，对彬长地区 B1 井进行单井评价（图 5-27）。其中源-储耦合Ⅰ类层段主要发育于高 TOC 页岩段中的砂岩夹层和凝灰岩夹层，是页岩油气富集的最佳甜点层段；高 TOC 页岩段和部分砂岩、凝灰岩夹层为源-储耦合Ⅱ类层段；较高 TOC 页岩层段为源-储耦合Ⅲ类层段；低 TOC 粉砂质泥岩层段为源-储耦合Ⅳ类层段。

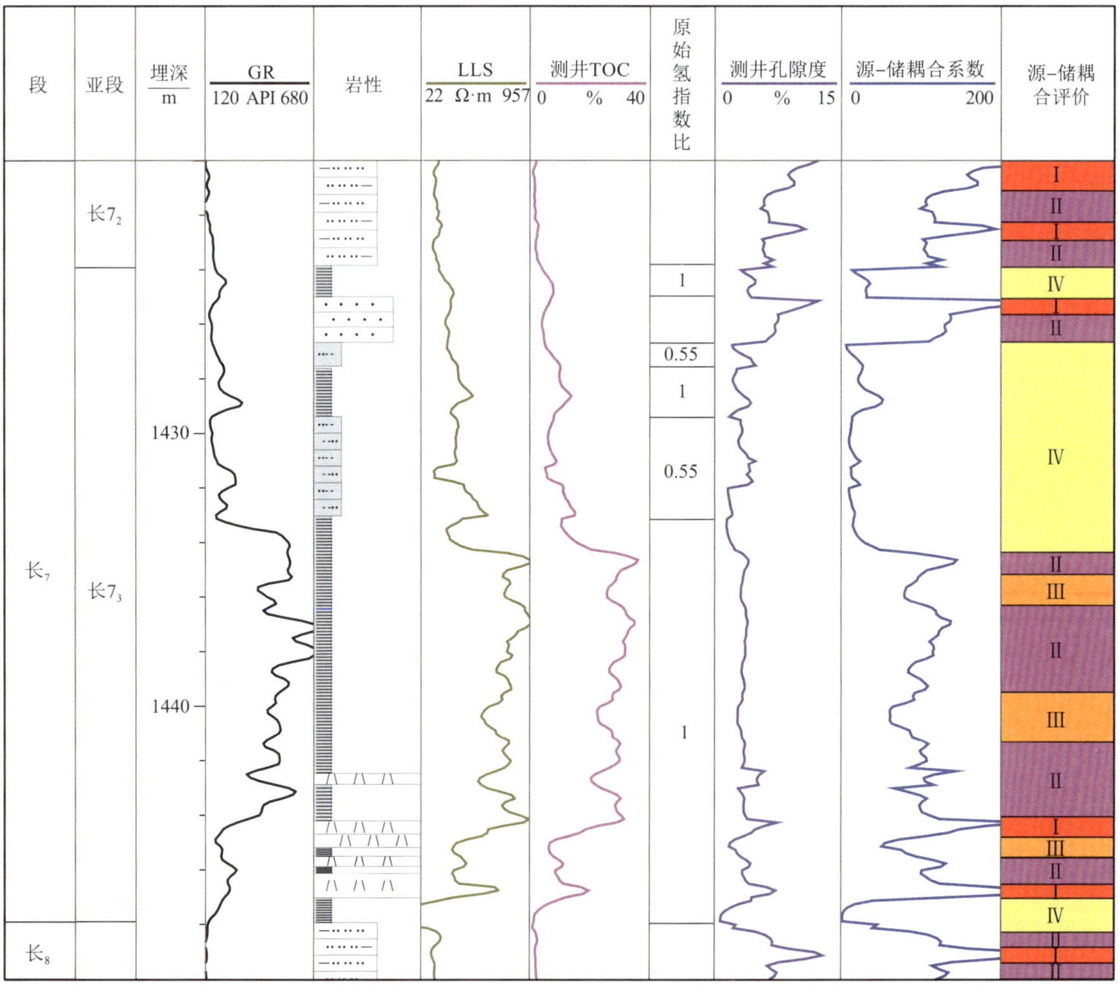

图 5-27 鄂尔多斯盆地彬长地区 B1 井上三叠统延长组长 7 段源-储耦合“甜点层”评价图

（四）松辽盆地梨树断陷

梨树断陷营一Ⅰ亚段—沙二段优质泥页岩平面分布稳定，厚109~142 m，集中发育于苏家屯-北坡一带。页岩可以划分为5种主要岩相类型：即纹层状灰质页岩、层状含灰页岩、块状灰质页岩、层状砂质页岩、块状页岩，纹层状页岩岩相具有较高的有机质含量和含气量。营一段泥页岩黏土矿物含量多分布在38.6%~71.5%之间，脆性矿物含量相对较高，多分布在32.1%~50.5%之间，平均值为43.3%。沙二段泥页岩脆性矿物含量为19.2%~60.0%，平均值为38.6%。暗色泥岩生烃能力均较好，营一段 TOC 为 0.14%~4.43%，平均 1.1%；沙二段 TOC 介于 0.12%~10.77%之间，平均1.4%。营一段干酪根以$Ⅱ_2$型和Ⅲ型为主，沙二段有机质类型主要为$Ⅱ_1$型和$Ⅱ_2$型，少量Ⅲ型。镜质体反射率（R_o）介于1.5%~2.3%之间，已进入高成熟阶段。营一段页岩孔隙度2.04%~7.66%，平均5.01%，沙二段孔隙度1.79%~7.84%，平均6.7%，储集性能很好。

采用陆相页岩气源-储耦合系数及评价标准，对梨树断陷LY1井进行单井评价（图5-28）。营城组营一Ⅰ亚段中部3、4小层源储耦合条件较好，以发育源-储耦合Ⅰ、Ⅱ类层段为主，是页岩气富集的最佳“甜点层”段。沙河子组沙二上亚段9小层，主要以发育源-储耦合Ⅰ、Ⅲ类层段为主，具有页岩发育连续性好、夹层少的优势，具有较好的勘探潜力；而营城组营一Ⅰ亚段下部整体为源-储耦合Ⅲ、Ⅳ类层段，间夹有薄层的Ⅰ、Ⅱ类层段，但页岩烃源、储集条件整体变差，勘探潜力一般。

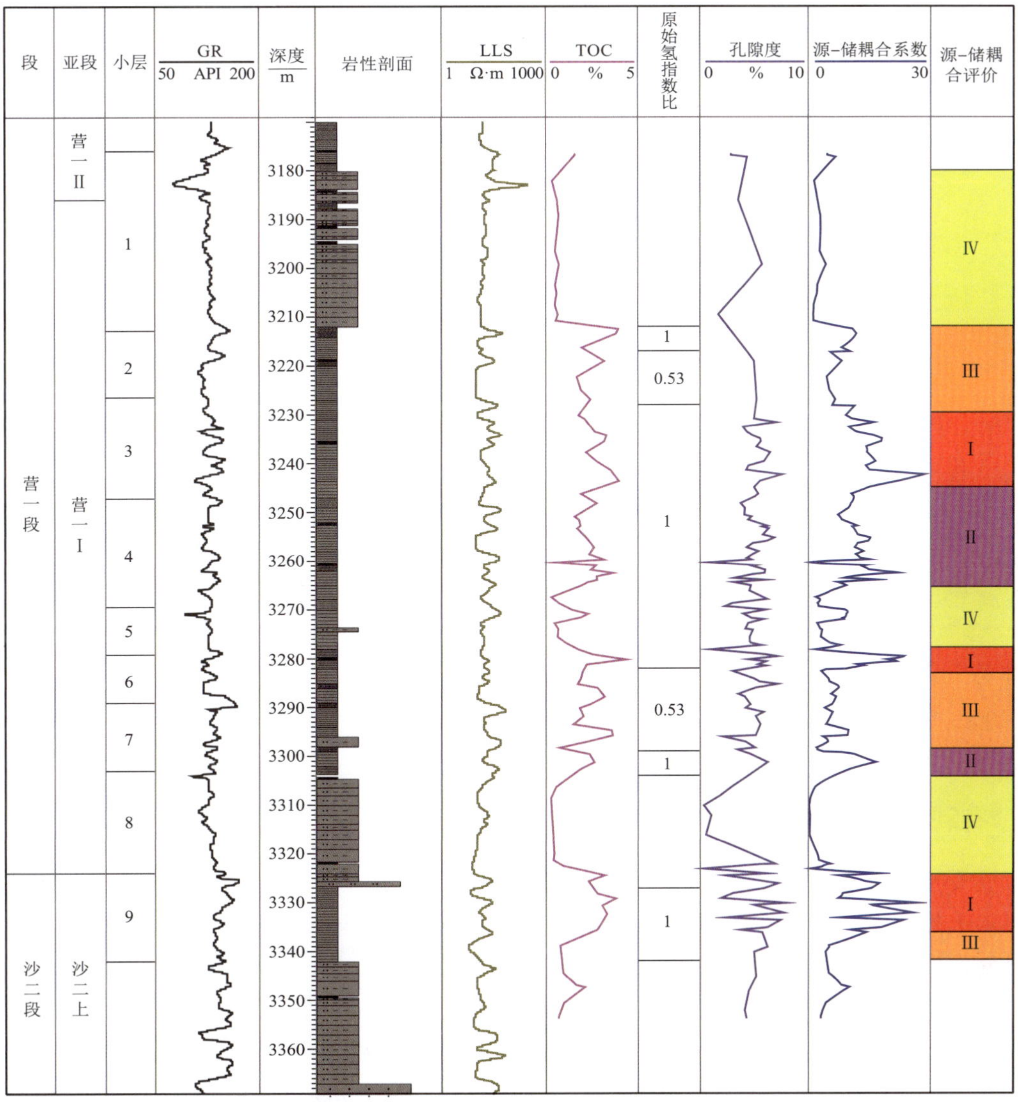

图5-28　松辽盆地梨树断陷LY1井下白垩统营城组源-储耦合“甜点层”评价图

第四节 陆相页岩气富集规律

以四川盆地中下侏罗统自流井组页岩气为主，结合鄂尔多斯盆地上三叠统延长组页岩气和其他地区陆相页岩气的地质条件解剖和富集条件分析，发现沉积条件和构造条件是影响陆相页岩气富集的根本地质条件。沉积条件包括沉积相带、岩性及岩相组合、储层矿物组分、水体环境和古生物发育条件等，直接决定了 TOC 含量、储层孔隙发育条件、源-储配置条件；构造条件包括断裂分布、裂缝发育程度等，直接决定了页岩气藏的保存条件，与页岩气藏压力系数及富集程度密切相关，同时影响着水力压裂效果。由沉积条件和构造条件等两大基本控制因素展开，总结陆相页岩气富集具有如下地质规律。

一、半深湖相页岩是陆相页岩气富集的重要物质基础

半深湖相页岩与浅湖相泥岩在岩性、沉积水体能量和氧化-还原性、生物组合等方面都存在明显的不同，决定了两者在生烃物质基础、矿物组成及含量、黏土矿物类型及含量、泥页岩物性、纹层缝发育程度等与陆相页岩气富集密切相关的地质条件方面存在明显差异性，半深湖相页岩较浅湖相泥岩有机碳含量相对较高，生烃潜力较大，储集性能较好，是陆相页岩气富集高产的基础地质要素。

以元坝地区大安寨段为例，半深湖相页岩累积厚度一般介于 30~40 m 之间，局部地区可达 50 m；浅湖相泥岩累积厚度较薄，一般介于 10~30 m 之间，局部在 40 m 以上；滨湖相泥岩累积厚度多在 10 m以下（图 5-29）。

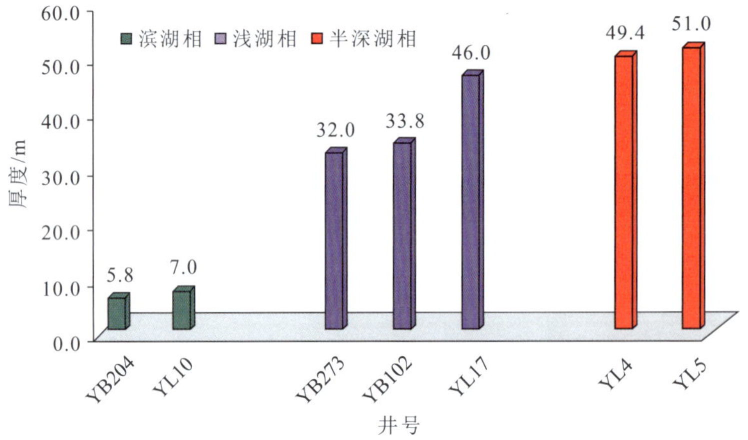

图 5-29 元坝地区下侏罗统自流井组大安寨段富有机质泥页岩（TOC>1.0%）厚度直方图

连井对比分析表明，大二亚段半深湖相页岩横向延续性较好，多为连续型油气显示，且全烃值更高，大一亚段浅湖相泥岩横向可对比性较差，常被介壳灰岩或砂岩层段分隔，油气显示普遍较弱且连续性差（图 5-30）。

二、有利的岩相组合类型控制烃源和储层的耦合条件

元坝大安寨段与涪陵东岳庙段整体为浅-半深湖相沉积，受湖平面频繁升降的影响，沉积微相变化快，纵向上形成夹层较多的多旋回韵律型泥页岩，夹层岩性、厚度及分布无明显规律，非均质性较强。连井对比发现同类型岩性组合或岩性段纵向多期叠置、频繁交替，横向连续性和可对比性较差。利用录井和岩芯资料，依据不同岩性占比、分布连续性、互层频率等特征对页岩气层段岩性组合进行精细划分，共划分为 5 种类型（图 5-31），分别为大套泥页岩连续沉积型（1 型）、大套粉砂质泥页岩局部夹中薄层（粉）细砂岩型（2 型）、黏土质泥页岩与介壳灰岩近等厚互层型（3 型）、大套泥页岩夹中薄层介壳灰岩型（4 型）以及大套泥页岩局部夹中厚层介壳灰岩型（5 型）。

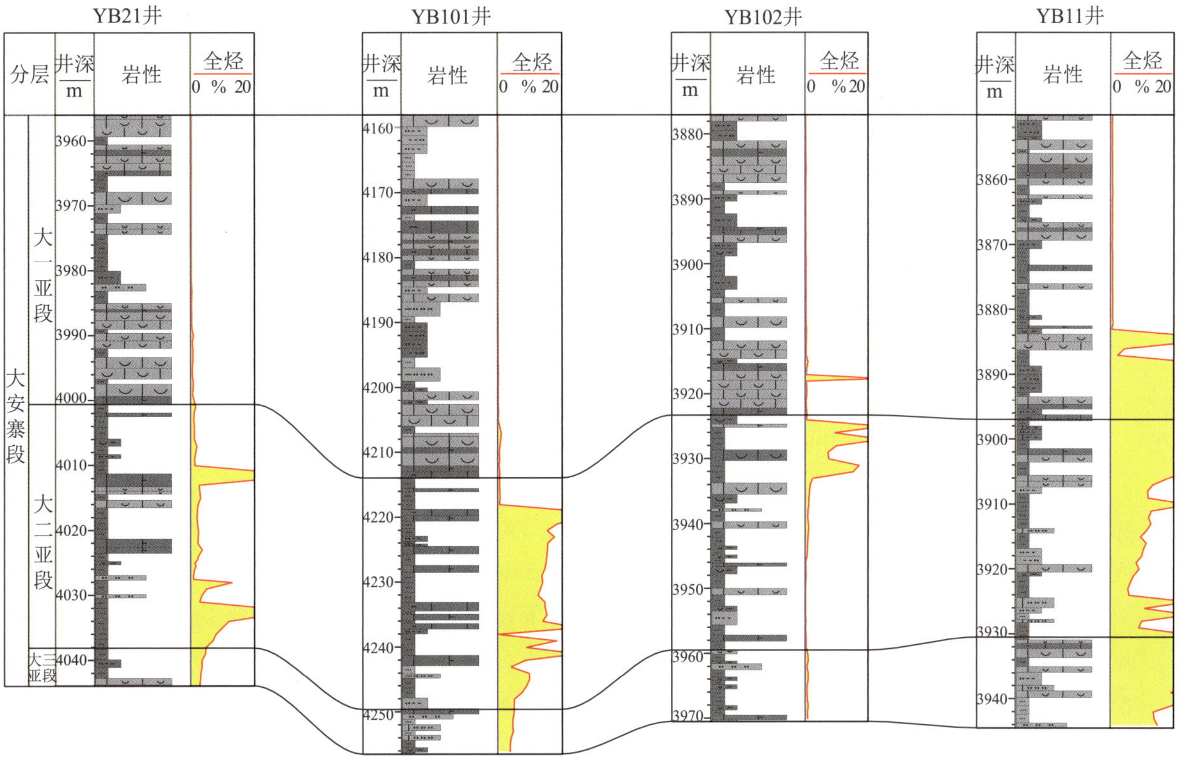

图 5-30　元坝地区下侏罗统自流井组大安寨段不同层段不同相带油气显示对比

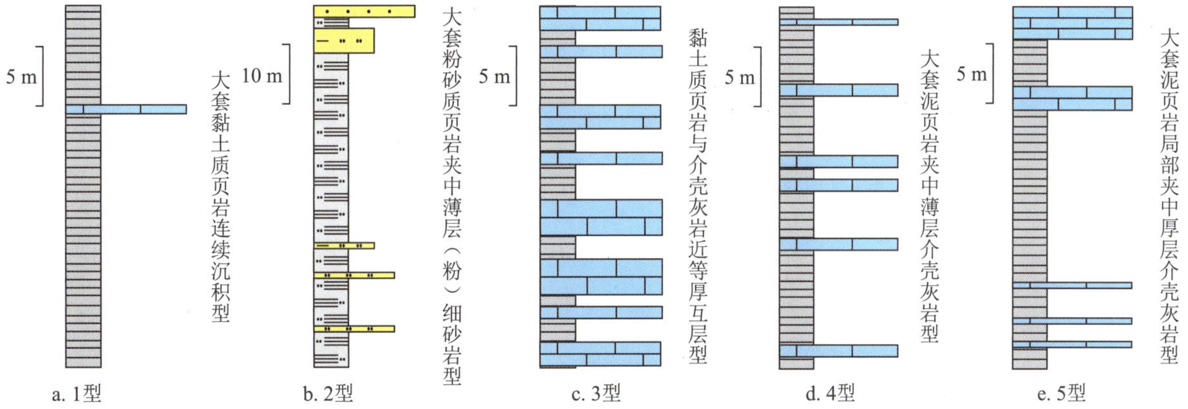

图 5-31　元坝地区大安寨段和涪陵地区东岳庙段页岩层系岩性组合类型

半深湖和浅湖相带页岩品质差异主要源于岩性组合存在较大差异，半深湖相以 1、2、5 型为主，浅湖相以 3、4 型为主，不同岩性组合中的泥页岩有机碳含量和物性存在差异，1、2、5 型岩性组合中泥页岩平均有机碳含量分别为 1.07%、1.19% 和 1.01%，平均孔隙度分别为 4.11%、3.91% 和 4.18%，3、4 型岩性组合中泥页岩平均有机碳含量分别为 0.79% 和 0.92%，平均孔隙度分别为 2.95% 和 3.56%。半深湖相泥页岩的 TOC 和孔隙度均普遍高于浅湖相泥页岩，相应地，前者源-储耦合条件明显优于后者（图 5-32）。

泥页岩的矿物组分影响天然微裂缝的形成、人工压裂缝形成与保持，进而影响页岩气的富集高产。半深湖相泥页岩天然微裂缝发育程度更高，脆性矿物含量更高，黏土矿物亲水性更低，有助于压裂施工和形成复杂缝网，可能获得更高的页岩气产量。

以元坝大安寨段湖相泥页岩为例，其脆性矿物含量总体偏低，但不同相带泥页岩脆性矿物含量具

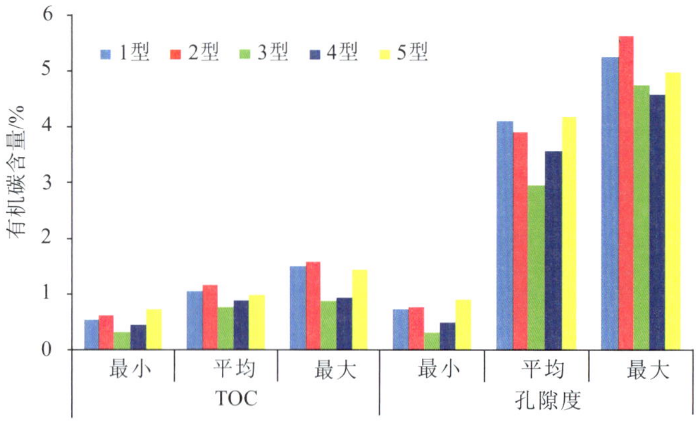

图 5-32　四川盆地下侏罗统自流井组不同类型岩性组合页岩的 TOC 与孔隙度对比

有明显差异。综合沉积相带和全岩 X 衍射分析发现，半深湖相泥页岩脆性矿物含量较浅湖相泥页岩高，表现为半深湖相泥页岩黏土矿物含量介于 38%～53%之间，平均 47.5%，脆性矿物含量介于 45%～61%之间，平均 49%；浅湖相泥页岩黏土矿物含量介于 41%～62%之间，平均 50.5%，脆性矿物含量介于 38.5%～45.5%之间，平均 42.5%。统计分析不同岩性组合中泥页岩的矿物组分发现，1、2、5 型岩性组合泥页岩脆性矿物（碳酸盐+长石+石英）含量较高，平均可达 54.5%，黏土矿物含量较低，平均为 44.5%，3、4 型岩性组合中泥页岩脆性矿物含量偏低，平均仅 45.5%，黏土矿物含量较高，平均达 53.5%（图 5-33）。黏土矿物成分对比分析表明，1、2、5 型岩性组合泥页岩伊蒙混层平均占比 37.4%，3、4 型岩性组合泥页岩伊蒙混层平均占比较高，达 50.52%，具有更强的塑性、酸敏性和水敏性，压裂施工改造难度更大（图 5-34）。

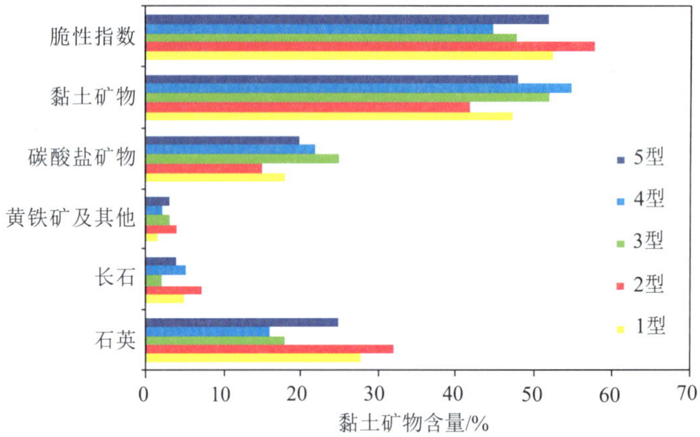

图 5-33　元坝地区下侏罗统自流井组不同岩性组合中的页岩矿物组成对比

三、裂缝是影响页岩气高产的重要因素

裂缝为天然气提供了运移通道和聚集空间，不仅有助于页岩层中游离态天然气体积的增加，并有助于吸附态天然气的解吸，因此裂缝发育程度是决定页岩气藏品质的重要因素。页岩一般具有非常低的基质渗透率，开采页岩气需要进行压裂以产生人工裂缝，与天然裂缝一起形成复杂的裂缝网络并与井筒相连，为页岩气解析提供更大的压降和面积，因此裂缝本身就是页岩储层的重要组成部分。同时天然裂缝的存在降低了人工压裂改造的难度，有利于压裂缝网的形成。前人研究表明，宽度为毫米级—厘米级裂缝的形成大多与构造活动相关，其单体大但占岩石的总体积不大；宽度为微米级—纳米级微裂缝的形成与沉积层理和纹理、岩石脆性、成岩作用以及油气生成和运移过程中的增压因素等有

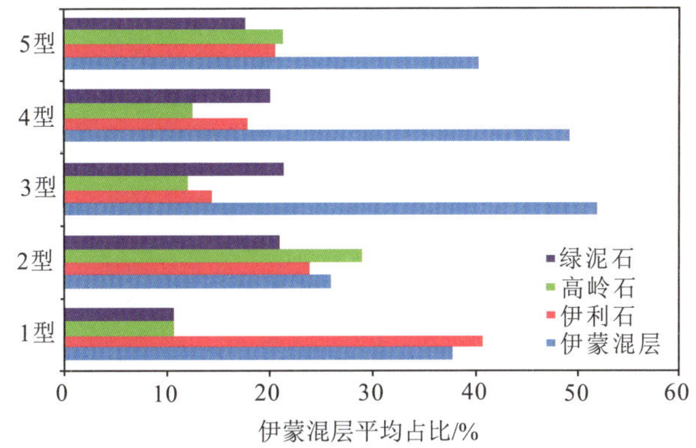

图 5-34　元坝地区下侏罗统自流井组不同岩性组合中的页岩黏土矿物组分

关，这类裂缝单体小但在岩石中广泛分布，对页岩储渗条件的改善作用至关重要。

以元坝地区大安寨段为例，通过地震高精度曲率预测构造裂缝的展布，页岩气井产量与断裂和构造裂缝的关系密切。中西部地区断裂相对不发育，仅发育规模较小的北东—南西向断裂，为早期断裂，与之相关的北东—南西向裂缝带更为有利，对页岩气富集具有控制作用，且晚期构造活动性较弱，页岩气未受到晚期断裂作用的不利影响，该区域主要钻井大安寨段日产量可达 $10\times10^4\ m^3$ 以上；中东部地区以发育南北向断裂为主，断裂规模大，主要为晚期断裂，与之相关的南北向裂缝带富集条件相对较差，在页岩气主要形成期裂缝尚未大规模形成，因此发挥储集作用相对较弱，而晚期较强烈的断裂和裂缝作用对页岩气保存有所影响，该区页岩气日产量基本低于 $10\times10^4\ m^3$（图 5-35）。

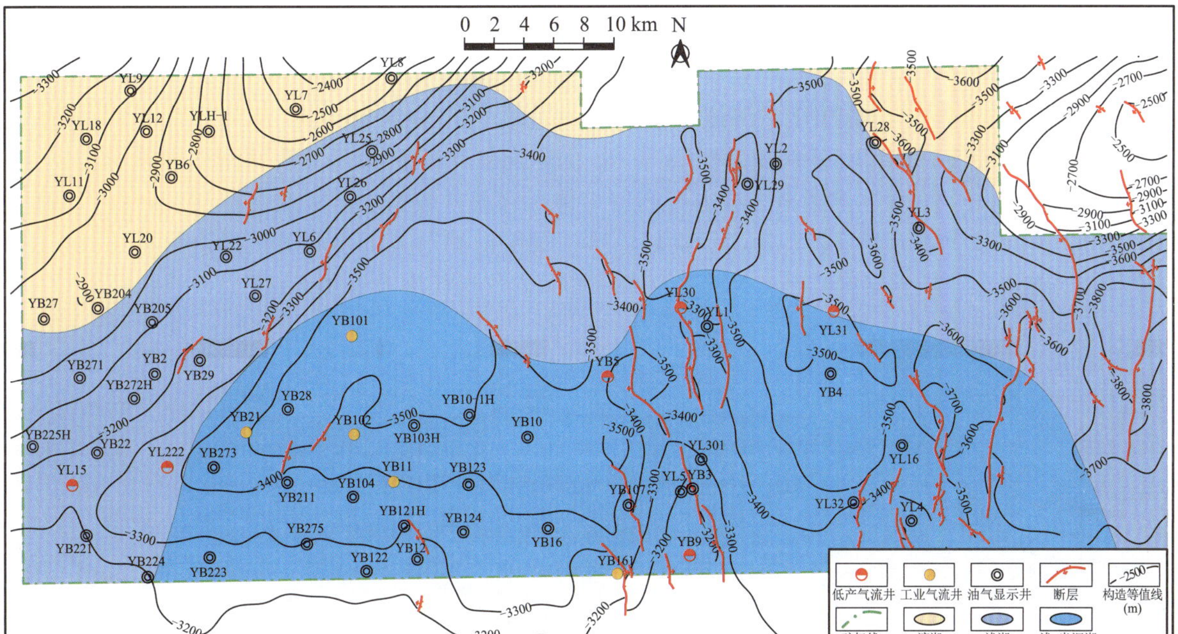

图 5-35　元坝地区下侏罗统自流井组大安寨段断裂系统与测试结果关系图

四、良好的保存条件是页岩气富集的有利因素

海相页岩气勘探开发实践揭示，页岩气产量与地层压力呈明显正相关关系，地层压力系数越高，页岩气产量越高，测试产层的压力系数和油气显示可以最直接地反映保存条件的优劣。

元坝和涪陵地区整体处于构造平缓区域，总体均具有良好的页岩气保存条件。元坝地区中西部地区总体构造平缓，中东部地区为断褶带，但大多数断裂不通天且断距较小。涪陵地区由黄泥塘、大池干井等高陡通天构造分隔，在高陡构造带高部位页岩气保存条件丧失，但页岩大面积分布于拔山寺、梁平等向斜区域，向斜区构造形态宽缓简单、地层分布稳定，地层倾角一般小于10°。元坝地区大安寨段和涪陵地区东岳庙段页岩气藏整体油气显示较活跃，表现为高压-异常高压特征，指示页岩气保存条件优越。

元坝地区大安寨段地层埋藏深度介于3500~4200 m之间，地层压力一般介于62~79 MPa之间，地层压力系数一般介于1.0~2.09之间，大部分地区具有高压-超高压特征。地层压力系数相对高值区主要分布在元坝中南部埋藏深度较大的地区，同时也是半深湖相的分布区。YB101井区地层平缓，断裂不发育，压力系数普遍超过1.3，局部在1.8以上；YL30井区高角度断裂发育，且断距较大，裂缝发育，该井区实测地层压力系数普遍超过1.2，局部可达1.8以上（图5-36）。元坝地区陆相页岩气总体具有良好的保存条件，南部更优于北部，中西部优于中东部。

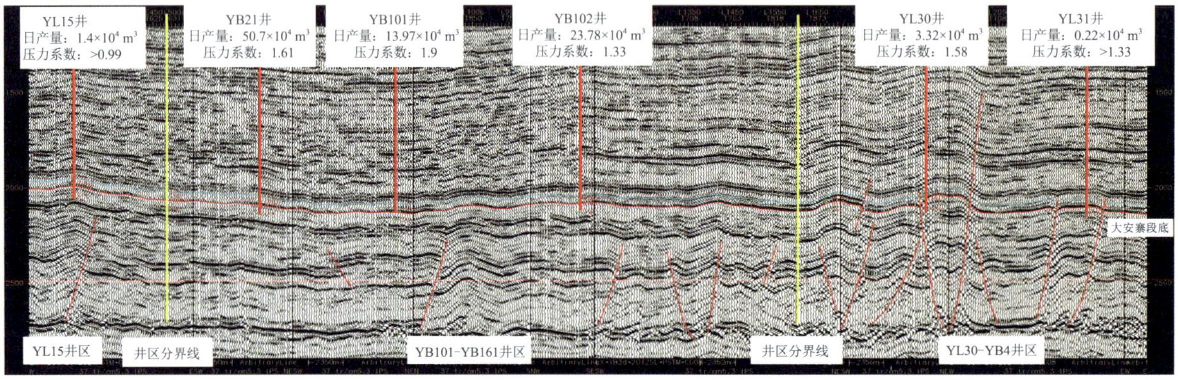

图5-36　元坝地区钻井压力系数与页岩气产量对比剖面图

涪陵地区拔山寺向斜FY10HF井测试获油17.6 m^3/d，气5.6×10^4 m^3/d，压力系数1.93，指示拔山寺向斜南部具有良好的保存条件和勘探潜力。拔山寺向斜北部的XL3井直井测试未获突破，但压力系数仍然大于1.48，表明涪陵地区拔山寺向斜整体保存条件较好。涪陵西北部梁平向斜目前暂无测试数据，但PS1井在东岳庙段油气显示良好，鉴于梁平向斜与拔山寺向斜在构造形态和沉积特征高度相似，推测梁平向斜同样具有良好的保存条件和页岩气勘探潜力（图5-37）

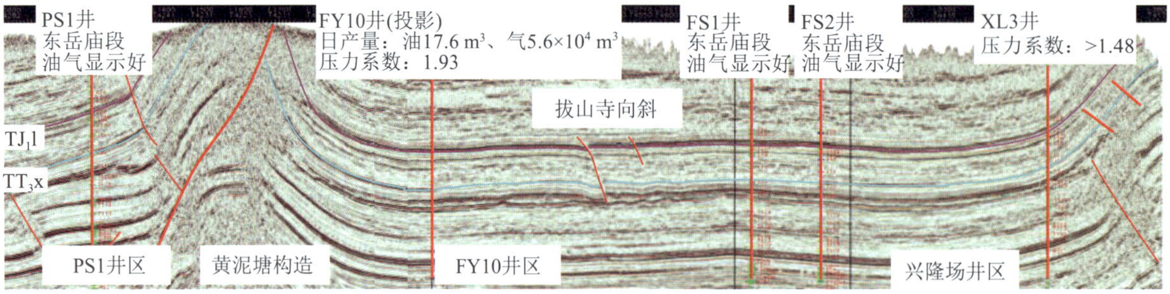

图5-37　涪陵地区钻井压力系数与页岩气产量对比剖面图

第六章　陆相页岩气评价技术及应用

陆相页岩具有岩性复杂、岩相变化快、薄夹层发育、源储配置关系复杂等特点，目前缺乏针对性的陆相页岩气系统地质评价方法技术。本次研究以陆相页岩气勘探理论为指导，围绕资源、有利区、目标3个层次，初步建立陆相页岩气评价方法技术和配套软件，有力支撑了重点盆地、重点层系、典型地区的评价工作。

针对陆相页岩岩性复杂、薄夹层发育的特点，建立了陆相页岩气资源评价方法体系，包括基于盆地模拟的页岩气“存滞系数”资源评价方法、基于容积法的夹层游离气资源量评价方法。对不同方法建立了资源评价流程，对关键参数（存滞系数、泥页岩及夹层厚度、孔隙度、含气量等）开展深入研究。

针对陆相页岩岩相变化快、富集主控因素复杂的特点，在主控因素研究基础上，通过层次分析法建立了陆相页岩气评价参数体系，引入了基于概率分析原则的不确定性评价技术，研发了基于GIS融合的有利区评价技术。

围绕地质及工程甜点，创新形成了陆相页岩气“源-储”耦合地质-测井“甜点层”定量评价方法，攻关形成了陆相页岩气甜点地球物理预测与评价技术，在此基础上形成页岩气目标评价与优选技术。

第一节　陆相页岩气资源评价方法及应用

由于国内外成功开发的页岩气主要分布在海相层系，因此，与海相页岩气相比，陆相页岩气的资源评价技术研究明显薄弱，目前多沿用常规石油与天然气的资源评价模型，未充分考虑陆相页岩及其夹层的地质特征，因此，亟需针对我国陆相页岩地质特征建立一套页岩气资源评价方法与技术。通过本项研究与勘探实践，建立了适用于陆相页岩气的地质资源评价方法，并实现了软件化定量计算。首先，通过对不同有机质类型的富有机质页岩开展生—排—滞留烃模拟实验研究，获取不同演化阶段页岩生—排—滞留油产率、干酪根裂解气产率和残留油裂解气产率，在此基础上，采用成因法计算理论最大滞留气量，再根据页岩气“存滞系数”计算页岩气资源量。页岩中砂岩或灰岩夹层多为低孔低渗的致密储层，采用致密油气资源评价方法计算夹层油气地质资源量。

一、陆相页岩气资源评价方法与流程

（一）陆相页岩气资源评价流程

在研究区盆地原型和地层格架控制下，开展埋藏史、热史、成熟史研究，获得盆地模拟方案。在确定研究区泥页岩厚度、有机质丰度、类型的基础上，结合地层孔隙热压模拟实验获得的不同类型泥页岩的生—排—滞留烃曲线，计算得到不同地质时期源内气和滞留油量，结合研究区典型井解剖反推得到的页岩气“存滞系数”和“游离系数”，进而计算研究区页岩气资源和页岩油资源量。利用夹层有效孔隙度、含气饱和度、含油饱和度、天然气体积系数等参数，计算获得研究区夹层天然气资源量和致密油资源量。泥页岩与夹层资源量构成含油气泥页岩层段的总资源量（图6-1）。

（二）陆相页岩气资源评价方法

1. 基于盆地模拟的页岩气“存滞系数”资源评价方法

不同有机质类型泥页岩生—排—滞留烃模式的获取和页岩气“存滞系数”的研究结果为成因法

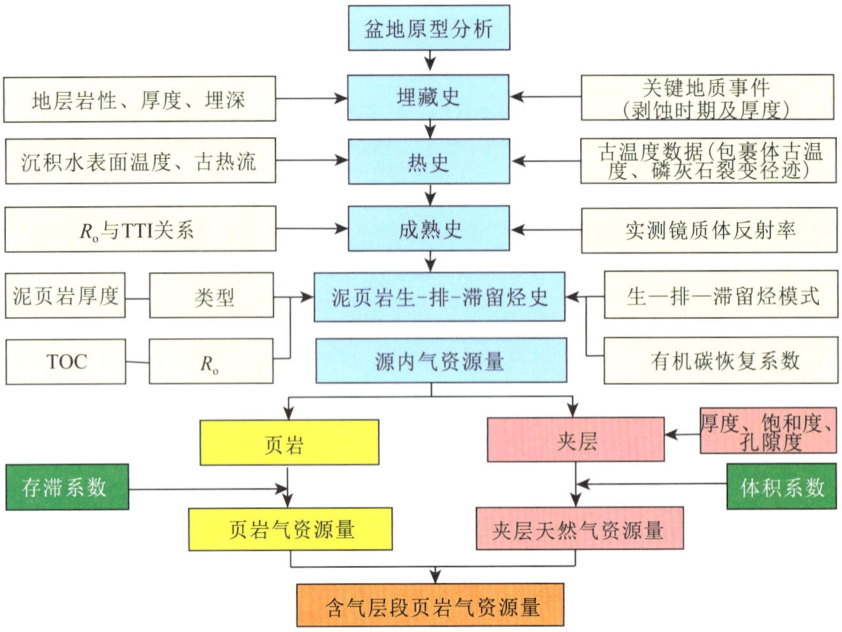

图 6-1　陆相页岩气资源评价流程图

计算页岩气资源量奠定了基础。生—排—滞留烃模式主要用来确定理论最大滞留气量，“存滞系数”用来评价源内生气量究竟有多少排出泥页岩层系外，有多少仍继续保存在泥页岩层系内。在上述研究基础上探索了基于页岩气“存滞系数”的页岩气资评新方法，计算公式如下：

$$Q_s = 10^{-4} \times S \times H \times \rho \times \mathrm{TOC} \times f \times R_{源内} \tag{6-1}$$

$$Q = Q_s \times k \tag{6-2}$$

式中：S 为有效泥页岩分布面积，km^2；H 为有效泥页岩厚度，m；ρ 为泥页岩密度，g/cm^3；TOC 为泥页岩总有机碳含量,%；f 为有机碳恢复系数，量纲为一；$R_{源内}$ 为每吨有机碳源内气生气产率，m^3/t TOC；Q_s 为源内生气量（理论最大滞留气量），10^8 m^3；k 为页岩气存滞系数；Q 为页岩气资源量。

在成因法计算理论最大滞留气量的基础上借鉴曲面积分法（小面元法）对评价单元进行精细网格划分，即可获得页岩气资源平面分布情况。曲面积分法通过构建空间（x，y）处的厚度函数 H（x，y）和孔隙度函数 Φ（x，y）或含气量函数 C（x，y）等相关参数的函数，反映各项计算参数在空间上的变化，充分考虑页岩气资源的非均质性，最终能够展现结果在平面上的变化。具体而言，该方法是将评价区投影到平面坐标系（x，y）上，假定图中红圈范围为评价区（图 6-2），划定矩形网格（m 行 n 列），能够得到平面上的交叉点 P_{ij}（i=0，1，...，m；j=0，1，...n），任意交叉点 P_{ij}的厚度 H_{ij}、孔隙度 Φ_{ij}或含气量 C_{ij}已知。用点 $P_{ij} = \{x_{ij}, y_{ij}\}$ 和 $z_{ij} = H_{ij} \times \Phi_{ij}$或 $z_{ij} = H_{ij} \times C_{ij}$为控制点，拟合一个三次样条曲面。由于三次样条曲面函数不是简单的函数，其严格的数学表达非常复杂，这里只用 $z = H(x, y) \cdot \phi(x, y)$ 或 $z = H(x, y) \cdot C(x, y)$ 代表拟合的三次样条曲面函数公式。

曲面积分法的前提条件是：评价区属于中高勘探程度，地质条件较清楚，可以编制评价单元页岩孔隙度、有效厚度、含气量等值线图，含油（气）饱和度、原油密度等参数取值较可靠。

2. 基于容积法的夹层游离气资源评价方法

碳酸盐岩与砂岩夹层资源量可以采取容积法获得：

$$G_y = 0.01 \times S \times h \times \phi \times \frac{S_g}{B_g} \tag{6-3}$$

其中，G_y为游离气资源量，10^8 m^3；S 为有效夹层分布面积，km^2；H 为有效夹层厚度，m；ϕ 为

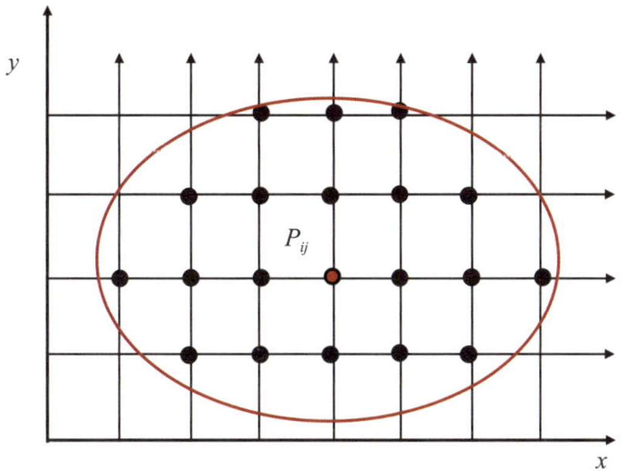

图 6-2　曲面积分平面投影示意图

有效夹层孔隙度,%；S_g为夹层含气饱和度,%；B_g为天然气体积系数，量纲为一。

其中含气饱和度可以通过含水饱和度获得。

$$S_g = 1 - S_w \tag{6-4}$$

式中：S_g为含气饱和度,%；S_w为含水饱和度,%。

天然气体积系数可以通过实测气体体积系数和高压物性资料获得，也可通过气体组分数据计算获得。

（三）陆相页岩气资源评价关键参数

1. 含气泥页岩层段与夹层厚度

统计每口井页岩气层段的厚度，并绘制页岩气层段等值线图。在统计厚度及其相关参数时，需按泥页岩类、砂岩类、碳酸盐岩类三类岩石相分别统计计算，并将获得厚度做概率分布曲线。泥页岩类计算吸附气和游离气含量，砂岩类和碳酸盐岩类计算游离气含量，每种岩性对应的各种参数可以采取加权平均法来获值：

$$\Delta X = \frac{\sum_{i=1}^{m}(h_i \times X_i)}{\sum_{i}^{m} h_i} \tag{6-5}$$

$$X_i = \frac{1}{n}\sum_{1}^{n} X_i \tag{6-6}$$

式中：ΔX 为目的层段某参数加权平均值；H_i 为第 i 小层厚度；X_i 为第 i 小层参数平均数；m 为小层的个数；n 为第 i 小层中的测试点的数目。

2. 页岩气层段与夹层分布面积

依据厚度等值线图，按单一页岩气层段厚度大于一定厚度所圈定的面积作为评价单元面积。

3. 泥页岩与夹层密度

采用实测或测井曲线或地震或类比等方法获取泥页岩与夹层密度，如果有实测值，应用实测值进行计算，实测采用视密度。

4. 泥页岩生—排—滞烃效率

依据地层孔隙热压生-排烃热模拟实验获得不同有机质类型、不同演化程度泥页岩的生成油、天然气、排出油、滞留油、源内气等效率，计算不同演化程度的源内气生气强度。

5. 有机碳恢复系数

主要基于低成熟烃源岩地层孔隙热压生-排烃模拟实验中各模拟 R_o 值对应样品残余有机碳含量的变化，不同类型干酪根的有机碳恢复系数。

6. 存滞系数

存滞系数主要通过以下步骤获取：对有页岩气探井的地区，通过单井实测含气量或测井计算含气量与理论最大滞留气量（源内气）的相关性反推页岩气“存滞系数”；在此基础上根据评价区不同井页岩气“存滞系数”分布范围，结合页岩气形成地质条件综合分析确定页岩气“存滞系数”。对于中低勘探程度地区，借鉴常规油气资源评价中类比法的思路，页岩气“存滞系数”的获取可以通过与其形成地质条件相似区（刻度区）页岩气“存滞系数”分析后综合类比获得。

7. 夹层孔隙度与含气饱和度

采用实测或测井曲线或地震或类比等方法获取夹层孔隙度，如果有实测值，应用实测值进行计算。采用实测或测井曲线或地震或类比等方法获取夹层含气饱和度，如果有实测含水饱和度，应用实测值进行计算。

8. 天然气体积系数

天然气体积系数可以通过实测气体体积系数和高压物性资料获得，也可通过气体组分数据计算获得。

（四）陆相页岩气资源评价单元划分

1. 评价单元平面划分

页岩气作为自生自储的连续性油气藏，主要在原地聚集，没有经过长距离油气运移及成藏过程。针对陆相页岩气资源评价单元平面划分，重点在于刻画出页岩气连续性聚集的边界。本项研究采用基于 GIS 融合的评价技术，通过对研究区泥页岩厚度、有机碳含量、成熟度等主控因素叠合，计算得到研究范围内各个计算单元网格的富集概率，按照不同概率值区间范围将一系列计算单元网格组合为对应评价单元。

2. 评价单元纵向划分

纵向评价单元按页岩气层段划分，纵向上可以划分多个页岩气层段，即多个纵向评价单元；页岩气层段是以富含有机质泥页岩为主的含气层段，作为页岩气勘探开发的页岩气层段一般要求总厚度大于 20 m，内部可以有砂岩类、碳酸盐岩类夹层，其中，泥页岩有机质含量（TOC）大于 1.0%，夹层厚度一般小于 1 m，夹层总厚度不超过页岩气层段厚度的 20%；页岩气层段的顶、底板为致密岩层，内部无明显水层；页岩气层段在气测曲线上有明显的异常；页岩气层段在自然伽马、电阻率、声波时差、密度、中子等电测曲线具含气特征；页岩气层段在同一套压力系统内。以富含有机质泥页岩发育段为页岩气层段进行单井评价单元划分，存在多口井情况下，依照上述原则，进行逐井纵向评价单元的划分和对比。

二、重点盆地陆相页岩气资源潜力

利用资源评价技术与配套软件对四川盆地中下侏罗统自流井组的东岳庙段、大安寨段、千佛崖组（凉高山组），以及鄂尔多斯盆地延长组长 7 段、长 9 段开展了系统的资源评价，明确了资源潜力，为陆相页岩油气的勘探指明了方向。

（一）四川盆地中下侏罗统陆相页岩油气资源潜力

受演化程度影响，四川盆地中下侏罗统自流井组、千佛崖组具有油、气同出的资源特点，气藏类型包括凝析油气藏和气藏两种类型。资源评价结果显示中下侏罗统自流井组、千佛崖组页岩油气资源潜力大。页岩气总资源量 $127342\times10^8\ m^3$，层系上以大安寨段最多，其次为东岳庙段，千佛崖组最少（表 6-1），页岩油总资源量 $62704\times10^8\ m^3$（气当量，下同，表 6-2），层系上以大安寨段最多，其次为东岳庙段，千佛崖组最少（图 6-3）。

表 6-1 四川盆地中下侏罗统各层段页岩气资源量统计表

地区	层段	面积 /10^4 km^2	生气量 /10^8 m^3	源内生气量 /10^8 m^3	页岩气资源量 /10^8 m^3	资源丰度 /(10^8 m^3 · km^{-2})
四川盆地	千佛崖组（凉高山组）	4.69	56290	33774	23405	0.50
	大安寨段	7.80	149476	89685	62152	0.80
	东岳庙段	8.05	100493	60295	41785	0.52
	合计		306259	183754	127342	

表 6-2 四川盆地中下侏罗统各层段页岩油资源量（气当量）统计表

地区	层段	面积 /10^4 km^2	生油量 /10^8 m^3	滞留油量 /10^8 m^3	页岩油资源量 /10^8 m^3	资源丰度 /(10^8 m^3 · km^{-2})
四川盆地	千佛崖组（凉高山组）	4.69	160450	135583	14914	0.32
	大安寨段	7.80	365854	238295	26212	0.34
	东岳庙段	8.05	303463	196165	21578	0.27
	合计		829767	570043	62704	

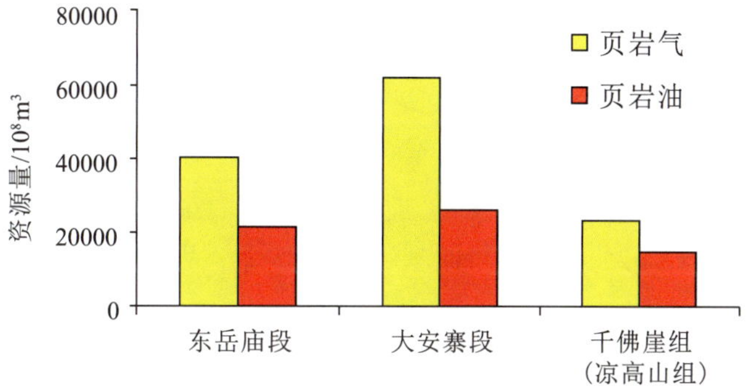

图 6-3 四川盆地侏罗系不同层段页岩油气资源量对比图

东岳庙段全盆地富有机质页岩分布面积 8.05×10^4 km^2，总生气量为 100493×10^8 m^3，源内生气量 60295×10^8 m^3，估算页岩气资源量为 41785×10^8 m^3，页岩气资源丰度为 0.52×10^8 m^3/km^2（图 6-4）。另外，生油量为 303463×10^8 m^3，滞留油量为 196165×10^8 m^3，估算页岩油资源量为 21578×10^8 m^3，页岩油资源丰度为 0.27×10^8 m^3/km^2（图 6-5）。

大安寨段全盆地富有机质页岩分布面积 7.80×10^4 km^2，总生气量为 149476×10^8 m^3，源内生气量 89685×10^8 m^3，估算页岩气资源量为 62152×10^8 km^3，页岩气资源丰度为 0.80×10^8 m^3/km^2（图 6-6）；生油量为 365854×10^8 m^3，滞留油量为 252588×10^8 m^3，估算页岩油资源量为 26212×10^8 m^3，页岩油资源丰度为 0.34×10^8 m^3/km^2（图 6-7）。

千佛崖组（凉高山组）全盆地富有机质页岩分布面积 4.69×10^4 km^2，总生气量为 56290×10^8 m^3，源内生气量 33774×10^8 m^3，估算页岩气资源量为 23405×10^8 km^3，页岩气资源丰度为 0.50×10^8 m^3/km^2（图 6-8）；另外，生油量为 160450×10^8 m^3，滞留油量为 135583×10^8 m^3，估算页岩油资源量为14914×10^8 m^3，页岩油资源丰度为 0.32×10^8 m^3/km^2（图 6-9）。

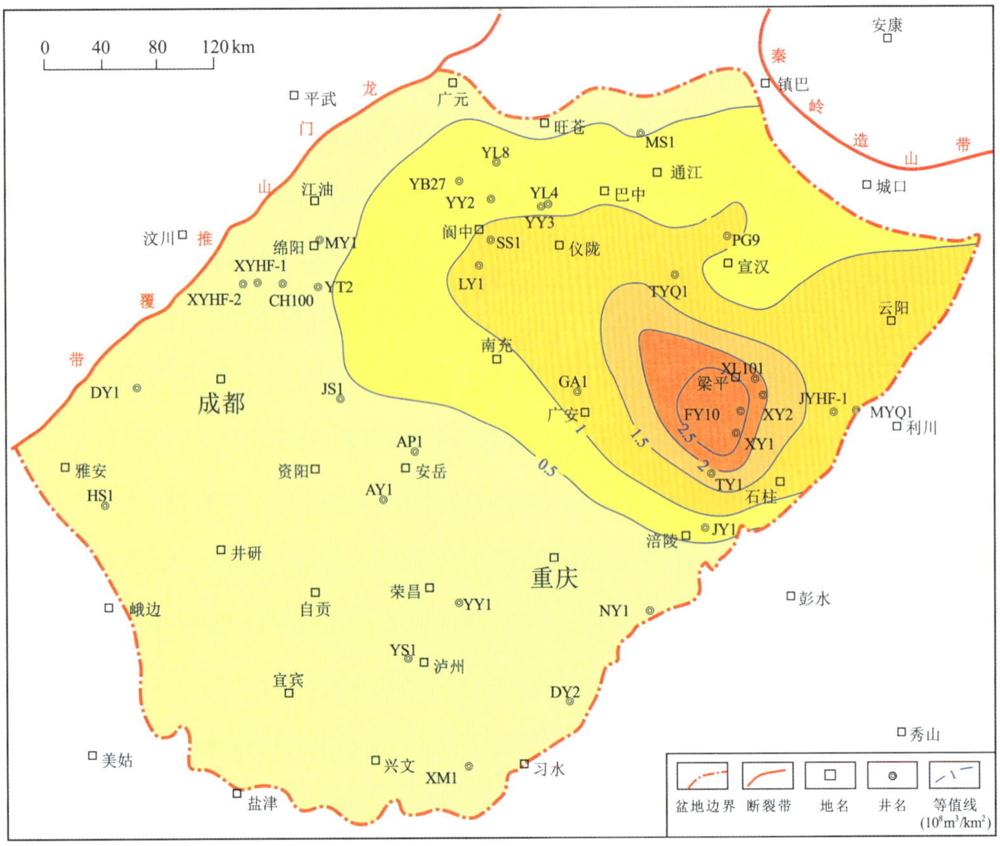

图 6-4　四川盆地下侏罗统自流井组东岳庙段页岩气资源丰度等值线图

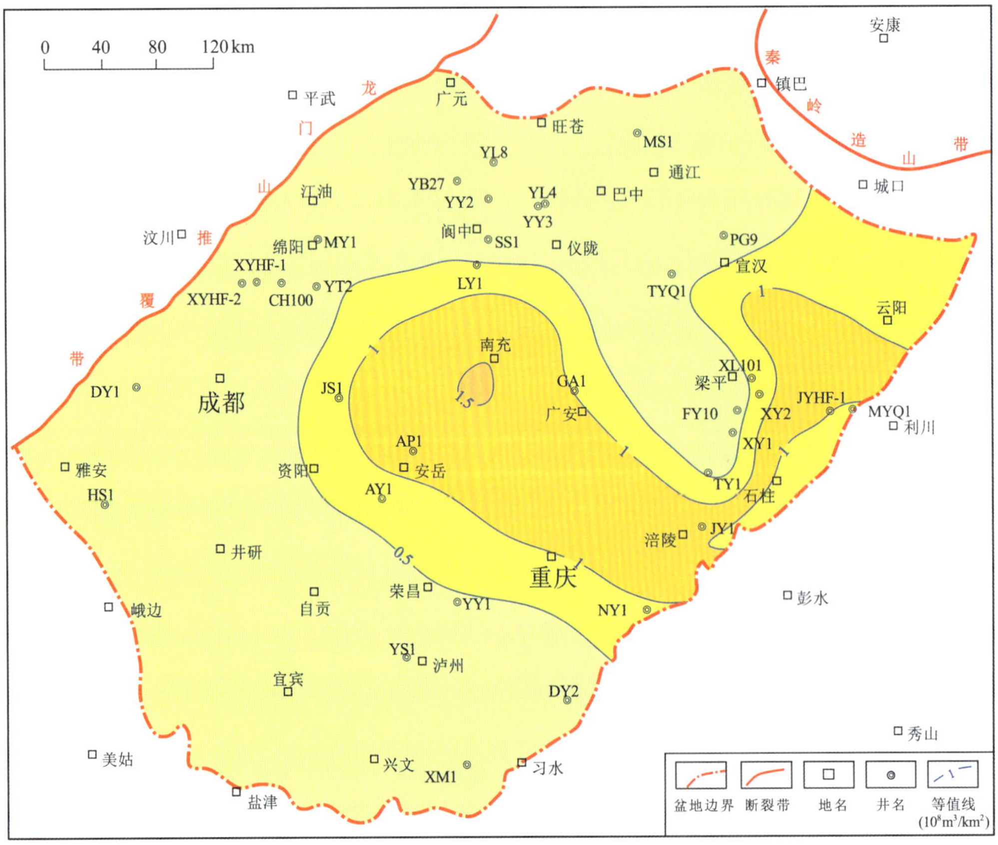

图 6-5　四川盆地下侏罗统自流井组东岳庙段页岩油资源丰度等值线图

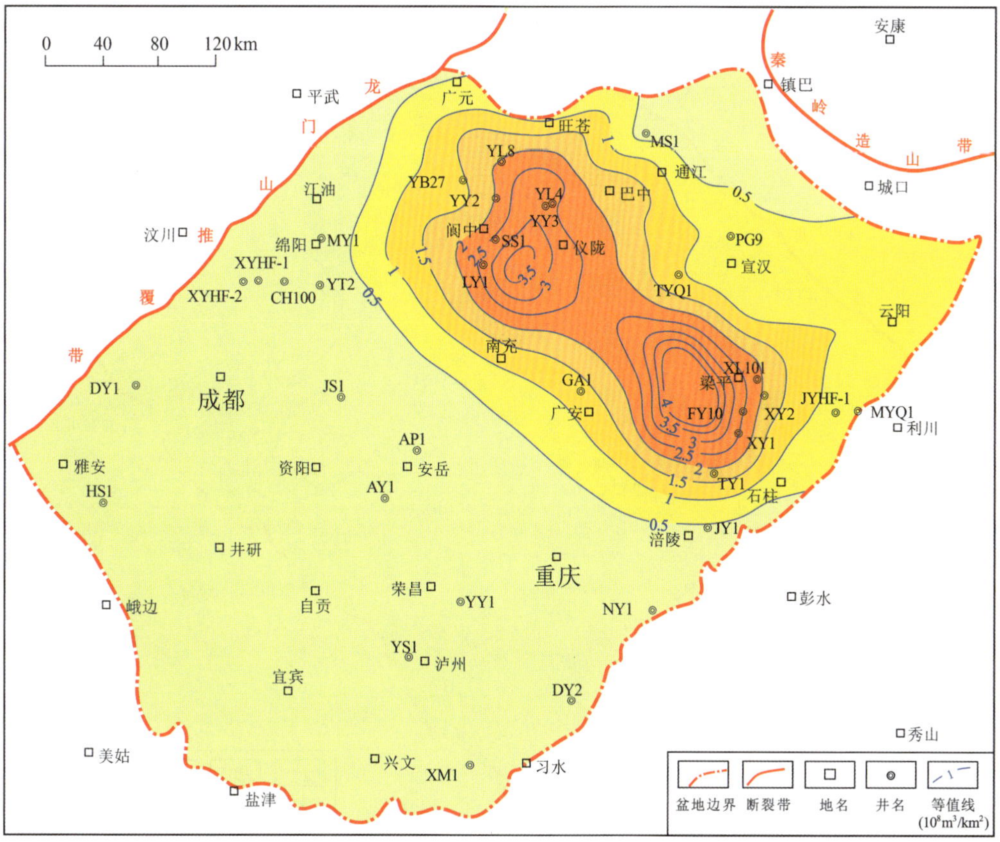

图 6-6 四川盆地下侏罗统自流井组大安寨段页岩气资源丰度等值线图

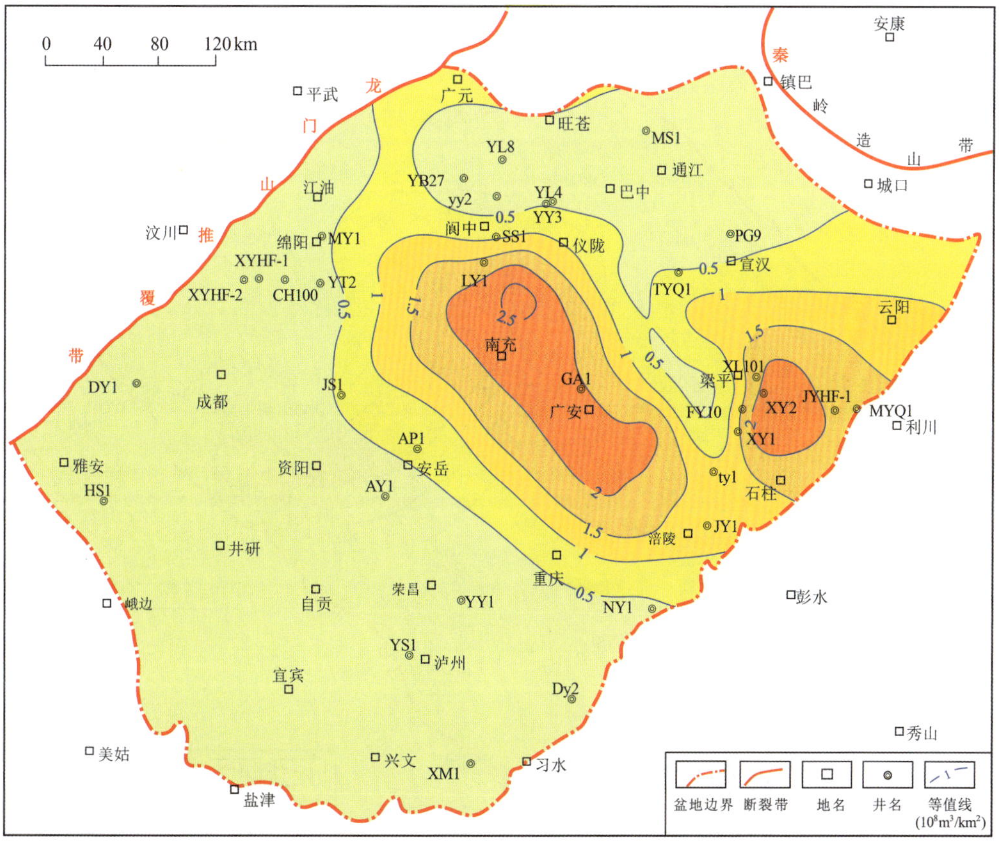

图 6-7 四川盆地下侏罗统自流井组大安寨段页岩油资源丰度等值线图

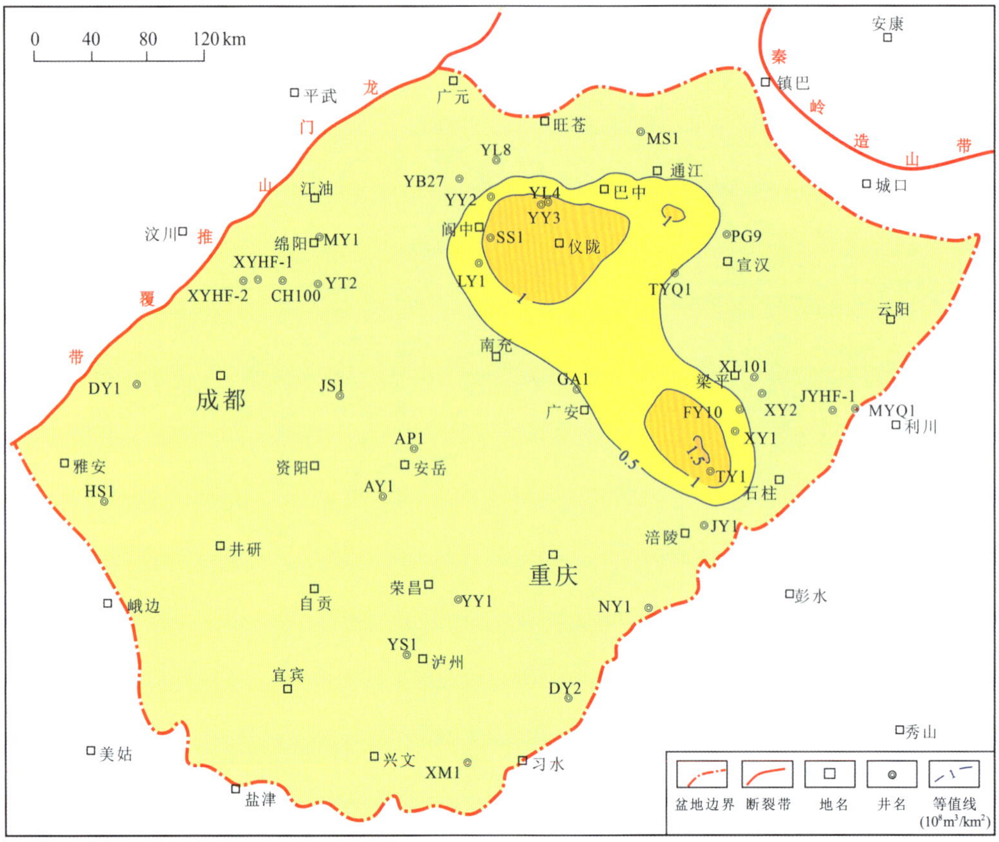

图 6-8　四川盆地中侏罗统千佛崖组（凉高山组）页岩气资源丰度等值线图

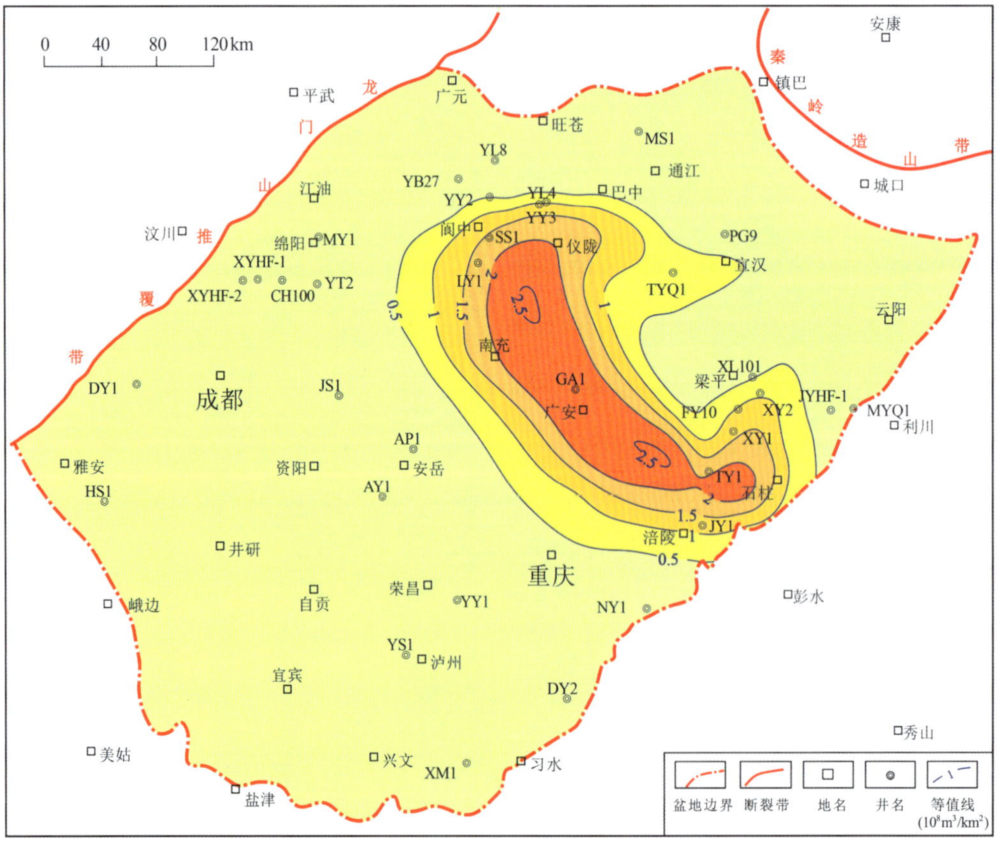

图 6-9　四川盆地中侏罗统千佛崖组（凉高山组）页岩油资源丰度等值线图

（二）鄂尔多斯盆地延长组陆相页岩油气资源潜力

鄂尔多斯盆地延长组陆相页岩气总资源量为16723×10^8 m^3，其中长9段页岩气总资源量为1196×10^8 m^3，长7段页岩气总资源量为15527×10^8 m^3（表6-3）。鄂尔多斯盆地延长组陆相页岩油总资源量为23082×10^8 m^3，其中长9段页岩油总资源量为1164×10^8 m^3，长7段页岩油总资源量为21918×10^8 m^3（表6-4）。油与气相比较，鄂尔多斯盆地延长组陆相页岩油的总资源量高于页岩气的总资源量。长7段和长9段两个层段之间比较，长7段的页岩气和页岩油资源量都远远多于长9段（图6-10）。

表6-3　鄂尔多斯盆地上三叠统延长组页岩气资源量统计表

地区	层段	面积/10^4 km^2	生气量/10^8 m^3	源内生气量/10^8 m^3	页岩气资源量/10^8 m^3	资源丰度/(10^8 m^3·km^{-2})
鄂尔多斯盆地	长7段	4.14	29349	28231	15527	0.38
	长9段	2.82	2410	2176	1196	0.04
	合计		31759	30407	16723	

表6-4　鄂尔多斯盆地上三叠统延长组页岩油资源量统计表

地区	层段	面积/10^4 km^2	生油量/10^8 m^3	滞留油量/10^8 m^3	页岩油资源量/10^8 m^3	资源丰度/(10^8 m^3·km^{-2})
鄂尔多斯盆地	长7段	4.14	374044	270196	21918	3.13
	长9段	2.82	18761	14358	1164	0.24
	合计		392805	284554	23082	

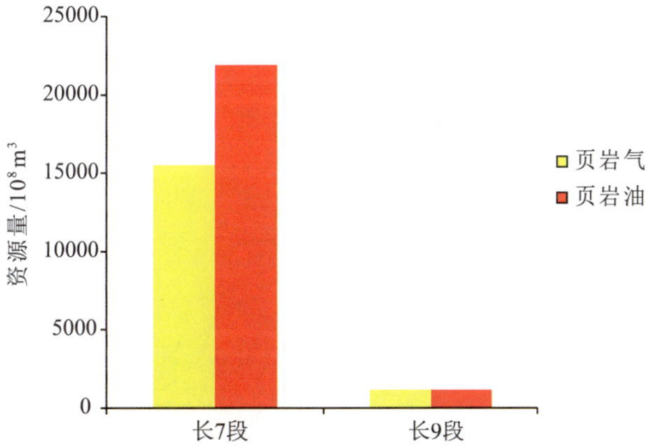

图6-10　鄂尔多斯盆地上三叠统延长组不同层段页岩油气资源量对比图

长9段全盆地富有机质页岩分布面积28225 km^2，总生气量为2410×10^8 m^3，源内生气量为2176×10^8 m^3，估算页岩气资源量为1196×10^8 m^3，页岩气资源丰度为0.04×10^8 m^3/km^2（图6-11）；另外，生油量为18761×10^8 m^3，滞留油量为14358×10^8 m^3，估算页岩油资源量为1164×10^8 m^3，页岩油资源丰度为0.24×10^8 m^3/km^2。资源高丰度区主要在富县-吴起地区（图6-12）。

长7段全盆地富有机质页岩分布面积41425 km^2，总生气量为29349×10^8 m^3，源内生气量28231×10^8 m^3，估算页岩气资源量为15527×10^8 m^3，页岩气资源丰度为0.38×10^8 m^3/km^2（图6-13）；生油量为374044×10^8 m^3，滞留油量为270196×10^8 m^3，估算页岩油资源量为21918×10^8 m^3，页岩油资源丰度为3.13×10^8 m^3/km^2。资源高丰度区分布范围较广，主要在环县、庆城、正宁、富县等地区（图6-14）。

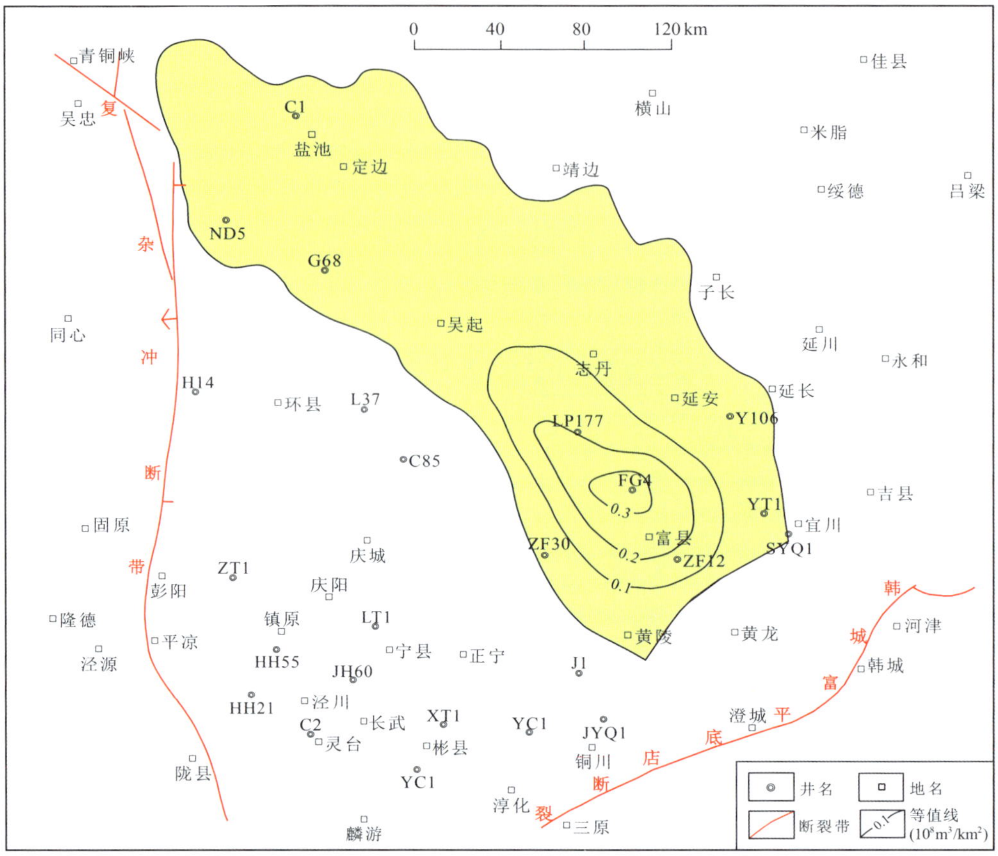

图 6-11　鄂尔多斯盆地上三叠统延长组长 9 段页岩气资源丰度等值线图

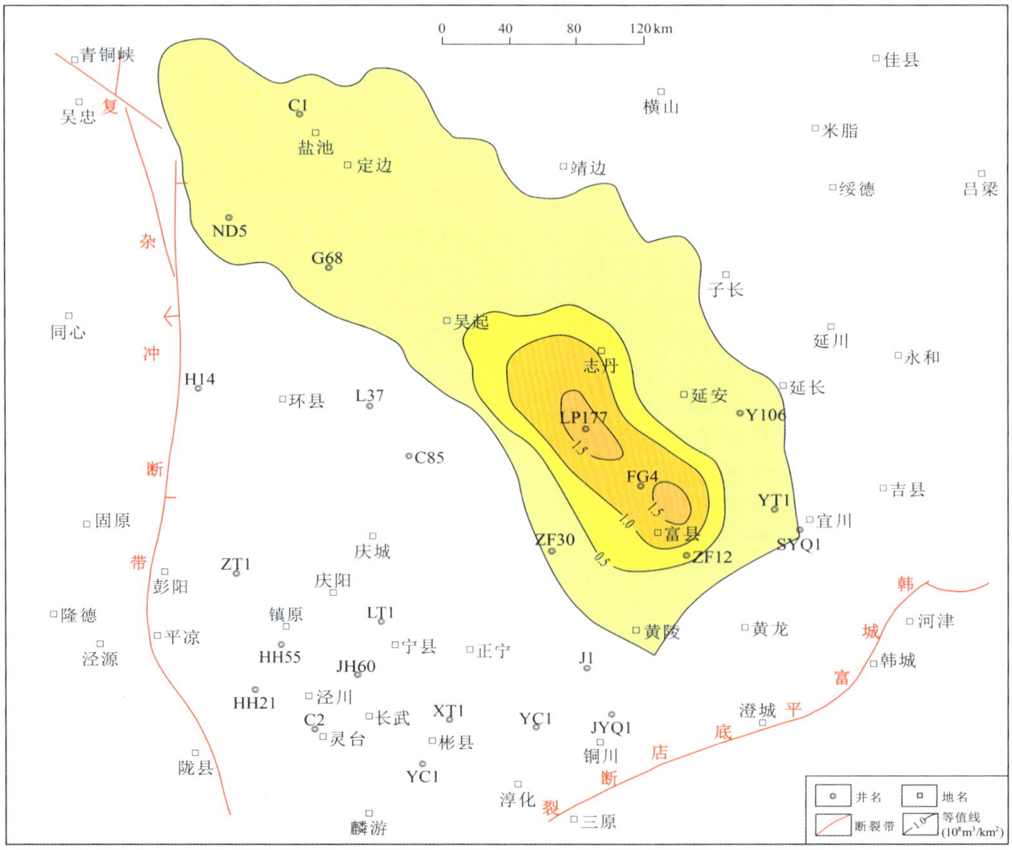

图 6-12　鄂尔多斯盆地上三叠统延长组长 9 段页岩油资源丰度等值线图

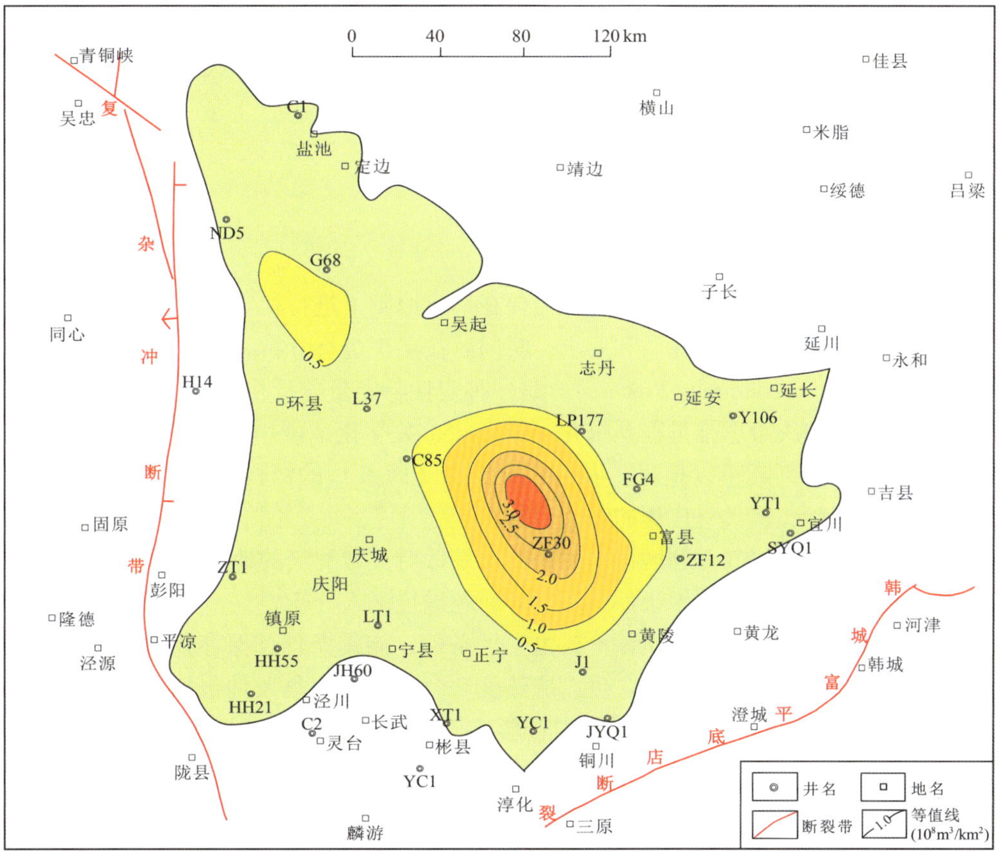

图 6-13　鄂尔多斯盆地上三叠统延长组长 7 段页岩气资源丰度等值线图

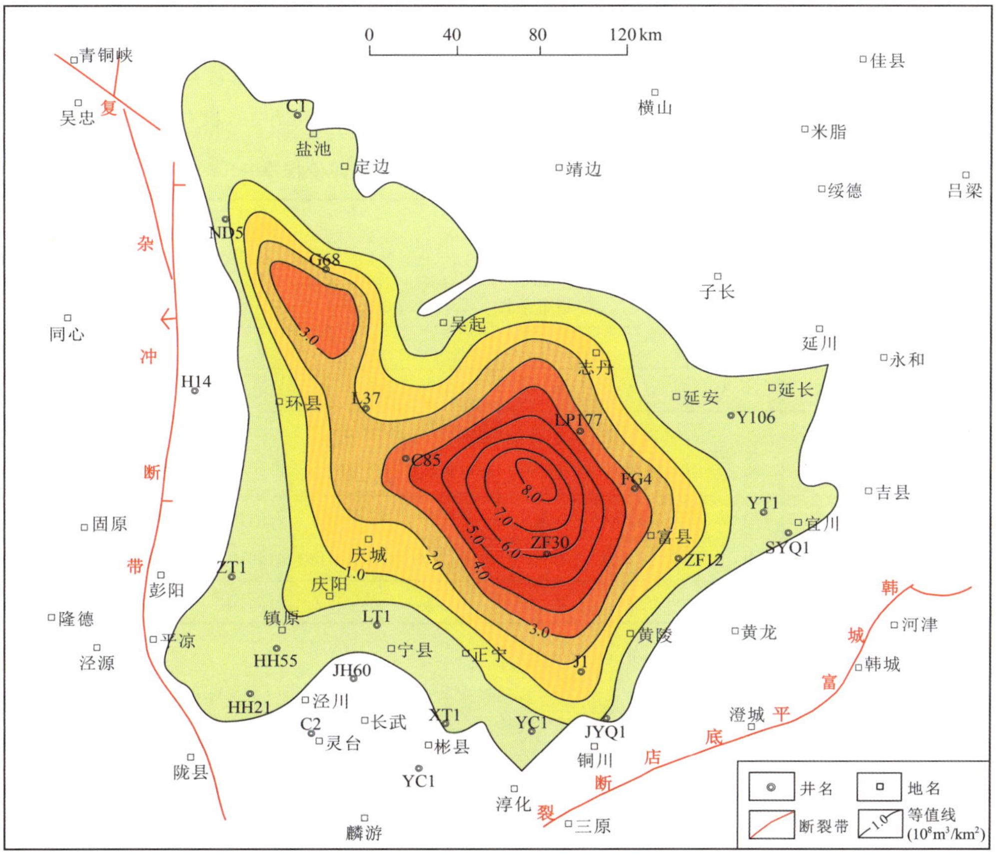

图 6-14　鄂尔多斯盆地上三叠统延长组长 7 段页岩油资源丰度等值线图

第二节 陆相页岩气有利区评价方法及应用

一、陆相页岩气有利区评价方法与流程

（一）陆相页岩气有利区评价参数

陆相页岩气有利区评价考虑的因素较多，需要在一定原则下进行科学选取才能使评价结果符合实际情况。层次分析法是根据问题的性质和要求，将问题按层次进行分析和求解的一种决策方法，也称为解析递阶过程（Analytic Hierarchy Process），是一种定性与定量分析相结合的多目标决策分析方法。它将决策者对复杂对象的决策思维过程系统化、模型化、数学化，可用于求解多目标、多准则问题，特别是它将决策者的经验判断予以量化。因此，对目标（因素）的结构复杂且缺乏必要的数据，甚至是没有明确的结构问题，都具有广泛的实用价值。

应用层次分析法进行页岩气有利区评价时，首先是针对页岩油气的地质及开发特点，抓住页岩气的泥页岩品质及富集条件、工程技术条件两大核心问题进行深入分析。

泥页岩品质及富集条件主要是地质评价，由生烃条件、储集条件、保存条件 3 个因素共同决定。其中生烃条件又包括页岩厚度、有机碳含量、成熟度 3 个子项，储集条件包括页岩及夹层的孔隙度、纹层发育指数等，保存条件包括压力系数、构造形态、断裂发育情况以及断裂是否断穿盖层 4 个子项。工程技术评价主要是评价页岩气钻完井和储层改造的难易程度，由页岩可压裂性和埋深条件等因素共同决定；具体而言，页岩可压裂性定量指标评价参数包括：脆性矿物、脆性系数、水平应力差异系数。页岩埋深条件评价定量指标为含气页岩埋藏深度。针对有利区评价，由于较难获得区域的水平应力差异系数、脆性系数等评价参数的平面展布图，本次有利区评价只考虑埋藏深度，而在目标评价的时候重点考虑可压裂性参数。

通过对页岩气富集条件、工程技术条件两大核心问题的系统分析，结合前述元坝、涪陵等典型地区的重点参数研究，建立了陆相页岩气有利区评价参数体系及评价标准（表 6-5）。

表 6-5 陆相页岩气有利区评价参数及评价标准

评价因素	页岩气富集条件评价（0.5）										工程技术条件（0.5）
评价参数	生烃条件			储集条件			保存条件				埋深条件
权重	0.4			0.3			0.3				1
	0.4	0.3	0.3	0.4	0.3	0.3	0.4	0.2	0.2	0.2	1
概率区间	页岩厚度 H/m	TOC/%	R_o/%	页岩孔隙度/%	夹层孔隙度/%	纹层发育指数/($n \cdot m^{-1}$)	压力系数	构造形态	断裂发育情况	断裂断穿盖层	埋藏深度/m
(0.75，1.0]	≥30	≥2	1.3~2.0	≥4.0	≥3.0	发育	≥1.5	正向构造	不发育	否	2500~3500
(0.5，0.75]	20~30	1~2	1.0~1.3	2.0~4.0	2.0~3.0	较发育	1.5~1.2	单斜构造	较少	否	3500~4500
[0，0.5]	<20	<1	<1.0	<2.0	<2.0	一般	<1.2	负向构造	较多	是	>4500

（二）陆相页岩气有利区评价技术

油气勘探具有风险与不确定性（Rose，1992），勘探过程就是不断减少不确定性的一系列投资决策（Otis et al.，1997；武守诚，1994；郭秋麟等，2004）。针对陆相页岩气复杂的地质特点及富集规律。通过不确定性评价技术的引入，可以客观描述不同主控因素的成藏概率，减少勘探风险和提高勘探成功率。

1. 基于概率分析原则的数学模型建立

采用符合地质模型的数学概率模型，客观定义含油气概率，是陆相页岩气地质评价及有利区预测的基础。数学概率模型的选用取决于系列基本概率分析原则（图 6–15）：

1）成功原则：单一地质事件发生的概率等于 1 减去其不发生的风险。

2）乘法原则（木桶原则）：独立地质事件间同时发生的概率等于每一地质事件发生概率的乘积。

3）加法原则：互斥地质事件同时发生的概率等于每一地质事件发生概率和。

4）异或原则：非独立地质事件间至少一个地质事件发生的概率等于各自不发生概率的乘积。

5）贝叶斯原则：条件概率用于计算一个地质事件在另外一个地质事件已经发生或已验证条件下的概率。

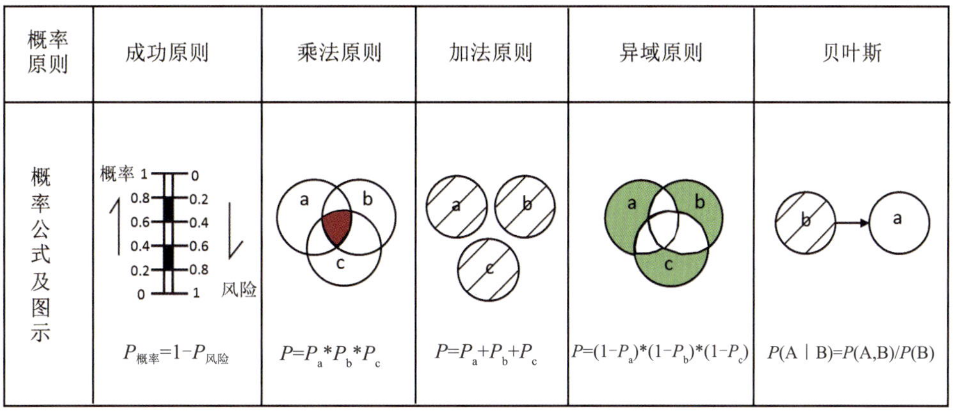

图 6–15　概率分析基本应用原则与模型内涵

基于上述概率分析原则，可以进一步建立对应的数学模型。

$$P = \prod_{i=1}^{n} P_i,\quad P_i = \sum_{j=1}^{n} q_{ij}P_{ij},\quad \sum_{j}^{n} q_{ij} = 1 \tag{6-7}$$

式中：P_i代表缺一不可的成藏条件，比如烃源条件、储集条件、保存条件等；P_{ij}表示隶属某一关键成藏条件的子项成藏条件，比如烃源条件的页岩厚度、TOC 含量、成熟度等；q_{ij}表示子项成藏条件的权重。

$$P = 1-(1-P_a)\times(1-P_b)\times(1-P_c) \tag{6-8}$$

式中：P_a、P_b和 P_c表示同一有利区带下的不同目标的成藏概率，基于不同的勘探目标的概率可以进一步计算有利区的含油气概率。

2. 基于不确定性的风险评价技术

针对陆相页岩气地质特征及富集规律的复杂性，地质参数（富有机质页岩厚度、含气性等参数）具有非均质性强且空间变化快的特点，传统的有利区评价很少考虑地质因素空间分布的不确定性。本次引入基于模糊逻辑的不确定性评价技术，通过模糊逻辑定义隶属函数和隶属度，提供了一种处理不精确性和不确定性的方法，避免了在评价参数分类定义之间划分明确的界限，并允许以更真实的数学模型来表示实际地质问题。

基于模糊逻辑多值逻辑推理可有效处理边界模糊问题，解决基于定性描述或非数值型描述的地质评价因子推理过程。因此，可以借用模糊逻辑对地质参数进行模糊化（图 6–16）。地质评价参数的模糊化就是在定义系列地质评价规则的前提下，将地下认知的多种可能性映射成系列模糊成员函数的边界重叠，后续利用不同的模糊逻辑操作进行客观逻辑推理。首先，利用模糊规则设置页岩气富集主控因素的模糊评价标准。然后，根据模糊数学的隶属度理论把定性评价转化为定量评价，最后基于模糊数学推理得到基于多个主控因素的有利区成藏概率。

例如，可以根据工区的实际地质情况，分别设定页岩油气富集地质因素的不确定性判断标准：分

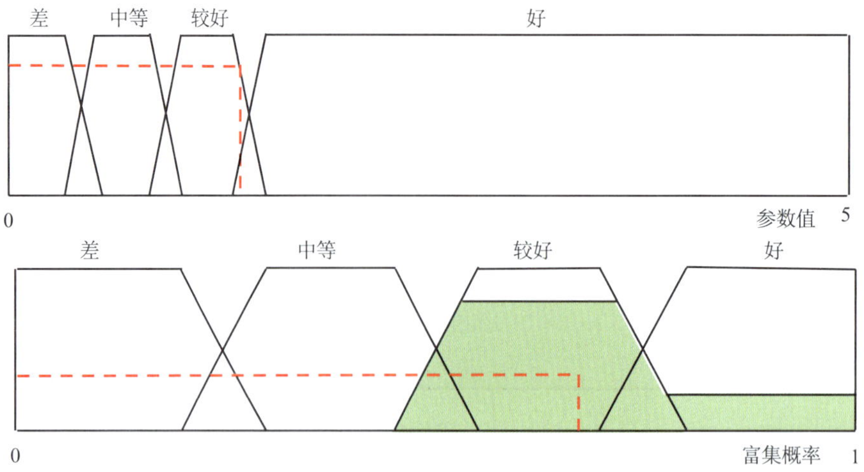

图 6-16　页岩有机碳含量模糊评价

别设定有效页岩厚度、TOC、成熟度、保存条件的模糊判断标准，并根据页岩埋深设置经济可采分级评价的标准，对其进行 0-1 的赋值（图 6-17）。以页岩有机碳含量为例，建立有机碳含量的模糊函数。在此基础上，利用建立的富集概率分布，用于后续成藏概率蒙特卡洛模拟，根据模拟结果确定当前小面元的含有油气概率。

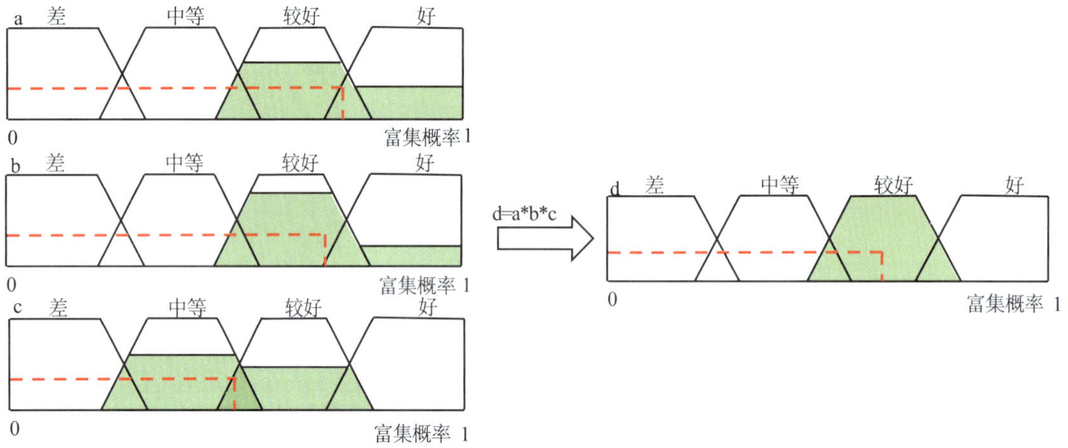

图 6-17　基于模糊推理的页岩气富集概率

基于上述模糊评价规则建立，采用不确定性评价技术可以计算各个主控因素对页岩气富集概率的空间分布（图 6-18）。

3. 基于 GIS 融合的有利区叠合

在陆相页岩气有利区评价参数标准体系建立基础上，通过系统研究各个主控因素（有机碳含量、有机质成熟度、富有机质泥页岩厚度、埋藏深度等）的空间展布规律，采用基于 GIS 融合的空间叠合技术预测页岩油气富集区，最终实现高效、准确地判断页岩气有利区的平面分布。

（1）基于相控的叠合技术

沉积微相是影响陆相页岩气成藏的最宏观、最原始地质因素，不同沉积微相的富有机质泥页岩发育程度、古生产力、有利岩相组合等方面均有差异，相应地控制了页岩气的烃源和储集条件。

因此，在页岩气有利区及目标区评价中，需要结合不同沉积微相的空间展布开展有利区及目标区的成藏主控因素（页岩厚度、有机碳含量等）分级评价工作（图 6-19）。由于沉积微相是定性评价参数，不能直接参与页岩厚度、有机碳含量等定量评价参数计算。本次，采用基于叠合分析技术，按

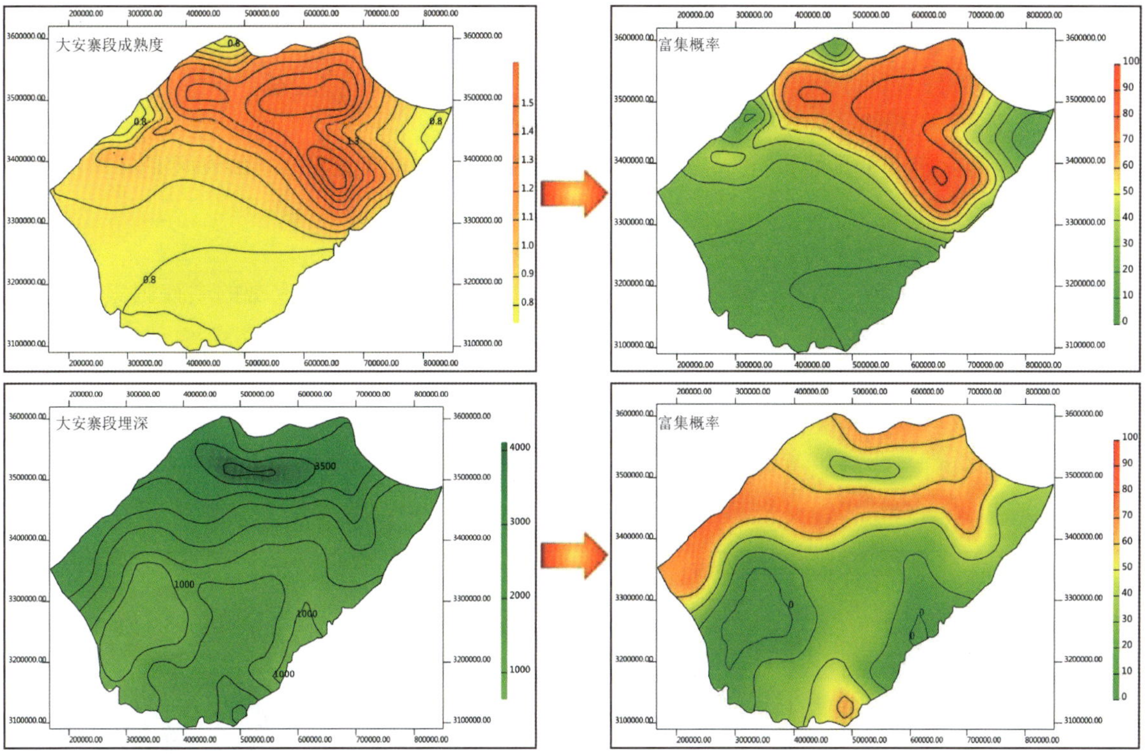

图 6-18　四川盆地下侏罗统自流井组大安寨段成熟度及埋深对页岩气富集的概率分析

照不同沉积微相对各个定量评价参数（页岩厚度、有机碳含量、成熟度等）进行叠合分析。

本项研究采用栅格叠加方法来进行多参数 GIS 融合。在栅格叠加中，每个图层的每个像元都引用相同的地理位置，将两个输入栅格相加以创建一个具有各像元值之和的输出栅格。这种方法非常适用于将许多图层的特征合并到单一图层中的操作。通过将数值指定给每个特征，然后以数学方式合并图层并将新值指定给输出图层中的每个像元。

本项研究运用栅格叠合方法，将沉积相（面图层）与其他各个主控因素（比如页岩厚度、有机碳含量、成熟度等）进行叠合，得到不同沉积微相的对应主控因素空间展布，结合不同沉积相类型的级别划分，赋予不同的权重。通过对不同沉积相类型的主控因素赋予不同的权重，将定性评价参数（沉积相类型）叠合转换为定量评价参数（图 6-19）。

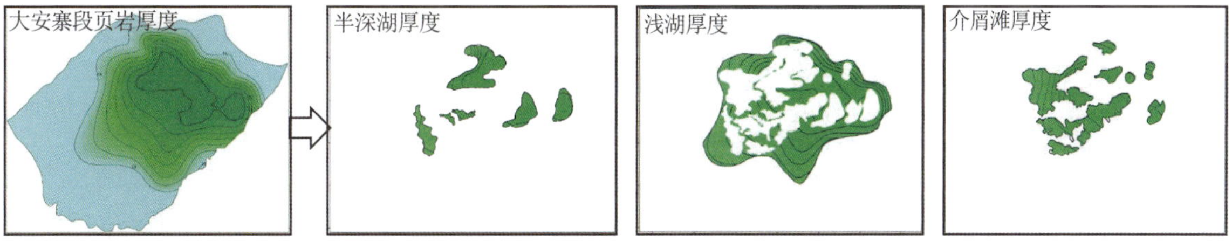

图 6-19　基于相控的下侏罗统自流井组大安寨段页岩厚度叠合

（2）基于地图代数的分级评价技术

地图代数是以某一尺度空间内栅格点集的变换和运算来解决地理信息的图形符号可视化及空间分析的新型理论和方法。

地图代数是作用于不同数据层面上的基于数学运算的叠加运算，以图层为计算单元，采用特定的规则组合各种语言组成部分。地图代数语句的一般结构是用赋值运算符将右侧的操作与左侧的输出

（栅格对象）名称分隔开，地图代数表达式由 5 个部分构成：

1）地理处理工具和函数：如坡度、三角函数（sin、tan）等。

2）数学运算符：如+、-等。

3）输入元素：如栅格、要素、数字、常量、对象和变量。

4）工具参数：定义工具的执行方法，各工具自己都有唯一一组参数，某些参数是必需参数，某些参数则为可选参数。

5）输出数据：计算结果的输出形式，如临时栅格图层。

基于“地图代数分析”模块，在系统研究页岩气成藏条件和页岩气成藏的主控因素的基础上，进行页岩油气有利区分级定量评价。

通过地图代数，结合前述的评价参数体系划分标准，可以统计出不同主控因素的分级评价区域。比如烃源岩厚度大于 30 m，烃源岩厚度大于 20 m 且小于 30 m，烃源岩厚度大于 10 m 且小于 20 m，根据评价标准对统计出来的区域赋予不同的评价值，作为后续的有利区叠合输入数据（图 6-20）。

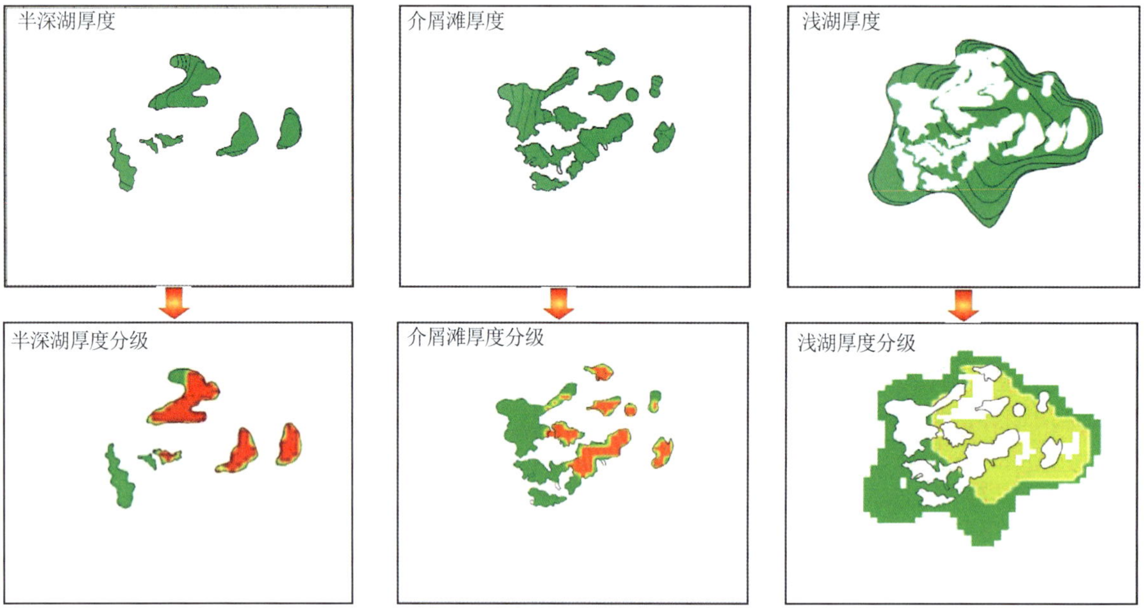

图 6-20　基于地图代数的分级评价

在不同主控因素分级评价的基础上，根据评价参数体系，对多个主控因素叠加就可以进一步得到综合分级评价结果图（图 6-21）。

二、重点盆地陆相页岩油气有利区评价

（一）四川盆地中下侏罗统页岩油气有利区评价

利用基于 GIS 融合的有利区评价技术对四川盆地东岳庙段、大安寨段、千佛崖组（凉高山组）开展了陆相页岩油气有利区带评价。评价依据主要为富有机质泥页岩厚度、有机碳含量、有机质成熟度、埋藏深度等参数的空间展布特征。

1. 东岳庙段页岩油气有利区评价

（1）页岩展布特征

东岳庙段岩性比较单一，以暗色泥页岩为主，介壳灰质泥页岩和粉砂质泥岩为辅。四川盆地东岳庙段页岩整体上北厚南薄，厚度中心位于川东地区，富有机质泥页岩厚度在 30～35 m 之间，川西、

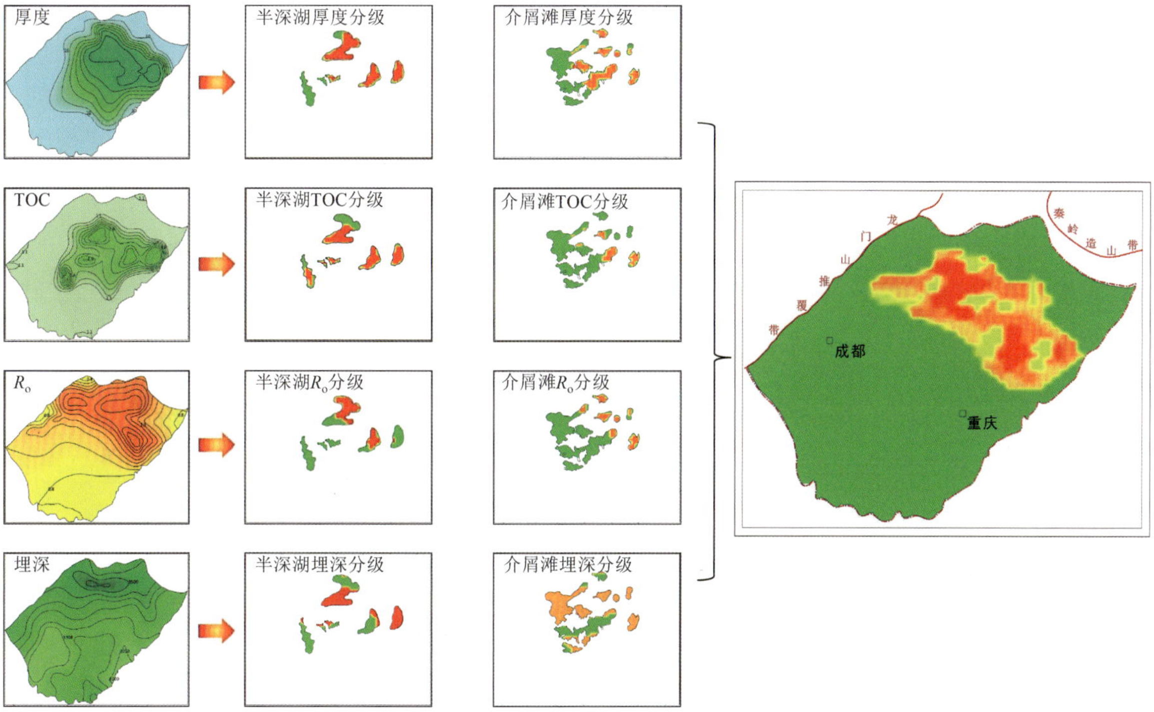

图 6-21　基于 GIS 融合的陆相页岩气有利区评价技术（以四川盆地大安寨段为例）

川西南、川东南富有机质泥页岩厚度普遍小于 10 m。

（2）页岩有机碳含量

川东南涪陵地区东岳庙段泥页岩中 TOC 含量在 0.41%~4.85%之间，平均为 1.56%，其中 TOC>0.5%的样品占 99.5%。东一亚段平均为 0.68%，东二亚段平均为 1.91%。东岳面段有机质富集区主要分布在川北地区元坝-南充一带和川东地区石柱-万州一带，平均 TOC 可达 1.8%以上。

（3）有机质成熟度

东岳庙段泥页岩 R_o 介于 1.47%~1.95%之间，总体而言，东岳庙段泥页岩热演化程度较高，处于成熟-高成熟阶段，以凝析油-湿气为主。川东北通南巴地区和川东万州地区东岳庙段泥页岩演化程度最高，在 1.6%以上。

（4）埋深条件

东岳庙段页岩埋深整体小于 4000 m，且页岩埋深从川南、东南向川北逐渐加大，在川东涪陵地区基本大于 2000 m，在川北埋深基本介于 3000~4000 m 之间。

（5）有利区带评价

东岳庙段页岩油气有利区带表现出一个沉积、生烃和页岩气富集中心的特征，Ⅰ类有利区主要分布于川东涪陵地区，向川东北-川北地区过渡为Ⅱ类有利区和Ⅲ类有利区（图 6-22）。

2. 大安寨段页岩油气有利区评价

（1）页岩展布特征

从泥页岩平面展布特征及沉积相带展布特征来看，大安寨段二亚段暗色泥页岩分布明显受控于沉积相带的分布，且在川东北元坝地区中南部厚度较大，厚度大于 35 m。

（2）页岩有机碳含量

大安寨段二亚段滨湖亚相岩芯实测 TOC 含量分布范围为 0.11%~1.47%，平均值为 0.84%，浅湖亚相岩芯实测 TOC 含量分布范围为 0.47%~1.73%，平均值为 0.95%，半深湖相区暗色泥页岩岩芯实测 TOC 含量分布范围为 0.31%~2.47%，平均值为 1.09%。其中深灰色泥岩和深灰色含粉砂质泥岩 TOC 含量较高，平均值大于 1%。由滨湖-浅湖-半深湖随水深增加 TOC 逐渐增大，横向分异明显。

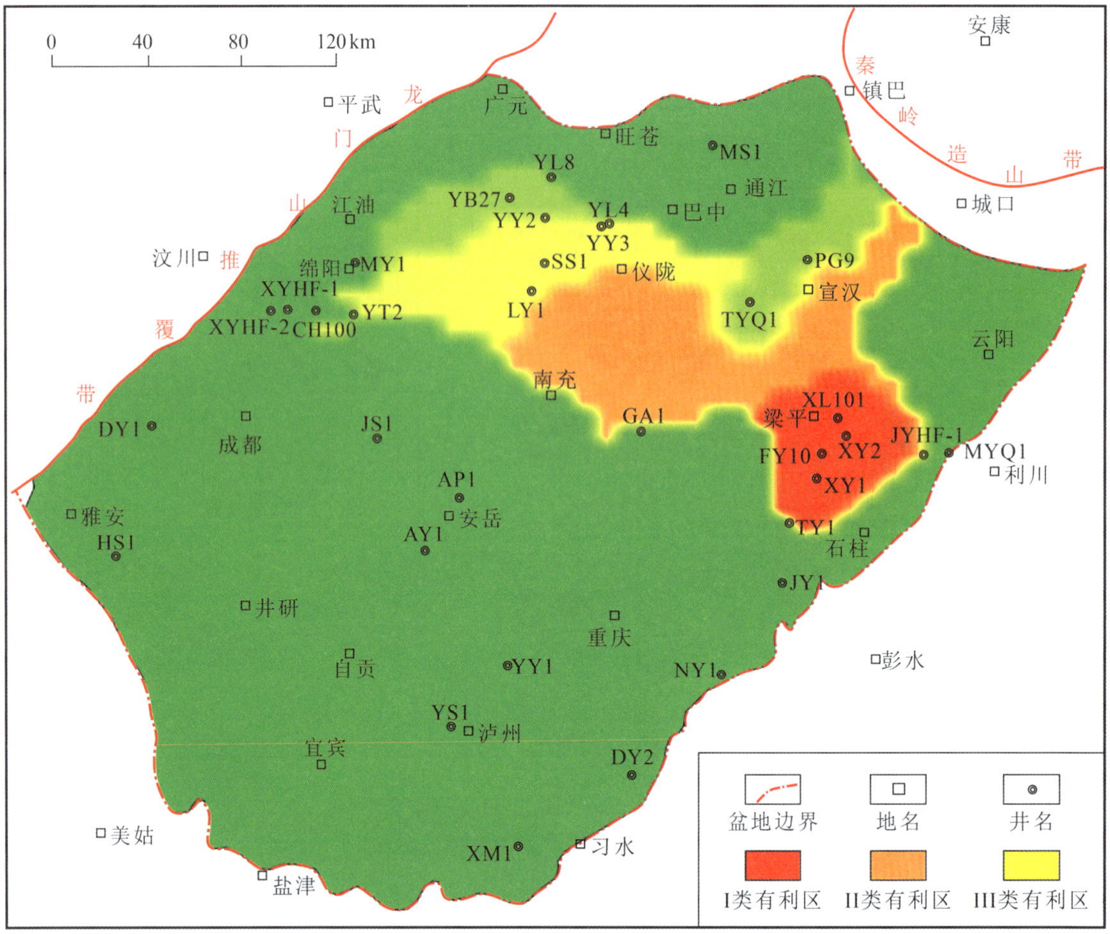

图 6-22　四川盆地下侏罗统自流井组东岳庙段页岩油气有利区评价图

大安寨段有机质富集区主要分布在川北阆中地区、川东兴隆地区和万州地区，平均 TOC 含量在 2.0%以上，局部地区达到 2.0%以上。

（3）有机质成熟度

大安寨段二亚段镜质体反射率 R_o 介于 1.44%~1.83%之间，平均为 1.73%，处于成熟-高成熟演化阶段。平面上，元坝地区大安寨段 R_o 值基本大于 1.4%，东部和中部地区具有北高南低的特点，R_o 值分布在 1.7%~2.0%之间；西部地区具有西南、北部局部低的特点，R_o 值介于 1.4%~1.7%之间。川东北通南坝地区和川东万州地区大安寨段页岩演化程度最高，在 1.6%以上。

（4）埋深条件

四川盆地大安寨段埋深主体位于 1500~4200 m，由北向南深度逐渐增加。阆中至元坝地区大安寨段主体埋深位于 3000~4200 m；涪陵地区主体位于 1500~3000 m；川西地区主体位于 2000~3000 m。

（5）有利区带预测

大安寨段页岩气有利区分布呈现出多个富集中心的特征，在元坝西南部、阆中东南部、涪陵西北部和建南西北部存在多个 I 类有利区，与东岳庙段有利区分布相比，大安寨段有利区具有向西北方向迁移拓展的趋势（图 6-23）。

3. 千佛崖组（凉高山组）页岩油气有利区评价

（1）页岩展布特征

四川盆地千佛崖组（凉高山组）页岩厚度主体为 10~30 m。川北元坝地区泥页岩厚度由北向南

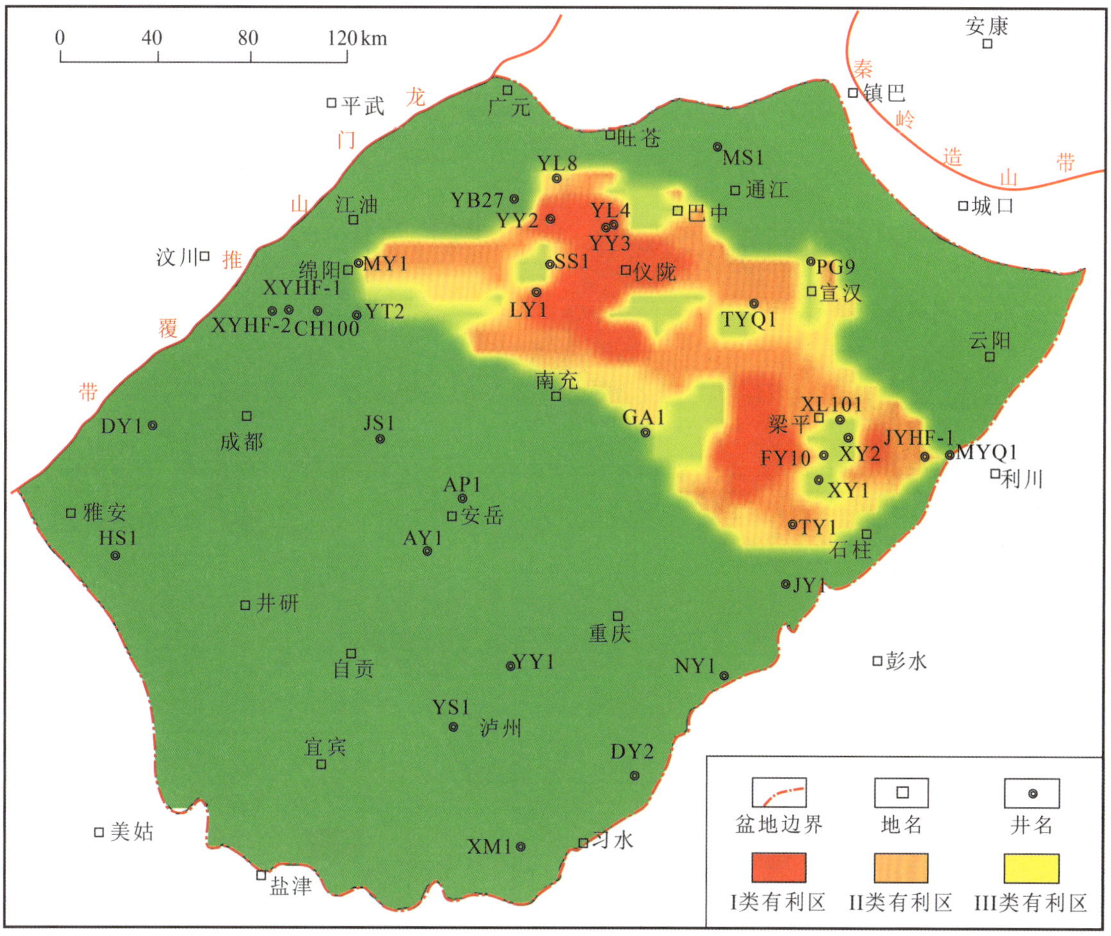

图 6-23　四川盆地下侏罗统自流井组大安寨段页岩油气有利区评价图

逐渐增厚，最大厚度达到 25 m 以上。川北阆中地区泥页岩厚度由西向东逐渐增厚，最大厚度达到 30 m以上。涪陵地区泥页岩厚度由北向南逐渐增厚，最大厚度达到 30 m 以上。

（2）页岩有机碳含量

千佛崖组（凉高山组）TOC 整体位于 1.0%~1.8%之间。元坝至阆中地区 TOC 整体位于 1.0%~1.4%之间，由南东向北西逐渐增高。普光地区 TOC 整体位于 1.0%~1.4%之间，由北东向南西逐渐增高。涪陵地区 TOC 整体位于 1.0%~1.8%之间，由北东向南西逐渐增高。

（3）有机质成熟度

千佛崖组（凉高山组）R_o 整体位于 0.7%~1.7%之间。元坝至阆中地区 R_o 整体位于 1.2%~1.7%之间，由南西向北东逐渐增高。普光地区 R_o 整体位于 1.2%~1.7%之间，由南东向北西逐渐增高。涪陵地区 R_o 整体位于 0.9%~1.5%之间，由东向西逐渐增高。

（4）有利区带预测

千佛崖组页岩气有利分布区呈现出两个富集中心的特征，在川北元坝南部、涪陵西北部存在两个Ⅰ类有利区，与大安寨段有利区分布相比，千佛崖组有利区面积有所缩小（图 6-24）。

（二）鄂尔多斯盆地上三叠统延长组页岩油气有利区评价

在富有机质泥页岩厚度、有机碳含量、有机质成熟度、埋藏深度等参数的空间展布预测的基础上，利用基于 GIS 融合的有利区评价技术对鄂尔多斯盆地长 9 段、长 7 段开展了陆相页岩油气有利区评价。

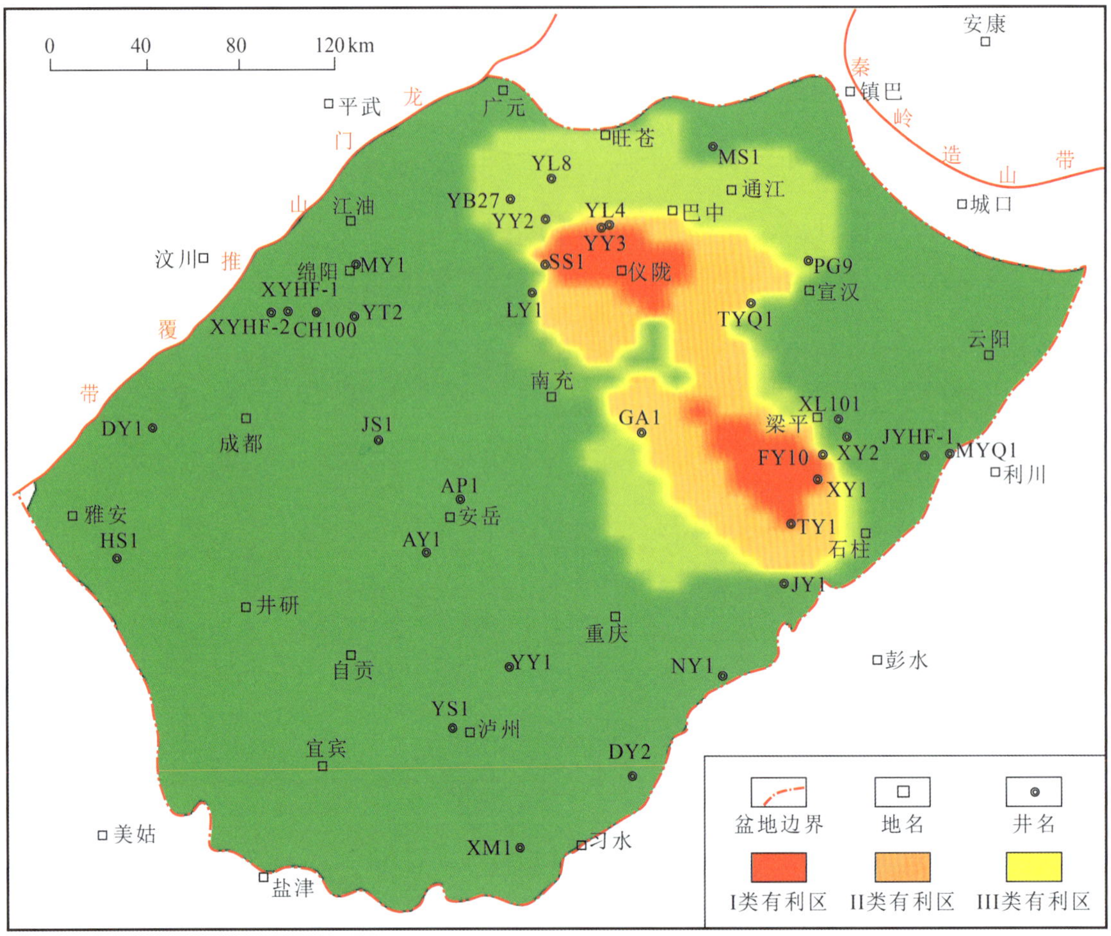

图 6-24　四川盆地中侏罗统千佛崖组（凉高山组）页岩油气有利区评价图

1. 长 9 段页岩油气有利区评价

（1）页岩展布特征

鄂尔多斯盆地长 9 段整体位于半深湖-滨浅湖沉积环境内，黑色页岩主要分布于永宁-下寺湾-甘泉一线及红柳沟-王盘山一线，中心富有机质页岩厚度达到 10~25 m，其中富县地区为 10~20 m。

（2）页岩有机碳含量

长 9 段黑色页岩 TOC 在 1%~6%之间，其中富县地区在 2%~30%之间。

（3）有机质成熟度

热成熟度分布区间较为宽泛，镜质体反射率 R_o 主要为 0.7%~1.2%，达到成熟生油阶段。富县地区在 0.9%~1.2%之间，由南东向北西逐渐增高。

（4）埋深条件

盆地长 9 段主体埋深在 600~3000 m，呈东浅西深形态分布。其中富县地区在 600~1500 m，由东向西逐渐增大。

（5）有利区带预测

在长 9 段页岩厚度、TOC、热演化程度、埋深等因素分析的基础上，采用空间 GIS 叠合技术，预测长 9 段页岩气有利分布区。有利区呈北西—南东方向展布，主要有富县、定边南、吴起北等局部有利区（图 6-25）。

2. 长 7 段页岩油气有利区评价

（1）页岩展布特征

鄂尔多斯盆地长 7 段整体位于深湖-半深湖沉积环境内，黑色页岩广泛分布，厚度中心主要在富

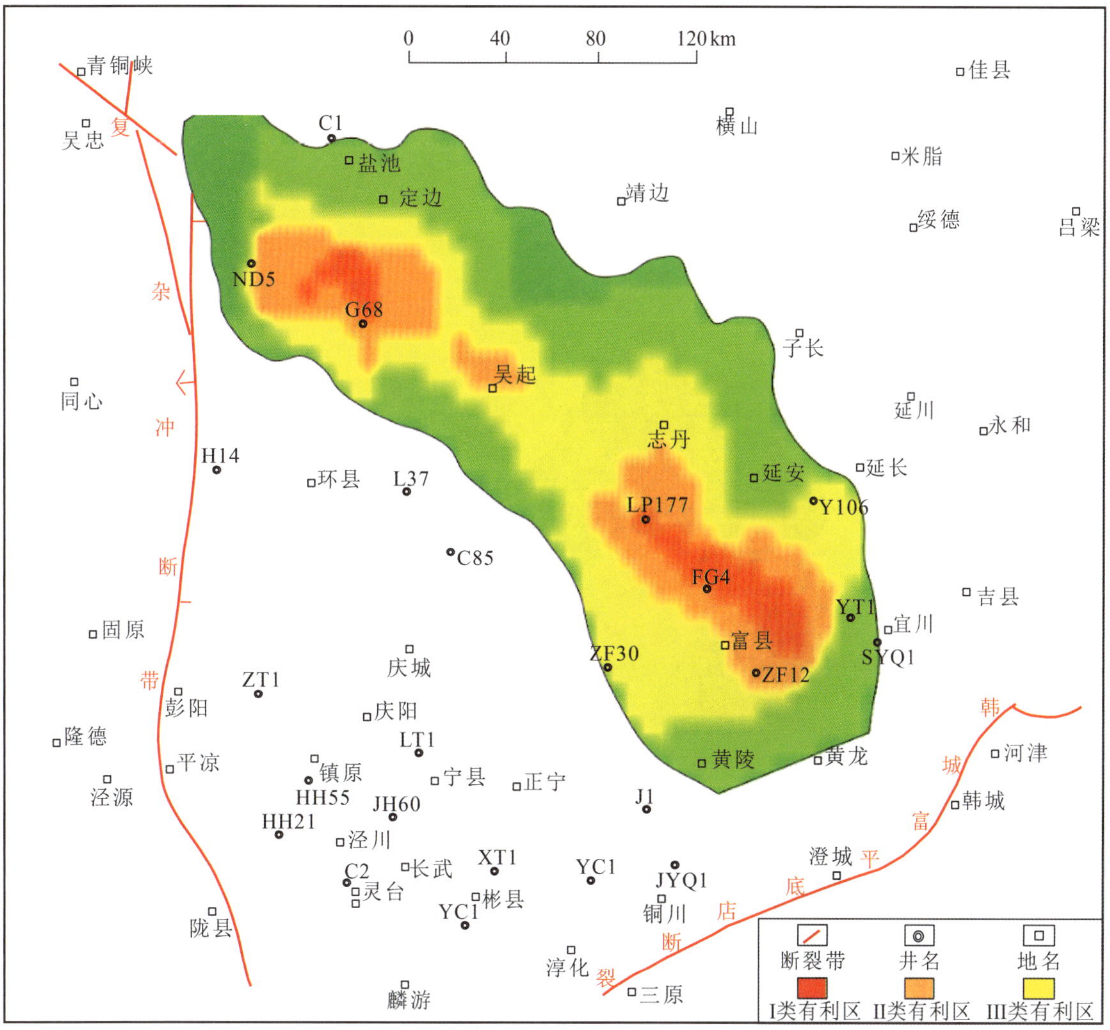

图 6-25 鄂尔多斯盆地上三叠统延长组长 9 段页岩油气有利区评价图

县、宜君、上畛子林场、下寺湾等地区，最大厚度达到 30 m 以上。其中彬长地区优质页岩厚度 6～18 m，旬宜地区 5～30 m，富县和下寺湾地区 15～30 m。

（2）页岩有机碳含量

长 7 段深湖-半深湖沉积环境下形成的黑色页岩 TOC 在 2%～35%之间，其中彬长地区 TOC 在 2%～30%之间，寻宜地区在 2%～35%之间，富县地区在 2%～30%之间。

（3）有机质成熟度

热成熟度分布区间较为宽泛，镜质体反射率 R_o 从 0.4～1.2%均有分布，但主体在 0.8%～1.2%之间，达到成熟生油阶段。不同地区成熟度略有不同，其中彬长地区成熟度在 0.7%～0.9%之间，旬宜地区在 0.46%～1.0%之间，富县地区在 0.7%～1.2%之间，下寺湾地区在 0.8%～1.2%之间。成熟度由南向北逐渐增大，下寺湾地区成熟度最高。

（4）埋深条件

盆地长 7 段主体埋深在 600～2800 m，呈东浅西深形态分布。其中彬长地区在 800～1600 m，由南向北逐渐增大。旬宜地区在 600～1400 m，由东向西逐渐增大。富县地区在 600～1400 m，由东向西逐渐增大。

（5）有利区带预测

采用空间 GIS 叠合技术，综合预测长 7 段页岩气有利分布区，富县西北部、旬邑西北部、华池地区存在 3 个北西向延伸的 I 类有利区（图 6-26）。

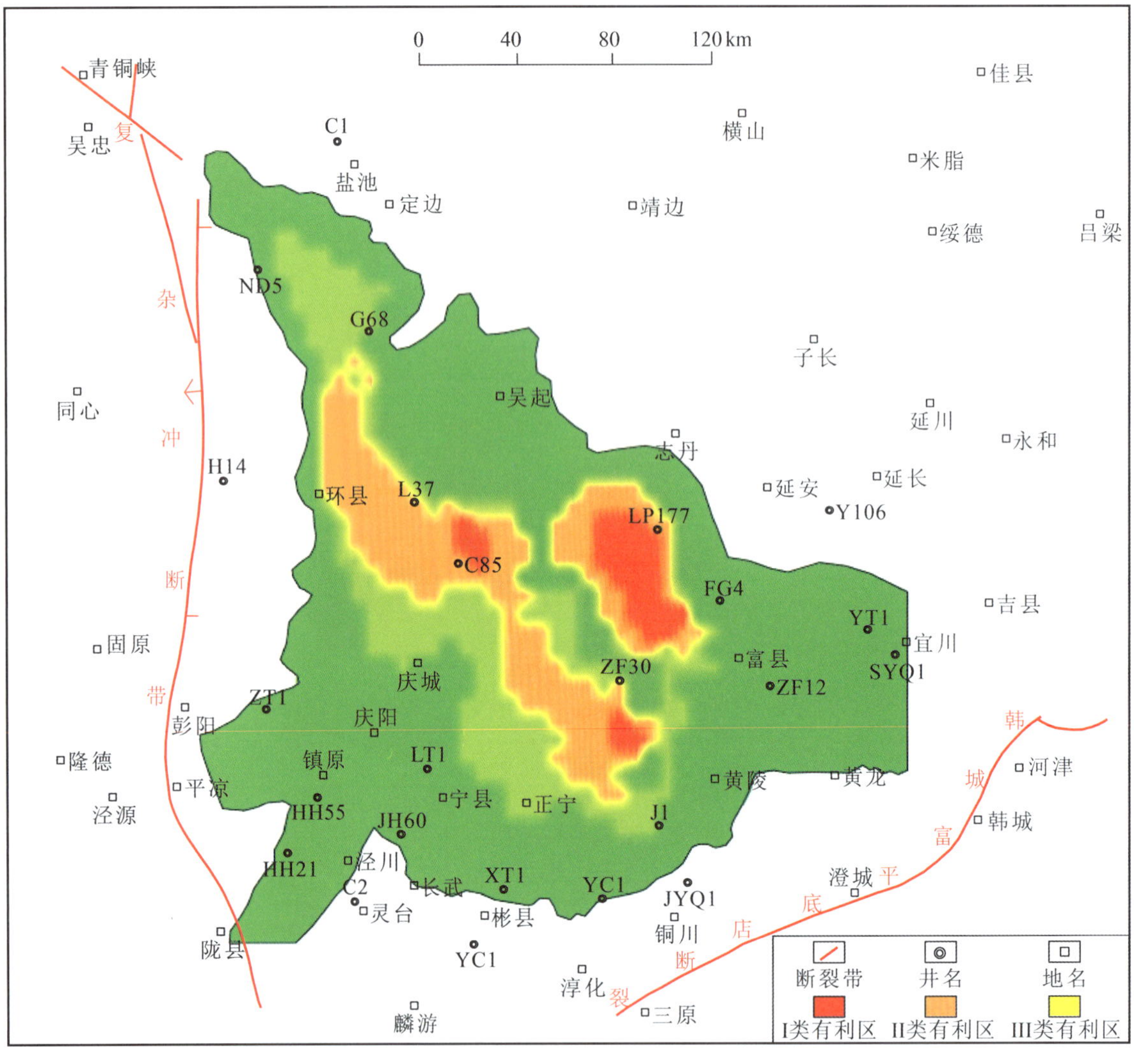

图 6-26　鄂尔多斯盆地上三叠统延长组长 7 段页岩油气有利区评价图

第三节　陆相页岩气目标评价技术及应用

陆相页岩具有岩性复杂、岩相变化快、薄夹层发育、源-储配置关系复杂等特点，对纵向“甜点层”及横向甜点的识别预测提出了新的难题与挑战，需要进一步开展“甜点层”评价与甜点预测方法和技术攻关。基于前述陆相页岩气地质理论的认识深化，通过测井和地震系列方法及技术研究，形成了针对陆相页岩气源-储耦合的地质-测井“甜点层”定量评价方法和地球物理预测技术以及陆相页岩气甜点评价与优选技术。

一、陆相页岩气甜层源-储耦合定量评价方法

页岩气是生成并储集于富有机质泥页岩层系内，源-储一体的天然气成藏系统。作为页岩气形成与富集的主体，页岩兼具烃源岩和储集层双重属性，有必要将作为页岩气源的有机质和储集页岩气的孔隙作为一个源-储系统进行研究。通过本次研究，形成了针对陆相页岩气源-储耦合的地质-测井“甜点层”定量评价方法：基于神经网络的储层划分及岩相识别、最优化方法的页岩储层矿物组分测井定量评价、岩性指示曲线构建及有机质含量评价等。

（一）基于神经网络的储层划分及岩相识别方法

依据无机-有机组分陆相泥页岩岩相划分方案，建立基于 Kohonen 算法神经网络岩相识别模型，实现岩相识别（图 6-27）。

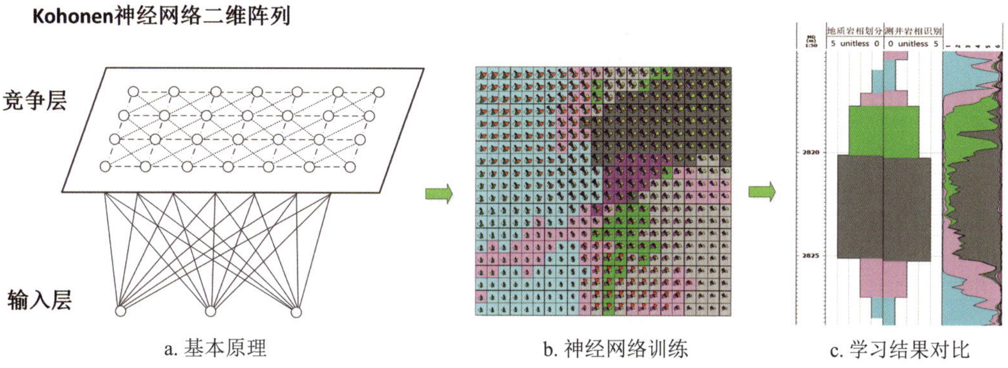

图 6-27　神经网络岩相测井识别技术流程

（二）基于最优化方法的页岩储层矿物组分测井定量评价

陆相页岩较海相页岩具有更大比例的黏土与陆源碎屑矿物（石英、钾长石、斜长石），更多碳酸盐矿物（方解石、白云石、文石、菱铁矿），组分更加复杂，对测井评价提出更高要求。为解决上述难题，测井评价综合运用 4 项技术手段：①采用最优化技术解决复杂矿物组合评价问题；②合理组合矿物，减少求解变量；③利用已计算的 TOC、泥质含量、总孔隙度约束最优化计算；④以矿物之间相关关系为地质约束，提高最优化反演精度。

以 FY10 井为例，其矿物种类多达 10 种。以最优化方法求解矿物含量时，将石英、长石合并为石英长石类矿物，将方解石、白云石、文石、菱铁矿合并为碳酸盐矿物，建立岩石物理体积模型；加入碳酸盐类矿物与黏土矿物组分间负相关关系，作为地质约束以提高最优化计算精度（图 6-28），最终实现对矿物组分的准确计算（图 6-29）。

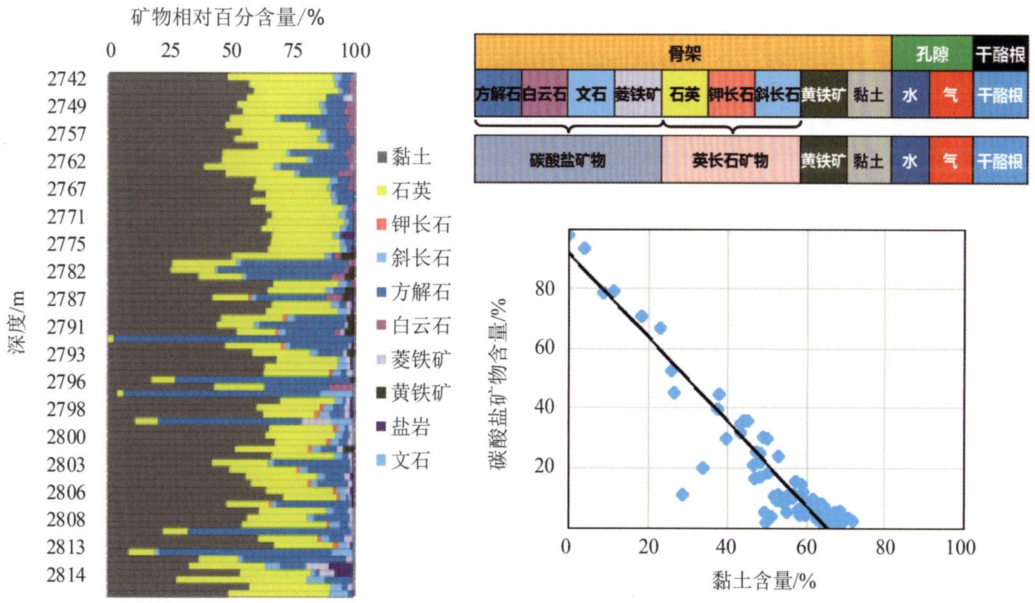

图 6-28　FY10 井矿物组份测井评价模型

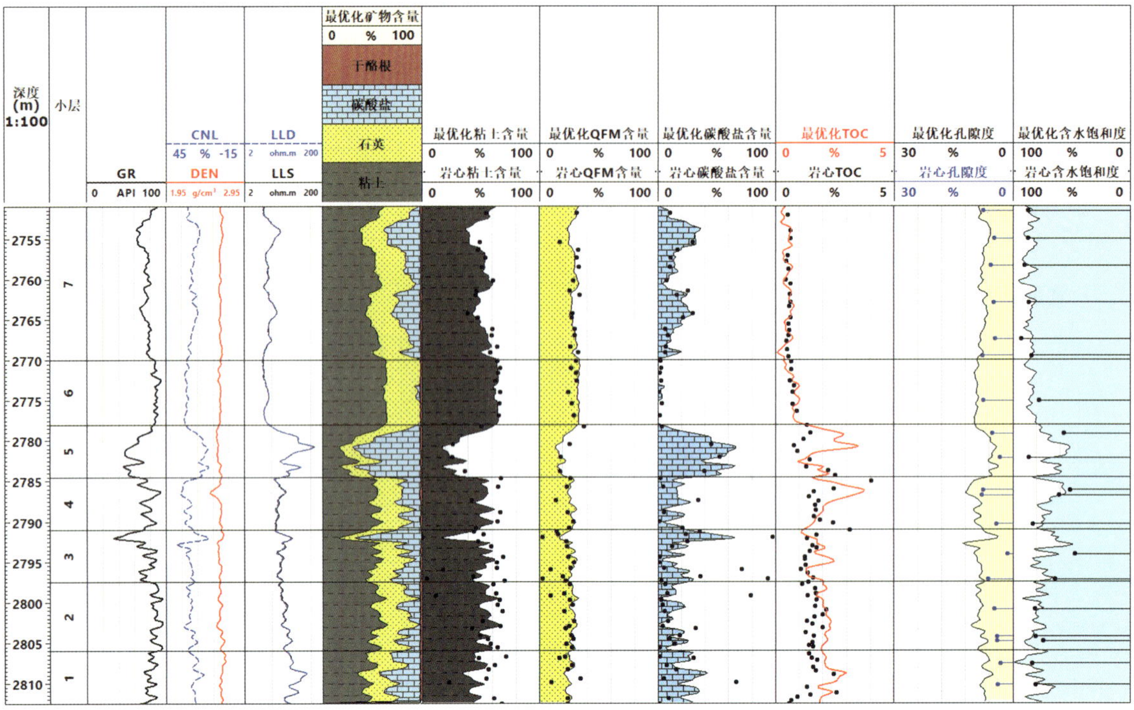

图 6-29 FY10 井最优化矿物组分评价成果图

（三）岩性指示曲线构建及有机质含量评价

泥质与有机质具有相似的测井响应特征，包括高伽马、高声波时差、低密度；灰质在上述特征上则刚好相反，但与有机质在电阻率响应上具有相似特征，两者均具有高电阻率特征；泥质页岩中，一般采用声波-电阻率交会方法，扣除泥质测井响应，计算 TOC。但是，如果页岩段内灰质含量大，灰质引起的高电阻与低声波时差，会使计算 TOC 偏大。因此，有必要将两类岩性加以区分。

陆相页岩气储层岩性复杂，构建岩性指示曲线区分灰质/泥质页岩段，分别建立 TOC 测井评价方法，能最大限度降低岩性差异造成的误差，其计算步骤如下：

1）构造岩性指标曲线：

$$LITH0=\lg(RD/0.01)-0.04GR$$

2）依据岩性指示曲线区分不同的岩性段，如果 $LITH0\geqslant 1.5$，则指示灰质页岩段，运用密度法计算，$\mathrm{TOC}=44.2-16.49DEN$；如果 $LITH0<1.5$，则指示泥质页岩段，运用声波电阻率法计算，$\mathrm{TOC}=\lg(RD/20)+0.08(AC-66)$。

（四）页岩孔隙度测井定量评价

四川盆地陆相页岩气储层孔隙度定量评价，主要针对大安寨段、马鞍山段和东岳庙段。在对上述 3 个层段页岩岩芯孔隙度进行深度校正基础上，开展岩芯孔隙度的测井响应敏感因素分析，分层段建立孔隙度测井计算方法，3 个层段页岩具有较高计算精度（图 6-30）。

大安寨段：

$$POR=-15.603+0.07011AC+7.38194CNL+5.0165DEN+0.00643GR \tag{6-9}$$

马鞍山段：

$$POR=-9.62914+0.004259AC+6.648106CNL+5.301644DEN-0.00848GR-1.89086\lg(RD) \tag{6-10}$$

东岳庙段：

$$POR = -7.70102 + 0.107291AC + 9.725646CNL + 1.487119DEN - 0.0393GR - 0.28373\lg10(RD) \quad (6-11)$$

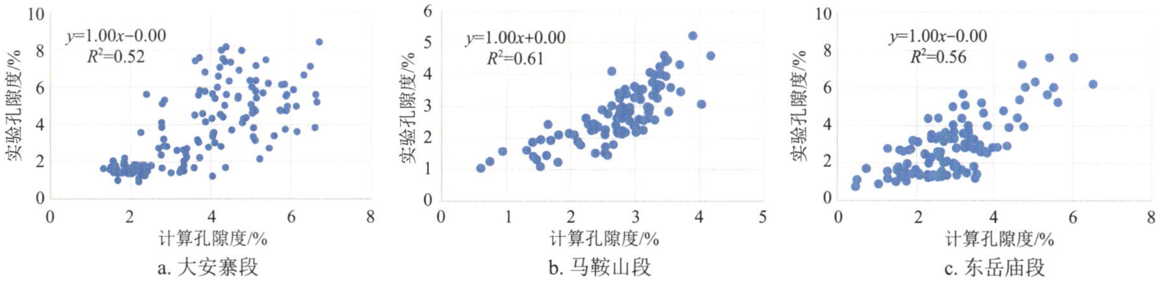

图 6-30 四川盆地下侏罗统自流井组页岩气孔隙度测井评价精度分析

（五）页岩含气性测井定量评价

陆相页岩气储层埋藏浅，受孔隙类型及结构、矿物组分等因素影响，吸附态与游离态天然气赋存特征与机理与海相页岩具有较大区别，需要依据陆相页岩气储层实际等温吸附特性、以及孔隙含水特性分别建立吸附气含量与游离气含量测井评价模型，定量计算储层含气量。

1. 吸附气含量

依据实际陆相页岩气储层温度、压力条件，开展储层岩芯等温吸附特性分析，进而建立等温吸附常数 V_L 与 P_L 及其影响因素的定量函数关系（图 6-31），可建立依据 TOC 测井评价结果，计算等温吸附常数的模型式，进而依据朗格缪尔方程计算吸附气含量：

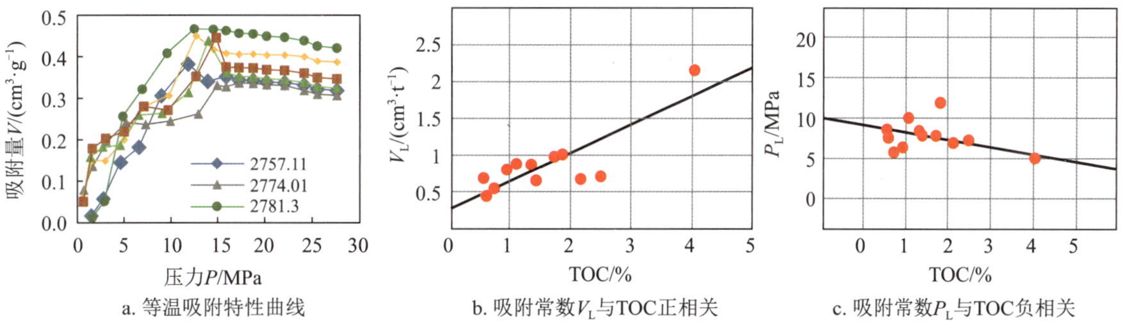

图 6-31 FY10 井等温吸附特性曲线与吸附常数评价模型

$$V_L = +0.38\times TOC + 0.28 \quad (6-12)$$

$$P_L = -0.91\times TOC + 9.20 \quad (6-13)$$

$$G_{ads} = V_L P/(P_L + P) \quad (6-14)$$

式中：TOC 为页岩总有机碳含量，%；V_L 为朗格缪尔体积，m^3/t；P_L 为朗格缪尔压力，MPa；G_{ads} 为吸附气含量，m^3/t；P 为储层压力，MPa。

2. 游离气含量

依据实际陆相页岩岩芯孔隙含水饱和度分析结果，结合页岩总孔隙度岩芯分析与测井评价，建立了陆相页岩游离气含量评价方法。该方法评价的游离气含量与总含气量，得到现场含气量、以及录井含气量检验，有效提高了评价精度（图 6-32）。

$$S_w = \left(\frac{a \times R_w}{R_t \times \phi^m}\right)^{1/n} \quad (6-15)$$

$$G_{\mathrm{free}} = E(P,\ T)\ \frac{\phi(1 - S_w)}{\rho_b} \tag{6-16}$$

$$E(P,\ T) = \frac{R}{\left(\frac{zT}{T_s}\right)\left(\frac{P_s}{P}\right)} \tag{6-17}$$

式中：S_w为储层含水饱和度，陆相页岩储层，模型参数取值分别为 $a=1$，$R_w=0.03\ \Omega\cdot \mathrm{m}$，$m=2$，$n=2$；$G_{\mathrm{free}}$为游离气含量，$\mathrm{m^3/t}$；$E(P,\ T)$ 为甲烷气体地层体积系数，与储层所在深度的温度与压力有关；Φ 为储层总孔隙度，由孔隙度测井评价得到；ρ_b为岩石体积密度，由密度测井测量得到。

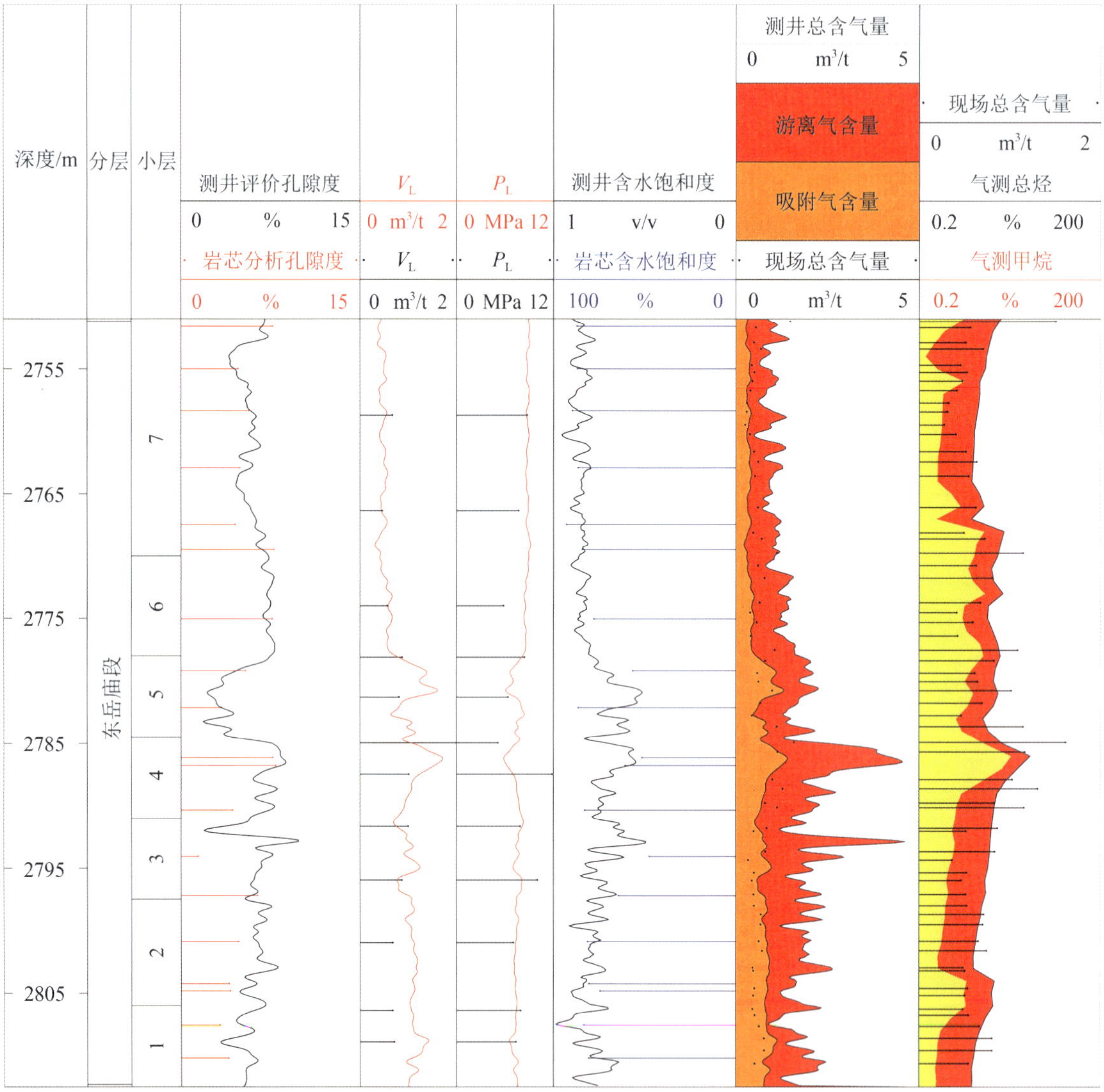

图 6-32　FY10 井吸附气与游离气含量测井评价成果图

（六）陆相页岩气源-储耦合测井评价

在继承海相页岩气源储耦合评价方法的基础上，针对陆相页岩有机质类型多变的特点，陆相页岩气源-储耦合评价中除考虑有机质丰度外，引入原始氢指数比以反映生烃潜力的差异，更具普适性。

依据涪陵地区 FY10 井自流井组东岳庙段页岩气源-储评价结果，利用自然伽马、声波时差、密度、中子孔隙度、深浅侧向电阻率 5 项常规测井响应特征，以 4 类储层源储耦合类型为识别目标，建立了决策树模型（图 6-33），实现了储层分类与识别，为研究区陆相页岩气源-储耦合类型评价提供依据。

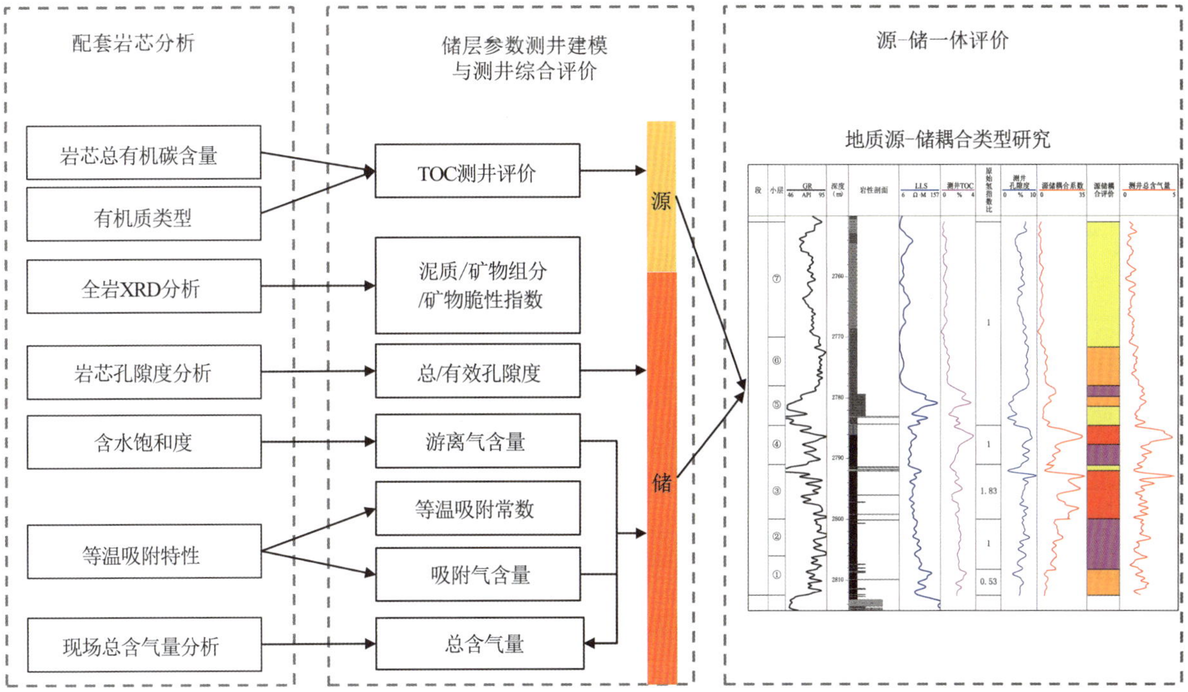

图 6-33　陆相页岩气源-储耦合甜层评价决策树模型

二、陆相页岩气甜点地球物理预测技术

页岩储层的埋深、厚度、有机碳含量、脆性、裂缝发育带等是评价页岩气“甜点”的主要地质指标。为此，以元坝地区大安寨段和涪陵地区东岳庙段为例，根据页岩气地质评价标准，在地震资料特殊处理及多种资料综合分析的基础上，开展页岩气“甜点”的地震预测技术攻关，主要分为两部分，一是页岩储层评价参数的波阻抗反演技术，二是储层裂缝预测技术。

地震预测页岩气“甜点”的主体思路是：通过合成记录精细标定页岩储层位置，确定优质泥页岩的测井及地震响应特征，结合地震相分析，落实泥页岩的宏观展布；利用地震波阻抗反演和 GR 反演技术去掉灰岩和砂岩，突出泥岩的响应特征，在有机碳含量等敏感参数统计分析的基础上，通过铀曲线等反演技术进行页岩储层有机碳含量及优质泥页岩厚度的定量预测；再利用裂缝预测技术预测优质页岩储层高产富集区。通过以上地震预测技术，可以落实页岩气“甜点区”，为陆相页岩气勘探目标评价和井位部署提供了依据。

（一）页岩储层参数波阻抗反演技术

1. 页岩地球物理响应分析

（1）测井响应特征分析

元坝地区优质泥页岩段表现为“四高两低”的测井响应特征：高自然伽马、相对高电阻率、高声波时差、高铀，低无铀伽马、低阻抗（表 6-6）。

进一步对 YB102 井、YL11 井、YL30 井等典型井的页岩层段和上下围岩的声波时差、密度、自然伽马以及波阻抗进行统计分析，元坝地区页岩层段位于大安寨二亚段，上部围岩为大安寨一亚段灰岩夹少量泥岩，下部围岩为大安寨三亚段灰岩，分析发现页岩层段相比围岩具有低纵波速度、高自然伽马、低密度及低波阻抗的特征。

表 6-6 川东北元坝地区典型井页岩层测井响应统计表

井名	井段		纵波速度/(m·s^{-1})	伽马 (API)	密度/(g·cm^{-3})	波阻抗/(g·cm^{-3}·m·s^{-1})
YB102	围岩	3877~3923.33	5064.5	48.56	2.64	13217
	页岩	3923.33~3959.5	4274.4	62.37	2.61	11261
	围岩	3959.5~3970.5	4307.8	60.66	2.63	11390
YB 161	围岩	3540.5~3596	4555.9	57.91	2.65	12055
	页岩	3596~3624.5	4296.8	61.53	2.63	11332
	围岩	3624.5~3635	5487.1	41.09	2.7	14978
YL11	围岩	3824.5~3874.55	4700.9	85.34	2.66	12017
	页岩	3874.55~3920.74	4520	85.38	2.53	11925
	围岩	3920.74~3929	4712.8	83.24	2.64	12426
YL22	围岩	3587.5~3634.5	4890.8	62.91	2.64	12979
	页岩	3634.5~3661	4486.9	71.2	2.61	11935
	围岩	3661~3675.5	4491.8	69.97	2.64	12207
YL30	围岩	3955~3984	4721.5	58.91	2.64	12460
	页岩	3984~4018	4138.1	69.89	2.51	10702
	围岩	4018~4039	4528.6	69.24	2.59	11376
YL31	围岩	4237~4268.8	5005.1	60.33	2.68	13402
	页岩	4268.8~4305.94	4165.6	79.09	2.63	10945
	围岩	4305.94~4316	4782.5	57.62	2.65	12690

涪通过对涪陵地区 15 口井东岳段的测井曲线分析，测井响应特征可定性识别泥页岩、细砂岩等主要岩性。泥页岩自然伽马 78~96 API 之间，电阻率小于 50 Ω·m，声波时差在 80~90 μs/ft❶ 之间；细砂岩泥页岩自然伽马 40~66 API 之间，电阻率在 50~300 Ω·m，声波时差在 57~63 μs/ft 之间。

（2）地震响应特征分析

页岩层段精细标定是优质泥页岩地震预测的基础。在地震反射标准层标定的基础上，根据页岩层段的岩性、物性特征，利用合成地震记录进一步对优质泥页岩进行标定。标定过程中，分别选用正极性雷克子波和从井旁地震道目的层段提取的地震子波制作合成地震记录。经过与井旁地震道对比，所提取的地震子波制作的合成地震记录与井旁地震道匹配较好。

元坝地区大安寨段二亚段三角洲-滨湖相带钻井阻抗值最高（>11729 g·cm^{-3}·m·s^{-1}），浅湖相较低，浅-半深湖相最低（<11132 g·cm^{-3}·m·s^{-1}），不同相带波阻抗存在明显差异，因此，提出了大安寨段二亚段基于均一化的波阻抗可以有效划分相带。从大安寨段二亚段纵波阻抗平面图（图 6-34）可以看出，从滨湖-浅湖-半深湖，波阻抗呈降低趋势，可以有效区分识别不同沉积相带。

2. 页岩属性地震预测技术

（1）页岩 TOC 预测

目前测井和钻井取芯是进行页岩气储层泥页岩 TOC 含量评价的两种主要手段。现阶段，除实验室检测方法外，对 TOC 的评价主要以测井资料为主，且评价方法很多。上述两种方法只能对 TOC 含量进行纵向评价，地震方法是预测泥页岩 TOC 平面分布的一个重要手段，建立泥页岩测井 TOC 含量与地震反射波响应特征及地震反射波敏感动力学参数关系，从而实现利用地震评价泥页岩的生烃能力。

基于多种弹性参数与 TOC 敏感性分析发现，纵波阻抗与 TOC 具有良好的相关性（图 6-35），相

❶ 1 ft = 0.3048 m。

关系数达到了 0. 92，可以有效地区分出不同类型的页岩气层，并基于纵波阻抗反演完成 TOC 定量预测。元坝地区 TOC 含量与纵波阻抗相关关系式为：

$$\mathrm{TOC}=3.75837-0.000321245\times I_{\mathrm{p}}+6.49026\times10^{-9}\times I_{\mathrm{p}}\times I_{\mathrm{p}} \tag{6-18}$$

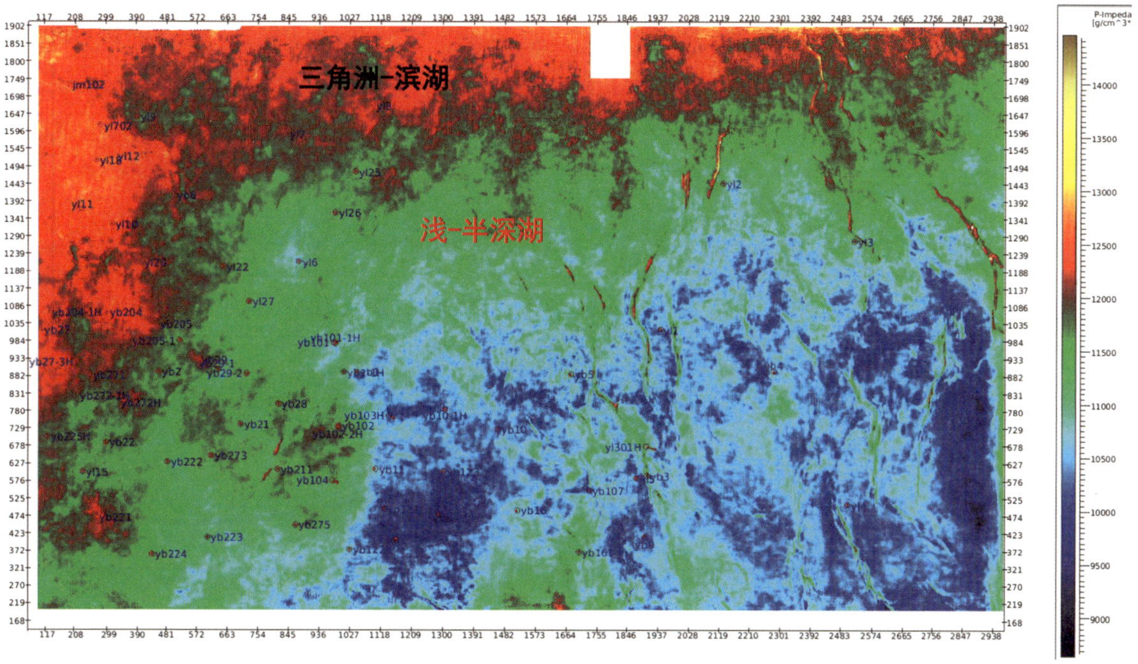

图 6-34　元坝地区下侏罗统自流井组大安寨二亚段纵波阻抗平面图

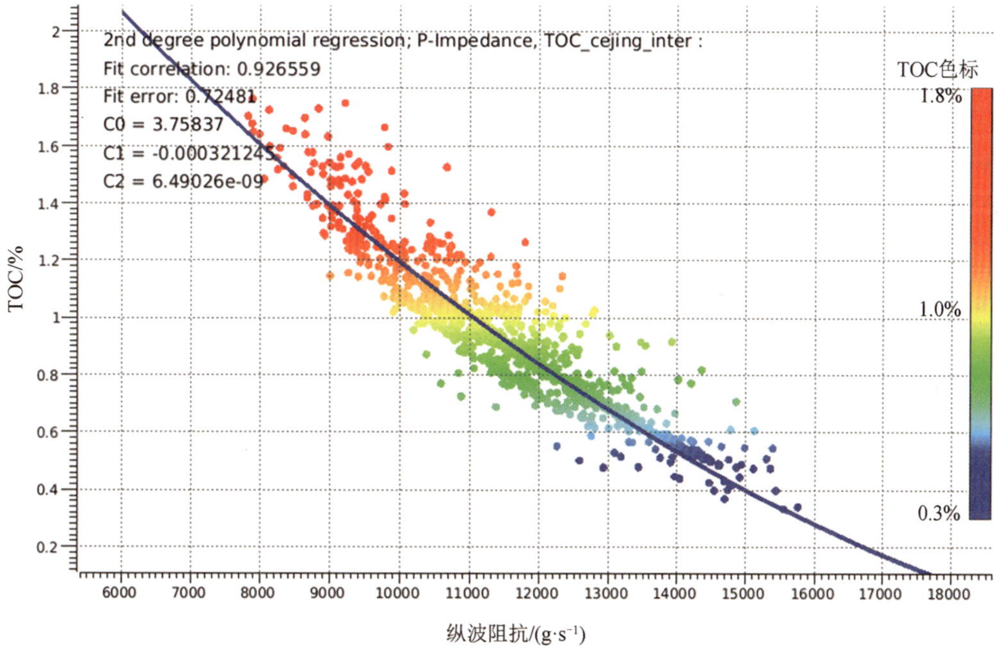

图 6-35　元坝地区下侏罗统自流井组大安寨段二亚段纵波阻抗与 TOC 交会分析图

依据同样方法，涪陵地区东岳庙段速度与 TOC 具有很好的正向相关关系，通过速度曲线与 TOC 曲线的回归分析（图 6-36），相关系数达到 0. 77，TOC 与速度的关系式：

$$\mathrm{TOC}=19.3-0.0086\times\mathrm{Vel}+9.71\times\mathrm{Vel}^2 \tag{6-19}$$

（2）富有机质泥页岩厚度预测

根据纵波阻抗门槛值（13530 g · cm^{-3} · m · s^{-1}）（图 6-37a），可以有效提取大安寨段二亚段

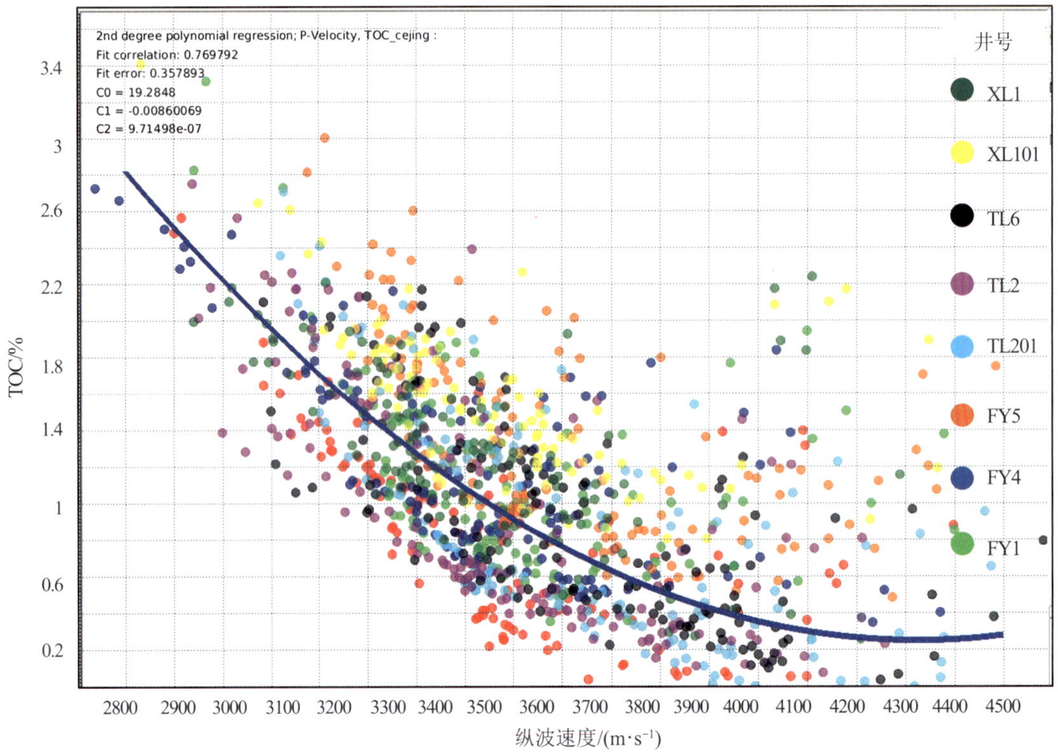

图 6-36　涪陵地区下侏罗统自流井组东岳庙段速度与 TOC 交会分析图

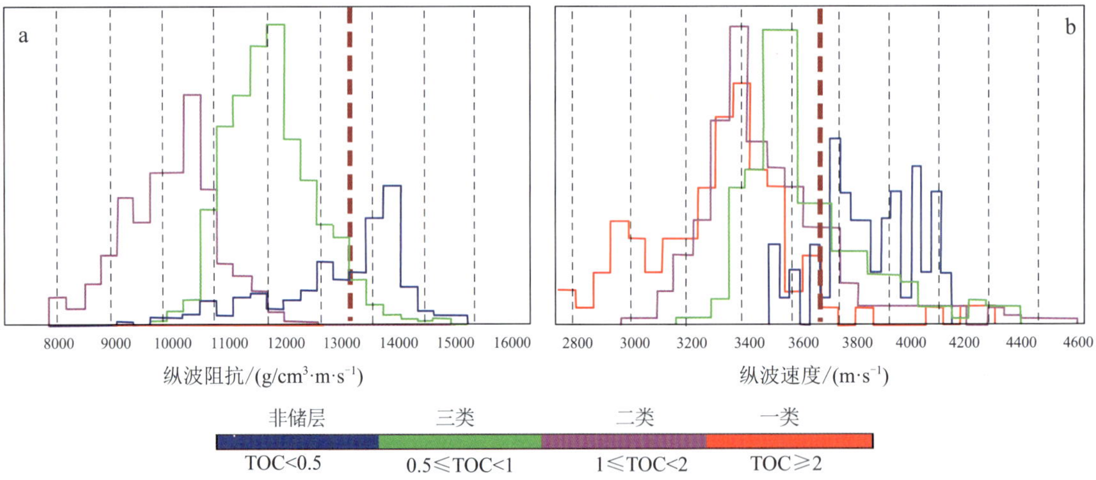

图 6-37　元坝地区下侏罗统自流井组大安寨段及涪陵地区下侏罗统自流井组东岳庙储层纵波阻抗直方图

a—元坝地区大安寨段；b—涪陵地区东岳庙段

TOC≥0.5%的泥页岩厚度；同样根据速度门槛值 3710 m/s（图 6-37b），可以有效提取东岳庙段 TOC 大于 0.5%的泥页岩厚度。

（3）孔隙度预测

页岩气储层为致密储层，孔隙度较低，整体小于 8%。为了能够用地震资料预测页岩储层的孔隙度，通过元坝地区的测井资料进行统计分析发现，测井解释的孔隙度与地层的声波阻抗具有良好的负相关关系，利用最小二乘算法回归得到孔隙度与纵波阻抗的三次关系式：

$$\Phi = 24.0028 - 0.00352471 \times I_p + 2.11707 \times 10^{-7} \times I_p \times I_p - 4.81318 \times 10^{-13} \times I_p \times I_p \times I_p \qquad (6\text{-}20)$$

式中：Φ 为孔隙度；I_p 为纵波阻抗。

通过上式计算得到的孔隙度与实际的孔隙度测井解释成果相关系数达到 0.97，因此，可以通过地震波阻抗反演结果实现对孔隙度的定量预测。

涪陵东岳庙段测井解释的孔隙度与地层的声波阻抗具有良好的负相关关系，利用最小二乘算法回归得到孔隙度与纵波阻抗的二次关系式：

$$\Phi=21.8752-0.00217457\times Z_p+4.8386\times10^{-8}\times Z_p^2 \tag{6-21}$$

式中：Φ 为孔隙度；Z_p^2 为纵波阻抗。

通过上式计算得到的孔隙度与实际的孔隙度测井解释成果相关系数达到 0.96，因此，可以通过地震波阻抗反演结果实现对孔隙度的定量预测。

（二）裂缝地震预测技术

1. 有效离散裂缝发育区预测

裂缝通道是由大量密集分布的具有可追踪长度但无明显垂向位移的裂缝组成。裂缝通道在垂向上可以切穿储层，在横向上可以延伸几十米至上百米，是流体流动的主要通道。部分裂缝通道的形成与断裂有关，但并无明显的断距。一般情况下，裂缝通道与地层垂直。对裂缝通道描述首先是对裂缝通道相关的地震属性进行自动追踪，然后对追踪的裂缝建立离散裂缝模型，描述离散裂缝的分布和对流体流动的影响。

对裂缝进行自动追踪提供了可以直接从地震数据中获得裂缝网络模型的机会，成为建立离散裂缝模型的基础。这样得到的离散裂缝模型是一种基于物理上可测量参数的地质表征。自动追踪裂缝填补了地震尺度（地震解释的断裂）与井尺度（成像测井和岩芯裂缝）之间在尺度上的空白，而且有效地描述地下裂缝在空间如何分布和如何阻碍流体流动。

离散裂缝描述的目标是识别大的裂缝通道，并用拓扑学属性描述它们在空间的几何特征，离散裂缝代表了尺度较大的微断裂和裂缝通道，因此可以用于研究油藏尺度下的连通关系。离散裂缝模型可以采用动态数据进行标定，如试井参数，生产测井等数据，可以在一定程度下减少模型的不确定性、被粗化为裂缝属性参数（孔隙度、渗透率和形状因子）用于油藏数模。离散裂缝模型的描述包括对每一根裂缝几何尺度（长度、宽度、高度和方向）、空间位置、密度进行描述。

对元坝地区进行高精度曲率及最大似然属性分析结果表明，裂缝主要发育于西南部及中东部，其中西南部尺度较小，中东部多为大尺度断层伴生缝。采用高精度曲率、似然体分析及离散裂缝建模技术，落实增强储层渗流能力的有效离散裂缝发育区。

元坝地区中西部受龙门山挤压应力影响，构造应力相对较小，发育少量小规模北东向断层及裂缝；中东部受大巴山挤压应力影响，构造应力强，发育北西向和近南北向断层及裂缝，规模相对较大，断层向上断至沙溪庙组低压层系，元坝 5 井大安寨段压力系数为 1.02，从过元坝 5 井曲率属性剖面可以看出，两侧曲率属性强度远远强于井点位置处，保存条件可能相对较差。

基于最大似然体属性，开展离散裂缝建模，根据裂缝方位特征，筛选出两组离散裂缝，一组为近南北向，一组为北东向，相互连通的裂缝在空间上可以形成网状的离散裂缝网络，能大大提高储层内流体的导流能力，因此将两组方位的连通离散裂缝提取出来（图 6-38），从图上可以看出，在元坝地区中东部，近南北向裂缝发育，结合区域应力场分析认为，该区域离散裂缝主要是受大巴山挤压应力形成的，该区域大安寨测试产量普遍较低；西南部元坝 21 井—元坝 11 井区较为发育北东向规模相对较小的离散裂缝，结合区域应力场分析认为，该区域离散裂缝主要是受龙门山挤压应力形成的，测试产量普遍较高。

2. 有效弥散裂缝发育区预测

弥散裂缝可以描述流体在储层层内的流动方向和通道，针对西南部元坝 21—元坝 11 区大尺度裂缝较发育区，开展小尺度弥散裂缝预测，落实增加储集空间的有效弥散裂缝发育区。

优选地震倾角属性、曲率属性和不连续性属性对元坝地区大安寨二亚段开展裂缝地震相分析。从这些地震几何属性中，提取与微断裂-裂缝相关的共同特征，并对微断裂-裂缝进行识别和几何尺度

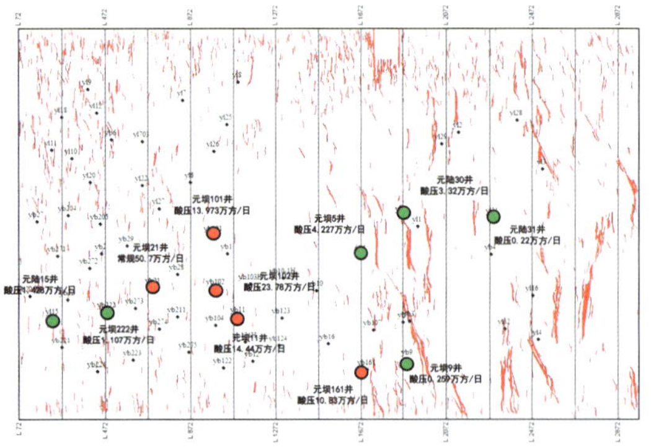

a. 南北向裂缝

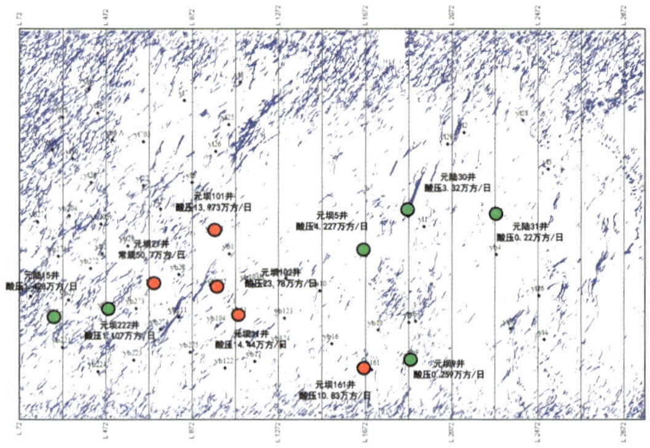

b. 北东-南西向裂缝

图 6-38　元坝地区下侏罗统自流井组大安寨段二亚段离散裂缝预测分布图

意义上的分级，各个不同断裂级别的地震相用不同的颜色表示，通过颜色显示可以清晰地分辨出不同尺度的断裂和裂缝在空间分布特征。

裂缝地震相在地震倾角与最大曲率属性空间上的分布具有规律性（图 6-39）。裂缝地震相 1（墨绿色）具有最大的最大曲率值和最大的地震倾角值。裂缝地震相 1（墨绿色）是在地震尺度上与亚断裂和裂缝通道最为相关的地震相。其次为裂缝地震相 2（绿色）、裂缝地震相 3（黄色）、裂缝地震相 4（红色）和裂缝地震相 5（棕红色）。裂缝地震相 6（蓝色）具有最小的最大曲率值和最小的地震倾角值。裂缝地震相 6（蓝色）是在地震尺度上与裂缝特征表现最弱的地震相。预测了元坝地区大安寨段二亚段顶界面的裂缝地震相分布（图 6-40）。裂缝地震相 1（墨绿色）、2（绿色）、3（黄色）描述了规模较大的具有线状构造特征的裂缝地震相的分布。裂缝地震相 4（红色）、5（棕红色）紧邻分布在裂缝地震相 1、2、3 的周边，线状构造特征变弱。裂缝地震相 6（蓝色）分布范围最广，更接近储层基质的特征。按照断裂程度的解释，裂缝地震相 6 的断裂程度在地震尺度上是难以检测到的。

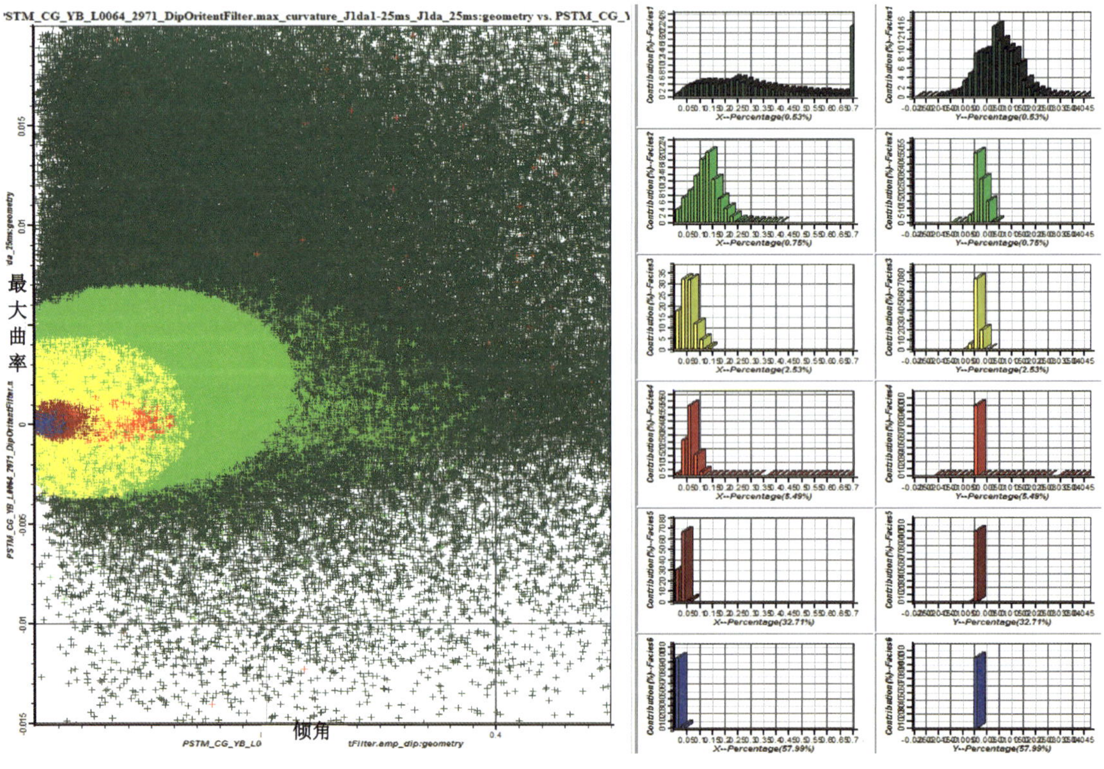

图 6-39　元坝地区下侏罗统自流井组大安寨段裂缝地震相在地震倾角与最大曲率属性空间上的分布

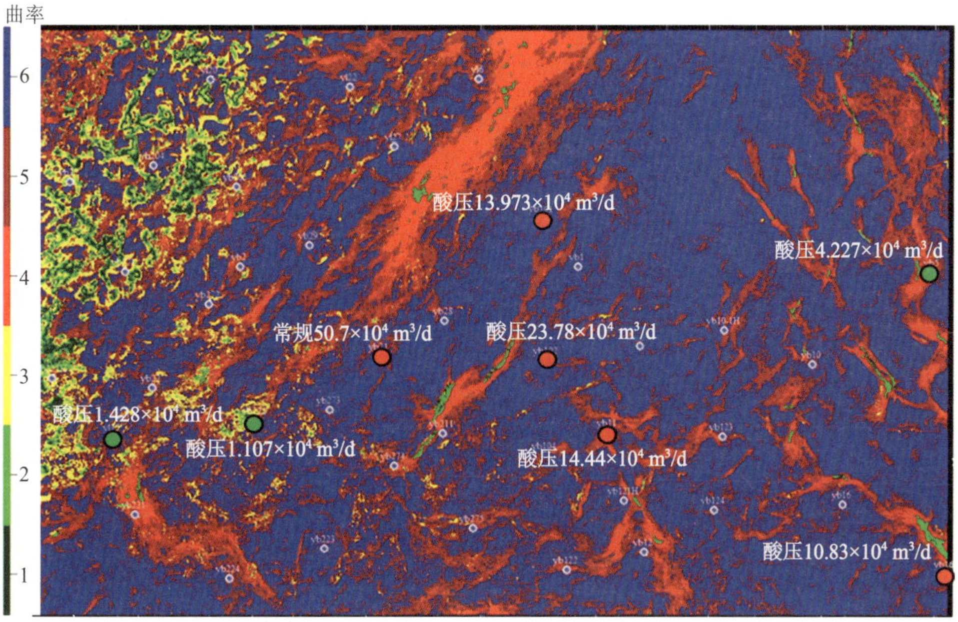

图 6-40　元坝地区下侏罗统自流井组大安寨段二亚段顶界面裂缝地震相分布图

第 1~5 类裂缝地震相为元坝地区大二段裂缝发育有利相带，因此利用相控约束，将第 6 类相带内裂缝约束掉，最终得到有效弥散裂缝的分布。从相控前后裂缝密度平面图结果可以看出，小尺度弥散裂缝发育（图 6-41）。

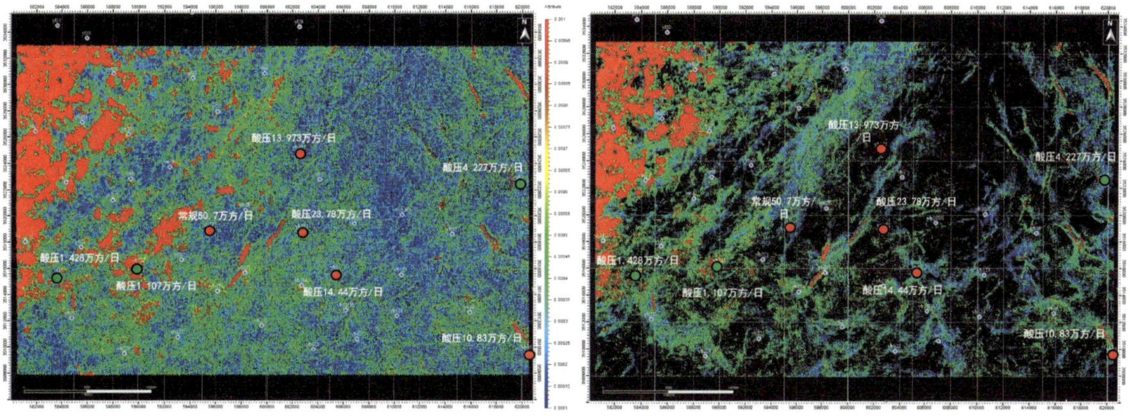

a. 相控前裂缝密度　　b. 相控后裂缝密度

图 6-41　元坝地区西南部下侏罗统自流井组大安寨段二亚段相控前后裂缝密度平面图

三、陆相页岩气目标评价与优选技术

（一）陆相页岩气目标评价方法

针对陆相页岩气目标评价，本次主要采用“源-储耦合有利区+工程条件”的“双甜点”评价，按照“风险-价值”分类原则，评价结果分为三大类，四个小类。Ⅰ类区块：该类区块不但页岩气资源富集概率较高，而且页岩气资源规模较大，技术经济的实用性较好，为具有较好页岩气勘探开发潜力和勘探前景的区块，是最有利的勘探区块或开发目标，可以列为近期重点勘探评价或开发试验地区，近期需要开展勘探工作。$Ⅱ_1$ 类区块：该类区块油气富集概率高，但技术难度较大或资源规模较小、经济可采性有限，仍需要加强技术攻关或经济可开采性研究。Ⅱ$_2$类区块：该类区块油气富集概率一般，但具有适应的技术和可采条件，或具有较大的资源规模，仍需要加强地质条件研究。Ⅲ类区块：该类区块资源潜力小或不具备经济价值。

采用“双甜点”评价模型需要分别计算源-储耦合系数和工程条件系数，其中源-储耦合系数主要包括页岩分布及地化特征、储集条件、保存条件、资源条件等方面；工程技术条件主要包括可压裂性、埋深条件、地表条件、水源条件等方面。

1. 计算页岩分布及地化特征的综合概率

$$P_{\text{页岩分布与地化特征}}=a\times P_{H1}+b\times P_{H2}+c\times P_{R_o}+d\times P_S \tag{6-22}$$

式中：$P_{\text{页岩分布与地化特征}}$为含气页岩分布及地化特征综合概率；P_{H1}为 TOC≥0.3%含气页岩连续厚度概率；P_{H2}为 TOC≥2.0%含气页岩连续厚度概率；P_{R_o}为含气页岩热演化程度概率；P_S为含气页岩分布面积概率；a、b、c、d 为分别为各参数的计算权重，推荐赋值 $a=b=c=d=0.23$。

2. 计算保存条件的综合概率

$$P_{\text{保存条件}}=a\times P_{\text{顶底板}}+b\times P_{\text{构造条件}} \tag{6-23}$$

式中：$P_{\text{保存条件}}$为含气目标（区）保存条件综合概率；$P_{\text{顶底板}}$为含气页岩层段顶底板条件概率；$P_{\text{构造条件}}$为目标（区）构造条件概率；a、b 为分别为各参数的计算权重，推荐赋值 $a=b=0.3$。

3. 计算资源量分级评价的综合概率

$$P_{\text{资源量}}=a\times P_{\text{可采资源量}}+b\times P_{\text{可采资源丰度}} \tag{6-24}$$

式中：$P_{\text{资源量}}$为目标（区）页岩气资源量分级评价综合概率；$P_{\text{可采资源量}}$为目标（区）页岩气可采资源量概率；$P_{\text{可采资源丰度}}$为目标（区）页岩气可采资源丰度概率；a、b 分别为各参数的计算权重，推荐赋值 $a=0.4$，$b=0.6$。

4. 计算多因素地质条件下目标（区）含气性条件的综合概率

$$P_{\text{含气性}}=a\times P_{\text{页岩分布与地化特征}}+b\times P_{\text{储集物性条件}}+c\times P_{\text{保存条件}}+d\times P_{\text{资源量}} \tag{6-25}$$

式中：$P_{\text{含气性}}$为目标（区）含气性条件综合概率；a、b、c、d 为分别为各参数的计算权重，推荐赋值 $a=0.4$，$b=0.1$，$c=0.3$，$d=0.2$。

5. 计算页岩可压裂性的综合概率

$$P_{\text{可压裂性}}=a\times P_{\text{硅质矿物}}+b\times P_{\text{脆性指数}}+c\times P_{\text{水平应力差异系数}} \tag{6-26}$$

式中：$P_{\text{可压裂性}}$为含气页岩可压裂性综合概率；$P_{\text{硅质矿物}}$为含气页岩中硅质矿物含量概率；$P_{\text{脆性指数}}$为含气页岩脆性指数概率，脆性指数依据附录 B 给出的方法计算；$P_{\text{水平应力差异系数}}$为含气页岩应力差异系数概率；a、b、c 分别为各参数的计算权重，推荐赋值 $a=0.3$，$b=0.23$，$c=0.23$。

6. 计算多因素条件下目标（区）工程技术条件的综合概率

$$P_{\text{工程技术条件}}=a\times P_{\text{可压裂性}}+b\times P_{\text{埋深条件}}+c\times P_{\text{地表条件}}+d\times P_{\text{水源条件}} \tag{6-27}$$

式中：$P_{\text{工程技术条件}}$为目标（区）工程技术条件综合概率；a、b、c、d 为分别为各参数的计算权重，推荐赋值 $a=0.3$，$b=0.3$，$c=0.2$，$d=0.2$。

7. 对页岩气目标（区）进行综合评价

$$P_{\text{目标(区)综合评价}}=a\times P_{\text{含气性}}+b\times P_{\text{工程技术条件}}+c\times P_{\text{经济条件}} \tag{6-28}$$

式中：$P_{\text{目标(区)综合评价}}$为目标（区）综合评价概率；a、b、c 为分别为各参数的计算权重，推荐赋值 $a=0.6$，$b=0.23$，$c=0.17$。

（二）陆相页岩气勘探目标排队及优选

针对元坝、涪陵两个地区 3 个层段的优选出的 7 个勘探目标进行参数赋值（表 6-7），结合勘探目标评价参数标准，建立对应的地质评价及工程评价模板，并基于建立的评价模板进行参数打分。最终，基于打分结果，采用“双甜点”双因素法进行优选排队（图 6-42）。

表 6-7　四川盆地侏罗系陆相页岩气勘探目标赋值表

目标区	TOC/%	R_o/%	厚度/m	埋深/m	脆性指数	地质得分	工程得分	综合得分	排序
1 号	1.0	1.40	36	3800	54.53	0.717	0.680	0.698	4
2 号	1.0	1.50	32	3700	53.36	0.708	0.677	0.692	6
3 号	1.0	1.55	37	3900	52.66	0.738	0.656	0.697	5
4 号	1.2	1.25	34	2750	42.00	0.698	0.649	0.673	7
5 号	1.3	1.85	35	2900	46.00	0.783	0.673	0.728	2
6 号	1.5	1.68	45	2800	46.00	0.829	0.680	0.755	1
7 号	1.2	1.58	38	2800	46.00	0.760	0.680	0.720	3

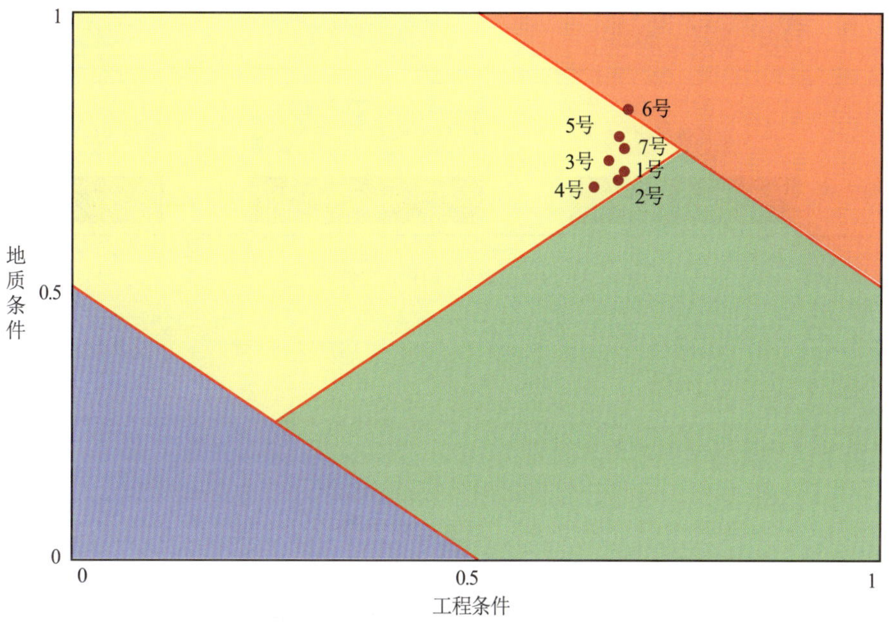

图 6-42　四川盆地侏罗系有利勘探目标排队

其中Ⅰ类勘探目标一个，为 6 号目标，其余 6 个目标为Ⅱ$_1$类目标。

第四节　陆相页岩气地质评价软件

一、评价软件的系统架构

在陆相页岩气方法体系建立及评价技术研究基础上，本次以数据为基础，开发了衔接系列主流软件的数据接口，支持地质、测井、地震等多专业、多类型、大数据的加载、存储与管理；采用统一建模语言，遵循 OpenGIS、POSC 等系列规范，构建了具有可复用、可靠性高、质量可控的软件平台；实现了定性数字化、定量标准化、规律模型化、成果可视化的系列评价技术，最终研发了一套集“数据+平台+方法技术+勘探决策”一体化的软件平台（图 6-43）。

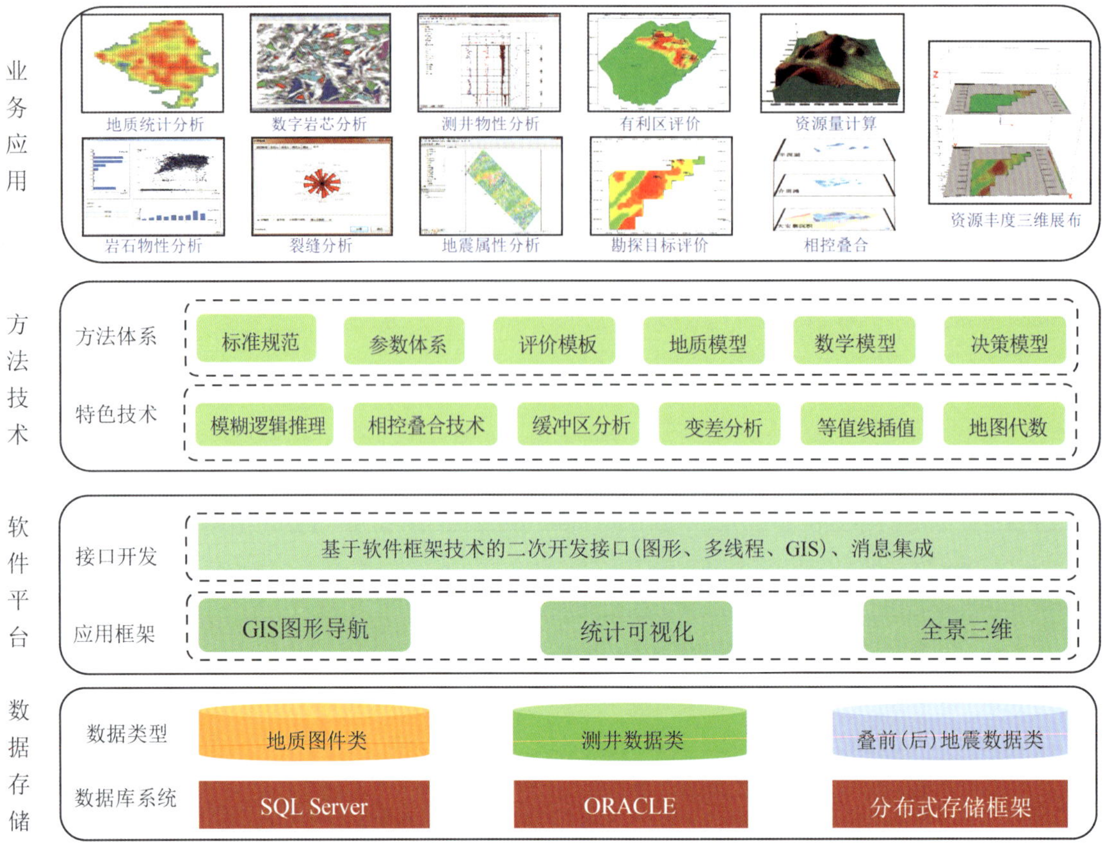

图 6-43　陆相页岩气评价软件系统架构

二、评价软件的主要功能

1. 实现对多专业和多类型的大数据管理

本次研究开发了衔接系列主流软件的数据加载接口，加载了大量基础数据，形成了完整的评价数据库。既支持多种格式的图像数据批量加载，又能实现支持地质、测井、地震等多专业、多类型、大数据的加载、存储与管理。

测井数据加载支持常规测井数据和成像测井数据导入（图 6-44）。常规测井数据支持 LAS 和 LGCREPORT 格式，包括常规测井曲线的编辑、加载、处理等功能，成像测井数据以 DLIS 格式为主，包括声电成像显示、生成三维图像、裂缝自动拾取、裂缝参数自动计算、裂缝交互参数计算、孔隙度处理、倾角处理、地应力分析等功能。

地震数据加载支持多种类型的叠前、叠后地震数据的导入（图 6-45）。主要包括：叠后地震数据、叠前 CMP 道集、叠前 CRP 道集、叠前 CAG 道集以及 360 道集等，并可以通过配置关键道头实现非标准 SEGY 格式的地震数据导入，还可以实现同一工区不同范围的 SEGY 数据的增量导入。软件还支持 SEGY 文件与自主的 GDE、AFS 格式文件的相互转换，其中 GDE 文件主要针对单机版，而 AFS 文件主要应用于分布式计算和存储。通过采用先进的分布式存储与计算实现 SEGY 文件的切分并分发到其他不同机器上以及不同机器上 AFS 文件的导入及整合，从而实现数据网络共享化。

2. 构建了一体化的软件平台

陆相页岩气地质评价软件整体软件设计遵循综合软件集成理念。在兼容典型协作规范和数据模型标准的基础上，引进新的信息科学技术（如面向对象技术）在数据建模、应用软件开发的最新成果，构建了一体化的软件平台，研发了 TIN 网格计算单元划分、缓冲区裂缝分析、GIS 相控叠合、地图代

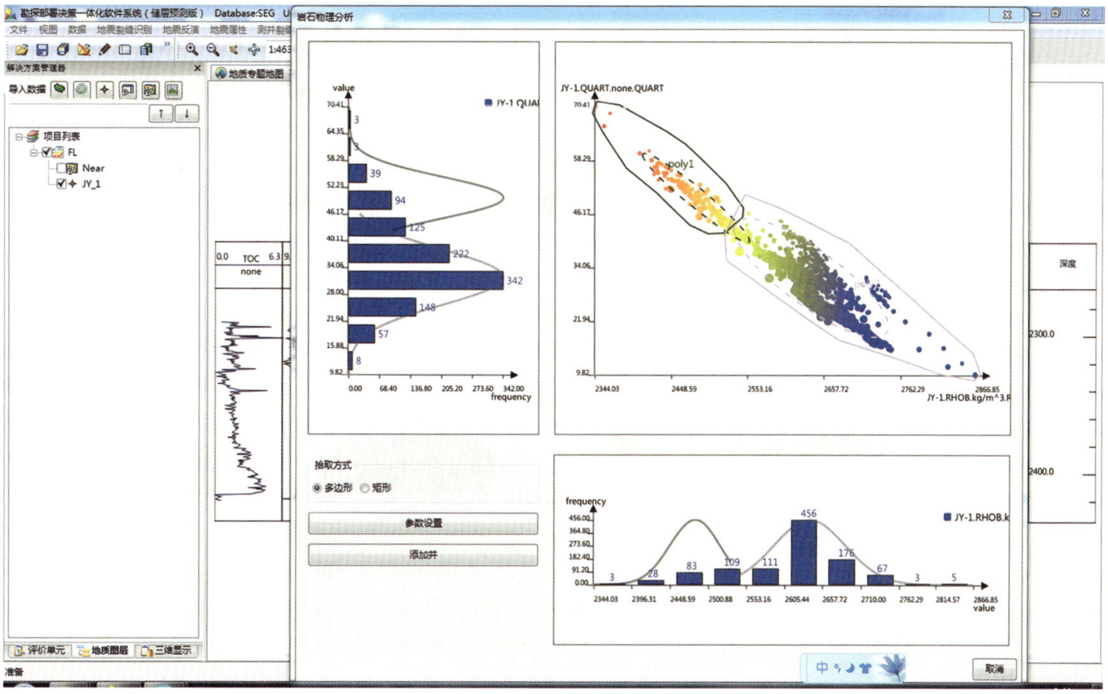

图 6-44　测井数据的管理及应用

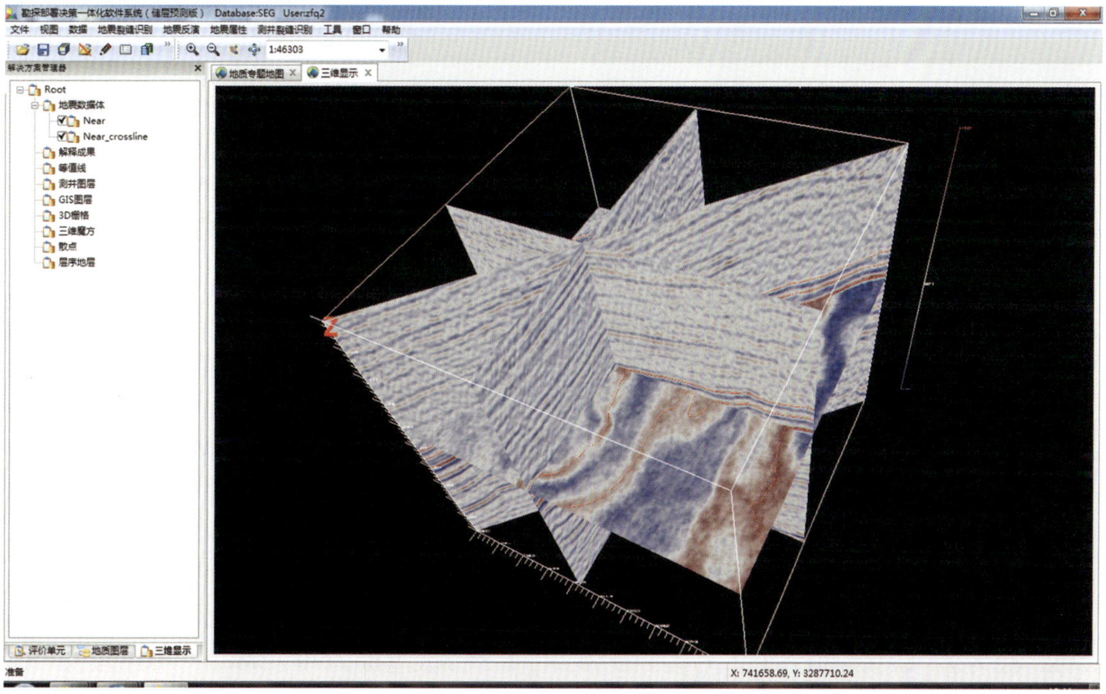

图 6-45　地震数据的管理及应用

数分级评价等系列陆相页岩气地质评价特色技术，实现了定性数字化、定量标准化、规律模型化、成果可视化的评价技术效果（图 6-46），支撑了重点盆地的重点层系有利区评价、重点地区的目标评价及资源量计算，大大提升了地质评价的定量化、自动化和可视化水平，提升了计算效率、预测精度和应用价值。

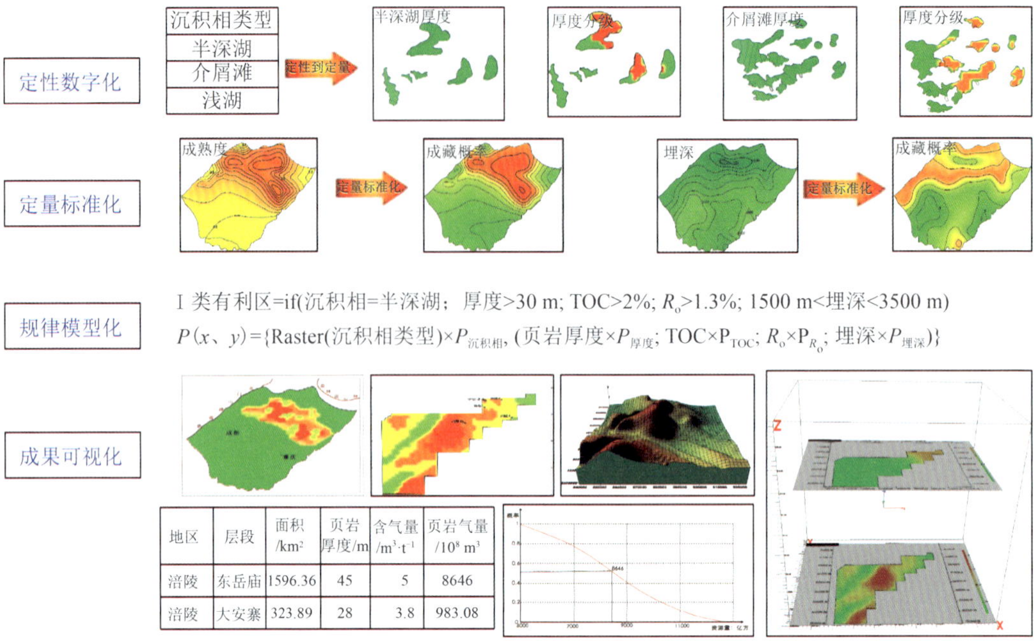

地区	层段	面积/km²	页岩厚度/m	含气量/m³·t⁻¹	页岩气量/10⁸ m³
涪陵	东岳庙	1596.36	45	5	8646
涪陵	大安寨	323.89	28	3.8	983.08

图 6-46　陆相页岩气地质评价一体化软件的技术特色

第五节　陆相页岩油气勘探开发形势

“十三五”期间，随着陆相页岩气国家重大专项课题、示范工程的研究攻关和各地区多层系的勘探开发实践，陆相页岩气的地质认识、工程技术和勘探开发效果都显著提升，目前，全国的陆相页岩油气正处于多点开花的大发现阶段，但尚未实现区块级的整体高产稳产和效益开发，需要进一步的加强地质评价、工程工艺、油气田开发工程的联合攻关研究和一体化勘探开发实践。

一、四川盆地多地区多层系获陆相页岩气勘探开发突破

（一）涪陵地区东岳庙段和梁高山组获勘探突破

2018~2020 年，中国石化针对涪陵地区侏罗系开展新一轮评价和勘探开发攻关。针对东岳庙段、凉高山组分别部署实施了 FY10HF 井、TY1HF 井，实现了两个层段的重大勘探突破，形成了该地区立体勘探的大场面。

1. 涪陵地区东岳庙段

FY10HF 井位于涪陵北部拔山寺向斜北部，导眼井钻遇优质页岩 28 m，TOC 平均 1.7%，有机质类型以Ⅱ1 型为主，含气量均大于 2.5 m^3/t。FY10HF 井水平段埋深 2770~2780 m，水平段长 1531 m，获气 5.58×10^4 m^3/d，油 17.6 m^3/d，压力 16.5 MPa，取得涪陵东岳庙段页岩油气勘探重大突破。FY10HF 井 2020 年 11 月 1 日开始试采，截至 2020 年 11 月 16 日累计产气 28.61×10^4 m^3，累计产油 107 m^3，平均气油比为 2702。

2. 涪陵地区凉高山组

TY1HF 井位于涪陵北部拔山寺向斜南部，导眼井完钻井深 2639 m，钻遇凉高山组页岩油气层 61 m，水平段长 1502 m，页岩油气层钻遇率 100%，气测全烃平均为 10.33%。TY1 井侧钻水平井分 20 段压裂施工，12 mm 油嘴测试求产，获日产天然气 7.50×10^4 m^3，日产油 9.84 m^3，油压 5.74 MPa。

（二）元坝地区有望获勘探新突破

元坝地区湖相页岩层段共测试 17 口井，多口井在大安寨段和千佛崖组试获工业气流。其中 YB21 井大二亚段试获 50.7×10^4 m^3/d 高产页岩气流；YB9 井千二亚段试获页岩油 16.6 t/d、气 1.22×10^4 m^3/d；YYHF1 井千二段试获页岩油 14 t/d、气 0.72×10^4 m^3/d，2013 年 3 月 20 日开始试采，累计产油 2943 t，产气 305.32×10^4 m^3。近期实施的 YY2 井、YY3 井分别在大安寨段二亚段和千佛崖组二段钻遇良好页岩气层，有望获得勘探新突破。

1. 元坝地区千佛崖组

YY3 井千佛崖组二段钻遇泥岩厚度 70.5 m，岩芯揭示为碎屑岩浅湖-泥岩半深湖沉积环境，发育较多粉砂质泥岩、砂岩薄夹层，总体相带有利。千二段 1 小层页岩储集性能和地化指标较好，油气显示较好，暗色泥页岩厚 14.22 m，平均 TOC1.37%，平均孔隙度 3.52%，现场总含气量 1.507 m^3/t，浸水实验可见成排针状-线状气泡连续续冒出。

YY3 井侧钻水平井完钻斜深 5313.0 m，完钻垂深 3566.2 m，水平段长 1533.0 m，分 25 段压裂，日气量 0.87×10^4 m^3/天，日产液 47.93 m^3，日产油 8.79 m^3。

2. 元坝地区大安寨段

YY2 井钻探揭示大安寨段二亚段以碳酸盐岩浅湖-半深湖泥夹介壳灰岩沉积环境，气层 42.02 m，纯泥页岩气层厚度 28 m，泥地比达 0.65；大二亚段 2 小层厚 10.89 m，平均 TOC1.05%，平均孔隙度 3.52%，现场总含气量 1.22 m^3/t；4 小层厚 7.23 m，平均 TOC 0.76%，平均孔隙度 3.28%，现场总含气量 0.95 m^3/t。2 小层岩芯浸水试验可见大量针状-粒状气泡断续冒出。

YY2 井侧钻水平井完钻井深 5609 m，水平段长 1514 m，全部在大二亚段 2 小层穿行，分 26 段压裂，压力 47.23 MPa，点火成功，焰高 2~3 m。

（三）阆中地区取得勘探开发进展

针对阆中地区侏罗系页岩油气，中国石化早期部署的川 30 井、川柏 54 井取得突破，先后发现了大安寨段油气藏、千佛崖组油藏。

2010 年至今，针对阆中大安寨段二亚段中下部灰、泥薄互层型储层实施水平井石平 2-1H 井和石平 1-5H 井，评价水平井产能、开展多级多缝酸化压裂工艺试验。石平 2-1H 井大二亚段于 2012 年 10 月 17 日开始试采，截至目前累计产油 3000 t，累计产气 103×10^4 m^3，测试、试采效果较好。截至 2019 年，阆中千佛崖组油气藏投产 7 口，累计产油 5.29×10^4 t，累计产气 0.057×10^8 m^3；阆中大安寨段油气藏投产 25 口井，累计产油 14.82×10^4 t，累计产气 6.67×10^8 m^3。

二、鄂尔多斯盆地陆相页岩油气勘探取得新进展

延长石油集团 2011 年 LP177 井获得首口陆相页岩气工业气流，2012 年国家发展改革委批复陕西省设立“延长石油延安国家级陆相页岩气示范区”。先后在甘泉-富县地区针对长 7 段、长 9 段钻井 45 口，压裂试气 39 口，其中直井日产气 500~2000 m^3，水平井日产气 4000~18000 m^3。

长庆油田 2011 年以来，针对长 7 段多期砂叠置厚层型和薄砂、泥互层型（Ⅰ+Ⅱ类）页岩油先后建成 X233、Z183、N89 3 个水平井攻关试验区。截至 2019 年 6 月，试验区 24 口水平井初期平均单井日产油 12 t，19 口井单井累计产油突破 1×10^4 t，6 口井累计产油超 2×10^4 t，最高单井累产达到 4×10^4 t。针对含薄砂岩夹层页岩型和纯页岩型（Ⅲ+Ⅳ类）页岩油开展了直井体积压裂改造试验，突破了出油关，完试油井 29 口，获工业油流井 13 口，最高试油产量 24 t/d，平均 12 t/d。

中国石化长 7 段页岩油气取得一定新发现。在富县区块长 7 段共试油 18 口井，其中工业油流井 2 口，低产油流井 8 口；旬宜区块共试油 43 口井，其中工业油流井 1 口，低产油流井 17 口；彬长区块共试油 35 口井，其中工业油流井 4 口，低产油流井 3 口；镇泾区块试获工业油流井 2 口，低产油流井 15 口；麻黄山西区块共试油 10 口井，低产油流井 7 口。

三、松辽盆地梨树断陷白垩系获得陆相页岩气勘探开发突破

松辽盆地梨树断陷 LY1 井营一段Ⅰ亚段发育厚 92 m 页岩气层段，具有高 TOC、高孔隙度、高含气量的“三高”特征（TOC 2.29%，孔隙度 5.01%，含气量 2.74×10^3 t）。对 LY1 井营一段泥页岩取芯段进行现场含气量测定，优选营城组一段 3 个优质含气层段。基于页岩气赋存性、储集性、可压性等分析测试资料，利用源-储耦合评价方法对松辽盆地梨树断陷 LY1 井页岩储层开展评价，明确营一段 3-4 号小层 3230～3264 m 为Ⅰ—Ⅱ类型源-储耦合层段，综合确定 4 号小层中下部（3254～3264 m）为水平井靶窗，实施了水平井 LY1HF 井，分 12 段压裂，最高日产气 2.53×10^4 m^3，共生产 300 余天，累产气 253×10^4 m^3，平均日产气 0.8×10^4 m^3/d，获得了松辽盆地陆相页岩气重大勘探突破。

第七章　主要成果与认识

本次研究通过“十三五”期间的攻关，提出了一系列中国陆相页岩气地质理论新认识，建立了陆相页岩气地质评价方法，研发了相应的评价软件，实现了资源-有利区和目标三个方面的评价成果，支撑了多个盆地多个地区的勘探开发突破。研究主要取得如下成果和认识。

1. 明确了中国陆相层系不同的湖泊类型、沉积模式及其对岩相的控制作用

中国陆相盆地泥页岩主要发育于二叠纪—古近纪 5 个时代，主要发育挤榨前渊、陆内断陷盆地、陆内拗陷、走滑断陷盆地 4 种主要盆地类型。中国中西部地区陆相层系主要发育四类湖泊沉积模式，即四川盆地侏罗系半咸水页岩夹砂岩、夹介壳灰岩湖泊模式；鄂尔多斯盆地延长组咸水泥页岩夹砂岩、凝灰岩湖泊模式；准噶尔盆地芦草沟组（P_2l）咸水-半咸水泥页岩夹砂岩、凝灰岩、白云岩湖泊模式；塔里木盆地三叠系淡水泥页岩夹砂湖泊模式。半深湖-深湖是富有机质页岩发育的主要沉积环境，页岩和页岩夹纹层及薄层是有利页岩气形成富集的岩相组合。

2. 建立了全岩矿物分区—TOC 分级—矿物结构与沉积构造校正与完善的陆相页岩岩相划分与命名方法，并探讨了页岩岩相及组合对页岩气源和储的意义

运用石英、黏土和碳酸盐三角图解确定矿物分区，通过 TOC 含量进行页岩品质分级，再运用矿物结构和沉积构造进行校正与完善，建立了陆相页岩气的岩相划分和命名方法。在四川盆地中下侏罗统页岩层系共识别出 6 类 20 种页岩岩相类型，其中以中-高碳黏土质页岩岩相、纹层-薄层状黏土质页岩岩相及低-中碳粉砂质页岩岩相为主，黏土质页岩岩相和介壳灰质黏土质页岩岩相的平均 TOC、平均孔隙度均高于粉砂质页岩岩相和粉砂质黏土质页岩岩相，具有页岩与厚层-块状夹层（米级尺度）和页岩与介壳纹层-薄层（毫米至厘米级尺度）组合类型。鄂尔多斯盆地延长组 7 段富有机质泥页岩岩相类型主要有富碳-高碳黏土质页岩岩相、低碳-中碳含粉砂黏土质页岩岩相及低碳粉砂质黏土质页岩岩相，具有纯页岩型、页岩夹凝灰岩型、页岩夹薄砂层型、页岩夹凝灰岩和薄砂层型组合类型。

3. 创建了陆相富有机质页岩生—排—滞留烃模式，明确了重点盆地陆相页岩层系生烃潜力

通过地层孔隙热压生烃模拟实验，建立了不同有机质类型陆相页岩生—排—滞留烃演化模式，创新提出了适用于陆相页岩的“源内气”概念和“存滞系数”计算方法，指出了不同类型有机质在生烃产率、滞留烃产率、排出烃产率等演化特征及其差异性。在明确四川盆地下侏罗统自流井组东岳庙段、大安寨段、中侏罗统千佛崖组（凉高山组）和鄂尔多斯盆地上三叠统延长组长 9 段、长 7 段陆相页岩的厚度、有机质丰度、类型、成熟度等生烃条件的基础上，综合评价了其生烃潜力与分布，指出四川盆地以页岩气为主、兼有页岩油，而鄂尔多斯盆地则以页岩油为主，页岩气较少。

4. 建立了页岩全尺度孔隙结构研究方法，明确了陆相页岩储集空间与成因机制，提出成岩-生烃动态协同作用下陆相页岩及夹层的孔隙演化模式

基于高压压汞-吸附联合测试、氩离子抛光-扫描电镜、CT 扫描及聚焦离子束（FIB）等分析测试，实现了陆相页岩全尺度孔隙结构表征与孔隙类型识别，明确了陆相页岩储集空间以无机孔为主，有机孔次之，局部发育微裂缝，无机孔对孔隙度的贡献最大，提出黏土矿物含量及压实作用的强弱控制了无机孔的发育程度，有机质类型及有机显微组分的差异是控制有机质孔发育与否的关键因素，表现为固体沥青内普遍发育有机质孔，而大多数镜质体内基本不发育有机质孔。探讨了四川盆地自流井组、鄂尔多斯盆地延长组及松辽盆地梨树断陷营城组等陆相页岩层系成岩-生烃动态协同作用下页岩及夹层的孔隙形成演化特征及差异，提出了不同演化程度条件下的陆相页岩和夹层的孔隙演化模式。

5. 探讨了陆相页岩气源-储耦合机理，形成了陆相页岩气源-储耦合“甜点层”评价技术

在开展不同类型页岩、介壳灰岩、粉细砂岩物性特征分析的基础上，以识别与划分出的不同类型的岩相组合类型为框架，将不同组合中页岩源（有机碳含量、有机岩石学、干酪根碳同位素）、储（矿物类型、孔隙大小、形态及类型）特征进行综合分析，除了对各类主要的无机矿物及其相关孔隙和裂缝进行刻画外，重点对不同类型有机质的形态、相对大小、是内部是否发育有机孔隙、是否发育边缘孔缝等特征进行表征，并在空间上进行组合与匹配，最终建立了不同类型岩相组合相对应的四种源-储耦合模式。

基于陆相页岩有机质类型多样的特点，提出引入原始氢指数比（I），通过 TOC、I 及 Φ 3 个参数的乘积来体现源与储相互作用的综合响应，突出强调有机质类型对于页岩气生成和富集的重要性，形成了陆相页岩气源-储耦合“甜点层”定量评价方法，实现了多地区多层系陆相页岩气甜点层评价和水平井靶窗确定。

6. 分析了陆相页岩气微观赋存机制和宏观富集规律

微观上，陆相页岩气赋存主要受控于烃源和储层两大地质条件：在烃源条件方面，有机碳含量越高、有机质类型越倾向于II_1型、热演化程度越高而进入生气窗，越有利于形成和富集陆相页岩气；在储层条件方面，储层孔隙度越高，越有利于赋存游离气，黏土矿物孔隙是陆相页岩中的主要孔隙类型，对赋存吸附气和游离气均有明显作用；石英和长石等脆性矿物孔隙对陆相页岩气的赋存作用尚不清楚，但在较高演化条件下有机孔隙的发育有赖于刚性颗粒对有机质的支撑保护作用；有机孔对于陆相页岩气富集具有重要作用；微裂缝对于提升陆相页岩气的富集和高产也有明显作用。

宏观上，陆相页岩气富集主要受控沉积和构造两大地质因素：在沉积因素方面，半深湖-深湖相页岩是湖相页岩气富集的重要物质基础，有利的页岩和页岩夹纹层状砂岩、灰岩和凝灰岩岩相组合具有较高的有机碳含量、较好的物性和可压性；在构造因素方面，相对平缓稳定的构造条件、良好的保存条件、裂缝发育是页岩气富集和高产的关键因素。

7. 形成了陆相页岩气资源-选区-目标定量评价技术及配套软件

围绕资源、有利区、目标三个方面的评价工作，形成了地质、地球物理、软件与决策平台等系列成果：①完善陆相页岩及夹层的资源评价方法体系，建立了系统的资源评价流程，深入研究了存滞系数、泥页岩及夹层厚度、含气量等关键参数；②建立了基于层次分析法的有利区及目标评价标准体系，构建了基于概率原则的风险评价模型，研发了不确定性风险评价技术；③实现了基于 GIS 融合的有利区评价技术。开发了 TIN 网格计算单元划分、缓冲区裂缝分析、GIS 相控叠合、地图代数分级评价等系列陆相页岩气评价特色技术；④形成了陆相页岩气地球物理甜点预测评价技术，包括基于神经网络的储层划分及岩相识别、最优化方法的页岩储层矿物组分测井定量评价、岩性指示曲线构建及有机质含量评价、页岩储层评价参数的波阻抗反演技术、高产富集区优质页岩储层的裂缝预测技术；⑤研发了集“数据+平台+方法技术+勘探决策”于一体的陆相页岩气地质评价软件。

8. 理论和技术应用形成资源、选区和目标三个方面的评价成果，支撑陆相页岩气取得系列勘探开发突破与进展

针对四川盆地中下侏罗统自流井组明确了东岳庙段、大安寨段、千佛崖组（凉高山组）的页岩气、页岩油资源量和页岩油气总资源量，针对鄂尔多斯盆地延长组明确了长 7 段、长 9 段的页岩气、页岩油资源量和页岩油气总资源量。明确了四川盆地中下侏罗统以页岩气资源为主、兼有页岩油资源。而鄂尔多斯盆地延长组以页岩油资源为主，页岩气较小。针对四川盆地东岳庙段、大安寨段和千佛崖组、鄂尔多斯盆地长 7 段和长 9 段开展了有利区和目标评价。

“十三五”期间，随着陆相页岩气国家重大专项课题、示范工程的研究攻关和各地区多层系的勘探开发实践，陆相页岩气的地质认识、工程技术和勘探开发效果都显著提升，全国的陆相页岩油气正处于多点开花的大发现阶段，四川盆地多地区多层系获陆相页岩气勘探开发突破，其中涪陵地区东岳庙段和梁高山组获勘探突破，元坝地区千佛崖组和大安寨组取得勘探新进展，鄂尔多斯盆地长 7 段页岩油和致密油取得新进展，松辽盆地梨树断陷白垩系获得陆相页岩气勘探开发突破。

9. 陆相页岩气应重点加强针对性的地质-工程一体化攻关和实践

目前陆相页岩气尚未实现区块级的整体高产稳产和效益开发，需要进一步加强地质评价、工程工艺、油气田开发工程的联合研究和一体化勘探开发实践。地质上更加针对陆相页岩气的富集、高产和稳产地质条件开展研究，并以此作为区带评价和目标优选的核心；工程上更聚焦低演化程度、高黏土含量页岩和高强度夹层条件下的压裂工程技术；开发上更加注重页岩凝析油气的开发技术、多层段整体和立体勘探开发、常规-非常规协同勘探开发等技术攻关和现场试验，通过地质—工程—开发的一体化实践和多轮次的学习曲线，不断提升勘探开发效果和理论技术水平，一旦实现一个地区一个层系的经济有效开发，将快速形成规模产能并实现新区和新层系拓展。

主要参考文献及资料

R.S. Clark（马栋臣），王国栋. 1927. 中国陕北盆地地质[J]. 美国地质科学. 38.

Rose P R 著. 窦立荣 等译. 2002. 油气勘探项目的风险分析与管理[M]. 北京：石油工业出版社.

蔡振家，雷裕红，罗晓容，等. 2020. 鄂尔多斯盆地东南部延长组7段页岩有机孔发育特征及其影响因素[J]. 石油与天然气地质，41（02）：367-379.

昌燕，刘人和，拜文华，等. 2012. 鄂尔多斯盆地南部三叠系油页岩地质特征及富集规律[J]. 中国石油勘探，17(02)：74-78+90.

常华进，储雪蕾，冯连君，等. 2009. 氧化还原敏感微量元素对古海洋沉积环境的指示意义[J]. 地质论评，55(01)：91-99.

陈发景. 1986. 我国含油气盆地的类型、构造演化和油气分布[J]. 地球科学，(03)：221-230.

陈发景，陈全茂，孙家振. 1988. 板块与油气盆地[M]. 北京：中国地质大学(内部教材)，76-97.

陈飞，胡光义，孙立春，等. 2012. 鄂南地区上三叠统延长组层序地层特征及其控藏因素分析[J]. 西安石油大学学报(自然科学版)，27(01)：27-34+118-119.

陈建平，魏军，倪云燕，等. 2018. 酒泉盆地酒西坳陷主力烃源岩分布及对油气勘探的启示[J]. 石油学报，39(11)：1223-1240.

陈全红. 2004. 鄂尔多斯盆地南部三叠系延长组沉积体系与层序地层学研究[D]. 西安：西北大学.

陈盛吉，唐大海. 2002. 川东北地区中下侏罗统的烃源条件[J]. 天然气勘探与开发，(01)：1-8.

陈宇航，朱增伍，王喆，等. 2018. 鄂尔多斯盆地东南部长7油页岩时空分布及控制因素——来自沉积环境和沉积速率的制约[J]. 石油实验地质，40(02)：200-209+217.

戴方尧. 2018. 川东-湘西地区龙马溪组与牛蹄塘组页岩孔隙与页岩气赋存机理研究[D]. 武汉：中国地质大学.

党伟，张金川，黄潇，等. 2015. 陆相页岩含气性主控地质因素——以辽河西部凹陷沙河街组三段为例[J]. 石油学报，36(12)：1516-1530.

邓南涛，任来义，贺永红，等. 2015. 鄂尔多斯盆地南部延长组有效烃源岩分布规律研究[J]. 非常规油气，2(01)：28-34.

邓南涛，张枝焕，任来义，等. 2013. 鄂尔多斯盆地南部延长组油页岩地球化学特征及分布规律[J]. 石油实验地质，35(04)：432-437.

邓翔. 2016. 川东地区下侏罗统大安寨段页岩气富集规律研究[D]. 成都：成都理工大学.

董春梅，马存飞，栾国强，等. 2015. 泥页岩热模拟实验及成岩演化模式[J]. 沉积学报，33(05)：1053-1061.

董大忠，程克明，王世谦，等. 2009. 页岩气资源评价方法及其在四川盆地的应用[J]. 天然气工业，29(05)：33-39+136.

董大忠，高世葵，黄金亮，等. 2014. 论四川盆地页岩气资源勘探开发前景[J]. 天然气工业，34(12)：1-15.

董大忠，王玉满，黄旭楠，等. 2016. 中国页岩气地质特征、资源评价方法及关键参数[J]. 天然气地球科学，27(09)：1583-1601.

杜燕，刘超，高潮，等. 2020. 鄂尔多斯盆地延长探区陆相页岩气勘探开发进展、挑战与展望[J]. 中国石油勘探，25(02)：33-42.

段昕婷，贺永红，邓南涛，等. 2015. 鄂尔多斯盆地旬邑长7烃源岩地球化学特征[J]. 四川地质学报，35(04)：625-628.

冯动军，肖开华. 2015. 四川盆地陆相烃源岩成熟史及生排烃史[J]. 西南石油大学学报(自然科学版)，37(02)：57-64.

冯荣昌，吴因业，陶士振，等. 2015. 四川盆地下侏罗统大安寨段沉积微相特征及对储层的控制[J]. 石油实验地质，37(03)：320-327.

付金华，李士祥，徐黎明，等. 2018. 鄂尔多斯盆地三叠系延长组长7段古沉积环境恢复及意义[J]. 石油勘探与开发，45(06)：936-946.

付金华，牛小兵，淡卫东，等. 2019. 鄂尔多斯盆地中生界延长组长7段页岩油地质特征及勘探开发进展[J]. 中国石油勘探，24(05)：601-614.

傅饶，郑荣才，常海亮，等. 2015. 湖相"白烟型"喷流岩——新型的致密油储层类型——以准噶尔盆地西缘乌尔禾地区风城组为例[J]. 岩性油气藏，27(03)：32-42.

甘克文. 1982. 世界含油、气盆地的基本类型及其远景评价[J]. 石油学报，(S1)：24-33.

甘克文. 世界含油、气盆地的基本类型及其远景评价[J]. 石油学报，1982，3(增刊1)：24-33.

高岗，刘显阳，王银会，等. 2013. 鄂尔多斯盆地陇东地区长7段页岩油特征与资源潜力[J]. 地学前缘，20(02)：140-146.

葛肖虹，刘俊来，任收麦，等. 2014. 中国东部中-新生代大陆构造的形成与演化[J]. 中国地质，41(01)：19-38.

郭凯. 2017. 鄂尔多斯盆地陇东地区长7段有效烃源岩及生排烃研究[J]. 石油实验地质，39(01)：15-23.

郭来源，张士万，解习农，等. 2017. 鄂西-渝东地区下侏罗统东岳庙段泥岩地球化学特征及有机质富集模式[J]. 地球科学，42(07)：1235-1246.

郭秋麟，翟光明，石广仁. 2004. 改进的区带综合评价模型及其实现方法[J]. 石油学报，(02)：7-11+18.

郭秋麟，米敬奎，王建，等. 2019. 改进的烃源岩生烃潜力模型及关键参数模板[J]. 中国石油勘探，24(05)：661-669.

郭彤楼，李宇平，魏志红. 2011. 四川盆地元坝地区自流井组页岩气成藏条件[J]. 天然气地球科学，22(01)：1-7.

郭旭升，胡东风，黄仁春，等. 2020. 四川盆地深层-超深层天然气勘探进展与展望[J]. 天然气工业，40(5)：1-14

郭旭升，胡东风，李宇平，等. 2016. 海相和湖相页岩气富集机理分析与思考：以四川盆地龙马溪组和自流井组大安寨段为例[J]. 地学前缘，23(02)：18-28.

哈尔布特，等. 1979. 中国科学院兰州地质研究所. 大油田地质学[M]. 兰州：甘肃人民出版社.

何登发，贾承造，童晓光，等. 2004. 叠合盆地概念辨析[J]. 石油勘探与开发，(01)：1-7.

何登发，贾承造，周新源，等. 2005. 多旋回叠合盆地构造控油原理[J]. 石油学报，(03)：1-9.
何发岐，朱彤. 2012. 陆相页岩气突破和建产的有利目标——以四川盆地下侏罗统为例[J]. 石油实验地质，34(03)：246-251.
何柳，蔡忠贤. 2016. 涪陵地区大安寨段页岩地球化学和储集特征变化规律[J]. 长江大学学报(自然科学版)，13(32)：7-13+3.
何志勇，刘海涛，肖伟，等. 2017. 四川盆地元坝地区下侏罗统介壳灰岩储层分布预测[J]. 现代地质，31(01)：142-149.
胡宗全，杜伟，刘忠宝. 2018. 页岩气源储耦合机理及其应用[M]. 北京：地质出版社.
胡宗全，王濡岳，刘忠宝. 2021. 四川盆地下侏罗统陆相页岩气源储特征及耦合评价[J]. 地学前缘，28(1)：261-272.
黄第藩，秦匡宗，王铁冠，等. 1995. 煤成油的形成和成烃机理(煤成油研究项目成果之二)[M]. 北京：石油工业出版社.
黄东，段勇，李育聪，等. 2018. 淡水湖相页岩油气有机碳含量下限研究——以四川盆地侏罗系大安寨段为例[J]. 中国石油勘探，23(06)：38-45.
黄江庆，梁榜，车世琦，等. 2014. 鄂西渝东地区东岳庙段陆相页岩气富集主控因素分析[J]. 石油天然气学报，36(04)：30-33.
黄棋棽. 2015. 川北地区下侏罗统东岳庙段页岩气富集规律研究[D]. 成都：成都理工大学.
吉利明，徐金鲤. 2007. 鄂尔多斯盆地三叠纪疑源类及其与油源岩发育的关系[J]. 石油学报，(02)：40-43+48.
吉利明，徐金鲤，宋之光. 2012. 鄂尔多斯盆地延长组湖相蓝藻及其油源意义[J]. 微体古生物学报，29(03)：270-281.
贾承造. 2000. 前陆冲断带油气勘探[M]. 北京：石油工业出版社.
贾建亮，刘招君，Achim Bechtel，等. 2014. 松辽盆地嫩江组油页岩发育控制因素[J]. 地球科学(中国地质大学学报)，39(02)：174-186.
姜呈馥，程玉群，范柏江，等. 2014. 陆相页岩气的地质研究进展及亟待解决的问题——以延长探区上三叠统延长组长 7 段页岩为例[J]. 天然气工业，34(02)：27-33.
姜呈馥，王香增，张丽霞，等. 2013. 鄂尔多斯盆地东南部延长组长 7 段陆相页岩气地质特征及勘探潜力评价[J]. 中国地质，40(06)：1880-1888.
焦鑫，柳益群，靳梦琪，等. 2017. 新疆三塘湖薄层状岩浆-热液白云质喷流沉积岩[J]. 沉积学报，35(06)：1087-1096.
金之钧，白振瑞，高波，等. 2019. 中国迎来页岩油气革命了吗？[J]. 石油与天然气地质，40(03)：451-458.
李昌伟，陶士振，董大忠，等. 2015. 国内外页岩气形成条件对比与有利区优选[J]. 天然气地球科学，26(05)：986-1000.
李凤杰，王多云，宋广寿，等. 2004. 陕甘宁盆地坳陷型湖盆缓坡带三角洲前缘短期基准面旋回与储层成因分析[J]. 沉积学报，(01)：73-78.
李红，柳益群，张丽霞，等. 2017. 准噶尔盆地东部中二叠统平地泉组具“斑状”结构热水喷流沉积岩的成因及地质意义[J]. 古地理学报，19(02)：211-226.
李慧. 2009. 鄂尔多斯盆地上三叠统延长组深湖沉积与凝灰岩沉积特征研究[D]. 西安：西北大学.
李吉君，吴慧，卢双舫，等. 2012. 鄂尔多斯盆地长 9 烃源岩发育与排烃效率[J]. 吉林大学学报(地球科学版)，42(S1)：26-32.
李磊，郝景宇，肖继林，等. 2020. 微米级 X 射线断层成像技术对四川元坝地区页岩微裂缝的定量表征[J]. 39(3)：362-372.
李文厚，庞军刚，曹红霞，等. 2009. 鄂尔多斯盆地晚三叠世延长期沉积体系及岩相古地理演化[J]. 西北大学学报(自然科学版)，39(03)：501-506.
李贤庆，王元，郭曼，等. 2015. 川南地区下古生界页岩气储层孔隙特征研究[J]. 天然气地球科学，26(08)：1464-1471.
李向军，罗静兰，罗晓容，等. 2017. 鄂尔多斯盆地长 7 段泥页岩系孔隙特征及其演化规律[J]. 地质科技情报，36(04)：19-28.
李延钧，冯媛媛，刘欢，等. 2013. 四川盆地湖相页岩气地质特征与资源潜力[J]. 石油勘探与开发，40(04)：423-428.
李英强，何登发. 2014. 四川盆地及邻区早侏罗世构造-沉积环境与原型盆地演化[J]. 石油学报，35(02)：219-232.
李勇，曾允孚. 1995. 龙门山逆冲推覆作用的地层标识[J]. 成都理工学院学报，(02)：1-10.
李玉宏，李金超，姜亭，等. 2009. 鄂尔多斯盆地何家坊地区三叠系油页岩特征[J]. 吉林大学学报(地球科学版)，39(01)：65-71.
李运振，刘震，郭彦如，等. 2012. 鄂尔多斯盆地延长组层序地层特征[J]. 山东科技大学学报(自然科学版)，31(04)：26-36.
李志明，陶国亮，黎茂稳，等. 2019. 鄂尔多斯盆地西南部彬长区块三叠系延长组 7 段 3 亚段页岩油勘探前景探讨[J]. 石油与天然气地质，40(03)：558-570.
林腊梅，张金川，唐玄，等. 2013. 中国陆相页岩气的形成条件[J]. 天然气工业，33(01)：35-40.
刘超，易晶晶，刘皓天. 2014. 建南地区侏罗系东岳庙段页岩气地震预测方法研究[J]. 石油天然气学报，36(10)：69-73+6.
刘皓天，李雄，万云强，等. 2020. 陆相页岩气形成条件及勘探开发潜力——以川东涪陵北地区侏罗系东岳庙段为例[J]. 海相油气地质，25(02)：148-154.
刘和甫. 1993. 沉积盆地地球动力学分类及构造样式分析[J]. 地球科学-中国地质大学学报，18(6)：699-724，814.
刘岩，周文，邓虎成. 2013. 鄂尔多斯盆地上三叠统延长组含气页岩地质特征及资源评价[J]. 天然气工业，33(03)：19-23.
刘英杰，黄传炎，岳家恒，等. 2017. 陆相湖盆层序地层格架内有机质发育及控制因素分析-以中上扬子建南地区侏罗系东岳庙段为例[J]. 天然气地球科学，28(06)：930-938.
刘震，陈凯，朱文奇，等. 2012. 鄂尔多斯盆地西峰地区长 7 段泥岩古压力恢复[J]. 中国石油大学学报(自然科学版)，36(02)：1-7.
刘忠宝，刘光祥，胡宗全，等. 2019. 陆相页岩层系岩相类型、组合特征及其油气勘探意义-以四川盆地中下侏罗统为例[J]. 天然气工业，39(12)：10-21.
柳波，石佳欣，付晓飞，等. 2018. 陆相泥页岩层系岩相特征与页岩油富集条件——以松辽盆地古龙凹陷白垩系青山口组一段富有机质泥页岩为例[J]. 石油勘探与开发, 45(05): 828-838.
柳益群, 李红, 朱玉双, 等. 2010. 白云岩成因探讨: 新疆三塘湖盆地发现二叠系湖相喷流型热水白云岩[J]. 沉积学报, 28(05): 861-867.
柳益群, 周鼎武, 南云, 等. 2018. 新疆北部地区二叠系幔源碳酸岩质喷积岩研究[J]. 古地理学报, 20(01): 49-63.
陆克政. 1987. 关于盆地分类问题的讨论[J]. 华东石油学院学报(自然科学版), (04): 1-7.
吕强, 赵俊兴, 陈洪德, 等. 2008. 鄂尔多斯盆地南部中生界延长组物源与盆地底形分析[J]. 成都理工大学学报(自然科学版), 35(06): 610-616.
吕文雅, 曾联波, 张俊辉, 等. 2016. 川中地区中下侏罗统致密油储层裂缝发育特征[J]. 地球科学与环境学报, 38(02): 226-234.
马克, 侯加根, 刘钰铭, 等. 2017. 吉木萨尔凹陷二叠系芦草沟组咸化湖混合沉积模式[J]. 石油学报, 38(06): 636-648.
马如辉. 2005. 利用层序地层学方法预测川东北大安寨段介屑滩分布[J]. 天然气工业, 25(02): 58-60+206-207.
马中良, 郑伦举, 徐旭辉, 等. 2017. 富有机质页岩有机孔隙形成与演化的热模拟实验[J]. 石油学报, 38(01): 23-30.
毛明陆, 李元昊, 刘联群, 等. 2006. 鄂尔多斯盆地晚三叠世湖盆沉积演化与层序地层特征[J]. 西北大学学报: 自然科学版, 36(专辑): 48-54.
苗建宇, 赵建设, 李文厚, 等. 2005. 鄂尔多斯盆地南部烃源岩沉积环境研究[J]. 西北大学学报(自然科学版), 35(06): 771-776.
潘仁芳, 伍媛, 宋争. 2009. 页岩气勘探的地球化学指标及测井分析方法初探[J]. 中国石油勘探, 14(03): 6-9+28+1.
庞志超, 焦悦, 袁波, 等. 2020. 准噶尔盆地南缘二叠-三叠纪原型盆地性质与沉积环境演化[J]. 地质学报, 94(06): 1813-1838.
彭丽, 伍轶鸣, 练章贵, 等. 2019. 陆相断陷湖盆高频层序特征及其沉积演化——以渤海湾盆地济阳坳陷沙三下亚段为例[J]. 石油与天然气地质, 40(04): 789-798.
齐玉林, 张枝焕, 夏东领, 等. 2019. 鄂尔多斯盆地南部长 7 暗色泥岩与黑色页岩生烃动力学特征对比分析[J]. 现代地质, 33(04): 863-871.
秦建中, 申宝剑, 腾格尔, 等. 2013. 不同类型优质烃源岩生排油气模式[J]. 石油实验地质, 35(02): 179-186.
秦艳, 张文正, 彭平安, 等. 2009. 鄂尔多斯盆地延长组长 7 段富铀烃源岩的铀赋存状态与富集机理[J]. 岩石学报, 25(10): 2469-2476.
邱欣卫. 2008. 鄂尔多斯盆地延长组凝灰岩夹层特征和形成环境[D]. 西安: 西北大学.
邱欣卫. 2011. 鄂尔多斯盆地延长期富烃凹陷特征及其形成的动力学环境[D]. 西安: 西北大学.
邱欣卫, 刘池洋. 2014. 鄂尔多斯盆地延长期湖盆充填类型与优质烃源岩的发育[J]. 地球学报, 35(01): 101-110.
邱欣卫, 刘池洋, 李元昊, 等. 2009. 鄂尔多斯盆地延长组凝灰岩夹层展布特征及其地质意义[J]. 沉积学报, 27(06): 1138-1146.
邱欣卫, 刘池洋, 毛光周, 等. 2010. 鄂尔多斯盆地上三叠统延长组凝灰岩夹层 Th 元素的富集特征[J]. 地质通报, 29(08): 1185-1191.
邱欣卫, 刘池洋, 毛光周, 等. 2011. 鄂尔多斯盆地延长组火山灰沉积物岩石地球化学特征[J]. 地球科学(中国地质大学学报), 36(01): 139-150.
师磊, 卢双舫, 李吉君, 等. 2011. 鄂尔多斯盆地长 9 烃源岩评价[J]. 科学技术与工程, 11(20): 4756-4761.
石文睿, 张占松, 张建平, 等. 2014. 建南东岳庙段页岩气常规测井解释模型研究——以 JYHF-1 井为例[J]. 天然气勘探与开发, 37(02): 29-34+8.
宋明水. 2019. 济阳坳陷页岩油勘探实践与现状[J]. 油气地质与采收率, 26(01): 1-12.
宋兴沛, 刘洛夫, 徐正建, 等. 2017. 鄂尔多斯盆地中西部长 7 段烃源岩及致密油潜力评价[J]. 新疆石油地质, 38(05): 553-558.
孙兵华, 张廷山. 2019. 鄂尔多斯盆地张家湾地区长 7 页岩油气储集特征及其影响因素[J]. 天然气地球科学, 30(02): 274-284.
孙焕泉, 蔡勋育, 周德华, 等. 2019. 中国石化页岩油勘探实践与展望[J]. 中国石油勘探, 24(05): 569-575.
孙焕泉, 周德华, 蔡勋育, 等. 2020. 中国石化页岩气发展现状与趋势[J]. 中国石油勘探, 25(02): 14-26.
谭茂金, 张松扬. 2010. 页岩气储层地球物理测井研究进展[J]. 地球物理学进展, 25(06): 2024-2030.
谭梦琪, 刘自亮, 沈芳, 等. 2016. 四川盆地回龙地区下侏罗统自流井组大安寨段混积岩特征及模式[J]. 沉积学报, 34(03): 571-581.
汤冬杰, 史晓颖, 赵相宽, 等. 2015. Mo-U 共变作为古沉积环境氧化还原条件分析的重要指标-进展、问题与展望[J]. 现代地质, 29(01): 1-13.
田景春, 陈高武, 张翔, 等. 2006. 沉积地球化学在层序地层分析中的应用[J]. 成都理工大学学报(自然科学版), (01): 30-35.
田泽普, 宋新民, 王拥军, 等. 2017. 考虑基质孔缝特征的湖相致密灰岩类型划分——以四川盆地中部侏罗系自流井组大安寨段为例[J]. 石油勘探与开发, 44(02): 213-224.
王保华, 李浩, 陆建林, 等. 2019. 陆相页岩层系非泥页岩夹层发育程度定量表征[J]. 石油实验地质, 41(06): 879-884.
王保战. 2015. 鄂尔多斯盆地南部延长组长 7 段生烃潜力研究[J]. 石油地质与工程, 29(04): 27-30+154.
王飞宇, 贺志勇, 孟晓辉, 等. 2011. 页岩气赋存形式和初始原地气量(OGIP)预测技术[J]. 天然气地球科学, 22(03): 501-510.
王峰, 田景春, 陈蓉. 2007. 盐定地区三叠系延长组层序地层特征与生储盖组合[J]. 新疆地质, (01): 96-100.
王凤琴, 王香增, 张丽霞, 等. 2013. 页岩气资源量计算: 以鄂尔多斯盆地中生界三叠系延长组长 7 为例[J]. 地学前缘, 20(03): 240-246.
王国灿, 张孟, 冯家龙, 等. 2019. 东天山新元古代-古生代大地构造格架与演化新认识[J]. 地质力学学报, 25(05): 798-819.
王宏波, 郑希民, 冯明. 2006. 鄂尔多斯盆地三叠系延长组层序地层与生储盖组合特征[J]. 天然气地球科学, (05): 677-681.

王鸿桢. 1956. 地史学教程[M]. 北京：地质出版社.
王鸿桢，等. 1985. 中国古地理图集[M]. 北京：中国地图出版社.
王晖，高栋臣，尹锦涛，等. 2017. 鄂尔多斯盆地富县地区长 7 油组页岩气地球化学特征及成因[J]. 新疆石油地质，38(03)：289-295.
王建强，刘池洋，李行，等. 2017. 鄂尔多斯盆地南部延长组长 7 段凝灰岩形成时代、物质来源及其意义[J]. 沉积学报，35(04)：691-704.
王磊. 2015. 鄂尔多斯盆地延长组长 7 期湖盆古生产力恢复及其控制因素[D]. 西安：西北大学.
王良军，王庆波. 2013. 四川盆地涪陵自流井组页岩气形成条件与勘探方向[J]. 西北大学学报(自然科学版)，43(05)：757-764.
王庆波，刘若冰，魏祥峰，等. 2013. 陆相页岩气成藏地质条件及富集高产主控因素分析——以元坝地区为例[J]. 断块油气田，20(06)：698-703.
王社教，李登华，李建忠，等. 2011. 鄂尔多斯盆地页岩气勘探潜力分析[J]. 天然气工业，31(12)：40-46+125-126.
王世谦，王书彦，满玲，等. 2013. 页岩气选区评价方法与关键参数[J]. 成都理工大学学报(自然科学版)，40(06)：609-620.
王伟锋，刘鹏，陈晨，等. 2013. 页岩气成藏理论及资源评价方法[J]. 天然气地球科学，24(03)：429-438.
王玮，黄东，易海永，等. 2019. 淡水湖相页岩小层精细划分及地球化学特征-以四川盆地侏罗系大安寨段为例[J]. 石油实验地质，41(05)：724-730.
王炜，刘若冰，倪凯. 2012. 川东北侏罗系千佛崖组页岩气勘探潜力分析[J]. 西安石油大学学报(自然科学版)，27(06)：36-41+4.
王香增，范柏江，张丽霞，等. 2015. 陆相页岩气的储集空间特征及赋存过程-以鄂尔多斯盆地陕北斜坡构造带延长探区延长组长 7 段为例[J]. 石油与天然气地质，36(04)：651-658.
王香增，高胜利，高潮. 2014. 鄂尔多斯盆地南部中生界陆相页岩气地质特征[J]. 石油勘探与开发，41(03)：294-304.
王香增，张金川，曹金舟，等. 2012. 陆相页岩气资源评价初探：以延长直罗-下寺湾区中生界长 7 段为例[J]. 地学前缘，19(02)：192-197.
王祥，刘玉华，张敏，等. 2010. 页岩气形成条件及成藏影响因素研究[J]. 天然气地球科学，21(02)：350-356.
王拥军，童敏，孙圆辉，等. 2019. 四川盆地大安寨段介壳灰岩致密油储层特征[J]. 石油学报，40(01)：42-55.
魏祥峰，黄静，李宇平，等. 2014. 元坝地区大安寨段陆相页岩气富集高产主控因素[J]. 中国地质，41(03)：970-981.
温志新，童晓光，张光亚，等. 2012. 全球沉积盆地动态分类方法：从原型盆地及其叠加发展过程讨论[J]. 地学前缘，19(01)：239-252.
吴应忠，段毅，徐丽，等. 2015. 环县-正宁地区长 9 暗色泥岩分布特征与生烃潜力分析[J]. 新疆地质，33(03)：388-392.
武守诚. 1994. 石油资源地质评价导论[M]. 北京：石油工业出版社.
席胜利，刚文哲，杨清宇，等. 2019. 鄂尔多斯盆地盐池-定边地区长 7 烃源岩有机地球化学特征及沉积环境研究[J]. 现代地质，33(04)：890-901.
项克伟. 2013. 鄂西渝东地区某构造自流井组页岩气层特征研究[J]. 长江大学学报(自然科学版)，10(10)：33-34.
肖飞，刘洛夫，高小跃，等. 2014. 库车坳陷中侏罗统页岩气地质特征及有利区预测[J]. 天然气地球科学，25(10)：1668-1677.
肖继林，魏祥峰，李海军. 2018. 涪陵海相页岩气和元坝-兴隆场湖相页岩气富集条件差异性分析[J]. 天然气勘探与开发，41(04)：8-17.
肖磊，李卓，杨有东，等. 2020. 鄂尔多斯盆地延长组陆相页岩孔隙演化模式与影响因素[J]. 科学技术与工程，20(20)：8122-8132.
熊伟，郭为，刘洪林，等. 2012. 页岩的储层特征以及等温吸附特征[J]. 天然气工业，32(01)：113-116+130.
徐旭辉，高长林，黄泽光，等. 2005. 中国盆地形成的三大活动构造历史阶段[J]. 石油与天然气地质，(02)：155-162.
徐旭辉，黄泽光，高长林，等. 2009. 中国大陆中新生代变格运动及第一变格期盆地[J]. 石油实验地质，31(02)：119-127.
许锋，朱增伍，李长春，等. 2019. 鄂尔多斯盆地东南部延长组长 7 段厚层熔结凝灰岩特征及其地质意义[J]. 现代地质，33(02)：389-400.
杨超，张金川，唐玄. 2013. 鄂尔多斯盆地陆相页岩微观孔隙类型及对页岩气储渗的影响[J]. 地学前缘，20(04)：240-250.
杨华，窦伟坦，刘显阳，等. 2010. 鄂尔多斯盆地三叠系延长组长 7 沉积相分析[J]. 沉积学报，28(02)：254-263.
杨华，梁晓伟，牛小兵，等. 2017. 陆相致密油形成地质条件及富集主控因素——以鄂尔多斯盆地三叠系延长组 7 段为例[J]. 石油勘探与开发，44(01)：12-20.
杨华，牛小兵，徐黎明，等. 2016. 鄂尔多斯盆地三叠系长 7 段页岩油勘探潜力[J]. 石油勘探与开发，43(04)：511-520.
杨伟伟，石玉江，李剑峰，等. 2016. 鄂尔多斯盆地华池地区 X96 井长 7 烃源岩地球化学特征及其对致密油成藏的意义[J]. 地球科学与环境学报，38(01)：115-125.
杨亚南，周世新，李靖，等. 2017. 鄂尔多斯盆地南缘延长组烃源岩地球化学特征及油源对比[J]. 天然气地球科学，28(04)：550-565.
杨镱婷，张金川，王香增，等. 2012. 陆相页岩气的泥页岩评价——以延长下寺湾区上三叠统延长组长 7 段为例[J]. 东北石油大学学报，36(04)：10-17+4.
杨跃明，黄东，杨光，等. 2019. 四川盆地侏罗系大安寨段湖相页岩油气形成地质条件及勘探方向[J]. 天然气勘探与开发，42(02)：1-12.
姚泾利，邓秀芹，赵彦德，等. 2013. 鄂尔多斯盆地延长组致密油特征[J]. 石油勘探与开发，40(02)：150-158.
尹锦涛，俞雨溪，姜呈馥，等. 2017. 鄂尔多斯盆地张家滩页岩元素地球化学特征及与有机质富集的关系[J]. 煤炭学报，42(06)：

1544-1556.
于炳松. 2013. 页岩气储层孔隙分类与表征[J]. 地学前缘, 20(04): 211-220.
俞雨溪, 罗晓容, 雷裕红, 等. 2016. 陆相页岩孔隙结构特征研究-以鄂尔多斯盆地延长组页岩为例[J]. 天然气地球科学, 27(04): 716-726.
喻建, 杨亚娟, 杜金良. 2010. 鄂尔多斯盆地晚三叠世延长组湖侵期沉积特征[J]. 石油勘探与开发, 37(02): 181-187.
袁伟, 柳广弟, 罗文斌, 等. 2016. 鄂尔多斯盆地长7段富有机质页岩中磷灰石类型及其成因[J]. 天然气地球科学, 27(08): 1399-1408.
袁选俊, 林森虎, 刘群, 等. 2015. 湖盆细粒沉积特征与富有机质页岩分布模式——以鄂尔多斯盆地延长组长7油层组为例[J]. 石油勘探与开发, 42(01): 34-43.
袁野, 赵靖舟, 耳闯, 等. 2014. 鄂尔多斯盆地中生界及上古生界页岩孔隙类型及特征研究[J]. 西安石油大学学报(自然科学版), 29(02): 14-19+6-7.
袁媛, 杜克锋, 葛云锦, 等. 2018. 鄂尔多斯盆地甘泉-富县地区长7烃源岩地球化学特征[J]. 岩性油气藏, 30(01): 39-45.
运华云, 项建新, 刘子文. 2000. 有机碳测井评价方法及在胜利油田的应用[J]. 测井技术, 24(05): 372-376+381-399.
张才利, 高阿龙, 刘哲, 等. 2011. 鄂尔多斯盆地长7油层组沉积水体及古气候特征研究[J]. 天然气地球科学, 22(04): 582-587.
张道伟, 马达德, 陈琰, 等. 2019. 柴达木盆地油气地质研究新进展及勘探成果[J]. 新疆石油地质, 40(05): 505-512.
张道伟, 薛建勤, 伍坤宇, 等. 2020. 柴达木盆地英西地区页岩油储层特征及有利区优选[J]. 岩性油气藏, 32(04): 1-11.
张慧, 焦淑静, 庞起发, 等. 2015. 中国南方早古生代页岩有机质的扫描电镜研究[J]. 石油与天然气地质, 36(04): 675-680.
张建锋, 张金功, 吴汉宁, 等. 2008. 贺兰山汝箕沟地区及中卫探区上三叠统烃源岩初步评价[J]. 古地理学报, 2008(05): 481-486.
张金川, 边瑞康, 荆铁亚, 等. 2011. 页岩气理论研究的基础意义[J]. 地质通报, 30(Z1): 318-323.
张金川, 金之钧, 袁明生. 2004. 页岩气成藏机理和分布[J]. 天然气工业, (07): 15-18+131-132.
张金川, 林腊梅, 李玉喜, 等. 2012. 页岩气资源评价方法与技术: 概率体积法[J]. 地学前缘, 19(02): 184-191.
张金川, 林腊梅, 李玉喜, 等. 2012. 页岩油分类与评价[J]. 地学前缘, 19(05): 322-331.
张君峰, 徐兴友, 白静, 等. 2020. 松辽盆地南部白垩系青一段深湖相页岩油富集模式及勘探实践[J]. 石油勘探与开发, 47(04): 637-652.
张文正, 杨华, 解丽琴, 等. 2010. 湖底热水活动及其对优质烃源岩发育的影响——以鄂尔多斯盆地长7烃源岩为例[J]. 石油勘探与开发, 37(04): 424-429.
张文正, 杨华, 彭平安, 等. 2009. 晚三叠世火山活动对鄂尔多斯盆地长7优质烃源岩发育的影响[J]. 地球化学, 38(06): 573-582.
张文正, 杨华, 杨伟伟, 等. 2015. 鄂尔多斯盆地延长组长7湖相页岩油地质特征评价[J]. 地球化学, 44(05): 505-515.
张文正, 杨华, 杨奕华, 等. 2008. 鄂尔多斯盆地延长组长7优质烃源岩的岩石学与元素地球化学特征[J]. 地球化学, 37(1): 479-485.
张渝昌. 1997. 中国含油气盆地原型分析[M]. 南京: 南京大学出版社.
赵白. 1992. 准噶尔盆地的形成与演化[J]. 新疆石油地质, (03): 191-196.
赵文智, 张光亚, 王红军, 等. 2003. 中国叠合含油气盆地石油地质基本特征与研究方法[J]. 石油勘探与开发, (02): 1-8.
赵文智, 朱如凯, 胡素云, 等. 2020. 陆相富有机质页岩与泥岩的成藏差异及其在页岩油评价中的意义[J]. 石油勘探与开发, 47(06): 1079-1089.
赵迎冬, 赵银军. 2019. 油气资源评价方法的分类、内涵与外延[J]. 西南石油大学学报(自然科学版), 41(02): 64-74.
郑和荣, 尹伟, 胡宗全, 等. 2010. 中国中西部碎屑岩领域油气富集主控因素与勘探方向[J]. 石油与天然气地质, 31(06): 753-762.
郑荣才, 何龙, 梁西文, 等. 2013. 川东地区下侏罗统大安寨段页岩气(油)成藏条件[J]. 天然气工业, 33(12): 30-40.
郑荣才, 王成善, 朱利东, 等. 2003. 酒西盆地首例湖相"白烟型"喷流岩——热水沉积白云岩的发现及其意义[J]. 成都理工大学学报(自然科学版), (01): 1-8.
郑荣才, 文华国, 李云, 等. 2018. 甘肃酒西盆地青西凹陷下白垩统下沟组湖相喷流岩物质组分与结构构造[J]. 古地理学报, 20(01): 1-18.
周德华, 焦方正, 郭旭升, 等. 2013. 川东北元坝区块中下侏罗统页岩油气地质分析[J]. 石油实验地质, 35(06): 596-600+656.
周德华, 焦方正, 郭旭升, 等. 2013. 川东南涪陵地区下侏罗统页岩油气地质特征[J]. 石油与天然气地质, 34(04): 450-454.
周德华, 孙川翔, 刘忠宝, 等. 2020. 川东北地区大安寨段陆相页岩气藏地质特征[J]. 中国石油勘探, 25(5): 32-42.
周庆凡, 金之钧, 杨国丰, 等. 2019. 美国页岩油勘探开发现状与前景展望[J]. 石油与天然气地质, 40(03): 469-477.
周文, 陈文玲, 邓昆, 等. 2013. 陆相页岩油气地层油气相态的确定方法初探—— 以鄂尔多斯盆地延长组长7段为例[J]. 成都理工大学学报(自然科学版), 40(06): 640-647.
周文, 徐浩, 邓虎成, 陈文玲. 2016. 四川盆地陆相富有机质层段剖面结构划分及特征[J]. 岩性油气藏, 28(06): 1-8.
朱华, 姜文利, 边瑞康, 等. 2009. 页岩气资源评价方法体系及其应用—— 以川西坳陷为例[J]. 天然气工业, 29(12): 130-134+154.
朱如凯, 许怀先, 邓胜徽, 等. 2007. 中国北方地区二叠纪岩相古地理[J]. 古地理学报, (02): 133-142.
朱彤. 2020. 四川盆地陆相页岩油气富集主控因素及类型[J]. 石油实验地质, 42(03): 345-354.
朱彤, 包书景, 王烽. 2012. 四川盆地陆相页岩气形成条件及勘探开发前景[J]. 天然气工业, 32(09): 16-21+126-127.
朱彤, 龙胜祥, 王烽, 等. 2016. 四川盆地湖相泥页岩沉积模式及岩石相类型[J]. 天然气工业, 36(08): 22-28.

朱彤，胡宗全，刘忠宝，等. 2018. 四川盆地湖相页岩气源-储配置类型及评价[J]. 石油与天然气地质，39(6)：1146-1153.
朱夏. 1965. 我国中新生界含油气盆地的大地构造特征及有关问题:中国大地构造问题[M]. 北京:科学出版社.
朱夏. 1980. 关于盆地研究的几点意见[J]. 石油实验地质，(03)：19-24.
朱夏，怀利. 1978. 动力地球学[M]. 北京：地质出版社.
朱夏，陈焕疆. 1982. 中国大陆边缘构造和盆地演化[J]. 石油实验地质，(03)：153-160+219.
邹才能，董大忠，王玉满，等. 2015. 中国页岩气特征、挑战及前景(一)[J]. 石油勘探与开发，42(06)：689-701.
邹才能，董大忠，王玉满，等. 2016. 中国页岩气特征、挑战及前景(二)[J]. 石油勘探与开发，43(02)：166-178.
邹才能，潘松圻，荆振华，等. 2020. 页岩油气革命及影响[J]. 石油学报，41(01)：1-12.
邹才能，杨智，王红岩，等. 2019. "进源找油"：论四川盆地非常规陆相大型页岩油气田[J]. 地质学报，93(07)：1551-1562.
邹娟，金涛，李雪松，等. 2018. 川东地区下侏罗统勘探潜力评价[J]. 中国石油勘探，23(04)：30-38.
Ager D V. 1973. The Nature of the Stratigraphical Record[M]. New York: MacMillan, 114.
Algeo T J, Ingall E. 2007. Sedimentary Corg: P ratios, paleocean ventilation, and Phanerozoic atmospheric pO2 [J]. Palaeogeography, Palaeoclimatology, Palaeoecology, 256: 130-155.
Algeo T J, Maynard J B. 2004. Trace-element behavior and redox facies in core shales of Upper Pennsylvanian Kansas-type cyclothems [J]. Chemical Geology, 206(3-4): 289-318.
Allen P A, Allen J R. 2005. Basin analysis principles and applications[M]. Oxford: Blackwell Publishing.
Bernard S, Horsfield B, Schulz H M, et al. 2010. Multi-scale detection of organic and inorganic signatures provides insights into gas shale properties and evolution[J]. Chemieder Erde, 70(S3): 119-133.
Buller D, Hughes S N, Market J, et al. 2010. Petrophysical Evaluation for Enhancing Hydraulic Stimulation in Horizontal Shale Gas Wells[C]. SPE Annual Technical Conference and Exhibition. Florence, Italy, Society of Petroleum Engineers.
Bustin R M, Clarkson C R. 1998. Geological controls on coalbed methane reservoir capacity and gas content[J]. International Journal of Coal Geology, 38(1-2): 3-26.
Cao T T, Song Z G, Wang S B, et al. 2015. A comparative study of the specific surface area and pore of different shales and their kerogens[J]. Science China Earth Science, 58(4): 510-522. Carroll D. 1958. Role of clay minerals in the transportation of iron[J]. Geochimica Et Cosmochimica Acta, 14(1-2): 1-28.
Chalmers G R L, Bustin R M. 2007. The organic matter distribution and methane capacity of the Lower Cretaceous strata of Northeastern British Columbia, Canada[J]. International Journal of Coal Geology, 70(1): 223-239.
Chalmers G R L, Bustin R M. 2008. Lower Cretaceous gas shales in northeastern British Columbia, Part I: Geological controls on methane sorption capacity[J]. Bulletin of Canadian Petroleum Geology, 56(1): 1-21. DOI: 10. 2113/gscpgbull. 56.1.1
Chalmers G R L, Bustin R M, Power I M. 2012. Characterization of gas shale pore systems by porosimetry, pycnometry, surface area, and field emission scanning electron microscopy/transmission electron microscopy image analyses: Examples from the Barnett, Woodford, Haynesville, Marcellus, and Doig units Characterization of Gas Shale Pore Systems[J]. AAPG Bulletin, 96(6): 1099-1119
Chen L, Lu C, Zhuang C, et al. 2009. Rare earth element records of the lower paleogene sediments in the Sanshui Basin and their paleoclimate implications[J]. ActaSedimentol. Sin. 27(6), 1155-1162.
Chen R Q, Sharma S. 2016. Role of alternating redox conditions in the formation of organic-rich interval in the Middle Devonian Marcellus Shale, Appalachian Basin, USA [J]. Palaeogeography, Palaeoclimatology, Palaeoecology, 446: 85-97.
Cipolla C L, Weng X, Onda H, et al. 2011. New Algorithms and Integrated Workflow for Tight Gas and Shale Completions[C]. SPE Annual Technical Conference and Exhibition. Denver, Colorado, USA, Society of Petroleum Engineers.
Conant L C, Swanson V E. 1961. Chattanooga Shale and related rocks of central Tennessee and nearby areas, U. S. Geol. Surv. Prof. Pap. 357:91.
Dickinson W R. 1974. Tectonics and Sedimentation[M]. SEPM Special Publication, Oklahoma, U. S. A.
Dickinson W R. 1976. Plate tectonic evolution of sedimentary basins[R]. Tulsa, Oklahoma, USA: American Association of Petroleum Geologists Continuing Education Course Notes.
Dickinson W R. 1976. Sedimentary basins developed during evolution of Mesozoic-Cenozoic arc-trench system in western North America[J]. Canadian Journal of Earth Sciences, 13(9): 1268-1287.
Drummond C, Sheets H. 2001. Taphonomic reworking and stratal organization of tempestite deposition: Ordovician Kope Formation, northern Kentucky[J]. Journal of Sedimentary Research, 71(4): 621-627.
Dymond J, Collier R. 1996. Articulate barium fluxes and their relationships to biological productivity[J]. Deep Sea Research Part II: Topical Studies in Oceanography, 43(4-6), 1283-1308.
Gan Kewen. 1982. Basic types of oil basins in the world and their prospect evaluation[J]. Acta Petrolei Sinica, 3(S1): 24-33.
Grieser W V, Bray J M. 2007. Identification of Production Potential in Unconventional Reservoirs[C]. Production and Operations Symposium. Oklahoma City, Oklahoma, U. S. A.
Halbouty, Michel T. 1979, Salt domes-Gulf Region, United States and Mexico (second edition)[M]. Houston, Gulf Publishing Co., 861.

Hatch J R, Leventhal J S. 1992. Relationship between inferred redox potential of the depositional environment and geochemistry of the Upper Pennsylvanian (Missourian) Stark Shale Member of the Dennis limestone, Wabaunsee County, Kansas, USA[J]. Chemical Geology, 99(1-3), 65-82.

Hentz T F, Ruppel S C. 2011. Regional Stratigraphic and Rock Characteristics of Eagle Ford Shale in Its Play Area: Maverick Basin to East Texas Basin[R]. AAPG Annual Convention and Exhibition, Houston, Texas, USA, April 10-13.

Hetenyi M, Sajgo C, Veto I, et al. 2004. Organic matter in a low productivity anoxic intraplatform basin in the Triassic Tethys [J]. Organic Geochemistry, 35(11-12): 1201-1219.

Hickey J J, Henk B. 2007. Lithofacies summary of the Mississippian Barnett Shale, Mitchell 2 T. P. Sims well, Wise County, Texas[J]. AAPG Bulletin, 91 (4): 437-443.

Hill D G, Lombardi T E, Martin J P. 2002. Fractured shale gas potential in New York[C]. Annual Conference-Ontario Petroleum Institute, 1-11.

Ingall E D, Jahnke R A. 1994. Evidence for enhanced phosphorus regeneration from marine sediments overlain by oxygen depleted waters [J]. Geochemica et Cosmochimica Acta, 58(11): 2571-2575.

Ingall E, Kolowith L, Lyons T, et al. 2005. Sediment carbon, nitrogen and phosphorus cycling in an anoxic fjord, Effingham Inlet, British Columbia [J]. American Journal of Science, 305: 240-258.

Jacobi D J, Gladkikh M, LeCompte B, et al. 2008. Integrated Petrophysical Evaluation of Shale Gas Reservoirs[C]. CIPC/SPE Gas Technology Symposium 2008 Joint Conference. Calgary, Alberta, Canada, Society of Petroleum Engineers.

Jin S D, Deng H C, Liu Y. 2019. Study on Mechanisms of shale gas generation in Sichuan Basin, West China[J]. Fresenius Environmental Bulletin, 28 (6): 4622-4626.

Kelling G, Mullin P R. Graded limestones and limestone-quartzite couplets: possible storm-deposits from the Moroccan Carboniferous[J]. Sedimentary Geology, 1975, 13(3): 161-190.

Klemme H D. 1974. Basin classification in geological principals of world oil occurrence[D]. Edmonton, AB: University of Alberta.

Klemme H D. 1994. Petroleum systems of the world involving Upper Jurassic source rocks.

Kuhn P P, Primio R D, Hill R, et al. 2012. Three-dimensional modeling study of the low-permeability petroleum system of the Bakken Formation, AAPG Bulletin, 96(10): 1867-1897.

Kumar N, Sanders J E. 1976. Characteristics of shoreface storm deposits: modern and ancient examples[J]. Journal of Sedimentary Petrology, 46 (1): 145-162.

Kumar N, Sanders J E. 1978. Storm deposits[M]//Fairbridge R W, Bourgeois J. Encyclopedia of Sedimentology, Stmudsburg. PA: Dowden Hutchinson and Ross, 767-770.

Langhorne B S. 2013. Shallow transgressive onlap model for Ordovician and Devonian organic-rich shales, New York State, SPE 1581184.

Li C, Love G D, Lyons T W, et al. 2010. A Stratified Redox Model for the Ediacaran Ocean [J]. Science, 328: 80-83.

LiuHefu. 1993. Dynamic classification of sedimentary basins and their structural styles[J]. Earth Science-Journal of China University of Geoscience, 18(6): 699-724.

Loucks R G, Reed R M, Ruppel S C, et al. 2009. Morphology, Genesis, and Distribution of Nanometer-Scale Pores in Siliceous Mudstones of the Mississippian Barnett Shale[J]. AAPG Bulletin, 79, 848-861.

Loucks R G, Reed R M, Ruppel S C, et al. 2012. Spectrum of pore types and networks in mudrocks and a descriptive classification for matrix-related mudrock pores[J]. AAPG Bulletin, 96(6), 1071-1098.

Loucks R G, Ruppel S C. 2007. Mississippian Barnett Shale: Lithofacies and depositional setting of a deep-water shale-gas succession in the Fort Worth Basin, Texas[J]. AAPG Bulletin, 91, 579-601.

Loucks R G, RuppelS C. 2007. Mississippian Barnett Shale: Lithofacies and depositional setting of a deep-water shale-gas succession in the Fort Worth Basin, Texas[J]. AAPG Bulletin, 91(4): 523-533.

Lu X C, Li F C. 1995. Watson A T. Adsorption Measurements in Devonian Shales. Fuel, 74(4): 599-603.

Lyons T M, Severmann S. 2006. A critical look at iron paleoredox proxies: New insights from modern euxinic marine basins [J]. Geochimica et Cosmochimica Acta, 70: 5698-5722.

Macquaker J H S,Keller M A, et al. 2010. Algal blooms and "Marine snow": Mechanisms that enhance preservation of organic carbon in ancient fine-grained sediments, in Journal of Sedimentary Research, 80: 934-942.

Mann P, et al. 2011. Introduction to the special issue of Marine and Petroleum Geology: Tectonics, basinal framework, and petroleum systems of eastern Venezuela, the Leeward Antilles, Trinidad and Tobago, and offshore areas[J]. Marine & Petroleum Geology.

Mc Lennan S M. 1989. Rare earth elements in sedimentary rocks: influence of provenance and sedimentary processes [J]. Reviews in Mineralogy and Geochemistry, 21(1): 169-200.

Miall A D. 1990. Principles of sedimentary basin analysis[M]. 3rd ed. New York: Springer.

Miall A D. 2000. Sedimention and Plate Tectonics[M]. Springer, Berlin, Heidelberg.

Minh C C, Sundararaman P. 2006. NMR Petrophysics in Thin Sand/Shale Laminations[C]. SPE Annual Technical Conference and Exhibition. San

Antonio, Texas, USA, Society of Petroleum Engineers.

Montgomery S L, Jarvie D M, Bowker K A, Pollastro R M. 2005. Mississippian Barnett Shale, Fort Worth basin, north-central texas: Gas-shale play with multi-trillion cubic foot potential. AAPG Bulletin, 89: 155-175.

Otis R M, Nahum, &Schneidermann. 1997. A process for evaluating exploration prospects. AAPG Bulletin, 81(7), 1087-1109.

Passey Q R, Bohacs K, Esch W L, et al. 2010. From Oil-Prone Source Rock to Gas-Producing Shale Reservoir Geologic and Petrophysical Characterization of Unconventional Shale-Gas Reservoirs[C]. International Oil and Gas Conference and Exhibition in China. Beijing, China, Society of Petroleum Engineers.

Paytan A, Griffith E M. 2007. Marine barite: Recorder of variations in ocean export productivity[J]. Deep Sea Research Part Ⅱ: Topical Studies in Oceanography, 54(5-7), 687-705.

Qiu X W, Liu C Y, Mao G Z, et al. 2010. Late Triassic tuff intervals in the Ordos Basin, Central China: Their depositional, petrographic, geochemical characteristics and regional implications [J]. Journal of Asian Earth Sciences, 80: 148-160.

Rahm B G, Bates J T, Bertoia L R, et al. 2013. Wastewater management and Marcellus Shale gas development: Trends, drivers, and planning implications[J]. Journal of Environmental Management, 120: 105-113.

Rose P R. 2001. Risk analysis and management of petroleum exploration ventures[M]Cincinnati: Custom Editiorial Productions, Inc.

Ross D J K, Bustin R M. 2007. Shale gas potential of the Lower Jurassic Gordondale Member, northeastern British Columbia, Canada. Bulletin of Canadian Petroleum Geology, 55(2): 176-177.

Ross D J K, Bustin R M. 2006. Sediment geochemistry of the Lower Jurassic Gordondale Member, Northeastern British Columbia[J]. Bulletin of Canadian Petroleum Geology, 54(4): 337-365.

Ross D J K, Bustin R M. 2008. Characterizing the shale gas resource potential of Devonian-Mississippian strata in the Western Canada sedimentary basin: Application of an integrated formation evaluation. AAPG Bulletin, 92: 87-125.

Ross D J K, Bustin R M. 2009. The importance of shale composition and pore structure upon gas storage potential of shale gas reservoirs[J]. Marine and Petroleum Geology, 26(6): 916-927.

Schieber J, Southard J B, Thaisen K. 2007. Accretion of Mudstone Beds from Migrating Floccule Ripples: Science, 318: 1760-1763.

Shanmugam G. 2013. Modern internal waves and internal tides along oceanic pycnoclines: Challenges and implications for ancient deep-marine baroclinic sands[J]. AAPG Bulletin, 97(5): 799-843.

Shanmugam G. 2013. Review of research in internal-wave and internal-tide deposits of China: Discussion[J]. Journal of Palaeogeography, 3(4): 332-350.

Sondergeld C H, Newsham K E, Comisky J T, et al. 2010. Petrophysical Considerations in Evaluating and Producing Shale Gas Resources[C]. SPE Unconventional Gas Conference. Pittsburgh, Pennsylvania, USA.

Sonnenberg S A, Pramudito A J A B. 2009. Petroleum geology of the giant Elm Coulee field, Williston Basin. 93, 1127-1153.

Tian Y, Zhao X, Wang L, Tu B, et al. 2014. Geochemical Characteristics and Its Paleoenvironmental Implication of Permian Qixia Formation in Shizhu, Chongqing[J]. Acta Sedimentologica Sinica, 32(6): 1035-1045.

Tinni A, Odusina E, et al. 2014. NMR Response of Brine, Oil, and Methane in Organic Rich Shales[C]. SPE Unconventional Resources Conference. Woodlands, Texas, USA.

Tribovillard N, Algeo T J, Baudin F, et al. 2012. Analysis of marine environmental conditions based on molybdenum-uranium covariation-Applications to Mesozoic paleoceanography[J]. Chemical Geology, 324-325: 46-58.

Umbgrove J H F. 1947. The Pulse of the Earth (Second edition)[M]. Springer, Dordrecht.

Umbgrove J. 1947. The Continental Margin[M]. Springer Netherlands.

Van Cappellen P, Ingall E D. 1996. Redox stabilization of the atmosphere and oceans by phosphorus-limited marine productivity [J]. Science, 271: 493-496.

Wuest R, Bustin R M, Ross J. 2008. Neo-mineral formation during artificial coalification of low-ash - mineral free-peat material from tropical Malaysia-potential explanation for low ash coals[J]. International Journal of Coal Geology, 74(2): 114-122.

Xu Q, Ma Y, Bo L, et al. 2019. Characteristics and control mechanism of nanoscale pores in lacustrine tight carbonates: Examples from the Jurassic Da'anzhai Member in the central Sichuan Basin, China[J]. Journal of Asian Earth Sciences, 178: 156-172.

Zhang T W, Ellis G S, Ruppel S C, Milliken K, Yang R. 2012. Effect of organic-matter type and thermal maturity on methane adsorption in shale-gas systems. Organic Geochemistry, 47: 120-131.